モールス通信

通信の原点＝CW　その魅力／運用法／歴史

CQ Ham Radio編集部・編

CQ出版社

はじめに

今から約160年前にモールスが実用電信機を考案し，ニューヨーク郊外において約16km離れた地点間の通信に成功して以来，モールス通信は今日まで世界共通の通信手段として発展してきました．一方，わが国では1871年（明治4年），デンマークの大北（Great Northern）電信会社が敷設した長崎－上海間の海底電信線によって，初めて国際通信が開始されました．その後の通信手段の発達と急速な技術の進歩により，現在では誰でも簡単に通信操作が行えるようになりました．そして，最後の牙城であった船舶通信でもGMDSSの導入により，モールス通信が非義務化に，また民間航空からもモールス通信が撤廃されるなど，順次プロの世界から消えてゆく運命にあります．

しかし，モールス通信は送受信に熟練した技能を必要とする点を除けば，小規模な設備で地球規模の通信が可能であり，きわめて優れた通信方式であるといえます．「温故知新（古きをたずねて新しきを知る）」という論語のたとえがありますが，現在主流のディジタル通信も速度や情報量の違いはあれ,情報を1か0すなわち信号の有無で表される点ではCWと同じであり,モールス通信は考えてみると通信の原点といえ，古くてもっとも新しい通信方式であるといえます．

読者の中には小・中学生のころラジオの製作がきっかけでBCL/SWLを始め，いわゆるラジオ少年からアマチュア無線に進んでいった方も多いのではないでしょうか．短波ラジオのダイヤルを回していてピッピーと聞き慣れないモールス通信の電波が入ってきて，無線＝短波＝モールス通信というイメージを感じられた方もおられるでしょう．また，アマチュア無線の免許を取得してからは，すっかりCWの魅力にとりつかれ，DXに，和文ラグチューに，モールス・キーを長年叩き続けているベテランの方々も多くおられると思います．

このようにモールス通信の楽しみ方は人それぞれ異なり，音声や画像でなくてもモールス・キーを通じて相手に自分の感情や表情を自由自在に伝えることができること，手づくりの無線機による交信など，電話やほかのメディアでは得られない楽しみと言葉では言い表せない魅力がモールス通信にはあるからだと思います．それは，アマチュア無線の世界でもモールス通信を楽しんでおられる方々のほうが長続きしていることでも裏付けされています．

モールス通信は，実用の通信手段として残ると考えられる非常災害用や軍用を除けば，今後はアマチュア無線家がモールス通信を担う時代になってゆくと思われます．そして，このようなすぐれた通信方式を後世に伝えることはアマチュア無線家の責務であろうと思います．それは，プロのように通信の容易性や確実性を必ずしも追求しない趣味の領域だからです．そういう意味では，忘れ去られがちであるモールス通信を今一度あらためて見つめ直してみる意義は大きいといえます．

1998年8月吉日

JA1GZV　魚留　元章

モールス通信

通信の原点＝CW　その魅力／運用法／歴史

CONTENTS

第４章　実践 欧文モールス通信

第５章　和文モールス通信

第６章　CW コンテストの世界

第７章　HST の世界

第８章　モールス通信実践ノウハウ

第９章　モールス通信歴史学ノート

第１０章　銚子無線局の歴史

第１１章　モールス・キー物語

資料編

表紙デザイン　（有）シナプス
第２章，第５章イラスト　門川　貴子
編集担当　櫻田　洋一

第1章

モールス通信の魅力

JA3MKP　岐田　稠

モールス通信の魅力は，小さな無線設備で地球規模の交信が行えることです．つまり，集合住宅に住んでいる人でもコンパクト・アンテナをベランダに設置することで，世界中のアマチュア無線家と交信を楽しむことができるのです．

1-1 モールス通信はおもしろい

本当に世界中と交信できる

筆者がアマチュア無線を始めた当時，「アマチュア無線で世界の友と語ろう」という，アマチュア無線の宣伝のコピーがありました．今でこそパソコン通信という強力な対抗馬もありますが，当時の庶民レベルで世界の友と語る手段は，アマチュア無線とペンパルしかありませんでした．

アマチュア無線といっても，SSBなどではそれなりの設備がないと電波が思うように飛んでくれないこともあり，飛んだとしても外国語の発音を聞き分け，あるいは先方に理解してもらえるような発音で話をするのは容易なことではありません．

ところが，欧文電信であれば簡単に海外交信を楽しむことができるのです．HFで欧文の電信を3カ月も運用していると，世界中におなじみの友だちができ，アメリカのボブやオーストラリアのジョージやカナダのビルと自由に語り合うことができます．英語圏だけではありません．韓国のキムやロシアのイヴァンやベルギーのジョンやブラジルのサンチョとも友だちになって，自由に語り合うこともできます．

それも，何年も英会話を勉強するなどの時間と努力と費用などの準備はほとんどいりません．わずか50足らずのモールス符号を覚えること，そして国家試験を受験して免許が来るまでに，実際に行われている電信の交信を注意深く聞くだけで，準備は整います．最初は電信で交信している内容の半分も理解できないでしょうが，すぐに様子がわかってきます．そうすると，局免許が来ればどんなことを打てばよいかもわかってきます．

免許が手元に届けばいよいよ実践です．初めは少し度胸がいるかもしれませんが，勇気を出して誰かのCQに応答してみましょう．初めは思ったことの半分もいえなくて歯がゆい思いをすることでしょう．しかし，ワッチして覚えたことを参考にして，できるだけ運用してみましょう．どこの国のOMも親切で，優しくリードしてくれるでしょう．親切なOMのリードは，初心者には本当にありがたいもので，それによって初心者が上達していきます．

情報交換で地球の大きさを感じる

日本では梅雨のじめじめした時期にアメリカのカリフォルニアではかんかん照りだとか，日本の昼間にいい月夜だとか，リアルタイムの情報交換で地球の大きさを感じることができます．交信ではまずシグナル・

レポートを送り，住所・氏名を名のるのが普通です．そこから話が拡がるかどうかは，相手の土地に関心があるかないかで大きく変わってくるでしょう．

例えば，QTH HELENSBURGHと聞いたことのない地名を打ってきても，地図帳を見ればスコットランド民謡で有名なロッホ・ローモンド近くの人口1万人あまりの町だとわかります．「ロッホ・ローモンドの近くだな」と打つと，相手は喜んでいろいろ打ってきます．

こうしてロッホ・ローモンドにまつわる伝説やヘレンスバラという見知らぬ町のたたずまいなどがわかってきます．その知識は別の局がQTH NR GLASGOWと打ってきたときに，話の種になります．

このように芋づる式にかき集めた外国の知識は，現地のハムに直接聞いた貴重な生の情報です．

映画を見たり小説を読むにも，今までと違った楽しみが出てきます．逆に映画や小説で知った土地の局と出会えば，その映画や小説をきっかけに話が弾みます．それがまた別の局との話の種になる，というように無線の趣味が単に無線の世界にとどまらず，いろんな分野で生活を楽しくしてくれます．

こういう楽しみはモールス通信以外ではなかなか味わえないものです．電信は，半年程度も練習すれば，筆者のように特別の才能なんて何もない普通の人間でも簡単に修得できます．練習も体育系のしごきのような苦しいものではなく，楽しみながら上達できます．

一度，だまされたと思ってモールス符号を覚えてみてはいかがでしょう．

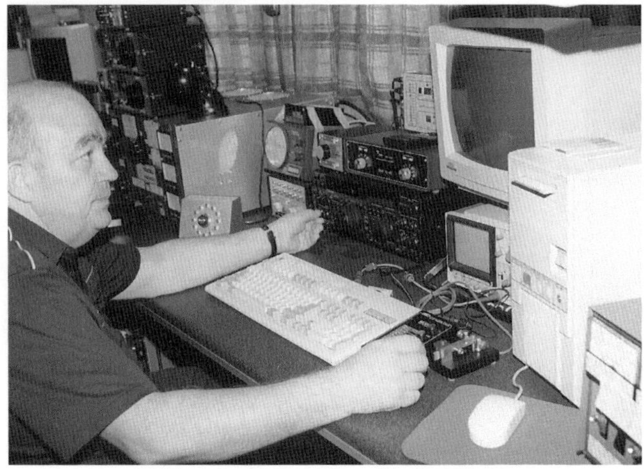

ベルギーからCWにアクティブなON4UN John

電信は静かに交信できる

家に病人や赤ん坊や受験生がいて，FMやSSBなど電話のラグチューが煩さがられることがあります．受信はヘッドフォンを使えば音が外に漏れることは少ないでしょうが，送信はマイクに向かって声を出さなければなりません．筆者は地声が大きいものですから家人に煩さがられて，こういう場合は電話の運用は中止せざるを得ませんでした．

ところが電信は，ヘッドフォンを使えば外に出る音は電鍵やリレーの接点が「カチカチ」と音を立てるだけですので，となりの部屋では気にならない程度のレベルです．電子化されたスイッチなら，まったく音がしません．ですから電信はこういう場合にも家人に迷惑を掛けないで楽しめます．子供が生まれたのを機会に電信を始めた人はけっこういるようです．

Column 手探りのモールス教育法

筆者はアマチュアです．つまり，正規の電信教育を受けたわけでもなく，やはりアマチュア無線家であるOMの指導を受けて電信を始めたに過ぎません．

したがって，昔の電信教習所や電気通信高校，電気通信大学といったプロ通信士の養成機関でどんな教育が施されているかは，たいへん興味があります．

しかし，どういう風の吹き回しか，まだ若輩のころから電信の講習の依頼を受けることが多く，クラブのミーティングの席で，自宅のシャックで，また公民館や電波の上で，初心者に電信の指導をする機会が何度もありました．

そのため，最初は自分が教わった方法で，経験を積むにつれて手探りで試行錯誤を繰り返しながら自分なりの教育法を作り上げてきた次第です．それらがこの本の第2章で紹介しているものです．

ただ，電信に限らずお茶・生け花・詩吟・剣道，稽古事はなんでもそうでしょうが，アマチュアの教育はプロの教育よりもむずかしいこともあります．プロの卵は最後まで食いついて来てくれるけれども，アマチュアはいやになるとすぐついて来なくなります．

また，勝手に自分には電信の才能がないのだと見切りをつけて来なくなります．ですから生徒の興味をひきつけながら，生徒を一応一人前といえる程度に育て上げるのに苦労した町の先生の苦労話とお受け取りいただければ幸いに存じます．

1-2 モールス通信の運用

電信は丈夫なモード

普通の送信機のあちこちが壊れても，発振器と電鍵さえあれば電信による交信が可能ですが，電話の場合は，マイクが壊れても変調器が壊れても，それで連絡不能になってしまいます．一方，受信機も，BFOと同調回路が動作していれば電信なら交信ができます．

また，電源が十分にとれない場合でも，電信なら限られた電源で長時間にわたっての交信が可能です．

そのようなわけで，非常時には頼もしいモードのはずですが，神戸の震災ではあまり電信が活躍しませんでした．どうやらアマチュア無線の機器も重装備になり，電信とはいってもSSBとほとんど電力消費が変わらない，むしろFMのハンディ機のほうが省電力化が進んでいるためと思われます．さらに，プロの世界ではほとんど電信が忘れ去られたのも一因だと思います．

今一度，こういう目で電信を見直してみる必要もあるのではないかと思います．その気になれば，トランジスタが2～3本あれば，電信用の送信機を組み立てることも可能ですから．

電信はQRPでも楽しめる

最近は，144MHzか430MHzのFMでハムに入門し，その後にモールス通信の世界に入門する人が多くなってきました．V/UHFでは，いつも交信できる地域はいつでも交信できますが，交信できない地域とはいつも交信できないといえます．

しかし，HFではコンディションによって昨日交信できたところが今日は交信できないとか，30分前に交信できなかったところが交信できるようになったとか，ひどい時には交信中に相手が聞こえなくなってしまうとか，そういうことが日常茶飯事として起こることに，とまどう人が多いようです．

QRP局の一例．写真はミズホ通信のP-7DX(7MHz)とベビー・キー(BK-3)

コンディションさえよければHFではパワーはそんなに必要ではありません．それにSSBやFMと比べると，電信は弱くても完全にコピーできます．逆にコンディションが悪いといくらパワーを上げてもまったく届きません．せいぜいご近所のテレビにTVIが入るだけになってしまいます．

そういうわけで，電信は小出力で十分に世界中を相手に交信できるモードといえます．

しかし，上述のように，いつでも必要なときに希望する土地と交信できるわけではありません．アメリカと交信できたからといって，ヨーロッパと交信できるとは限りません．不自由といえば不自由ですが，コンディションを読む楽しみもありますし，何気なくCQを叩いて思いがけないところから呼ばれて驚く意外性がまたおもしろいものです．

ですからHFの電信をQRPで楽しんでいる人たちがたくさんいます．実際，1Wでも100Wでも交信できるところは交信できるし，できないところはできないため，むやみに出力を上げる必要はありません．

出力がものをいうのはパイルアップなどで競い合った場合だけで，同じ局を多くの局が呼ぶと多少運用が下手でも出力の大きな局がやはり勝ちます．だからコンテストとかDXペディションには出力がものをいうといえます．

しかし，普通の交信には信号強度が多少違うだけで実用上はほとんど問題がありません．ですからQRPで十分であり，1Wと100Wでは電気の消費も，TVIなどのインターフェアも格段に違います．これは都会の人口密集地では重要なことで，アパートやマンションでTVIを出そうものなら，とうぶん電波は出せなくなってしまいます．

QRPはそういうリスクが少なくて，しかも飛びはそう変わらない，だったら別にQROは意味がないというのもうなずけると思います．さらに進んで，どれだけ小さな出力で交信できるかという限界に挑戦する楽しみもあります．

電信なら自作機だって実用になる

電信の送信機は，SSBやFMモードのように変調器がいりません．発振器とアンプと電鍵があれば十分です．ほかのどのモードよりも送信機の構成が単純です．受信機もBFOさえあればいいわけですから，鉱石受信機では無理にしても，AM受信機に次いで構成が単純です．

ということは自作も簡単にできるということで，自作機で電信に出ている人も少なくありません．最近のように市販の無線機器が幅を利かせている時代に自作機で交信できるのは，電信だけではないでしょうか．

筆者が開局したころは，まだAMの自作機の時代でした．免許を申請して送信機の自作に取り掛ったのですが，変調器ができるまでに免許が来てしまったので，第一声は電信で出しました．

それ以来，ついに変調器は完成せずじまいで電信ばかり楽しんで来ました．今ではあたり前になってしまったトランシーブ操作とか周波数直読など便利なことはできなくても，それはそれで楽しみ方がありますし，今の機器は便利だとは思いますが，自作機がそれほど不便だとも思いません．

それよりも自作の無線機器と自分の腕だけで外国と交信できた喜びは，何ものにも代え難いものがあります．とはいっても，電波の質となるとなかなかたいへんです．電源の容量が小さいと電鍵を押すたびに周波数がふらついたり，無線機器が暖まってくると周波数が動いたりします．そういう問題を解決できたときは，とてもうれしいものです．

また，おなじみである局の電波がきれいになったときは素直にほめたり，また自分で改良した結果を楽しみにおなじみさんを呼んでレポートをもらったりなど，メーカー製の無線機では味わえない楽しみもあります．

これもQRPの電信を愛好する人が多い理由ではないでしょうか．

ＹＬのモールス通信

電話（SSBでもFMでも）では声ですぐにYLとわかるので，YLはどうしても特別扱いされることがあるようです．YLがCQを出すとわんさと群がって来たり，長話をしていると「さっさと交信を終えてほかの局にもサービスしろ」とばかりにビートや無変調をかぶせられたり，OMとは待遇が違うようです．

モールス通信を楽しむＹＬ

これをうれしいと感じるYLもいるでしょうが，煩わしいと感じるYLも少なくないようです．電信なら自分でYLと名乗らない限り，電波を聞いただけではYLかどうかの判別はつかないので，特別扱いされるのがいやなYLは好んで電信に出て来るようです．こんなYLにとって，波の上でYLかどうかを詮索されるのは迷惑な話で，ましてやコールブックからYLだとみつけて，YL向けの適当な話題を探すなど余計なお世話でしょう．YLだからと特別扱いしてほしくないのが本音だろうと思います．

もちろん，自分でYLと名のる局には，それらしい話をしても結構ですが，そうでなければこちらから尋ねないのがいいでしょう．初心の間はYLかどうかを尋ねるのは禁句だと思っておいたほうが無難です．

やっかいなのは，MARYとかCATHYとか，名前だけでYLとわかる相手ですが，これも相手がYLだと名のらない限りはOM扱いしておいて問題はありません．電信の世界ではYLをOM扱いするのとOMをYL扱いするのとには，あきらかに違いがあります．YLとかOMとかでなく，同じ趣味を楽しむ人としておつき合いするのがいいでしょう．

第2章

入門 モールス通信

JA3MKP　岐田　稠

モールス通信を楽しむためには，まずモールス符号を覚えなければなりません．この章では筆者の長年にわたる経験を基にした欧文モールス符号の覚え方をはじめ，実際にQSOが行えるまでの手ほどきを紹介していきます．

2-1 モールス通信 入門編

モールス符号の覚え方

モールス符号は覚えなければなりません．筆者は恵まれていて，1日3回，2週間でモールス符号を覚えることができました．職場に転勤してきた後輩が実はモールス通信のOMで，筆者がアマチュア無線に興味を示したばかりに，彼に特訓を受けることになりました．毎日30分早く出勤し，仕事前に15分，昼休みに15分，そして仕事の後に30分という2週間の特訓で，60字/分の送受信を難なくものにすることができました．このような経験がありますので，モールス符号の修得はそんなにたいへんなことだとは思えないのです．これは，もちろん指導法がよかったからであり，指導法・練習法が適切でなければ，いくら努力しても時間を掛けても，努力が空回りするだけで上達は期待できません．

筆者は20年あまり，モールス通信を志す人たちの練習を手伝っています．初めのうちは指導法が悪くてずいぶんむだな努力をさせてしまい，せっかくモールス通信を志しながら途中で挫折した人も少なくありませんでした．その人たちへのお詫びと反省をこめて，これまでの長年にわたる経験を基にした練習法を紹介したいと思います．

最低でも毎分80字

第3級アマチュア無線技士の電気通信術の試験は25字/分の受信ですから，資格を取得するのが目的なら25字/分の受信練習をしておけば十分です．しかし，資格を得てモールスで交信するというのであれば，これはとんでもない回り道といえます．というのは，実際の交信はこのような遅い速度では行われていません．25字/分では練習の相手をしてくれる局もほとんどいないでしょう．

一般に行われている交信は，100字/分，遅くとも80字/分の速度ですから，この速度で送受信ができないと実用にはならないのです．したがって，受信練習はこの速度で行いたいものです．80字/分の速度であれば，練習相手になってくれる局も多いはずです．交信相手があってこそやっていても楽しく，上達もします．

25字/分の電信と100字/分の電信とを聞き比べると，本当に受信しやすいのは100字/分の電信です．すぐには信用してもらえないでしょうが，簡単な実験ですぐに理解できるはずです．

まず普通に25字/分の速さで打った電信を受信してみます．普段練習しているとおりでけっこうです．これに対し，100字/分のスピードで打った電信を受

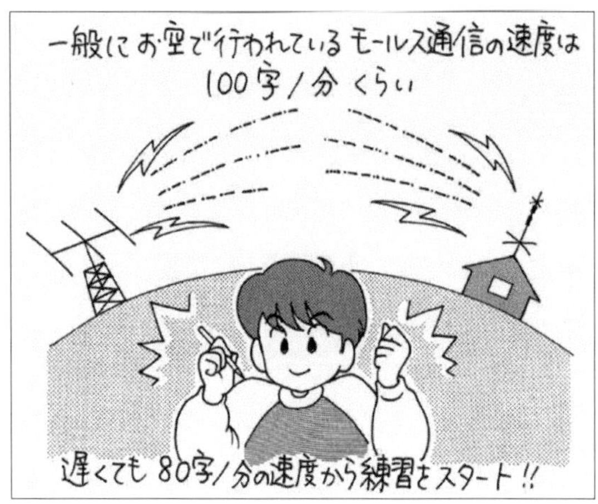
一般にお空で行われているモールス通信の速度は
100字/分くらい
遅くても80字/分の速度から練習をスタート!!

信すると「速くて取れないよ」ということになります．それは当然です．

ここでちょっと計算してみましょう．25字/分は計算が面倒なので，20字/分でやってみます．1分間に20字/分ですから，平均すると3秒に1字です．そこで，3秒に1字づつ，100字/分の速さで打ってもらって（あるいはコンピューターに打たせて）受信してみましょう．どうですか？100字/分の速さで3秒に1字づつ打つほうが，ずっと受信しやすく感じられるはずです．何度も初心者の練習につきあったOMさんは，皆さんこのことをご存じなので，25字/分の電信をきちんと打たずに，けっこう速い符号で間隔を開けて練習相手をしています．100字/分の符号が25字/分の符号よりも取りにくいのではなくて，スピードに頭がついて来ないだけのことです．

一般的な感覚では，120～150字/分くらいの符号が，もっとも受信しやすいのではないかと思います．

受信練習法

とりあえず25字/分で試験を受けて，免許待ちの間に80字/分を練習しようと考えている人も多いことでしょう．しかし，25字/分を確実に取れるようになって，徐々にスピードアップしようとすると，40字/分の壁を破るのもたいへんです．いきなり100字/分を受信する練習の何倍もの努力をしても40字/分の壁はなかなか破れないでしょう．このあたりの速度を境に受信の仕方が変わるからです．

25字/分なら，符号を聞く，点と棒に変換する，アルファベットに変換する，それを書くという回りくどい方法でも受信できます．ところが40字/分を越えるとそれでは追いつかなくなります．「学」の世界から「術」の世界に入って来るからです．

いったん「学」の世界に首を突っ込んで「術」の世界に入り直すのは回り道で，初めから「術」の修練に励めばよいというのが筆者の主張です．

それにはどうすればいいかというと，最初から100字/分で練習すればいいのです．いきなり100字/分の受信ができるものかと思われるでしょうが，やってみればそれができるのです．ここに紹介する練習法は，多くの人が半月くらいの間に苦もなく100字/分の受信ができるようになった実績のある方法です．だまされたつもりでやってみましょう．必ず覚えられます．モールス符号は，そんなにむずかしいものではないのです．

モールス符号を聞いて反射的に字を書けないと40字/分以上の電信は取れません．医学的に正しいかどうかはわかりませんが「学」と「術」は脳味噌の別のところが作用していて，25字/分の受信に働く脳味噌をいくら鍛えても，100字/分の受信には役に立たないようです．

音で覚えるモールス符号

モールス符号は音で覚えましょう．モールス・コード表をいつもにらんでいるのではなく，OMにAの符号を打ってもらって「この音がAだ」というように覚えるのです．このような練習をしてみると25字/分の遅いモールス符号はさっぱり解読できず，120字/分くらいが適当な速度であるとわかります．あるOMが「電信は目で覚えるのではなく，耳で覚えるものだ」と話していましたが，けだし名言だと思います．

まず最初は，AとNとTとEの符号を覚えます．ついでに，AとET，NとTEの聞き分け，つまり字間の感覚を修得します．そして残りの時間は，この4文字の組み合わせでできる単語を受信しながら書き取る練習をします．これが1日目の1回目の練習です．速さはもちろん遅くても100字/分です．この4文字でできる単語は，例えばNEAT，TEA，EAT，TEN，ANT，ANTENNAなどがあります．

現在ではコンピューター用のモールス練習ソフトもたくさん出ています．コンピューターの速度を100字/分に設定して，最初はE，T，A，T，E，Nと打たせてそれを聞き分ける練習，それが終われば上記のような単語を打たせて書き取る練習をすればよいのです．これなら，忘年会シーズンや出張で忙しい時期でなければ毎日練習できるでしょう．

1日目の2回目あるいは2日目は，前回の復習，つまり単語の羅列を書き取って，今度はI，M，H，Rの符号を覚えます．これだけの符号を覚えれば，これらを組み合わせた単語はたくさんあります．MEET，TEAM，HEAT，THREE，THEN，NEAR，TREE，思いつく単語を片っ端からコンピューターに打たせるなどして書き取ればいいのです．

同様に3回目は，S，U，D，Kを覚えます．このあたりでまだ覚えていない文字も混ぜてみます．これは「取れない字にこだわらずに思い切って飛ばす」術の練習です．全部の文字を覚えてしまうと，取れない文字にこだわって，以後が取れなくなってしまう症状を招くことがよくあります．これを防ぐのが狙いで，まだ取れなくてあたりまえの時期に取れない字をわざと入れて，取れない字は平気で飛ばし，その代わりに次の符号は確実に取る術を修得するのです．

ですから，DEADLINE，KINGSTONE，TROUBLEなどを打たせて，DEAD?INE，KIN?STONE，TR?U??Eと取れれば満点です．別に？は書く必要はありません．けれども「ここは取れなかった」ということが，後で見てわかるように，例えば点を打っておくなど，しておきます．練習問題に選ぶ単語も，最初は短い単語から，少しづつ長い単語にしていきます．

覚える順番は，E，T，A，N，H，R，M，I，S，U，D，K，W，G，O，F，C，J，P，V，Q，L，B，Y，X，Zの順がいいでしょう（**表1**参照）．よくまちがえる符号は後回しにして，次に進みましょう．

暗文の練習はあまりおすすめできません．アマチュア無線に暗語は許されていませんから，暗文の練習をするなら普通の単語の練習に励んだほうが実際的です．英語の文字列はランダムに並んでいるのではなく，一定の癖があるものです．普通の単語で練習しているとそういう癖が自然に頭に入って来ます．これが実際の交信でずいぶんと役に立ちます．暗文ではそれが頭に入らないのです．

こうして1回に4文字づつ覚えていくと，7回で28字ですからアルファベット26文字は7回で終わる勘定になります．1日1回，1週間で十分なはずですが，数字や符号もありますし，覚えそこねた符号を覚え直したり，なかなか計算どおりにいかないものです．しかし，1日3回，2週間なら，余裕を持って覚えることができるでしょう．

1日3回，2週間，42回で覚えられるなら，1週間に1回で42週間でも同じだろう，というわけにはいきません．また，1日3回，15分づつでいいのなら1日1回，45分でも同じだろうというのも，そうはいきません．そこが「術」の「術」たる所以で，「学」みたいに理屈

表1　習得順に並べたモールス符号

段階	文字	モールス符号
1	E	・
	T	−
	A	・−
	N	−・
2	H	・・・・
	R	・−・
	M	−−
	I	・・
3	S	・・・
	U	・・−
	D	−・・
	K	−・−
4	W	・−−
	G	−−・
	O	−−−
	F	・・−・
5	C	−・−・
	J	・−−−
	P	・−−・
	V	・・・−
6	Q	−−・−
	L	・−・・
	B	−・・・
	Y	−・−−
7	X	−・・−
	Z	−−・・

どおりにはいかないのです．1日3回は無理にしても，毎日1回，特別な事情でやむを得ない場合には1度か2度，1日抜けるのは仕方ない程度と考えてください．

筆記の書体

電信を書き取るのに，大文字がいいのか，小文字がいいのか，筆記体か，ブロック体か，という質問をよく受けます．

これらは一長一短があって，どれが最適か一概にはいえません．それぞれの長所短所は，

●小文字筆記体

もっとも速く書けますが，t の横棒，i の点をいつ打つかが問題です．t や i を受信するたびに書くと速度がかなり落ちます．単語の終わりでまとめて書こうとするとつい忘れて，あるいはその余裕がなくて，後で判読に苦しむことになります．

●小文字ブロック体

書く速さは小文字筆記体より遅いけれども，t の横棒や i の点をその字が出るたびに書くことによる遅れはいたって少ないでしょう．

結局，全体的に見て小文字筆記体よりも速いこともあります．後で読んだときに判読不能になることは少ないでしょう．

●大文字筆記体

あまりメリットはないと思われます．

●大文字ブロック体

書き取った後での読みやすさは一番ですが，書くのは遅くなります．特に，E，T は，モールス符号は短いのに書くのに時間がかかってしまうので，適当に変形して書きやすくする工夫が必要でしょう．

ということでお好みに応じて選べばいいと思います．上達すれば小文字筆記体がもっとも速いのですが，途中で切り替えるには無理があり，筆者はいまだに大文字ブロック体を使っています．

送信速度

送信速度のお話をしましょう．100字/分の速さなどといいますが，どのようにして測るのでしょうか．「簡単さ，1分間打って，打った字数を数えればいいじゃないか」とはいえないのです．

タイピストの検定では，例えば30WPM（WPMはWord Per Minuitsの略，つまり毎分何語）という表現を使います．1語は5字という決まりですから，

〈筆記の書体例〉

小文字ブロック体

a b c d e f g h i j k l m
n o p q r s t u v w x y z

読みやすく．tの横棒やiの点による遅れも少ない．

小文字筆記体

a b c d e f g h i j k l m
n o p q r s t u v w x y z

もっとも速く書けるが．点や横棒を打ち忘れたり．わからなくならないよう注意．

大文字ブロック体

A B C D E F G H I J K L M
N O P Q R S T U V W X Y Z

もっとも読みやすい．ただし．書くのが遅くなるので"E"など"短い符号は書きやすくする工夫が必要．

大文字筆記体

A B C D E F G ..

あまりメリットはない．

30WPM は 1 分に 150 字を打つ能力をいいます．タイピストの場合は簡単で，かりに 0.25 秒に 1 字づつ打つと 1 秒で 4 字, 1 分で 240 字, したがって 48WPM（実際は語間にスペース・バーを叩かなければならないので，少し少なくなる）と計算できます．

しかし，電信ではそういう計算はできません．例えば 60 字（12WPM）で打つとして，1 秒に 1 字打てばいい計算になりますが，E と J とでは符号の長さが違うため，これを同じように 1 秒で打てば，E はずいぶん間延びするし，J は忙しく打たねばなりません．このような打ち方をするとおそらく受信できないでしょう．したがって「長い符号でも短い符号でも，短点一つの長さは同じ」が電信の鉄則です．そうすると必然的に，E などの短い符号が多い文章は打てる字数が多くなり，J などの長い符号が多い文章は打てる字数が少なくなります．そこで，何を基準に測ればいいかという疑問が出てきます．

欧文電信では，標準的な 5 文字の単語を決めて，これを連続して打った場合の字数を示すことになっていますが，この標準的な 5 文字の単語にいくつかの提案があり，単語の選び方で ± 20％程度の差が出ます．

HST という電信の早聞き競技では「PARIS」が採用されています．「PARIS」を連続して打って，1 分間に打てた字数を表示するわけです．「PARIS」は短い符号が多くて, 実用上は現実離れしているように思えます．しかし，HST は世界的に行われる競技ですので，おそらく今後は「PARIS」に統一されていくものと思われます．これがどんな速さか調べてみましょう．

モールス符号の構成は，

文字	短点	長点
P	2	2
A	1	1
R	2	1
I	2	0
S	3	0
計	10	4

になっています．ここで「長点は 3 短点だから 4 長点は 12 短点，だから全部で 22 短点の長さだな」と早合点しないでください．

短点一つを打つには，次の短点または長点との間に 1 短点のすき間を空けなければならないので 2 短点分の時間が必要です．長点一つを打つには，同様に 4 短点分の時間が必要です．字間は 3 短点分のすき間を空けなければならないのでそれも加算する必要があります．しかし，このうち最初の 1 短点はすでに計算済みですので 1 字あたり 2 短点の加算が必要となります．

さらに，語間は 7 短点分のすき間を空けなければならないのでそれも加算する必要がありますが，このうち最初の 3 短点はすでに計算済みですので，1 字あたり 4 短点の加算が必要になります．

結局，10 短点に対し 2 倍の 20 短点，4 長点に対し 4 倍の 16 短点，5 文字に対し字間を 10 短点，それと語間の 4 短点を合計して, 50 短点分の時間が,「PARIS」を一度打つために必要になります．

xWPM の送信速度での 1 短点の長さは，これから計算できます．xWPM で 1 語打つために必要な時間は, 60/x 秒ですから, 1 短点の長さはその 1/50 で, 1.2/x（秒）が 1 短点の長さになります．筆者の感覚では，1/x（秒）で計算するのが，実用の文章とよく一致するように思うのですが，おそらく今後「PARIS」が主流になるでしょう．コンピューター・ソフトや，エレキーをお持ちの人はこれで検定してみましょう．

ここでは「PARIS」で測った速度で書いています．

国家試験での電信の測り方

第 1 級～第 3 級アマチュア無線技士（以下 1 ～ 3 アマと略す）の国家試験では，特別な測り方をしているようです．無線従事者規則第五条に，1 ～ 3 アマの電気通信術の試験の規定がありますが，いずれも「一分間 x 字の速度の欧文普通語による約 y 分間の音響受信」という表現で，x は，1 アマは 60，2 アマは 45，3 アマは 25 で，y はそれぞれ 3，2，2 となっています．

実際の試験では，3 アマの場合はきっちり 25 × 2 = 50 字を 2 分間で送るように調整しているようです．字数をぴったり合わせるため，文末で何文字かを追加したり削除したりもしているようですので，受信した

入門編

答案を見て「英語がまちがっている」と正しい英語に直したりすると脱字や冗字で減点されますので注意が必要です．

1～3アマの国家試験を受けようとする人は，電気通信術の試験がどのように行われるかを非常に気にするようですが，それほど気にする必要はないでしょう．

HR HR $\overline{\mathrm{BT}}$ で始まって試験文があり，$\overline{\mathrm{AR}}$ で終わるだけです．音が悪い，周囲が騒がしい，隣の受験者の鉛筆の音が煩いなどの不満を漏らす人も少なくありませんが，実際の交信でのQSB，QRM，QRNに比べるとものの数ではありませんから，実際の交信を聞いて練習していれば，苦にならないはずです．

それよりも実用速度で練習していた人が参るのは，2アマの45字/分や3アマの25字/分は遅すぎてたいへん取りづらいことです．試験の直前でけっこうですから試験の速度での受信練習を何度か経験しておきましょう．そうでないと泡を食っているうちに試験が終わってしまって，白紙答案を出すはめになります．それと余裕がありすぎてよけいなことを考えているうちに何字か抜けてしまうこともあります．

$\overline{\mathrm{AR}}$ が来れば一呼吸おいて「はい，鉛筆をおいて」との指示がありますから，遅れ受信をしていると慌てることになります．

とにかく，3アマの試験なら出題の字数は2分間で50字です．そして，誤字冗字がなくて脱字だけだとすれば，脱字は10字で10点減点になって合格点ぎりぎりになります．つまり，50字のうちで40字を正確に取れば合格するのですから，安心して受験しましょう．普段から「取れない字は書かない」習慣が身についていれば，問題ないはずです．

2-2 上達への手ほどき

手本はお空に

筆者が駆け出しのころ，耳にタコができるほどOMさんにいわれたのは，ワッチということでした．最近はそんなことをいうOMも少なくなり，たまにOMがそんなことをいっても耳を傾ける若い人も少なくなってしまいましたが，HFの電信ではやはりワッチがものをいいます．

ある程度受信できるようになれば実際の交信を聞いてみましょう．最初は交信内容を必死で書き取るだけで精いっぱいでしょうし，それで十分です．国内は和文モールスを楽しむ局が多いため，できれば海外の局（とはいってもシベリアの局はロシア語でやっていることもありますが）の交信を聞いてみましょう．また，聞いてみるだけでなく必ず書き取ってみましょう．21MHzのVK（オーストラリア），ZL（ニュージーランド）は，入門者にはおすすめの相手局といえます．

いきなり全部を書き取るのは無理だとしても，できるだけ書き取ってみます．そうすると少しづつ速い（といっても実用速度の）電信についていけるようになりますし，交信のスタイルもわかってきます．

CQ一つにしても，教科書どおりにきちんと3×3で打つ局，短く打つ局，あるいは長々と打つ局．何度CQを打っても誰も応答しない局，一発のCQで多くの局に呼ばれる局，またせっかく呼ばれているのに気がつかずにまたCQを打つ局．いろいろあるでしょう．

CQを聞きつけたら必ずその局のコールサインを書

Column モールス通信のマナー

電信だからといって特別なマナーはそんなにあるわけではありません．今まで運用してきたFMやSSBのマナーを守れば特別に何もいうことはないはずです．しかし，実は現在のFMのマナーは感心したものではなく，それを守っていれば良いとはいっていられないので，以下に述べてみたいと思います．

まず，頭にしっかり入れておいていただきたいのは，HFの電波は世界中に飛んでしまうことです．ですから，世界中の人に認知されたマナーを守らなければなりません．FMだと，関東と関西でもいいとされるマナーが異なっているようですが，HFではこんなことはあり得ません．ローカル・クラブが勝手に作ったルールなどは通用しないのです．

ましてや，それを他人に押しつけようとしても誰もしたがってくれません．理屈抜きで今あるルールにしたがうよりほかにないということを，まず頭に入れておきましょう．

マナーの第一は電波法や無線局運用規則の遵守です．これらの電波法令は国際条約に基づいて制定されていますので，直接国際条約を参照しなくても，これらを守っていれば一応は国際的に通用するルールにしたがっているといえます．

き取ります．電信で交信するまでに必ず身につけなければならない習慣です．誰かが呼んできて交信が始まると，それもできるだけ書き取りましょう．

実際に行われている交信は，受信練習の理想的な教材です．それと同時に，交信でまず初めになんと打つか，それになんと応えるか，その答が，こうして書き取ったノートに知らぬ間に蓄積されます．ですから広告の裏紙などに書き殴るのではなく，ノートにきちんと書き取りましょう．いきなりノートに書き取るのが無理なら広告の裏に書くのもけっこうですが，交信が終わればノートにきちんと清書して保存したいものです．ついでに電文の意味も考えてみましょう．わからなければOMにたずねてみましょう．書き取っていなければ，OMにたずねることもできません．

先輩たちの交信の意味がわかって来ると，受信練習も楽しくなります．こうして交信を50回も聞けば，自分が交信する場合になにを打てばいいかが自然にわかってきます．時々古いノートを読み返してみると，当初は苦労しても取れなかった部分が，今では前後の関係からわかるようなこともあります．練習の効果を実感できる瞬間です．

それと同時にHFのコンディションの変化も少しづつわかってくるでしょう．V/UHFの交信に慣れているとコンディションの変化にむとんちゃくなことが多いようです．しかし，HFでは昼間に聞こえていた地域が日が沈むと聞こえなくなり，それに代わって別の地域が聞こえてきたり，夜が更けるとまた別の地域が聞こえてきたりします．ワッチによって，こういうことが人に教わらなくても肌で感じることができます．

さらに慣れてくると，じょうずなやり方，へたなやり方を見分けてみましょう．CQ一つでもじょうずへたがあります．へたなCQはまったく相手に呼んでもらえず，じょうずなCQはすぐに相手が現れます．空振りばかりしているCQと，すぐに呼ばれるCQはどこが違うのかという目（耳？）で，CQを聞き比べてみましょう．交信も同様，話が弾んで楽しそうな交信もあれば，話が通じなくて何度も同じことを打ったあげく，中途で73とやってしまうのもあります．

こういうのをいろいろと批評しながら聞いていると楽しく，非常に参考になります．空に出ている先輩たちは皆さんが電信の名手とは限らず，じょうずではない人もいます．自分ならどう打つかも考えてみましょう．このようなことを考えながら人の交信を聞くのは，

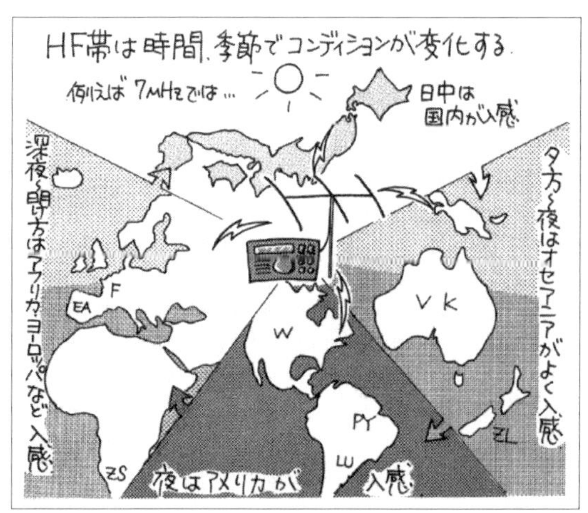

単調な受信練習と違ってきっと楽しいと思います．こうして自分で体得すると，人が見ていない所でも自分できちんと運用するようになります．

受信練習というと速度が問題になりがちですが，80～100字/分くらいをあらかたコピーできれば，それ以上に速いのはコンテストでもやらない限り必要ありません．それよりも相手が打ってきた意味を確実に理解することがもっと重要です．

最近は，144MHzや430MHzのFMから電信に手を拡げる人が多くなりました．こういう人は，得てして144MHzや430MHzで受信練習をしようとしますが，これはおすすめできません．というのは，V/UHFバンドでの電信は和文による交信が多いため，和文を知らない人の受信練習に使える交信が少なく，聞こえる局が限られているからです．また，V/UHFバンドだとFMで交信できる範囲なので，わざわざ非能率的な電信を使うメリットが少ないことなどがその理由です．

ですから，電信はぜひHFで練習しましょう．世界中の電波が飛び交っています．免許が手元に届けば異なる国々の人たちと自分で交信できるんだと思うと，練習にも励みがでることでしょう．

初心者の二大愚問

筆者が電信を教えるときには，まず最初に「初心者の二大愚問(ぐもん)」を宣言することにしています．それは，「ラバースタンプの文例を作ってほしい」という愚問と，「どのバンドに出ればいいのか」という愚問です．多くの初心者が同じことをいいますが，これがなぜ愚問かというと，いいつけを守って実際の交信をよく聞いていれば簡単にわかるからです．つまり，こんな愚問を発するのは，交信をよく聞けといういいつけを疎かにしていることを白状するようなものです．ですから筆者が教える生徒には，まず最初にこのように宣言することにしているわけです．

人間誰しも，自分の質問を愚問といわれてうれしいはずはありません．ですから質問が出てから愚問だというと気を悪くする生徒もいますが，最初に宣言しておくと生徒たちはこのような質問をしません．その代わりに暇さえあれば交信をワッチして「ワッチしてたらこんなことを打っていたけど，どういう意味ですか?」というような質問をしてきます．こういう質問を受けると筆者が喜ぶので，生徒はワッチに精を出してどんどん上達します．

お空には毎日手本が飛び交っています．いい手本もあるし，悪い見本もあります．よく聞いていると，いい手本か悪い見本か，初心者でも見分けられます．ああ，こうすればいいんだ，こうすれば悪いんだということが，自分でわかります．「こうしろ」とか「こんなことをするな」とか，人にいわれるよりも，よほどよく身に付きます．

ですから，早速，HFの無線機でワッチしてみましょう．そうすれば，電信ではまずどんなことを打つのかとか，どのバンドのどのあたりを受信したらよいのか，わかってくるでしょう．資格がなくても受信だけなら差し支えありません．

楽しみながら上達

電信で世界中のハムと交信するのは楽しいことです．何が楽しいかというと，なにげない一言からでも，今まで知らなかった風物を知ることができたり「へぇ，そんなことを考えている人がいるのか」と気がついたり，電信で世界中のハムと交信しているうちに，いろんな楽しい驚きが何度でも起こります．いままで知らなかった世界が開けてきます．よくわからなかったり詳しく知りたければ，たずねればいいのです．これが，一方的に送られて来る放送や映画と根本的に違うところです．誰でもお国自慢はしたいものです．見知らぬハムに自分の住んでいるところの話を求められると，喜んで話してくれます．

しかし，こういう楽しみは，海外局と自由に話ができるようになればの話だと考える人が多く，そして本当に楽しいのは確かに自由に話ができるようになればの話ですが，初心者でもそれなりにけっこう楽しめるのです．人が交信しているのを聞く分には資格もいらず，誰かに迷惑を掛けるわけでもありません．黙って聞いていてもいいのです．ただ，こちらから注文して詳しい話が聞けないだけです．

しかもそれが受信練習になり送信の手本にもなるのですから一石三鳥です．80字/分くらいの速さで1分間に脱字が10字くらいのレベルになれば，どんどん実際の交信を聞いてみましょう．そして，できるだけ書き取って，わからないところはまず自分で考え，どうしてもわからなければOMにたずねてみましょう．テープなどでの受信練習だけでは無味乾燥でつまらないけど，こういう受信練習はけっこう楽しいはずです．それに生きた教材ですから，話の中身もさることながら運用方法の見本でもあるわけで，今後の参考になること請け合いです．

筆者が教える生徒たちは，別の楽しみ方もしているようです．筆者が返答に困るような質問をしてやろうと鵜の目鷹の目で珍問難問の材料を探しているのではないかと思われる節もあります．それもけっこうなことで，とにかく交信を聞く励みになれば教える側の思うつぼというわけです．アマチュアの交信は単に確実に電文を送受するだけでなく，相手がいいたいことを理解してすぐに返事をしなければならないので，受信と同時におおよその意味を理解することも必要です．そのためには，書き取りながら意味もわかる，これも「学」ではなくて「術」なのです．そして，その「術」を修得することが大切です．

ですから，実際の交信で練習する前に，多少は英語に慣れることも必要です．とはいっても中学校の英語の教科書を復習するのではありません．必要なのは英語に慣れることで，英語を学ぶことではないのです．現在，筆者は「不思議の国のアリス」をCW教室の教材にして，電信の受信だけでなく解釈もやっています．

この作戦は見事に的中して，教わる生徒たちは話の続きを知りたくて熱心に練習します．

受信しながら意味も理解することが必要.

あるときはヒット曲の歌詞を教材にしたこともありました．これも，「へぇ，あの唄の意味はそういうことだったの」と好評でした．このように，ちょっとした工夫で練習が楽しくなります．

コンピューターに打たせるにしても，自分が興味をもてる題材を選べば無味乾燥な受信練習も楽しくなるでしょう．コンピューターに打たせるテキストも自分で打ち込みましょう．少し慣れると打ち込みながらでも話の筋がある程度はわかるようになります．それは受信しながら意味を取る術にもつながります．

交信を楽しもう

免許が手元に届いて電波が出せるようになると楽しみの幅がぐっと広がるはずなのに，自分で楽しみの幅を狭めているような人が少なくないのは，残念でなりません．先生にラバースタンプの文例をねだって，そのとおり忠実に送信する，相手が文例どおりに打ってくれればいいのですが，文例にないことを打って来ると，こんなことを打たれたけれどもどうすればいいかたずねたりします．

これでは先生のロボットとなってしまって楽しくないでしょう．筆者は，頼まれれば愚問に答えてラバースタンプの文例を教えないでもありませんが，この文例は10回以上使うなと厳命しています．そうでないといつまでもラバースタンプから脱出できないからです．試験を受けてそこそこの手応えがあれば，その日から実際の交信を受信することをすすめています．そうするとラバースタンプの文例などという愚問も出ずに，免許が来てからの上達も早いからです．

HFのコンディション

特に，V/UHFのFMから電信に来た人たちは，HFもV/UHF同様，いつも同じ調子で交信できると思っている人が少なくありません．そんな人たちが初めてHFを聞くと，コンディションの変化の速さに驚くようです．こういうのも，免許が来るまでに慣れておく必要があります．HFのコンディションは，一日単位の短い周期，1年単位の中位の周期，11年単位の長い周期で変化します．あちこちのバンドを聞いて，どの時間帯にどのエリアが入感するかを掴んでおくのも，免許待ちの間にできることです．OMにたずねるのもけっこうですが，自分で探してみましょう．自分

で見つけたほうが喜びも大きいし，よく身につきます．ついでにCQ Ham RadioやJARL NEWSに毎月掲載されているコンディション予報も見ると，この使い方もわかってくるでしょう．

世界中が相手ですから，時差も考えなければなりません．日本で都合のいい時間である夕食後は南北のアメリカでは夜中過ぎです．ヨーロッパやアフリカでは午前中で仕事の時間です．そんな時間に無線で遊んでいる人はほとんどいません．そんなこともワッチしていると判断できるわけで，これを口で説明するだけではなるほどそんなものかと理解はできても，一向に実感としては感じられないので身につかないようです．

「交信を楽しみましょうなんていっても，無難に交信を終わるだけでも精いっぱいなのに」なんて思わないようにしましょう．別に無難に交信を終わらなくてもいいのです．大失敗して立往生してもいいんです．それが許されるのが初心者の特権です．幼いころ，自転車や水泳を覚えたころのことを思い出してみましょう．転んで膝をすりむいたり，溺れそうになって水をのんだりしても楽しかったことでしょう．電信でどん

Column ゼロインについて

電信の交信は，原則としてオンフレ（*1）で行われます．DXペディションなどでスプリット（*2）を要求されたり，1.9MHz帯では相手国の電信バンドがわが国の電信バンドと重ならないのでスプリットでないと交信できないというような例外もあります．しかし，そういう場合を除いてはオンフレが原則で，CQに応答する場合などは，相手局の周波数にぴったり合わせて呼ばなければなりません．

SSBだと相手の信号がきっちり復調できる状態で送信すれば，±20Hzもずれることはありませんが，同じ調子でCWをやると，ひどいときには数百Hzもずれることがあります．これに気づかずスプリットで平気にやっている局が多いので，きちんとゼロインするよう，心がけましょう．

ゼロインしないと交信に二つの周波数を使うことになり，はた迷惑であると同時に自分が送信中に相手の周波数（そのタイミングでは誰も使っていない）でCQを打ち始める局が出てきたり，いろいろとトラブルが起こります．普通の交信におけるスプリットでの数々のトラブルは，スプリットで運用している局の責任ですから，常々自局の周波数を相手局の周波数にぴったり合わせて呼ぶ習慣を身につける必要があります．

さてゼロインの方法ですが，無線機の設計によってやりやすさに違いがありますので，基本的な方法を下記にいくつか例を示します．お手持ちの無線機に合わせて操作しやすい方法を選びましょう．

普通，電信の復調には，目的信号（これが送信時にはキャリアの周波数になる）と数百ヘルツ離れたBFOを検波器に注入してビートを取りますが，BFOの周波数をキャリアの周波数と同じにして，目的信号がゼロビートになるように同調すれば，目的信号にぴったり合わせることができます．目的信号を捕まえて同調していくと，ビートの音調がだんだん低くなって，可聴周波数以下になれば何も聞こえなくなります．この状態で，±25Hz程度の誤差で目的信号に合っています．

な失敗をしても怪我をしたり命に関わる心配はありません．遠慮なくOMの胸を借りましょう．ただし精魂こめて，誠実にです．

「精魂こめて，誠実に」とはどんなことかというと，相手をしてくれるOMは貴重な余暇を自分のために割いてくれているんだと考えること，それを有効に活用して少しでも上達しようと努力すること，簡単にいってしまえばそれだけです．

どんな珍しいエンティティーで運用しているとしても「俺のQSLカードが欲しくて呼んで来たんだ」なんて思わないことです．相手の打ち方が遅くても「なんだ,へたくそ」と思わないことです．相手が速く打って来ても「なんだ，この人，相手の速度に合わせることも知らないのか」と思わないことです．相手が打って来たのを聞き流しておいて「OK OM」と打って頓珍漢な返事をしないことです．相手とキーイングの速さを競争しようなどと思わないことです．まともに打てないような速さで符号を打たないことです．

特に大切なのは，自分からQRUとか，CU AGN 73と打たないことです．これをやると絶対にラバースタンプのスタンピング・マシンから脱出できません．相手が初心者だとわかれば，OMはなんとか話題を探して稽古台になってやろうと工夫しますが，その矢先にQRUなどと打たれるとせっかくの工夫が水の泡です．

OMが「はい，これまで」と打つまで食いついていきましょう．できるだけたくさん書き取る，そこからできるだけ多くのことをくみ取る，それにきちんと答える，慣れてしまえばあたり前のことですが，それだけでも慣れるまではたいへんな作業ではあるけれども，楽しい作業でもあるはずです．

日ごろ運用していると，前に相手をした初心者がCQを打っています．「上達したかな．もう一度相手をしてやろうか」と呼んでみると「UR 2ND QSO SINCE JAN. 26 2146 JST」などと打って来ますが，これはいただけません．「ログの整理もしてないのか」という気持ちが見えみえです．こちらの好意を無視したばかりではなく，せっかくの上達のチャンスもみすみす逃がしています．コンテストではないのだから，2nd QSOでも3rd QSOでも，どんどん楽しめばいいのです．

1年くらいはのんびりとOMの話に耳を傾けてじっくり聞いてみましょう．けっこう楽しくてためになる話をしてくれます．時々，免許前にワッチしていたころを思い出して，「下手だなあ」と思った局と同じことをやっていないか，振り返ってみるのです．

このように話を進めて来たので，だいたいおわかりいただいたと思いますが，免許が来るまでの間によくワッチしたかそうでないかが，免許が来てからの上達に大きく影響するということなのです．

失敗は成功の元

初心者の練習相手をしていると，もう十分に交信できる程度に上達しているのに一向に電波を出そうとしない人がいます．こういう生徒は教え甲斐がなくてお

さらにきっちり合わせるには，このBFOを可聴周波数で振幅変調してやると，ブルブルという感じの音になります．さらに同調していくとこの音がブルンブルンという感じになり，やがてきれいな単調音になりますが，この状態だと±2Hz程度の誤差で目的信号に合っています．ここまで合わせれば十分です．この，BFOを可聴周波数で振幅変調する方法をダブルビート法といいますが，市販のトランシーバーは改造しないとだめなので，BFOの周波数をキャリアの周波数と同じにできる機種なら，ゼロビートだけでも（つまり±25Hz程度の誤差で）十分です．もちろん，受信時は普通に数百ヘルツ離れたBFOを検波器に注入します．

このような機能がないトランシーバーの場合は，キャリアの周波数とBFOの周波数の差の周波数の音に合わせればよいのですが，これには，まずキャリアの周波数とBFOの周波数の差の周波数がどんな音調になるかを確かめておかなければなりません．このためには，キャリアとBFOのビートが取れる構成になっていなければなりません．この音を聞いて，その音調が耳にはっきり残っていれば，音感の優れた人なら±50Hz程度の誤差で合わせることができますが，そうでない人がやると誤差は大きくなるでしょう．比較的耳になじんだ音（例えば時報の音とか楽器の調律に使う音）になるようにBFOを調整しておけば，そんなに大きな誤差は出ないと思います．

音感が良くない人でもなんとかこなせる方法は，キーイング・モニターの音をこの音に合わせておくことで，両者を聞き比べると，よほどの音痴でない限り，±100Hz以上の誤差は出ないはずです．この程度だと，占有帯域巾の広がりも100Hzまでに押さえ込めるため，こちらの送信中に相手の周波数でCQを叩かれることもないでしょう．

これらの方法のどれも使えないようなトランシーバーは，ゼロインが不可能，すなわち電信には不適当と考えるべきだと思います．

(*1) オンフレ（on the frequency）：自局の周波数を相手局の周波数にぴったり合わせること
(*2) スプリット：自局の周波数を相手局の周波数とは別の周波数にすること

自分だって初心者のころは
いろんな失敗をしたもんだよ
気にせずどんどん出てごらん!
ハッハッハッ
ドキ
ドキ
OM
OMサンの
信号は
キレイだなー

もしろくありません．それに実践で鍛えてこそ力も付くというのに，先生のいうことは神妙に聞くし練習もワッチも熱心なんだけれども，いつまでも畳の上の水練みたいに空に出ろということだけは頑として聞かない，困った生徒がいるものです．

こんな生徒にいろいろと尋ねてみると，どうやら空に出て失敗して恥をかくのがいやなようです．

しかし，初心者が空に出て失敗するのはあたり前の話で，決して恥ではありません．今は大きな顔をしてるOMも，初心のころはいろんな失敗をしているのです．だから初心者時代の失敗を知っている超OMにはOMも頭が上がらない，それでいいのです．みんな失敗してうまくなっていくのです．初めから失敗しない人なんていないわけですから，心配しないでどんどん空に出てみましょう．

電信に出ているOMはたいていは親切です．初心者だとわかるとわかりやすく打ってくれるし，下手な電文でも苦労してなんとか理解しようとしてくれます．そして，ていねいに教えてくれます．このときOMが困るのは，いくら教えようとしても打つことを理解しない人たちです．こういうことにならないためには，できるだけ書き取ることです．

成功の元にならない失敗

電信で初心者かどうか，そう簡単に判別できるものではないと思っている初心者も多いようですが，それが手に取るようにわかるものです．エレキーで速い符号を打っていればベテランも初心者も同じではないかと思うかもしれませんが，それでもわかるのです．初心者がベテランぶって速い符号をパラパラ打つのは

Column 国内のCWクラブ紹介

KCJ（Keymen's Club of Japan）

●KCJの歴史

KCJ（全国CW同好会：Keymen's Club of Japan）の設立は昭和51年（1976年）9月19日ですから，すでに20年以上の歴史があります．設立趣意書には発起人としてJA1AD，JA1DD，JA1AYC，JA1DCL，JA2FW，JH2RRZ，JA4UGといった錚々たる人たちが名を連ねています．十年一昔といいますが，これらの発起人の中には他界された方や退会された方もおられ，また，今なお役員として貢献されている方も少なくありません．

CW愛好家は，JCCなどのアワードを追いかける人，DX専門の人，コンテストを楽しみにする人などさまざまで，多くは一匹狼，せいぜいローカル・クラブで集まる程度ですが，結集して大きな力にしようではないかということが設立趣意書にうたわれています．すなわち，自分がしないことでも人の迷惑にならない限りは是認して大いに電信を楽しもうという趣旨と理解しています．それと同時に，単に一時の熱病ではなく，生涯CWを楽しみたい人たちの集いでありたいという願いが，発足の当初からありました．設立当時はまだプロの世界でも電信が盛んに使われていましたが，設立趣意書には，CWこそ通信の原点という当時の発起人たちの心意気がひしひしと感じられます．

それ以来KCJは，電信のどの分野に偏ることもなく，常に先進的な試みを続けて来ました．その中には失敗もあります．しかし，議論が白熱して結論が出ないときは「とにかくやってみよう」が，KCJの伝統であるように思います．こうした中で，発足まもなくKCJAを制定し，会員相互のOAM（On the Air Meeting）を行い，KCJコンテストを主催しています．特にKCJコンテストでは，JARL本部が1.9MHzのコンテストでの無法に手を焼いて，コンテストから1.9MHzを除外したとき，あえて1.9MHz部門を維持しただけでなく，トップ・バンドのコンテストを始めて，トップ・バンドのコンテスト愛好家の要望に応えたのは特筆すべきことではないかと思います．また，これらのコンテストのためにKCJが制定したアルファベットの都道府県コードは，若干の改訂を経て，今や多くのコンテストで採用され，都道府県コードの定番になっています．

また，WARCバンドのQSOフェスティバルは，このバンドではコンテストもアワードも行わないという申し合わせを尊重しながら，当時ようやく解放された10MHz帯の活性化のために，KCJの熱心なメンバーが考え出したものでした．

コンテスト・ログを照合して，不完全なQSOを得点の対象にしないと同時に水増し交信を締め出すのも，知る限

滑稽(こっけい)なだけです．下手にベテランぶらないで初心者丸出しでOMにぶつかっていくほうが上達も早いし好感がもてます．遅くてもまちがいのない符号をきちんと打つのが良いのです．変なことを打って話がおかしくなったら次は別の打ちかたをすれば良いでしょう．

ただ失敗を失敗と感じない鈍感さ，これも初心者に共通の欠点ですが，これがもっとも手に負えない失敗かも知れません．そんな失敗を少し挙げてみます．

●長いCQ

初心者のCQに共通するのは，長すぎることです．1回で応答があればいいのですが，何度もCQを空振りするとだんだん長くなります．同時に，CQを打ち終わって次にCQをまた打ち始めるまでの時間はだんだん短くなっていきます．このようなケースは，メモリー・キーヤーで先生と同じCQを打っていても，すぐに初心者と見抜かれてしまいます．

CQを打って応答がない場合は必ず理由があります．慣れた人ならその理由は何だろうか，とそこで一度考えるでしょう．CQに応答がないのはやはり失敗というべきでしょうが，初心者はそのように考えないのです．だからせっかちに長々とこれでもかとCQを打ちます．これなどは失敗を失敗と感じない例といえるでしょう．

●応答無視

これは非常に嫌われます．本人は無視するつもりはなくて単に気づかないだけなのでしょうが，ワッチしているとしばしばこういう場面を見かけます．これが度重なると「あいつのCQは呼ぶだけむだである」と誰も応答してくれなくなります．これなども失敗を失敗と感じない例といえるでしょう．

こういうと「失敗を恐れずに空に出ろという癖にそ

りでは全国規模のコンテストではほかに類を見ません．このシステムは当初，JA7GAXが手作業でやりだしたのを翌年にJA1DDが，今から見れば貧弱な当時のパソコンでシステム化するという，およそ無謀と思われることに挑戦して見事に成功に導いています．このようなことができるのは，ここに挙げた個人の力だけでなく，それを支える多くの会員の協力の賜物です．コンテストのパソコン・システムは，あの膨大なログの一つひとつのQSOを多くの会員の奉仕によって入力するという気の遠くなるような作業があって初めてできるもので，そこからログをフロッピーやパソコン通信で受け付けようではないかという発想も出て来るわけです．

外から見える活動はこの程度のものですが，会員同士ではKCJAや5BAND WAZなどの現在のカウントを自己申告で競うとか，移動サービスの予告・報告，アマチュア無線や電信の将来に関する議論なども，会報上で盛んに行っています．

会員数は，ここ数年，約200名の水準を上下しています．入会資格に，CW歴5年以上，年齢20才以上という制約があり，さらに役員会での承認が必要ですが，入会希望者は，会員担当（'98年7月現在はJA8LN）に返信用の封筒を同封のうえ，ご連絡ください．

●KCJのホームページ

KCJ（全国CW同好会）自身ではサイトを持っていませんが，会員の有志が個人的にKCJを紹介するサイトを作っています．公式のものではありませんが，無責任なものでもありません．KCJが発行するアワードや主催するコンテストのルール，アワードの獲得者やコンテストの結果，入会案内などが紹介されています．興味のある方は，KCJに問い合わせる前に一度のぞいてみてはいかがでしょう．

JH1BAM: http://www.city.fujisawa.kanagawa.jp/~jh1bam/kcj.html
JH3HGI: http://www2e.biglobe.ne.jp/~jh3hgi/kcj.htm
JF3KTJ: http://www.biwa.or.jp/~jf3ktj/
（1998.7.1 現在）

The Key
MAY 1998 (1)
KCJ会報
ザ・キー
No. 249
トップバンドコンテスト 結果発表
VHF & UP コンテスト
KEYMEN'S CLUB OF JAPAN

*KCJのメンバーに配布されている会報「ザ・キー」．メンバーの近況やコンテスト情報などが満載されている

れでは空に出られないではないか」と生徒たちが不平をいいます．でも別にCQを打たなくても，CQに応答することで交信はできるのです．

そう，初めのうちはCQを出している局をみつけて，コールサインを書き取って呼べばよいのです．初心者のCQを敬遠するOMはいますが，自分のCQに応答した初心者を無視するOMはいないでしょう．世界中の目（耳?）が光っていますから，そんなことをすればどうなるかOMはよく知っています．ですからよほどのことがない限り必ず応答してくれます．

こういうことは，免許待ちの間に十分ワッチ（つまり受信練習）をしていれば，いわれなくてもわかることでしょう．

●相手局の指定無視

DXペディションや記念局とは，多くの局が交信を狙っています．みんなが一度に呼ぶと混信で取れなくなるので，CQの際にいろいろと指定して来ます．例えば5kHz離れて呼んでくれとか，あるプリフィックスあるいは指定した地域以外は応答するなとか．これを無視して呼ぶと，それこそ世界中の怒りの的になります．悲しいことに初心者は怒られていることすら気がつきません．こういう例も失敗を失敗と感じない大失敗といえるでしょう．

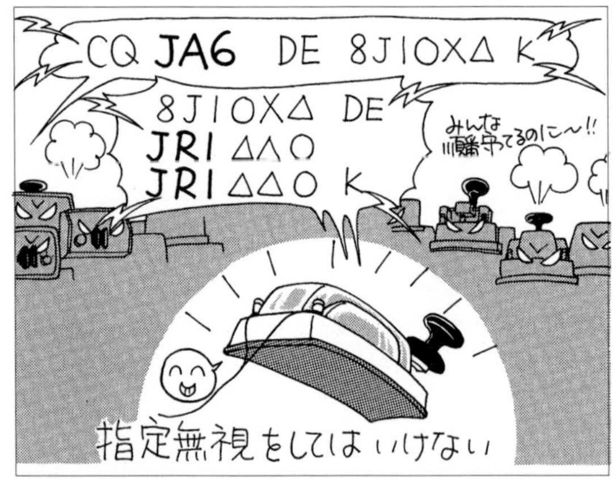

●あたり前のことを騒ぎすぎる

これは好意的にいえば初心者らしくて微笑ましいのですが，度が過ぎるとやはり失敗というべきでしょう．

例えば「UR NAME IS KIDA OK, UR QTH MINOO OK, UR WX FINE OK」など，相手が打ったことを取れたのは，初心者にはうれしいことには違いないでしょう．しかし，これらはコピーできなかったときに聞き返せばいいことです．つい今しがた打ったことをそのまま打ち返されてばかりでは話が先に進まず，練習にもなりません．

あるいは，「MI QSL VIA BURO 100 PER CENT SURE OK」も，「QSL VIA BURO OK」で十分です．「QSL VIA BURO」といっただけで，必ず送ると約束したことになります．「100 PER CENT SURE OK」と打たなければ，すっぽかしていいものではありません．こんなことに力み過ぎないことです．

●結局はワッチがものをいう

十分にワッチしていると「こんなときどうする?」と思うことは，たいていだれかが実演してくれます．だからそんな失敗をするのは，今までのワッチが足りなかったことを告白しているのと同じです．

筆者がCQを打っていると，非常に遅い符号で応答がありました．とにかく符号が遅いので，うまく取れません．そこで，QRZ? を打って，しっかり書き取ろうと身構えたところ，JA3MKP DEの後にまず出て来たのがJACKです．慌てましたね．だってアマチュアにはこんなコールサインがあるはずがありません．ひょっとしてプロの周波数（つまりアマチュア・バンドの外）でCQを打ったのではないか，だからビギナーにもわかるように，わざとゆっくりと打って来たのではないだろうかという考えが頭をよぎりました．

それでまず送信機の周波数を確かめ，それでも不安で受信機もチェックし，どう考えてもオフバンドはしていないぞと首を捻りながら，もう一度QRZ? を打って，相手の打って来るのを逐一書き取ってノートに浮かんで来た文字はJACK ABLE NUMBER TWO ….

参りましたね．このビギナーは，「コールサインはフォネティックスで」という電話での教えを，電信に応用していたのです．

まあそれも仕方のないこととは思いましたが，電信ではフォネティックスを使うものではないということは少なくとも教えておいてあげたいけれども，どのように打ってもそれが通じない．とにかくTHIS IS 1ST MY CW QSO AND …などというのしか返って来ない．仕方ないので適当に73を打って退散しました．

「こんなときどうする」の答は，ワッチしていれば，いやというほど聞いているはずです．QRZ? と打たれた場合の打ち方，ミスコピーされたときの打ち方の見本は，10分もワッチしていればみつかるはずです．

このビギナーはそれをしないで運用を始めたために，知恵を絞ってフォネティックスを打ったに違いありません．

2-3 電信のプロトコール

能率の悪い電信

電信は非常に能率の悪い通信手段です．常用速度は1分に100字，電話だと同じ1分間にこの数倍の情報が送れます．データ通信だと，HFの300bpsでも，100字の情報は数秒で送れます．ところが電信では，1分かけても200字はなかなか送れません．この能率の悪い通信手段で，情報を能率よく送るために，電信が始まって以来ずっと，いろんな工夫・努力がなされて来ました.その工夫･努力の一つが,約束事なのです．

例えば「どなたでもけっこうですから，お聞きでしたらお呼びください．わたしのコールサインはJA3MKPです．受信します」という意味のことは「CQ DE JA3MKP K」で済まそうではないかというような約束です．こういう約束事は，能率の悪い電信では特にきちんと守らなくてはなりません．しかも，世界中と交信するHFの電信では，日本国内にしか通用しない約束事や，ある地域にしか通用しない約束事は，アマチュア無線の世界といえども通用しません．ですから，世界中での約束事は，いずれ少しづつ覚えるにしても，ある程度は交信を始める前に知っておかなくてはなりません．

これはデータ通信で行われているプロトコールのようなもので，プロトコールに合わないものはデータ通信で扱えないのと同様，この約束事を守らないと電信になりません．データ通信のプロトコールはコンピューターが処理してくれますが，手送り電信では人間が処理しなければなりません．これを乱すと通信ができないことになりますので,しっかり覚えましょう．この多くは，電波法令集にある無線局運用規則に書いてありますが，少し形を変えて，交信の順に解説も加えて紹介しましょう．

こういう約束事のありがたいのは，例えば日本語しかわからない日本人と，フランス語しかわからないフランス人の間ででも，約束事に決めてあることなら交信できるということです．QTH OSAKAは，自局の位置はOSAKAですという意味である約束になっています．これは日本語でもフランス語でも英語でもなく，電信での約束なのです．これをMY QTH IS OSAKAとやってしまうと，これはもう英語になってしまいます．ですからMYとかISとかの英語の単語

を知らなければ，意味がわからなくなります．そのくらい融通を効かせばいいのではと思うとMON QTH EST PARISなんてやり返されて困ることになります．アメリカのハムには，見習うべき長所もたくさんありますが，こういう約束事を英語にしてしまうよくない癖もあるようです．

一方，英語が母国語でない国のハムの中には，このような約束事を英語にしたものを打つと「私は英語はわからない」と反発する傾向があるようです．ラグチューではけっこう英語もどきで話をするのですが，それぞれのお国柄というか，おもしろいものです．われわれ日本人は，やはり約束事は約束事としてきちんと使ったほうがよいでしょう．

本稿での約束事

まず，ここでの記法の規約を下記のように決めておきます．そのほうが直感的にわかりやすいでしょう．

JA3MKP: 自局のコールサイン

JA4ETX: 相手局のコールサイン

JA9EYG: 第三者のコールサイン

［**拡張**］と書いてあるのは，このプロトコールをこのように拡張使用してもいいもので，明示的に決められてはいないけれども，慣習として広く行われているものです．

（）で包んだものは，打っても打たなくてもいい，例えばJA3MKP（JA3MKP）（JA3MKP）と書いてあれば，最初のJA3MKPは打たなくてはいけないけれども，（JA3MKP）は打っても打たなくてもいいから，結局JA3MKPは少なくとも1回は打たなくてはいけないが，3回までは繰り返してもよいと解釈してください．

{K|BK} のように|で区切って書いたものは，そのうちのどちらかを打たなければならない，つまり，この場合ならKでもBKでもいいが，どちらかは打たなければならないと解釈してください．

{ } で包んだものは，{ } の中に書いてあることがらを打たなければならない（場合に応じて内容は異なる）と解釈してください．これは，{K|BK} のように書けばはっきりするけれども，|で仕切るものがたくさんありすぎるという場合に使います．

プロトコール基本型

① **CQ CQ CQ DE JA3MKP（JA3MKP）（JA3MKP）K**

一般呼び出しです．このJA3MKPの部分は，自局のコールサインに置き換えてください．約束ごとですから，必ずこのとおりに打ちます．

意味は同じだからといって「DE」を「THIS IS」に置き換えたり，「K」を「PSE」に置き換えたりしてはいけません．置き換えてもよければ，{DE|THIS IS}，{K|PSE} と書きます．

CQやJA3MKPの反復を2回にしたり5回にしたり，あるいはこれらをさらに丸ごと反復したりする人もいます．その程度の改変は大目にみてもよいでしょうが，さりとてその必要も感じません．このまま素直に打っておくのが無難でしょう．もちろん，

CQ CQ CQ DE JA3MKP/4 JA3MKP/4 JA3MKP/4 K

と移動先を明示する必要はありますが，

CQ CQ CQ DE JA3MKP JA3MKP JA3MKP/4 K

と最後にだけ移動地を付けてもけっこうです．

この程度が限度で，

CQ CQ CQ DE JA3MKP/7 JA3MKP/JCC JA3MKP/RIKUZENTAKATA CITY K

こんなに長々と移動地を付けるのは論外です．このあたりが電話と違うところで，こんなことは交信を始めてから打てばよいことでしょう．

●［**拡張**］

CQ {指定事項} CQ {指定事項} CQ {指定事項} DE JA3MKP（JA3MKP）（JA3MKP）K

この {指定事項} は，例えばEUなら「ヨーロッパの局なら誰でもいいが，ヨーロッパ以外の局は呼ばないでください」の意味です．ちなみに指定事項の略語の主なものはつぎのとおりです．

EU: ヨーロッパ　AS: アジア　AF: アフリカ　NA: 北米　SA: 南米　OC: オセアニア　JA: 日本　JA3: 近畿管内　TEST: コンテスト参加局　YL:YL局

初心者がよくする失敗は，こういうCQに指定外から応答することで，指定無視の応答は非難の的になりやすいので十分に注意しましょう．指定の意味がわからないときはワッチしていることです．悩ましいのはCQ JA3にJE3やJF3が呼んでいいのかどうかですが，状況によるとしかいいようがありません．

コンテストには，オールアジアコンテストのように，アジア以外の地域同士の交信を認めないものがあります．コンテスト参加局がみんなCQ TESTを打つと，交信が認められる局かどうか判断できないので，オールアジアコンテストでは，アジアの局はCQ TEST，アジア以外の局はCQ AAと打つことになっています．これで呼んでいい局かどうかがわかるわけです．

アジアかそうでないかはコールサインでわかるといえばそのとおりですが，マイナーなプリフィックスだとそのたびに調べなければならないので，コンテスト

のおもしろみが半減します．CQ AA でなく，CQ AS と打てば，コンテストに参加しないアジアの局が呼んで来てラグチューを始められても，文句はいえません．AS ではなく AA としたのは，アジアでもコンテストの参加局以外は呼ばないでほしいということをはっきりさせるためです．

最近のようにコンテストが増えてくると日程が重なり，CQ TEST ではどのコンテストの CQ かわからないことがあります．かけもち参加ならそれでもいいでしょうが，そうでなければむだな交信が増えることになります．こういう場合は単に CQ TEST ではなく，別の呼び出し方法を指定するのが，コンテスト主催者の良識です．

② JA4ETX（JA4ETX）（JA4ETX）DE JA3MKP（JA3MKP）（JA3MKP）K

これは，CQ に対する応答です．移動局なら，

JA4ETX/6 DE JA3MKP JA3MKP JA3MKP/7 K

は必要でしょう．しかし，筆者は相手局のコールサインの後は，何もつけないほうがいいと思います．移動地を付けないで運用している局もたくさんあります．

JA4ETX/RIKUZENTAKATA CITY DE JA3MKP JA3MKP JA3MKP/7 K

などと，相手の約束違反にお付き合いするのは，もってのほかです．

③ QRZ?（QRZ?）（QRZ?）DE JA3MKP K

これは，自局を呼び出した局があったことは確実だけれども，その局のコールサインが取れない場合に使うもので，誰も呼んで来ないのに使うのは約束違反です．⑧と関連して，周波数をほかの人に使わせないために，［$\overline{\text{VA}}$］を打った途端にこれを打つ局もいるようですが，このようなことを行ってはいけません．

コンテストの世界では，このような風潮が広まっているようですが，普段の QSO では自分が呼ばれていないのにこれを打つのは控えたほうが無難です．

これを裏読みすると，今まで呼んでいないのに，この QRZ? を聞いて呼ぶのも約束違反です．先に呼んだ局の再呼び出しを妨害しないようにしましょう．運用規則の Q 符号のところには，「誰がこちらを呼んでいますか」と書いてあります．これが「誰かこちらを呼んでいますか」ではないことに注意しましょう．濁点一つの違いですが「誰かこちらを呼んでいますか」には「いいえ，誰も呼びませんでした」という答もあり得るけれども，「誰がこちらを呼んでいますか」にはそんな答はあり得ないのです．変な日本語ですが「こちらを呼んだのは誰ですか」の意味だと解釈してください．英語では Who is calling me? です．

自分を呼んで来たのが確実な場合でも，コールサインを取れるだけ取っておいて，

ETX? DE JA3MKP K

とか，

JA4? DE JA3MKP K

と打つのが余計な混乱を招かないコツです．非常に弱い局が 1 局だけ呼んで来た場合ならともかく，強力な局が何局も呼んでつぶし合って取れないときに QRZ? を打つと，また同じことの反復になります．しかし JA4? だと，JA4 以外の局は黙ってくれるのですっきりとコピーできます．こういうのも下手な局・上手な局を見分ける簡単な目安となります．

④（JA4ETX）DE JA3MKP（JA3MKP）（JA3MKP）K

これは，③に対する応答で，ここでは（JA4ETX）と（ ）で包んであるのでおわかりのように，相手のコールサインは省略しても構いません．自分のコールサインは 1 回でも構いませんが，先に②の応答をしたのにコールサインが取れなかったのが前提ですから，同じように打てばまた同じように取れないことが考えられます．

さりとて何度も繰り返せばいいというものでもなく，キーイングの速度を変えるとか，なるべく癖のない符号を打つとか，状況に応じた工夫が必要です．こういうことの上手下手でも，初心者はすぐにわかってしまいます．

⑤ JA4ETX DE JA3MKP {任意文} JA4ETX DE JA3MKP {[$\overline{\text{KN}}$] | K}

相手局が呼んで来ると交信が始まります．ここからが交信ですから，妨害されれば文句をいえます．ここまでは妨害があっても「私の CQ を妨害するな」は「いちゃもん」に過ぎません．むしろこちらが引っ込まなければならないケースが多いでしょう．

この {任意文} が交信の内容で，何を打ってもかまいません．しかし，最初と最後はきちんとこのとおりに打ちましょう．

最後の {[$\overline{\text{KN}}$] | K} は，[$\overline{\text{KN}}$] なら「ブレークしないでくれ」，K なら「ブレークしてもいいよ」の意味です．[$\overline{\text{KN}}$] を使っている場合には，おなじみの局に「ちょっとお声掛け」したくてもブレークしてはいけません．また，いくら K で終わったからといっても，今までの話の流れを無視して，

UR MI 1ST MINOO CITY SO PLEASE QSL VIA JARL 73

などと勝手なことを打たないようにしましょう．あく

までも「私たちの話に加わりたい人はブレークしてもいいよ」という意味です.

⑥ JA4ETX (DE JA3MKP) {任意文} (JA4ETX) DE JA3MKP {[KN] | K}

交信が始まれば，最初と最後はこのように簡略化します．ここでJA4ETXやJA3MKPを何度も反復するのは，よほどコンディションが悪い場合に限ります.

● ［拡張］

⑦ JA4ETX (DE JA3MKP) {任意文} BK

⑧ BK {任意文} BK

⑨ BK {任意文} (JA4ETX) DE JA3MKP {[$\overline{\text{KN}}$] | K}

⑦は，相手に簡単な回答を求める場合に愛用される形です．これに対して,⑧のように答えます．⑧の{任意文}は短い(10秒程度が限度)ものに限ります.⑨は,⑧の返事が返って来た後の送信に使い，これから後はまた⑥の形のやりとりに戻ります.

⑩ JA4ETX DE JA3MKP [$\overline{\text{VA}}$]

交信が終わる時にこう打ちます．この［$\overline{\text{VA}}$］は，FMでいうところの「チャネル・オープン」です．FMでは「チャネル・オープン」といわずに「引き続きチャネルをお借りします．ハローCQ」というのがはやっていますが，HFの電信では禁物で「ここは私の周波数」というような論理は国内では通用しても国際的には通用しません.

［$\overline{\text{VA}}$］をなごり惜しげに何度も何度も打つ人がいますが，一つの交信について一度だけにしましょう．まだ何か打つつもりがあるなら，［$\overline{\text{VA}}$］でなく，Kか［$\overline{\text{KN}}$］です.

⑪ JA4ETX (JA4ETX) (JA4ETX) DE JA3MKP (JA3MKP) (JA3MKP) (K)

この形は②に似ていますが，使う場合が違います．②はCQに対する応答ですが，⑪はスケジュールなどで,いきなり名指しで相手を呼び出す場合に使います．無線局運用規則（第20条）では最後のKは打たないことになっていますが，実際の運用ではKを打つのがほとんどです.

この呼び出しを使った場合について，無線局運用規則（第21条）で制約を加えています．つまり「一分間以上の間隔をおいて二回反復することができる．呼び出しを反復しても応答がないときは，少なくとも三分間の間隔をおかなければ，呼び出しを行うことができない」．実際，むやみに呼び出しを乱打しても空振りに終わることが多く，このとおりにしないとほかの交信に混信を与えるだけになることが多いのです.

⑫ JA4ETX (JA4ETX) JA9EYG (JA9EYG) DE JA3MKP (JA3MKP) (JA3MKP) (K)

⑪は2局でスケジュールを組んでいるときの呼び出しですが，3局のスケジュールだと，このように相手となる2局を同時に呼び出すこともできます．このときは，相手局のコールサインの反復は2回以下となっていることに注意しましょう．同様にして，3局以上を一括呼び出しすることも可能です.

⑬ CP(グループ名) CP(グループ名) CP(グループ名) DE JA3MKP (JA3MKP) (JA3MKP) (K)

一括呼び出しの相手局の数が多くなると，それを羅列していたのでは時間が掛かりすぎるので，このような呼び出しを使います．この（グループ名）は，（ ）で包んであるのでおわかりのように，打たなくてもかまわないし，何でも構いません.

これを聞いた局のうちで該当する局が「私たちのロールコールだ」と認識できればよいわけですから，DE JA3MKPがあればそれで判断できますし，そのグループで認識できる適当な（あまり長くない）略号を使えばいいのです．当然のことですが，見知らぬ局のCPに応答してはなりません.

⑭ EX EX EX DE JA3MKP JA3MKP JA3MKP

これは呼び出しではありません．試験電波の予告です．これを打って1分間ワッチして，どこからも苦情が来なければ試験電波を発射します.

⑮ [$\overline{\text{VVV}}$] [$\overline{\text{VVV}}$] [$\overline{\text{VVV}}$] DE JA3MKP JA3MKP JA3MKP

これは電信における「本日は晴天なり」，つまり試験電波の標準スタイルです．［$\overline{\text{VVV}}$］は3回に限らず，何度でも反復できますが，なるべく手際よく行うようにしましょう.

プロトコール応用型

以上の基本型に，多少の味付けをしたものが，実際にはしばしば行われています．⑥は，交信中に何度も繰り返し使われますが，これにR，または？をつけることが使用されています.

⑯ R JA4ETX (DE JA3MKP) {任意文} (JA4ETX) DE JA3MKP {[KN] | K}

⑰ ? JA4ETX (DE JA3MKP) {任意文} (JA4ETX) DE JA3MKP {[KN] | K}

⑯は，相手が打って来たことを全文コピーできたとき，⑰は逆にコピーできない部分があるときに使います．最初にこれをはっきりさせておくことで{任意文}をかなり簡略にできるからで，Rを打っておけば，OK

SOLID CPIとか, FB 100 PER CENT CPIなどと長々と打つ必要がありません. ⑯の｛任意文｝の中の疑問文は相手に対する質問ですが, ⑰の｛任意文｝の中の疑問文は相手が打った電文の一部の再送要求です.

「RではOK SOLID CPIのような微妙な感情が伝わらない」という人もいますが, 筆者はRだけで微妙な感情を伝えることができない半可通のいい分だと考えています.

｛任意文｝は何を打ってもかまいませんが, なるべく簡略にして電信の能率の悪さを補いましょう.

ハムが使用するQ符号

上記の中の｛任意文｝は文字どおり任意でよいのですが, この中に任意であってはいけない部分が突如でて来ることがあります. それがQ符号で, Q符号（Q符号表は資料編を参照）は決められた約束にしたがって使わなければなりません.

Q符号には, 後に？がついた疑問型のものと, ？のない疑問型でないものとがあります. 疑問型でないものは, 回答・報告型のものと命令型のものがあります（これらの型の名前は筆者が勝手に命名したもので, 世間一般に通用するものではありません）.

例えば, QTH? は相手局の位置を尋ねる疑問型です. QTH OSAKAは自局の位置を知らせる回答・報告型です. 一方, 例えば, QSY 025は, 相手局に対し（21）025kHzでの送信を要求する命令型です. この区別をいい加減にしておくと主語が自局か相手局かわからなくなり, 効率向上が目的であるはずのQ符号が却って混乱の元になって, ますます効率を悪くします.

Q符号のアマチュア的応用

Q符号は便利ではありますが, プロ用のものが多く, 本来の意味ではアマチュアには使い道がなく, 応用してほかの意味に使っているものがあります. 典型的な例がQSLで, アマチュア的応用では「QSLカードを送る」という意味で使います.

QSL VIA BUREAU? は「ビューロー経由でQSLカードを送ってくれますか」そして？がないときは「ビューロー経由でQSLカードを送ります」の意味になり, これにPSEがつくと「ビューロー経由でQSLカードを送ってください」の意味になります.

ところが本来の意味に近い表現でQSLを使う場合もあるのです. コンテストで, 相手のコンテスト・ナンバーを完全にコピーした場合にQSLを打ちますし「ちゃんとコピーできたか」の確認の意味でQSL? を打ちます.

コンテストをアワード稼ぎの絶好の場と目をつけたアワード・ハンターたちが, QSLカード稼ぎにコンテストを利用することが多くなりました. それ自身は悪いことではないのですが, そういう人たちにはコンテストの勝敗よりも目的とする局のQSLカードを手に入れることが大切なので, コンテストの最中にこのQSL VIA BUREAUを乱発します. こうなると, QSLに二つの意味が出てきて混乱します. ちぐはぐになれば交信を打ち切ればいいものを, こういう人たちは相手がQSL VIA BUREAUと打つまで, しつこく（PSE）QSL VIA BUREAUを打ちます.

一方, 本気でコンテストに参加している局はそれらに関わり合っていると得点が稼げないので, 適当に打ち切ってCQ TESTを打ちます. するとそれをしつこく追い掛け回す局がいるなど, コンテストをワッチしていると, こういう場面によく出会います.

コンテストをQSLカード稼ぎの場として利用するのはけっこうですが, コンテストは本来別の目的があってやっているものです. そこへ混乱をもち込むとコンテストの邪魔物扱いにされても仕方ないのではないかと思います. このように, 本来の意味でも使うことが多いQ符号を別の意味に応用すると, 却って混乱の元になるということです.

QTHも, もともとは相手局の位置を聞き, 自局の位置を知らせるものです. ところが応用として, HIS QTHなどという使い方もアマチュアでは一般に使われています.

HR HAD QSO 1S1AB（1S1ABと交信したよ）
HIS QTH?（それってどこだい？）

このような使い方です. このQSOもQTHも応用的使い方です. ですから, 本来の意味では｛MI｜MY｝や｛UR｜YOUR｝にはISも付けません. このような余計なものを付けないことでむだを省くと同時に「本来の使い方だよ」と示しています.

こういう応用的使い方は, うまく使えば非常に能率的ですが, 下手をするとわけがわからなくなる危険があります. おかしくなったときにうまく切り抜けることができない間に乱用すると自分も相手局もおもしろくありません. うまく使えるまでは使わないと考えるか, そんなことをいっているといつまで経ってもうまくなれないからどんどん使おうと考えるかは, 人それぞれです.

アマチュア的使用例

● **QRA?**　この質問は相手局の局名を尋ねるものです．したがってUR QRA? などと屋上屋を重ねるのはむだです．この質問は相手局の通信士の氏名を尋ねるものではありません．今までは個人局では混同しても問題はなかったでしょうが，ゲスト・オペレーターが解禁になったので，これからはしっかり区別する必要があるでしょう．筆者のアマチュア無線局・JA3MKPの名前はまだありません．

● **QRA**　これは回答・報告型で，自局の局名を回答・報告するものです．これもMY QRA ISなどと屋上屋を重ねるのはむだといえます．例えばQRA MINOO HAM CLUBで十分です．

● **QRG?**　これは自局の正確な周波数を相手局に尋ねるものです．

● **QRG**　これは相手局の正確な周波数を知らせる回答・報告型です．QRG 7008というように使います．

● **QRH?**　これは自局の周波数が変動するかどうかを相手局に尋ねるものです．

● **QRH**　これは相手局の周波数が変動することを知らせる回答・報告型です．相手局から尋ねられなくても，レポートすることがあります．困るのは尋ねられて，変動しないときにどう答えるかが決められていないことです．筆者はNOT QRHと答えることにしていますが，これで正しいのかどうかは自信ありません．

● **QRI, QRK, QSA**　これらはアマチュアの間ではむしろRSTを使うので，ほとんど使いませんが，たまにQRK? などと尋ねられることがあります．このときに気をつけなければならないのは，RSTではRが5段階，Sが9段階，Tが9段階ですが，それに相当するQRKは5段階，QSAは5段階，QRIが3段階なので，QRK以外は換算する必要があります．

● **QRL?**　この疑問型は，アマチュアの場合はワッチしていればわかることなのでまったくの愚問だと思います．FMの「チャネル・チェック」の感覚 ナ安易に打つことは控えたほうがよいでしょう．

● **QRL**　これはQRL JA4ETXのように使うこともありますが，アマチュアの場合はむしろ「妨害しないでください」という命令型で使うことが多いようです．CQを打ち終わった途端にこのような指摘を受けないように心がけましょう．

● **QRM, QRN**　これらの？つきのものは，自局の信号の状態を相手に尋ねるもの（したがって妨害を受けているのは相手局）です．？のないものは，5段階評価で妨害の程度を示す回答・報告型です．別に尋ねられない場合に打ってもかまいません．

● **QRO, QRP, QRQ, QRS, QRT**　これらの？のないものは相手に対する要求ですから命令型です．これもPSE QROなどとPSEを付けるのはむだといえます．ちょっと意外に思われるのはQRTで，アマチュ

〈Q符号の使用例〉
QRA? BK
(貴局名は何ですか，どうぞ)
BK QRA JA3MKP BK
(当局名は JA3MKPです．どうぞ)
7M2△JX DE
JA… M… P… K
?
とれない…
QRZ? K
(だれか こちらを
呼びましたか? どうぞ)

アがQRTを打つのは自局を閉局する場合が多く，日本だけの現象ではないようですが，この意味にはCLという略号があるのでこちらを使うほうが紛れがなくていいと思います．

● QRU，QRV　これらの？のないものは回答・報告型で，別に尋ねられなくても打ってもかまいません．ラグチューしていて話の種がなくなると，QRU ES HPE CU AGNというように使います．

● QRW　これもうまく使えばけっこう使えそうなQ符号ですが，アマチュアはほとんど使いません．

● QRX　運用規則の別表第二号の説明では不親切に思います．使い方の例としては，

QRX：　ちょっと待ってください
QRX 3：　3分待ってください
QRX 1300 UT：　1300 UTまで待ってください
QRX 1300 UT 21045：　これが運用規則別表の説明

● QRY　これはロールコールのチェック・イン受け付けの場合などに使います．JA4ETX QRY 5 DE JA3MKP Kと打つと，JA4ETXは5番目に呼びますよ，という意味です．

● QRZ?　これはよく使います．誰かが呼んでいるかも知れないときに打つものではなく，誰かが自局を呼んでいることがわかっているけれどもその局のコールサインが取れないときに打つものです．

● QRZ　？のないのは回答・報告型です．日本のアマチュア局にはほとんど通じないのですが，

JA4ETX QRZ JA9EYG DE JA3MKP

という使い方をします．この意味は，JA4ETXをJA9EYGが呼んでいますよ．こちらはJA3MKP．

交信が終わった後で，交信相手が呼ばれているのに気がつかないような場合に使います．

● QSB，QSD　これらの？のないものは回答・報告型で，別に尋ねられなくても打ってもかまいません．QSBは信号にフェージングがあるかどうかを知らせるものです．

QSDはいつからこのように改訂されたのかわかりませんが，昔は？付きは「こちらの電鍵操作は不正確ですか」，？なしは「そちらの電鍵操作は不正確です」となっていました．このほうがわかりやすいでしょう．

● QSK　これも回答・報告型です．フル・ブレークインの運用ができるかどうかということです．

● QSL　これはアマチュアの世界では随分変形して使われています．本来の意味は，プロがお客様の電報の中継を受けて確実に受信し，後は責任をもって処理するという意味で使われます．

● QSO　これもアマチュアの世界ではずいぶん変形して使われています．運用規則の別表第二号のこの付近のQ符号は，アマチュアの目でみればわかりにくいものが多いのですが，プロには重要なものです．

● QSV　？つきのものは［$\overline{\text{VVV}}$］を打ってくれませんか，という質問形式になっていますがむしろ要求に近く，？なしのものは「わかりました，では打ちますよ」程度の回答・報告型です．別に要求されなくとも，交信中に［$\overline{\text{VVV}}$］を打つ必要が生じたら，QSVと断っておいて［$\overline{\text{VVV}}$］を打つことができます．

● QSU，QSW，QSY　よく似た意味のものが並んでいますが，アマチュアはほとんどQSYを使います．

● QSZ　アマチュアはこれよりもRPTを使います．コンディションが悪くて了解度が落ちたときに，一語づつ反復して送信することを予告（?つき）あるいは要求（?なし）するものです．

例えば，WE WERE TO WED IN HARVEST TIME U SAIDという電文を送るとすれば，これをWE WE WERE WERE TO TO WED WED IN IN HARVEST HARVEST TIME TIME U U SAID SAIDと反復することで確実にコピーしようとするもので，これをい

Column　Sメーター

実際にSメーターはほとんど振れないけれども信号が良好に入ってくることがあります．こんな信号には当然599を送るべきで，519なんてレポートを送ると途中でコンディションが悪くなって来たときに困ります．初めに599を送っていれば，コンディションが落ち始めたと感じたら579，さらに落ちれば449，もうだめだと感じたら339を送る，というように，こちらの状況を簡単かつ正確に伝えることができます．しかし，初めに519を送った場合は，こういうことができないでしょう．

「いや，そんなときは519から419，319と送ればいい」とがんばる人もいます．しかし，それでは相手の信号は良好に入ってはいるんだけど，ワッチ不足の局がCQを打ち始めたためにさっぱり取れなかった場合はどうするのでしょうか．やはり319でしょう．それではコンディションが落ちて来て，もう打ち切らないといけない状況と，CQを打った局を追っ払うか空いた周波数に移って交信を続ける状況とは，どう区別しますか．そもそも，519なんてレポートはあり得ないはずです．S＝1，すなわち「微弱でかろうじて受信できる信号」が，R＝5，すなわち「完全に了解できる」はずがないでしょう．

きなりやられては却ってわからなくなるので，その前にRPTで予告するという寸法です．RPTはよく使うことはありますが，QSZは使った記憶も使われた記憶もありません．

なお，TKS FER FB RPT（FBなレポートをありがとうございました）と打つ人も少なくありませんが，紛らわしいのでTKS FER FB REPTとしましょう．

● QTH　？付きは相手局の位置を尋ねる質問型，？なしは自局の位置を知らせる回答・報告型です．QTH MINOOが正しい使い方で，MI QTH IS MINOOはまちがいといえます．

もう一つまちがえては困るのは，QTHはそれぞれの局の現在の位置であって，郵便のあて先ではないということです．FMでは「ホームQTH」などといういい方をしますが，電信ではADDR（addressの略）を使います．QTH PO BOX NR 173 MINOOなどと打たないようにしましょう．こういう場合は（MI）ADDR（IS）PO BOX（NR）173 MINOOと打ちます．

シグナル・レポート

電信のシグナル・レポートは，電話のRSとは違ってRSTの3桁になります．それぞれの数字の意味は下記のとおりです．

● R：了解度

1：了解できない
2：かろうじて了解できる
3：かなり困難だが了解できる
4：実用上困難なく了解できる
5：完全に了解できる

● S：信号強度

1：微弱でかろうじて受信できる信号
2：たいへん弱い信号
3：弱い信号
4：弱いが受信容易な信号
5：かなり適度な強さの信号
6：適度な強さの信号
7：かなり強い信号
8：強い信号
9：非常に強い信号

● T：音調

1：きわめてあらい音調
2：たいへんあらい交流音で，楽音の感じは少しもない音調
3：あらくて低い調子の交流音で，いくぶん楽音に近い音調
4：いくらかあらい交流音で，かなり楽音に近い音
5：楽音的で変調された音色
6：変調された音．すこしピューッという音を伴っている
7：直流に近い音で，すこしリプルが残っている
8：よい直流音で，ほんのわずかリプルが感じられる
9：完全な直流音

以上がRSTの数字の意味です．ここで注意していただきたいのは，RとSの数字は程度を表しているので，数字が大きいほど了解しやすい，あるいは信号が強いのですが，Tは単に音の綺麗さの程度が数字とともに増えるものではなく，音の性質も加味したものであるということです．

実際問題として，今の時代にT9以外のレポートを送る場面があるとは思いませんが，一応意識の中に入れておきましょう．

Rが3（つまり「かなり困難だが了解できる」）以下のレポートを送るとき，特にSがRよりも大きいときには，できるだけその理由を付けてください．Sが5以下の場合は，普通の状況ではRとSはだいたい等しくなるものです．了解度だけが悪いというのは何か理由があるはずで，その理由によって対処の方法が違います．したがって，

RST 379 QRM
RST 399 QSD
RST 359 QSB

などと打ちます．

それと，今の風潮で困るのはSレポートです．この数字の意味でおわかりのように，SレポートはSメーターの読みをレポートするのではなく，入感した相手局の信号強度を上記のどれかにあてはめて，その状況を数字でレポートするものです．

国内のFMなどではRSレポートは単にログやQSLの空欄を埋めるために形式的に送っても差し支えありませんが，HFの電信では時々刻々コンディションが変わるので，こちらの受信状態を相手に伝えて送り方を変えてもらわなければなりません．そのためにきちんと数字の意味を決めてあるのであって，だてに送るものではありません．

コンテストやDXペディションでの交信のように，10秒程度で終わる短い交信ならどうでもいいともいえるでしょう．しかし，10分とかそれ以上に長くなる交信の場合，どうしても欠かすことのできない情報になります．

第3章

モールス通信 レベル・アップ独習法

JA1GZV　魚留　元章

モールス通信を行うためには，送受信ともに一定の速度と正確さが要求されます．この章では，短期間でCWの送受信技能をレベル・アップするための独習法をはじめ，縦振り電鍵や横振り電鍵の操作方法も合わせて紹介します．

3-1 モールス通信のレベル・アップ技法

モールス通信はおもしろそうだけれども，符号を覚えるのがどうもおっくうだと，この段階ですでに挫折してしまう人が多いようです．しかし，この壁を乗り越えて免許を取得したといっても，レベル的にはやっとCWがわかる段階の端緒についたといえます．したがって，これ以後のプロセスが重要です．ここで練習をストップせずに引き続きレベル・アップをはかることにより，モールス通信の本当のおもしろさが実感できるはずです．

モールス符号は短点と長点の組み合わせで，その構成はいたって簡単ですが，文字を瞬時にモールス符号にかえて送信したり，モールス符号を受信して文字を書き取るといった作業は，微妙な手首や指先の運動，さらには精神的な集中力が必要となってきます．しかし，心配はいりません．練習によって，アマチュアからプロ・レベルまでの上達は十分可能です．

CWを始めて電鍵を握ったら，欧文モールスだけではなく，和文モールスもあるので，CWをフルに楽しみ，活動の幅を広げましょう．

受信技能のレベル・アップ

受信技能において，個人の適性はあまり関係しないようですが，まずモールス符号を正確に覚えなければなりません．これが不完全だと，速度の上昇にともなって後々に多くの問題を発生させる傾向が大きくなります．

これは，後に述べている送信技能の「手崩れ」に対して「耳崩れ」ともいえるもので，ほかの符号との混同現象が生じて，練習者にとっては受信技能の上達をさまたげる要因となり，早い時期に手当てしないと後々まで尾を引く結果となります．

さらに送信時に誤字を生じやすい符号の発生傾向とも共通点があります．また，特定の符号がくると直ぐに迷いを生じ，正確に受信しても訂正するなど，かえって誤字を増すといった例も見受けられます．

この原因は，モールス符号を正確に覚えていないことから，符号を受信した瞬間，脳内で符号の判断に迷いを生じるためです．そのような場合，いったん受信速度を落とし，受信できない符号が正確に受信できるようになってから，ふたたび速度を上げてゆくようにします．したがって，送受信とも最初から正しい知識と方法による練習の継続が今後のレベル・アップにとって特に重要であるといえます．

しかしながら，どうしても誤字が克服できない時，特に和文モールス符号の場合は，「合調音法」により，ある程度の効果を上げることができます（**表1**）．これはモールス符号を「トン・ツー」と覚えずに，短点・

長点のリズムに言葉をあてはめて，例えば「-—」は「イトー（伊藤）」というように言葉を暗唱し，その符号の文字と符号構成が想起できるものです．

合調語は，符号を言葉で覚えるため暗記しやすく，誤字は発生しにくいといった長所があります．しかし，和文60字/分，欧文80字/分以上の速度になると，合調語が邪魔となり，この習慣を取り除くためには相当の時間を必要とします．また，これ以上の速度上昇もあまり期待できないといった短所もあります．

・受信姿勢と受信練習

受信技能のレベル・アップにおいて，受信姿勢が受信能率に大きく影響します．受信姿勢は**図1**のように作業がやりやすく，体のどこの部分にも緊張がない正しい姿勢をつねに維持することです．なお，速度上昇にともない，通常の筆記能力は100字/分くらいが限度ですから，それ以上の速度になると速記文字によるか，タイプ受信に切り換えたほうがよいでしょう．慣れてくると暗記受信の弊害もでてきます．

アマチュア無線の交信では話の内容がお互いに理解できればよく，必要事項だけをメモするだけでも長時間の交信が可能です．しかし，国家試験では電文の一字一句を受信用紙（**図2**）に書き取るため，暗記受信に慣れてしまうと速度の速い電文を書き取る能力が上がりません．これから国家試験を受験しようと考えている方は特に注意が必要です．

図1　正しい受信姿勢

・受信音がよく聞こえるように机を正面にして座り，胸を張って背すじを伸ばし，顔を上げてリラックスした自然な体勢とする．頭はやや前に傾け，机上の受信用紙を注視する．

・両足は自然に軽く開き，床上におく．

・右腕は机の端との角度を約45度くらいに保ち，受信用紙の左下方を指で軽くはさみ，右手に鉛筆を持つ．

受信練習はひとりでも十分に可能です．しかし，市販のモールス受信練習用カセット・テープで練習する場合，同じテープを繰り返し練習を重ねると，電文の内容を憶えてしまうため，できれば異なった多くの種類の練習用カセット・テープを聞き，つねに自分の能力より少し速めの速度で繰り返し練習することです．

受信機があれば，実際のQSOを聞いてみましょう．モールス練習用カセット・テープの電文とは異なり，練習がより効果的なものとなるはずです．いずれにしても，練習量に比例して受信技能は確実に上昇します．

送信技能のレベル・アップ

表1　合調音法

文字	和文モールス符号	合調語	文字	和文モールス符号	合調語
イ	-—	伊藤	ヤ	-——	野球場
ロ	-—-—	路傍の塔	マ	—--—	まあまかそう
ハ	—---	ハーモニカ	ケ	—-——	計器調整
ニ	—-—-	入費用意	フ	——--	風景無比
ホ	—--	宝石	コ	————	工業高校
ヘ	-	屁	エ	—-———	栄華十数世
ト	--—--	特等席	テ	-—-——	手数な訂正
チ	--—-	知己多し	ア	——-——	アーケード通行
リ	——-	流行す	サ	—-—-—	サーモ表示計
ヌ	----	ぬらくら	キ	—-—--	京都大阪
ル	—-——-	ルーム上等だ	ユ	—--——	遊撃優秀
ヲ	-———	和尚往生	メ	—---—	姪からの状
ワ	—-—	ワークデー	ミ	--—-—	身のせいと言う
カ	-—--	加盟する	シ	——-—-	少々不名誉
ヨ	——	要用	ヱ	-——--	恵方東北
タ	—-	ターム	ヒ	——--—	表彰した例
レ	———	令嬢風	モ	—--—-	毛布と毛布
ソ	———-	相当経過	セ	-———-	世評傾聴す
ツ	-——-	都合通知	ス	———-—	数量調査表
ネ	——-—	ネイネイ行こう	ン	-—-—-	運動の教師
ナ	-—-	仲人	濁点	--	駄々
ラ	---	ラジオ	半濁点	--——-	ポスター標語
ム	—	むー	長音	-——-—	貯蔵倉庫クー
ウ	--—	宇治製	段落	-—-—--	次行の行から
ヰ	-—--—	行こう良かろう	下向き括弧	—-——-—	カーの上方をオーう
ノ	--——	乃木東郷	上向き括弧	-—--—-	下方から閉止
オ	-—---	思う心	訂正・終信	---—-	なおすよーだ
ク	---—	黒部峡	区切点	-—-—-—	切ろう切ろう切ろう

図2　受信用紙の見本例

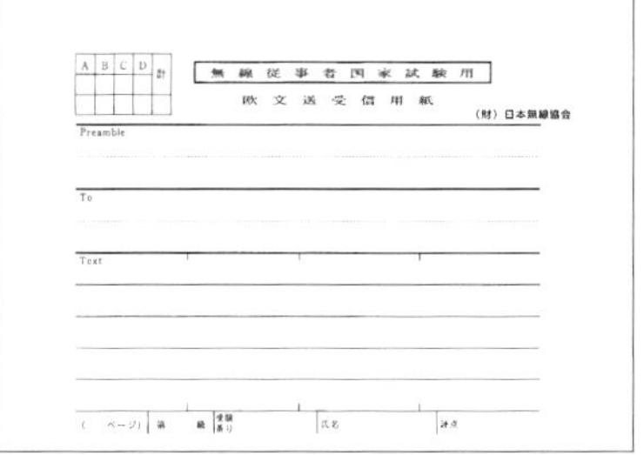
無線従事者国家試験用

欧文送受信用紙

(財) 日本無線協会

Preamble

To

Text

欧文送受信用紙

この受信用紙は第1～ 3級総合無線通信士の国家試験に使用するもので，試験はHR HR（・・・・　・－・　・・・・　・－・）NR（－・　・－・）に続く額表（番号，種類，発信局，語数，受付日，受付時刻，特記事項）から書き取り，Preamble欄に記入します．

以後，あて名をTo欄に記入し本文はText欄に記入します．額表とあて先，本文に移るときにBT（－・・・－）で区切り，本文の終わりにくるAR（・－・－・）の記入は不要です．

無線従事者国家試験用

和文受信用紙

(財) 日本無線協会

和文受信用紙

この受信用紙は第1～3級総合無線通信士，国内電信級陸上特殊無線技士の国家試験に使用するもので，試験は
HR HR（・・・・　・－・　・・・・　・－・），（・－・－・－）に続く額表（種類，字数，発信局，番号，受付時刻，取扱指定，局内心得）から書き取ります．

以後，あて名，本文と続きます．2ページ目からは本文だけに書き込みます．本文の終わりにくるラタ（・・・－・）の記入は不要です．

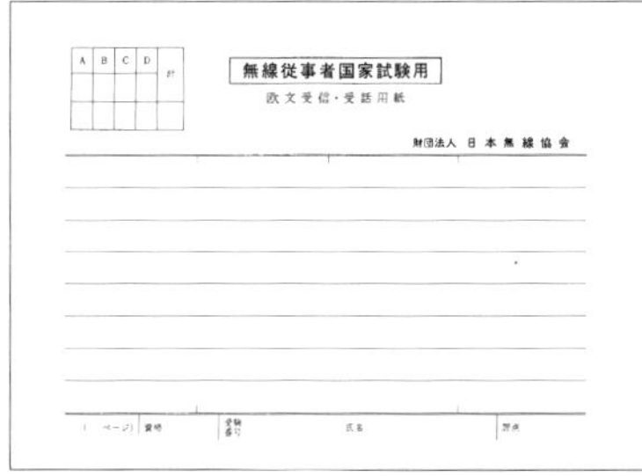
無線従事者国家試験用

欧文受信・受話用紙

財団法人 日本無線協会

欧文受信・受話用紙

この受信用紙は第1～3級アマチュア無線技士など，すべての資格の国家試験に使用するもので，試験はHR HR（・・・・　・－・　・・・・　・－・）
BT（－・・・－）に続く本文から書き取り，本文の終わりにくるAR（・－・－・）の記入は不要です．

電鍵操作は人が口から発する言葉を手首や指先が代行するわけですから，話すのと同様に正確，かつ円滑に操作することが絶対条件です．通信も一種の意思疎通であり，「送信術」といわれるように熟練するには受信技能同様に自己習得の時間を要し，一定の練習が必要になってきます．

バグキーやエレキーの送信技能は受信技能同様，あまり個人の適性は関係しません．しかし，縦振り電鍵（**写真1**）の操作は個人の適性が多少関係してきます．縦振り電鍵の操作は送信技能の基本であり，基本をマスターしたうえでほかの種類の電鍵を選択しても決して遅くはないでしょう．

縦振り電鍵へのこだわり

アマチュア無線の世界では，操作が容易で簡単に正確な符号が出せるエレキーが主流となっています．しかし，アマチュア無線の楽しみ方は人さまざまなわけですから，これがベストとは一概に言えません．一方でディジタル時代にマッチした便利な各種ツールが多く利用できる現在，何もいまさらクラシックな縦振り電鍵などに注目しなくても，という考えもあります．

今なぜ縦振り電鍵なのか，それはエレキーの事務的でスマートな符号と違い，オペレーターの感情や自己表現がそのまま反映した符号や速度が好みに応じて自由自在に出せるといった大きな魅力があり，最近にわかに愛好者が増加しているようです．それはプロと違

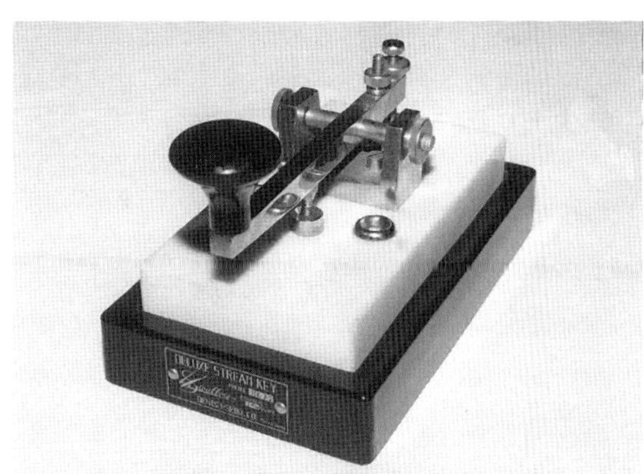
写真1　縦振り電鍵は，送信技能をマスターするうえで基本の電鍵

う趣味の世界だからです．

そして，縦振り電鍵も熟練すれば「どんな符号でも高速で長時間，安定に送出でき，相手方に使用している電鍵の種別を感じさせない」という域まで上達が可能です．これがまた，縦振り電鍵による手送り送信の醍醐味でもあります．

しかしながら，縦振り電鍵の操作技能は個人の適性に左右される面も多く，完璧に送信技能を修得するためにはかなりの時間を要し，実に奥が深いといえます．たとえば，エレキーなら高速で安定的に長時間連続送信が可能な人でも，縦振り電鍵を同様に操作できるとは限りません．そういう意味では縦振り電鍵は，やさしくて入門向けであるのと同時に，完全に修得するのはむずかしいともいえます．

各種電鍵の特徴を生かした送信技能の習得

送信技能の修得は，まず，姿勢の正しさが第一のポイントになります．第二に電鍵の握り方，第三は手首の運動と電鍵の操作方法です．

なお，縦振り電鍵の操作法には按下式(あんかしき)と反動式があり，詳細は縦振り電鍵の操作法の項で述べますが，一般的には最初に按下式で練習を始めます．その後，速度の上達にともない電鍵の接点間隔を狭くし，バネ圧も緩くする反動式のほうが操作しやすくなります．

プロのオペレーター養成校では，以前から送信技能の習得は縦振り電鍵で行い，バグキーやエレキーは，どうしても基準どおりの符号や速度を出せない人に対する救済的な意味合いが強かったようです．しかし，現在ではまったくそのような偏見はなくなり，むしろ，縦振り電鍵よりも最初からバグキーやエレキーを使用する人も多いようです．

いずれにしても，送信技能はより美しいモールス符号を正確な速さで相手に送ることが目的ですから，より自分に合った方法によって技能を修得することをおすすめします．どのような電鍵を用いるにせよ，それを自分なりに使いこなしてレベル・アップをはかることが大切です．

3-2 能力を限界まで高め，自分の適性を知ろう

受信技能の適性

人それぞれ個性や得意分野があるように，モールス通信に関しても適性や能力に個人差があります．ここでいう適性とは，CW を初めて学ぶ人が練習量に比例して技能が上達し，一定のレベルに到達した以後，CW を一定の速度で長時間安定して通信が行える資質を有する人のことです．

しかし，適性に欠ける人は熱心に教えても思いどおりの符号が叩けなかったり，受信符号に混同を生じ，誤字，冗字ばかりで，ついにモールス通信をあきらめてしまう人もいます．

送受信技能に関しては，誤字，冗字が国家試験ではもっとも減点が大きく，実際の通信においても大きな支障となります．ある無線通信士の養成校が 1970 年代に調査した結果によると，クレペリンなどの作業適性検査において誤りの多い人は，モールス受信技能においても誤字や冗字，類似符号の判断や誤りが多い傾向にあるというデータがあり，興味深いところです．

しかし，適性がないといってあきらめるのは早計で

Column 漁船モールス屋

漁船（電信船）の中には，独航船，母船，工船のほかに洋上取り引きや仲積みを行う漁貨船があって，主として冷凍貨物船を艤装して漁業用周波数を装備し，関連の漁船などとも通信ができるようになっていました．

まだ母船式・工船式の北洋漁業や南方トロール漁業が盛んだったころ，これらの漁船のオペレーターたちは，この道 20 年以上のベテラン揃いばかりで，独航船などからの漁船特有の速くてクセのあるモールス符号は，第 1 級総合無線通信士の資格を持っていても母船などに配属されたばかりの新米のオペレーターでは，さっぱりわからず「ヘボ」と相手にされませんでした．

漁貨船などでは，水産物などの仲積みを行うために一般商船のオペレーターでは勤まらないぐらい通信取り扱い量は多く，多いときには一日に 5 ～ 6 時間，十数万字の暗号電文を縦振り電鍵で連続送受信することもザラだったようです．また，その結果，送信機のファイナルが赤熱してパンクしたという話もあるぐらい，漁船オペレーターの精神集中力，長時間送受信の技能は神わざに近いものがあり，まさにモールス屋といった表現がピッタリといえる職人の世界でした．

現在では，手送り電信に代わって短波帯狭帯域印刷電信（RTTY）やインマルサットの普及，GMDSS の導入により，船舶通信の状況は大きく変革してきています．

す．特に筆記能力を除き受信技能に関しては，それほど適性は関係しません．HST 競技などで入賞するようなレベルなら別かも知れませんが，プロを含めた国家試験に合格するレベルまでなら適性に関係なく，モールス通信が好きになって練習を積み重ねることによって誰でも到達することが可能です．

送信技能の適性

送信技能の適性とは，練習量に比例して技能が上がって一定のレベルに到達した後も，何の苦労もなくそれを維持しながら一定速度のモールス符号をミスなく安定的に継続して行える資質を有する人，ということがいえます．

適性のある人は，何の苦労もなく訓練によって技能はどんどん上達します．しかし，適性に欠ける人は，どんなに練習しても上達するどころか思いどおりの符号が叩けなかったり，速度が出せないことから，最終的に CW をあきらめてしまう人もいます．

しかし，適性は生まれつき持っている素質にも関係してきますが，特に早期の訓練によってかなり改善することができます．つまり，体が柔らかい 10 代の早期からの練習がきわめて効果的であり，このころにマスターした技能は後々になってもその技能レベルはあまり下がることはありません．一方，年齢が高くなってから練習を始めた場合は，それだけ上達に時間がかかります．

縦振り電鍵では，手首の運動がポイントになります．普通（適性能力の平均値）の適性を有する人が縦振り電鍵を使用して，和文 85 字 / 分，欧文暗語 100 字 / 分，欧文普通語 125 字 / 分程度の速度は，問題なく送信可能です．また，複式電鍵，バグキー，エレキーなどの横振れ電鍵を使用した場合は，ほとんど適性上の問題はありません．

一般的に，通信も一種の意思の疎通ですから，速度よりも正確さを第一とします．まず自分の送信適性を知り，どの電鍵によってステップ・アップすればもっとも効果的なのかを判断し，それが完全にマスターできてからさらなる速度上昇へとステップ・アップすることが理想的です．

3-3 受信能力の向上・モールス総合二段をめざそう

受信能力が伸びない原因

受信技能の伸びを阻害する原因には，大きく分けて，一般的な原因と心理的な原因とに分類できます．

・一般的なスランプ状態からの脱出

一般的には練習の中ごろになってから，練習量に対して技能上達の度合いが一時停止したような状態になることです．これは，プラトー（Plateau）現象（**図 3**）ともいいますが，モールス通信だけでなく，スポーツなど練習によって修得する技能全般にわたり生じる，いわゆるスランプ状態といえます．

原因にはさまざまな説があり，心理的な面が大きく関係しているものと思われますが，確定的な説は今のところ見あたりません．さらに練習を積み重ねてこの現象を克服すれば，再び技能は上昇しますが，多少個人差があります．いずれにしても，あせらずに引き続き規則正しい練習の繰り返しにより，比較的簡単に解決できるでしょう．

・心理的なスランプ状態

心理的なスランプ状態の要因は，適性のほかに個人の性格も関係してくるようです．すなわち，外的な心理的影響によりスランプ状態に陥りやすい人とそうでない人があります．スランプ状態とは，受信時において誤字，脱字，冗字が多く，不明な字を書くことです．

受信時における誤字の原因は符号判断の誤りであ

図 3 プラトー現象

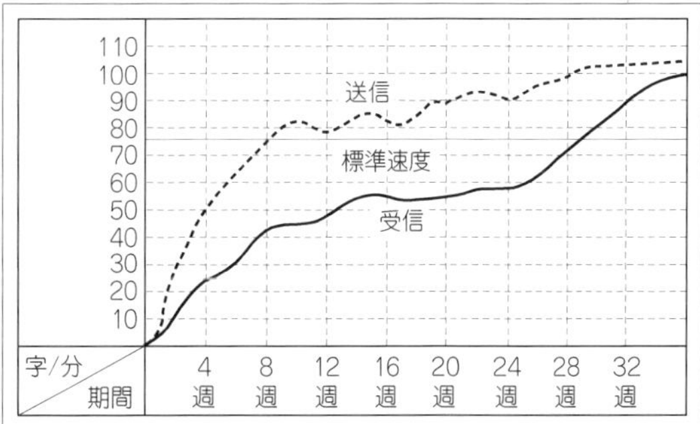

図は欧文の練習曲線を示したものである．この受信練習の曲線では，約50字／分くらいの速度付近で一時上達が停止したような状態となり，以後，相当長い期間練習を続けてから再び上昇している．これをプラトー（Plateau=高原）現象という．この期間を過ぎると，再び技能は上昇して限界点に達するが，これには個人差もあり必ずしも曲線どおりにいかない場合もある．また，送信曲線は受信曲線に比べ連続して上昇しているが，これについても個人差がある．

り，次に多いのは，類似符号の判断の誤りです．また脱字の原因は，符号音判断の遅れや迷いによるものと，判断はできても筆記能力が通信速度に追いついていかない場合とがあります．

これらの多くは，身体，聴覚機能などに特段欠陥がない限り，ストレスや反射神経の遅れ，筆記能力が追随しないのが原因です．すなわち，符号聴取と同時に反射的に文字が出現し，筆記するという一連の流れ作業の迅速性を欠くからです．そのためには，度重なる訓練により反射神経の鋭敏性を向上させることによって改善することができます．

すなわち，受信訓練時ほど聴覚神経系統を刺激し，消耗するものはありません．それゆえ，内面的な心理的動揺などからくる神経系統の乱れが，受信時に与える影響は大きいといえます．そのため，つねに聴覚神経の正常さと安定性の維持を保つため，心理的には不安，悩み，恐怖など精神的動揺がなく，身体的，精神的にも健全でなければなりません．特にHSTなど高速度な受信では重要な問題です．

いずれにしても，国家試験は短時間で終わり，レベル的には，モールス通信ができる最低限のレベルであり，実際の通信では1アマの速度（欧文60字/分）程度ではコンテストをはじめ，国内外の局とのラグチューには不十分な速度といえます．免許を取得したら，ぜひ次はJARLのモールス技能認定の総合二段（欧文100字/分，和文75字/分）程度の取得を目標に，積極的にチャレンジしてみましょう．

受信能力を伸ばす方法

モールス通信の受信能力を伸ばすには，受信技能の上達をさまたげている原因をつかみ，除去することが大切です．受信技能上達の練習は，語学のヒヤリング練習と似た面があり，その技能を伸ばすためには繰り返し練習するしかありません．専門の良き指導者の下で練習を行うのも効果的です．

練習で大事なことは，モールス練習用カセット・テープを反復して聞き，誤字，脱字，冗字などをチェックすることで，自分にとって誤字や脱字をおこしやすい符号を把握し，受信能力を向上させることができます．さらに，受信練習で重要なことは，第一に現在の自分の能力より2～3割ほど速い速度で練習することです．第二に，完璧を求めて脱字や不明字にこだわるのは絶対禁物で，アッサリ忘れることです．

第三に，毎日少ない時間でも規則正しく継続することです．練習成果はすぐ現れませんが，長期的には確実に上昇しているのがわかります．また，途中で練習を止めると途端に技能の低下を招きます．

平日や週末の日中は，7MHzでスピードの速い局から遅い局までたくさんのCWが聞こえています．自分の能力にあった局を選んで受信の練習を行ってみましょう．

3-4 リズムをつかみ，ワードで受信しよう

受信練習にも慣れ速度が上がってくると，1文字ずつ受信せずワードとして受信する癖をつけることです．例えば，-—　—-　—-- ときたらA，N，Dと受けずにandとワードで聞けるように努めるのです．ただ，練習に余裕が出てくると，anときたら次はdだろうと予想して筆記するような推測受信は練習初期に行ってはなりません．つまり，違う文字が来た瞬間，以後の受信文に多くの脱字や誤字を生じるからです．

ワード受信が熟練するにつれて，例えば，—-—-　———　——　——　--—（Commu…）ときたら

Column モールス電信競技会

電信競技会は，明治29年（1896年）6月に電信協会主催で初めて実施され，その後，何年かごとに実施されるようになりました．

競技種別としては，モールス印字通信部門の送・受信，モールス音響通信部門の送・受信，和・欧文さん孔部門，などがあり競技時間は3分間で，その中には女性の参加者も多くいました．

競技会では，緊張のあまりか，平常の実力が発揮できなかった人も多かったようですが，明治末期当時の局内誌によると，「其成績ニ於イテスラ如何ニ参観者ヲシテ驚カシメタルカヲ想ヘバ其平素ノ敏活ニシテ正確ナルヲ推知スルニ難カラズ」とあり，オペレーターたちの日ごろの研鑽ぶりが，うかがいとれます．

以後，競技種別の変化はありましたが，組織が，逓信省，運輸通信省，通信院，電気通信省，電電公社と変遷しても，引き継がれました．

発足当時は，モールス印字式から音響式に切り替わる時期でもあり，競技会で優秀な成績を収めることは電信オペレーターたちの励みにもなりました．

自然にCommunicationsというように，前後文の関係から筆記できるようになり，後に受信音を聞いてチェックするといったような余裕もでてきます．速度上昇にともなう受信の基本は，あくまでも遅れ受信と暗記受信にあります．さらに熟練すれば，符号音は符号としてではなく，文字，または言葉として聞こえるようになります．

各符号音にはそれぞれにリズムがあり，言葉として聞こえてくるわけです．したがって受信技能においては，正確に早く，符号音のリズムをつかむことが大切です．

暗記受信と遅れ受信

受信能力の最終目標は，その受信した符号が脳内の記憶に反射させて現れる判断文字が通信速度に追随して安定的に得られ，かつ筆記速度と対応させることができるようになれば，簡単なメモだけで長時間連続した暗記受信や60～100字程度の遅れ受信が可能となり，筆記速度以上の高速度受信も可能となります．

これは，受信時は思考の余地がなく，筆記速度に比べ通信速度が速い場合，その速度差を脳内の記憶によってバックアップされていると考えられます．受信能力と筆記能力はまったく別のもので，筆記能力にも限界があるため，速度上昇にともない，速記文字による筆記やタイプ受信に切り替えたほうが有利です．

昔の船舶局では，今のようにファックスがなかったため，モールス電文を通信士が漢字文で受けて原稿を作成したり，気象電文を聞きながら天気図を作成していました．また，戦前の航空機局では機上と地上との無線電信による会話を筆記なしで行っていました．したがって，暗記受信，遅れ受信ができなければ，これらを行うことは不可能だったのです．

不安要素を取り除こう

次は，受信技能の上達を阻害している原因を突き止め，除去することです．適性や個人の性格にも関係しますが，主な原因は前にも述べたとおり，心理的な面に支配される場合がほとんどです．

人間は誰でも多少の差はあっても，心理的な不安（Anxiety），欲求不満（Frustration），反抗（Contrariety），劣等感（Inferiority Complex）などを持ち，葛藤（Conflict）したり，それぞれ悩みを持っています．このような心理的現象は，外面に現れるものもあれば内面的なものや，潜在的なものもあります．

電文受信中は全神経を集中しなければならず，受信練習時にこれらが影響すれば当然上達が遅れます．これらの不安要素を取り除き，自信を持って，あせらずにコツコツと努力すれば，必ず飛躍的なレベル・アッ

Column 航空無線におけるモールス通信

戦前，陸海軍の中型機以上の航空機には，航空通信士が乗員として搭乗して，中・短波帯の無線電信で地上の無線電信局と連絡をとっていました．ただ，戦闘機などの場合は，パイロットだけの場合が多いため主として無線電話が使用されていました．

また，民間機もパイロット以外に航空通信士が搭乗していました．戦後，民間航空の再開により，わが国もICAOに加盟しましたが，戦後の航空通信はアメリカの影響もあり，Voice通信すなわち無線電話が主流になりパイロットが通信士を兼ねるのが常識になりました．

しかし，国際線に就航するものは国際的にも航空機通信長の配置が必要でしたが，その後，民間航空の急速な無線電話化と通信衛星を使った新しい通信システムの導入などによって無線電信はしだいに使われなくなり，ついにICAOでも無線電信の撤廃が決定され，民間航空から無線電信が消えてしまいました．そして運輸省の資格である壱等～弐等航空通信士の方々は職を失い，無線電話だけの参等航空通信士はパイロットが兼務するようになりました．

さらにその後のICAOの基準改定を受けた航空法の改正で平成6年から等級が廃止され単に「航空通信士」となりました．また，このICAOの動きにあわせてITUの無線通信規則（RR）からも「航空に関する無線電信通信士」の規定が削除され，「無線電話」のみになったのに伴い，ついに郵政省の資格である第1級/第2級総合無線通信士の免許証の記載事項からも「航空に関する第1級（または第2級）無線電信通信士証明書に該当する」旨ほか関連記述が削除されてしまい，航空に関しては，従来から無線電話の資格である航空無線通信士と同様の扱いになってしまいました．

今でもパイロット以外の搭乗員として航空通信士が活躍しているのは，中・短波帯の無線設備を搭載した航空機局から地上局，船舶局などと無線電信を含む通信を行っている海上保安庁や自衛隊ぐらいになりました．

プをはかることができます．

最後の仕上げ

練習によって和文70字／分，欧文90字／分程度の速度が楽に受信できるようになったら，今度は長時間の連続受信に挑戦してみましょう．実際の通信では，国家試験のようなクリアな受信音ばかりでなく，フェージングによる信号レベルの変動，空電ノイズ，エコーやドプラー偏移による受信音調の変化などがあるため，空中状態によって送信速度を変えて通信することもあります．

したがって，コンテストやラグチューなど，実際の通信においても長時間へこたれずに安定した受信を行える技能がなければ，とても役に立ちません．

例えば，海岸局のようなプロの世界でも，資格を取得後，研修所でさらに6カ月ほどモールス送受信実践訓練経験を積み，最後の仕上げをしてからはじめて現場に配置されているようです．

連続受信の練習は，30分くらいの連続受信から始め，しだいに50分，70分，90分と延長します．50分ぐらいの連続受信で1字もエラーを出さず，安定に受信できるようになれば，ほぼ実際の通信でも十分通用するレベルにあるといえます．

これぐらいになると，二つ以上の信号が混じり合ったような混信時でも，音調や速度の違いで目的の信号だけ聞き分けることができるようになります．

せっかく上達をめざして受信練習を始めたわけですから，半年くらい計画的に練習すれば，だれでも上達は可能です．

3-5 送信能力の向上

送信能力が伸びない原因

縦振り電鍵を使用した場合，初期の低速度の段階（欧文60字／分程度）では比較的容易に技能を修得できます．しかし，その構造と操作原理が簡単である反面，送信速度の上昇にともない電鍵操作が困難となってきて，練習時間に比例して上達するどころか，練習が行き詰まることさえあります．

送信操作は受信の逆であり，電文を見て，モールス符号の短点と長点の組み合わせを連想して手の動きを想起し電鍵を操作するといった，一定のプロセスを経て行われます．しかし，受信と同様，熟練度に応じ途中のプロセスが簡略化され，反射運動的に機械的な電鍵操作を行い，符号を出せるようになります．

送信能力が伸びない理由を大きく分けると，送信姿

Column 無線電信に関する資格の変遷

GMDSSの導入によりプロの世界から無線電信は消えつつあり，これからはアマチュア無線の独断場となるものと思われます．

そこで，参考まで過去から現在までの資格の変遷を無線電信に関係のあるものだけを時代順に紹介します．

●無線電信法時代（昭和14年ころ）
　無線通信士資格検定合格證書　第一級
　無線通信士資格検定合格證書　第二級
　無線通信士資格検定合格證書　第三級
（現在の第1～3級総合無線通信士に相当）
　無線通信士資格検定合格證書　航空級
（航空無線電信・電話の操作が可能）
　無線通信士資格検定合格證書　聴守員級
（遭難・緊急・安全信号などの聴守のみ）
●電波法制定のころ（昭和25年ころ）
　第1級～第3級無線通信士
　聴守員級無線通信士（遭難信号などの聴守）
　第1級アマチュア無線技士
　特殊無線技士（中短波固定無線電信）
　特殊無線技士（中短波移動無線電信）
　特殊無線技士（国際無線電信）
　特殊無線技士（国内無線電信）
　特殊無線技士（国内無線電信乙）
　特殊無線技士（陸上無線電信）（昭和32年～）
●現在
　第1～第3級総合無線通信士
　第1級アマチュア無線技士
　第2級アマチュア無線技士
　第3級アマチュア無線技士
　国内電信級陸上特殊無線技士
　特殊無線技士（国際無線電信）- 旧資格の存続

勢や使用電鍵の不具合など，物理的なものと心理的なものがあります．送信姿勢の良否もモールス通信に限らず，すべての作業に共通の作業能率を左右する要因であり，これを無視すれば上達は望めません．

次に，使用電鍵の調整と操作法の誤りも同様です．そして，受信練習同様，心理的な原因がある場合も上達は望めません．いずれにしても，これらの送信技能の上達を阻害する原因を取り除くことにより，必ず，最終的には受信練習同様，練習量に比例したレベル・アップは十分可能ですから，途中であきらめないで最後までがんばりましょう．

送信能力を伸ばす方法

送信能力を伸ばすためには，正しい送信姿勢と電鍵の正しい調整など，規則正しい練習が基本となります．送信能力を伸ばすための送信練習は受信練習と同様，練習の中期において必ずといってよいほど送信技能の上達を阻む原因となる，プラトー現象に遭遇します．特に心理的なプレッシャーがかかったときなど，思いどおりの電鍵操作ができないなどの障害が顕著にあらわれるようです．送信技能を伸ばすには，これをうまく克服することが大切なポイントです．

プラトー現象に遭遇した場合，スピードをいったん初期レベルに戻して送信の基本にもどり，リラックスしながら規則正しい練習を続けます．また，序々に元の速度に復帰できるように心がけ，さらに練習を積み重ねれば，そこから再び送信技能は確実に上昇します．あきらめずにそこまで乗り切る忍耐と努力が大切でしょう．

さらに送信速度が上がってきたら，電鍵操作は反動式に切り換えて，バネの圧力を緩くして接点間隔を狭くし，手首の振幅と運動量を小さくします（手首の運動を電鍵操作に必要な最小限の振幅と運動量に絞り，接点の開閉以外にムダなエネルギーを消費しないようにします）．そうして，実践の通信を通じて練習を積めば，コンテストでも相手方と同じ速度で十分返事を返せるようになります．

しかし，練習を積み重ねても縦振り電鍵での送信技能が伸びず，電鍵操作が苦痛な人は，むしろ練習初期（50字/分程度）から早いうちにバグキーやエレキーに切り替えたほうが効果的です．縦振り電鍵が完全にマスターできれば，それにこしたことはありませんが，バグキーやエレキーも送信能力を伸ばす究極のツールです．努力しても縦振り電鍵では一定の速度（欧文100字/分程度）以上が出せない人は，むしろ，早期にバグキーやエレキーで速くて安定した符号を出す技能を追求したほうがよいでしょう．

3-6 手崩れの原因と克服法

縦振り電鍵による送信技能において，電鍵操作が正しければ送出符号も正確であるのは当然のことです．しかし，しばしば送信中に自分の意に反して手指が独自に電鍵を操作して，思うように符号が送出できなかったり，誤った符号を送出するなど，手指の運動が自由を欠くようになったりする現象を，「手崩れ」といいます．

程度には軽重があり，いったん手崩れに陥ると電鍵操作は乱れ，技能の進歩や向上が望めないばかりか，正常な状態に戻るまでにはかなりの時間がかかります．さらに，ひどくなると精神的なプレッシャーや焦りが加わるため，自信を失い，ついには縦振り電鍵を諦めなければならなくなります．

したがって，手崩れの前ぶれを早期に発見し，対処することによって正確な符号が送出できるよう心がける必要があります．

手崩れの原因

手崩れの主な原因には大きく分けて，電鍵によるものと電鍵の操作によるものがあります．

・電鍵に原因がある場合

電鍵の調整不良に起因する場合がほとんどです．初期の練習では，バネ圧200g程度，接点間隔0.5mm程度に調整するのが適当であり，中期練習期ではバネ圧130g程度，接点間隔0.17mm程度となり，速度上昇にともない，さらにバネ圧は弱くなり，接点間隔は狭くなります．

そのほかに，電鍵の支柱と槓杆（こうかん）の軸受け可動部分の動きに抵抗がないことや，上下接点にズレがなく正しく噛み合って凸凹がないこと，支柱と槓杆に横ブレやガタがないこと，台の重さが適度で操作中安定していること，ツマミの形状が操作に適していることなどがチェック・ポイントになります.

一般的にバネ圧が強すぎ, 接点間隔が広い場合には, ①短点の過少, または脱落 ②長点の短小, または中間割れ ③一文字を構成する点間隔が広くなる

また, バネ圧が弱く接点間隔が狭い場合には, ①短点の過大 ②長点の過大 ③点間隔の不揃い, 符号つぶれ

以上のような症状が現れます. したがって, 電鍵操作が正しくても結果として不正確な符号が送出されるため, 電鍵の調整には注意を要します.

・電鍵操作に原因がある場合

送信練習過程において, 電鍵操作が自己の意思に反して独自に手指が運動したり, 思うような符号を送出できなくなる症状は, 統計的には練習者の約半数以上が経験するといわれています. そして, はっきりしていることは送信速度が50字/分程度までの過程においては, ほとんどこのような現象は見られず, 70字～80字/分くらいの速度から多く発生しています.

手崩れ現象は, 手指の無理な動作を繰り返したため疲労や動作に変調を生じ, それが習慣性になったものと考えられます. また, 手崩れはすべての符号が一様に変調をきたすものではなく, 例えば, ---— とか, ----— あるいは—---- のような符号に多く発生する傾向があり, 短点がやたらと速く滑らかさがないとか, 短点が脱落したり, 続く符号の操作に手間取るとか, 何となく操作にぎこちなさが感じられます.

この時点で適正な対策を講じれば直りますが, 放置すると問題となる符号の前後の符号操作にも変調を来たし, ついには, 全体的に思いどおりの符号を送出する自信をなくしてしまいます.

主な原因としては

① 不規則な練習, 過度の練習
② 無理な高速度練習, 特に短点の高速度練習
③ 手首の過度な運動
④ 心理的な圧迫や焦り

以上が挙げられます. つまり, 外面的な疲労などが手崩れの主な原因となっているのは事実ですが, 一方, 心理的なものも影響しています. 例えば, 練習も初期から中期に進んでくると送信速度も上がってきて手首も慣れ, 短点操作も速くなります. すると, 合理性を欠いた不均衡な符号を操作するようになります.

例えば, 前述のように ---— といったような長点の前に短点があるような符号の操作が特に不良となりやすく, これを放置しておくと類似の符号 (ウ, 四, マ, メ, ヒ, ユ) にもおよび, 送信操作中もつねにこれらの苦手な符号が気にかかるため, これらの文字を操作する場合に緊張感は絶頂に達し, 失敗するとますます心理的な圧迫感と焦りが広がるといった循環を繰り返し, 手崩れ現象に陥ることになります.

バネ圧, 接点間隔の調整法について

縦振り電鍵は速度に合ったバネ圧, 接点間隔に調整しないと, 疲れや手崩れの原因となります. したがって, 規定値に調整するためのポイントについて紹介します.

① バネ圧の設定は, コップに水を入れ, 家庭用秤などで重さをチェックし, ツマミにのせて前部接点がつくかつかない程度に調整する.

② 接点間隔は, 紙の厚さなどでは不正確になりやすいため, 携帯用のシグネス・ゲージ (カー用品店で売っている間隔調整用の板状のゲージ) などを用い, 正確な接点間隔に設定する. しかし, 慣れてくるのにしたがい, バネ圧や接点間隔はその都度計測しなくても自分なりに設定が可能になる.

練習の度合いと速度に対応する電鍵の調整値の目安と保守については下記のとおり.

・初期の練習期 (50字/分以下) バネ圧200g程度, 接点間隔0.5mm程度
・中期練習期 (50～90字/分) バネ圧130g程度, 接点間隔0.17mm程度
・後期練習期 (90～130字/分) バネ圧100g程度, 接点間隔0.08mm程度

手崩れを直すには

さまざまな要因で手崩れが起こりますが, 短点符号送出不良のような軽度のものは比較的容易に修正が可能です. しかし, それ以上悪化するとむずかしくなってきます.

手崩れの主な要因は電鍵操作の不正確さに基づくものですから, 今一度スピードを落とし基本操作に戻って練習のやり直しを行います. また, 不正確な符号の送出習慣を序々に取り除くといった修正作業と併せて, 内面的な不安感も除去しなければならないため, 手崩れを直すには, 次のような対策が考えられます.

① 心理的不安を取り除き, 必ず直るという自信と希望をもつ.
② 疲労の回復と休養のため, 症状によっては一時練習を中止したり, 肉体的, 精神的にリラックスできる時間を設ける.
③ 電鍵調整をバネ圧200g, 接点間隔0.5mm程度の

基本操作用に設定し，速度を落としたうえで手首を大きく振って，短点は一つずつ丁寧に送出する．長点は今までより長目に操作し，手首を十分上げてから次の点を操作するように基本操作を繰り返し，マスターしてから少しずつ速度を上げてゆく．

④ 操作が困難な符号，例えば，－－－－━ なら －－－－ と━ に分割して練習し，調子が整ってきたところで次第に －－－－ と━ を近づけ，－－－－━ といったように本来の符号が送出できるようにする．

⑤ 上記①～④の対策を講じても改善が見られない場合や，プロの免許取得など限られた期間内で所定の課程を履修しなければならないような場合は，ほかの手段として，早期にバグキー，エレキーなどに切り替える．

モールス符号構成上の問題点

モールス符号の構成要素によって，次のような不正確な符号が送出されやすい特徴があります．

① 短点のみの符号（ヘ，濁点，ラ，ヌ，五）の場合は，間隔不同，短点の大きさ不同など．

② 長点のみの符号（ム，ヨ，レ，コ，○）の場合は，間隔不同，長点の大きさ不同，長点の中間割れなど．

③ 短点と長点の組み合わせ符号（イ，ウ，ク，四）の場合は，短点の過少，脱落，めりこみ，点間隔の不揃い，短点の大きさ不揃い，終わりの長点が短いなど．

④ 長点と短点の組み合わせ符号（タ，ホ，ハ，六）の場合は，点間隔の不揃い，短点の過少，または脱落，短点が過大，始めの長点が短いなど．

⑤ 中間に短点がある符号（ワ，マ，メ）の場合は，短点の大きさ不揃いなど．

⑥ そのほかの符号の場合は，一般的に長点で終わる符号の次に短点で始まる符号が来ると間隔は狭くなり，短点で終わる符号の次に短点で始まる符号が来ると間隔は広くなる．

いずれにしても，モールス通信は一種の意思の伝達ですから，速度よりも送出符号の正確さが第一でなければなりません．それには正しく調整された電鍵を使用し，正しい姿勢で操作を行い，操作にあたってはあくまでも基本操作に忠実であることです．

欧文モールス符号の場合は，もともと英文の文字の使用頻度を考慮して決められているので，符号構成上の難易度は少ないですが，和文モールス符号の場合，そのような配慮がされていないため，一般的に欧文に比べて冗長であり，送信もむずかしいといえます．

不正確な符号が送出されれば，その原因を究明し，たえず正確な符号が一定速度で送出できるよう修正につとめることにより手崩れを克服し，モールス送信能力のレベル・アップをはかりましょう．

3-7 電鍵の選び方と調整方法

・電鍵の種類と用途

電鍵はモールス符号を送信するため，電鍵回路に挿入して回路の電流を断続するために使用するものです．

電鍵の種類には，縦振り電鍵や複式電鍵のように，電鍵によって直接回路の電流を断続するものとエレキーのようにパドルを介して間接的に行うものなどがあります．

手送り電鍵の種類，主な用途は**図 4** のとおりです．

Column モールス音響式通信

モールス音響式電信機は，主として集音函に入った音響器（サウンダー），電鍵（キー），検流計（ガルバノ・メーター），継電器（リレー），タイプライターから構成され，通常は音響通信座席の机上に配置れています．通信は電鍵の断続による通信線路に流れる直流電流の変化を継電器で受信し，音響器を働かせます．

なお，音響器は，電磁式であり槓杆部（レバー）が信号により吸引されて金属台の下部を叩いた時の音と復帰して上部を叩いた時の音の時間差によりモールス符号の長短を聞き分けて文字に翻訳し，タイプライターに印字します．

検流計は，装置に流れる通信電流の方向や強弱を調べるのに用います，継電器は高感度の電磁石からなり，最小感動電流約 3mA，通常の通信電流約 20mA 程度で，動作接点に音響器と電池を接続すれば，通信線路を通ってきた微弱な電流でも音響器を働かせることができます．

モールス音響通信の普及に伴い，東京では明治 33 年（1900 年）ぐらいから手動電話交換の中継作業の効率化を図るため，中継回線を利用して，モールス音響通信により市内ならびに近郊市外局との間で，交換手があて先と連絡を取って手動で交換をしていました．

その後，大正 12 年（1923 年）の関東大震災後，自動式電話交換機の導入により順次姿を消してゆきましたが，昭和 38 年ころまで有線モールス音響式通信は，自営通信や電報局で公衆電報の送受に使用されていました．

図4　手送り電鍵の種類と用途

手送り電鍵

縦振り電鍵(逓信型)

縦振り電鍵は逓信型(Post office Type Key)とも呼ばれ，明治14年(1879年)，わが国ではじめて電信機の国産化が実現したとき，旧逓信省(工部省)仕様で製作された「甲種単流電鍵」にその原型を求めることができる．
縦振り電鍵はわが国で汎用電鍵として多く製作され，有線モールス印字式電信から音響式電信を経て，無線用として100年以上の長期にわたり使用されている．

横振り電鍵(往復型)

横振り電鍵(往復型電鍵)は，1883年ころからアメリカで複式電鍵が，また，1904年ころからはバグキーがすでに有線電信用として使用されていた．
わが国では戦前，海軍の一部で複式電鍵を使用していたが，複式電鍵やバグキーが本格的に普及するようになったのは戦後になってからである．
現在のアマチュア無線界ではエレキーが主流となっており，プロの局でも多く使用されている．

単流電鍵(有・無線電信用)

中継電鍵(有線音響電信用)

複式電鍵(有・無線電信用)

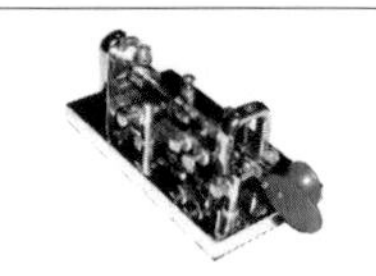
バグキー(有・無線電信用)

複流電鍵(有・無線電信用)

転極電鍵(有線海底電信用)

エレキー(無線電信用)

縦振り電鍵の選び方

縦振り電鍵を選ぶ場合のチェック・ポイントは次のとおりです（縦振り電鍵の各部の名称は**図5**を参照）．

① 支柱と槓杆の軸受け可動部分の動きに引っかかりや抵抗がなく，スムーズに上下に動くこと．

② 前部と後部にある接点の上下にズレがなく，接触部が平らで正しく噛み合っていて，接触部に汚れがないこと．

③ 電鍵の接点の接触抵抗値は0に近いほど低く，絶縁抵抗は∞であること

④ 支柱と槓杆に横振れやガタがなく，打った瞬間の反動で手首が戻り「打ちごこち」が良いこと．

⑤ 台がズッシリと重く適度（1kg程度の重さが適度）で，操作中しっかりと安定していること．

⑥ バネの材質は太くて固いのは調整範囲が狭いため，良質の鋼製で強度がゆるやかに調整できること（ピアノ線が最適なようです）．

⑦ ツマミの上面は指を乗せる一定の広さがあり，側面から親指で掴める高さがあること．なお，ツマミ上面が高く山形に盛り上がったものは不安定なため，アメリカン・タイプ電鍵のツマミのように比較的平らなほうが安定である．また，ツマミの下にツバがついているものは，親指の運動が制限されるため感心できない．

日常の電鍵の手入れ

日常の保守としては，

① 接点部分をやわらかい布などで拭いて，汚れを落としておくこと．

② 支点軸受け部分がテーパー・ピンの場合は，ときどきピンを抜き出して磨き，良質のミシン油を注油する．槓杆の動作に引っかかりや抵抗がなく円滑に動作

図５　縦振り電鍵の外観構造図

送信練習に用いる電鍵は，縦振り電鍵を使用するのが一般的です．ツマミを押し下げることにより，槓杆が下がり，接点が閉じて電流が流れ，開くと電流が切れます．この開閉操作をモールス符号に対応させて行うことによりモールス符号が送出されます．速度の上昇に応じてバネ調節ネジを緩め，接点調整ネジを調整して間隔を狭めます．接続端子からコードを電鍵回路に接続します．

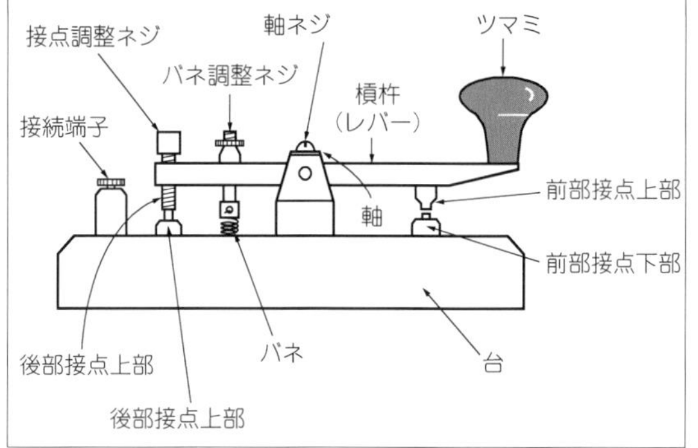

するようにピンと軸受け部を調整後，ピン固定用ビスでその状態を確実に固定する．

また，支点部分がメタル・ベアリングの場合は一般的には調整不要で，時には良質のグリス油を補給する程度で問題はない．しかし，単なるボール・ベアリングの場合は分解掃除後，良質のグリス油を補給し，槓杆の動作に引っかかりや抵抗がなく円滑に動作するような状態で支点部の押さえ，ビスの圧力を調整した後，ナットで確実にロックする．

なお，槓杆の可動部の調整は，まず，電鍵の接点間隔調整用ネジを外し，次にバネ圧調整ネジを外し，バネが効いていない状態にして可動部分の動きを点検する．そして，可動範囲において引っかかりや大きな抵抗感がなく，槓杆が上から下にストンと抵抗感なく自然に下がるように軸受けの摩擦部分とピンとのすりあわせを調整する．軸受けがボール・ベアリングの場合は支点部の押さえビスの圧力を調整する．メタル・ベアリング軸受けの場合は前述のとおり調整は不要．

③ ①～②の調整後，接点の噛み合わせを点検し，上下接点にズレがあれば下部接点取り付け位置を調整する．また，接点に凸凹があれば平らな状態になるよう修正する．理想的な接点の表面は噛み合わせ部分が平らで接触部の面積が広く，表面には汚れがなく鏡面のように滑らかな状態をいう．

ミス送信を出さないためにも，接点の状態は縦振り電鍵をはじめ，複式電鍵，バグキー，エレキーのパドルでも共通の問題であり，ベストなコンデションを保つようにする．

横振り式電鍵の選び方

横振り式電鍵（往復型電鍵）のうち，複式電鍵には普通の複式電鍵（ダブル・スピード・キー）と絞り込み型複式電鍵（スクイーズ・キー）の二種類があり，普通の複式電鍵は操作レバーが一つだけのシングル・レバー式となっています．しかし，絞り込み型複式電鍵では，操作レバーが左右それぞれ独立したダブル・レバー式となっており，エレキーと組み合わせて使用した場合，スクイーズ操作が可能（p.46 参照）となるように設計されています．

複式電鍵は接点が2個あるため，縦振り電鍵に比べ2倍の速度が出せます．さらに同じ速度であれば1/2の運動量で済むため，手崩れにより速度が出せない人でも簡単に所要の速度を出すことができます．

しかし最近では，単独で複式電鍵として使用するものは少なく，普通型，絞り込み型複式電鍵は，ほとんどがエレキーと組み合わせによるパドルとして使用するのが現状です．

複式電鍵を選ぶポイントとしては，

① 機構がしっかりしており，短点，長点の接点間隔とバネ圧の微調整が外部から容易にできること．

② 一定の重量（1kg 程度は必要）があり，台にはゴムパッキンなどの滑り止めが施されており，操作中に動作が安定していること．

③ レバーや機構部に横振れやガタがないこと．

以上が重要なポイントになります．また，バグキー（Bug key）は半自動電鍵とも呼ばれ，長点符号は手動で一つずつ送出しますが，短点符号はオモリの慣性による振動で自動的に連続して送出できるようになっています．バグキーのBugには昆虫という意味があり，製品の商標に用いられたことから，このような呼び名となっています．アメリカのVibroplex社は1903年ころからのバグキーの老舗です．バグキーを選ぶポイントとしては，複式電鍵と基本的には同じです．

図６　Vibroplex社商標のトレード・マークは昆虫をモチーフにしたもの

エレキーの選び方

エレキーは自動電鍵とも呼ばれ，最近の製品はフリップ・フロップ回路とICを使用したメモリー付きのものが主流となっています．この電子回路にパドルを接続して使用します．エレキーにメモリー機能が加わることにより，運用はずいぶん便利になります．すなわち，メモリーなしでは手の動作を符号に同期させる必要がありますが，メモリーが付いていると，瞬間でもレバーを操作すれば所定の短点符号，長点符号が得られるので操作が簡単なためです．

例えば「N」の符号を送出する場合，メモリーなしでは— -と長点符号が終わってからレバーを短点側に押しますが，メモリーがある場合，長点符号が出ている最中に短点レバーをちょっと押すだけで短点符号は記憶され，正確に— -という符号を出すことができます．さらに，**スクイーズ操作機能**を有している場合，スクイーズ用のダブル・レバー形式のパドルを接続して，その両方のレバーを同時に押すことにより，例えば— - — - — - …とか - — - — - — …といったように，長点符号と短点符号の連続送出ができ，始めにどちらのレバーを先に操作したかによって長点で始まるか短点で始まるかが決まります．

一般的には普通のエレキーでも十分ですが，コンテストや長時間の運用をこなすには，電鍵操作を行ううえで，ムダがなく効率的なメモリー・スクイーズ機能付きのエレキーに軍配が上がるといえます．

3-8 送信練習の基本

・符号の構成と練習の注意事項

モールス符号は，短点符号と長点符号の組み合わせで構成され，法令で**図7**のように規定されています．しかし，実際の手送り送信によるモールス符号は，その構成に多少のバラつきがあります．これらの間隔が大きく違ってくると，受信側では誤字や脱字として受信されるおそれがあるので，できるだけこの規則を守りきれいな符号を打つように心がけましょう．

また，送信の場合には，文字を見てそのモールス符号を想起し，電鍵を操作するといった一連の流れ作業になるため，つねにモールス符号の速度に追随した円滑な操作が可能でなければなりません．送信練習には和文・欧文ともに電報形式および普通文形式の練習帳が市販されています．それらを活用して行うのが効果的です．

エレキーはドイツのハムであるCristoph Schmelzer氏（D4AAR）が真空管式のブロッキング発振回路を使用し，リレーを駆動する方式である「Electrical Bug Key」の試作記事を昭和8年（1933年）のARRLのQST2月号に発表している．図は「Electrical Bug Key」の回路．発振周波数が変わるとキーイング動作が不安定になるといった欠点があった．

Electrical Bug Keyの回路図

・電鍵の調整

電鍵の調整がいい加減であると，正確なモールス符号が送出できないばかりか，疲れやすく，手崩れを起こす原因にもなります．電鍵の調整は，個人差があるため，縦振り電鍵の選び方と調整の項で述べたとおりの調整値に設定します．

一般的には，速度上昇にともないバネ圧は緩くし，接点間隔は狭くします．これは，横振り式電鍵でも同様です．

図7　モールス符号の構成

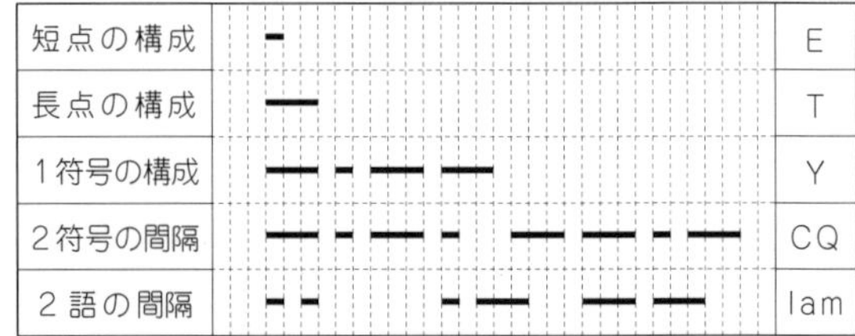

短点の構成	-	E
長点の構成	—	T
1符号の構成	— - — —	Y
2符号の間隔	— - — -　— — - —	CQ
2語の間隔	- -　- —　— —	Iam

モールス電信の符号の線および間隔

① 1線の長さは，3点に等しい．

② 1符号を作る各線，または点の間隔は，1点に等しい．

③ 2符号の間隔は，3点に等しい．

④ 2語の間隔は，7点に等しい．

無線局運用規則別表第1号（注）

3-9 横振り式電鍵でのレベル・アップ (複式電鍵・バグキー・エレキー)

・横振り式電鍵の普及

わが国では，戦後になってから横振り式電鍵が普及してきます．それでも昭和30年代ころまでは，プロの現場で長年，縦振り電鍵に親しんできたオペレーターたちは，たとえ複式電鍵やバグキー，あるいはエレキーのことを知っていても，あまり見向きもしませんでした．そして電信愛好家たちは，横振り電鍵を使用する者をいわゆる「ヘボ」と呼んだりもしました．

それは，わが国のモールス送信術の教育体系がもっぱら縦振り電鍵中心に行われてきたという背景が大きく影響しているものと思われ，現存する旧式の横振り電鍵がきわめて少ないことからみても当時のようすをうかがい知ることができます．

しかし，アマチュアはもちろん，プロの世界でも，高性能なエレキーが普及した現在，もはやそのような偏見はまったくなくなりました．もともと欧米などでは合理的なのかも知れませんが，マスターすることがむずかしい縦振り電鍵よりも操作が簡単で美しい符号が出せる横振り電鍵が古くから使用されてきています．

現在では，短時間の練習で誰でも容易に美しい符号が出せる各種機能が付加された高性能なエレキーが各社から発売されており，これを使用してレベル・アップをはかれば，誰でも高速度で安定したモールス符号を送出することができます．

1949年のQSTで発表されたMon-Keyの広告記事

横振り式電鍵でのレベル・アップ

横振り電鍵は，縦振り電鍵と違い，初心者でも比較的短期間でマスターでき，所要の送信速度が出せるため，これによりレベル・アップを行うのも一つの方法です．

・横振り電鍵の特徴と効果

① 操作が簡単

横振れ電鍵は手首の訓練をまったく必要とせず，机に手を置いたまま単に手を左右に振るという簡単な動作だけで，誰が操作しても容易に一定の揃った美しい符号を送出することができる．したがって，符号さえマスターしていれば誰でも短期間で高速度の送信操作を習得することが可能．

② 上達が早い

バグキーでは長点を一個づつ手送りするが，短点符号は自動的に送出される．また，エレキーは短点，長点ともに自動的な連続送出ができる．

モールス符号の構成上，縦振り電鍵では送信しづらい符号でも苦労もなく実に楽に叩けるため，送信技能の上達が驚くほど早い．

③ わずかな練習により速い速度で叩くことが可能

ある一定のスピードまで完全に叩けるようになれば，スピード感覚が身に着くため，速度を上げても短期間で容易に速いスピードで叩くことができる．

④ 手崩れの心配がない

指や手首の関節を使わないため手崩れはない．したがって，縦振り電鍵で手崩れを起こした人は横振り電鍵に切り換えることにより，容易にカムバックすることが可能．しかし，横振り電鍵には次項のような欠点がある．

・横振り電鍵の欠点

① 短点符号が不明確になりやすい

バグキーの短点用接点はU形バネの先に付いており，接触時の圧力が弱いため，複式電鍵やエレキーに比べ接触状態が弱い．また，電鍵の調整や接点の接触状態が悪いと電気的抵抗が大きくなり，送信機に接続して使用した場合，短点符号が抜けることがある．

また，移動中の運用などで振動や衝撃を受けた場合，オモリや槓杆が振動して無意識のうちに誤字を送出することがある．

② 符号に不揃いがあること

バグキーの場合，相当訓練すれば別だが，一般的に長点符号に比べると短点符号が極端に短く，聞きにくい符号となる．また，複式電鍵の符号は一個一個を交互の接点で叩くために相当熟練しないかぎり，符号にネバリを生じ，不揃いの符号が相手方に誤字や不明字として受信されるおそれがある．

横振り電鍵には以上のような長所・短所があり，自分なりに適しているものを選択してレベル・アップをはかるべきです．エレキーのような機械的な符号が気に入らない人は，複式電鍵やバグキーならかなり個性的な符号が出せ，練習次第ではエレキーと変わらない正確な符号を出すこともできます．

3-10 縦振り電鍵の操作法

送信姿勢と電鍵ツマミのつまみ方

正しい送信姿勢は**図8**のように，上体を垂直にし，電鍵を置く位置は肩幅のところへ，腹部と机との間隔は約10cmくらいとし，椅子に深く腰かけます．両足は自然に床の上に置きます．そして，腕は肩からまっすぐ下ろし，肘から直角に曲げて，電鍵を握った時，水平に無理なく自然に届くよう椅子の高さを調整します．

そして，肩，肘，手首の力を抜いて，親指，人指し指，中指の三本の指で電鍵をつまみます．つまんだ状態で親指と人指し指でつくる楕円が，ちょうど卵のような形にします（**写真2**は正しいツマミのつまみ方，**写真3**は正しくないツマミのつまみ方）．

なお，縦振り電鍵の中には，アメリカ式のようにツマミの位置が下のほうに曲がっているものがあり，これは腕や手首を横振り電鍵の操作と同じように机上で構えて，手首から指先でコチョコチョと打鍵するように設計されているため，操作方法は異なります．

ここでは，標準型（逓信型）の縦振り電鍵について述べますが，標準型でマスターすればアメリカ式の電鍵は操作が簡単なため，特に練習しなくても問題ないでしょう．

縦振り電鍵の操作

縦振り電鍵の操作方法には，大きく分けて按下式と反動式があります．按下式は操作方法がわかりやすく入門向きであり，低速度では安定した符号を送出できる特徴があります．しかし，通信速度はあまり上がりません．一方，反動式は習得に時間を要し，高速度送信に向いています．最近では，速度に合わせてこれを

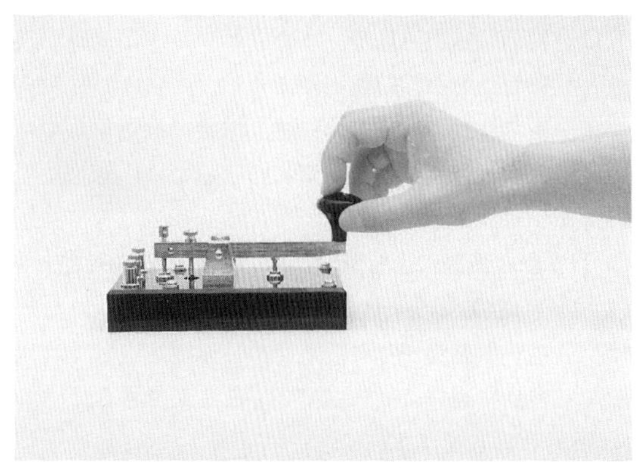

写真2　正しい縦振り電鍵のつまみ方

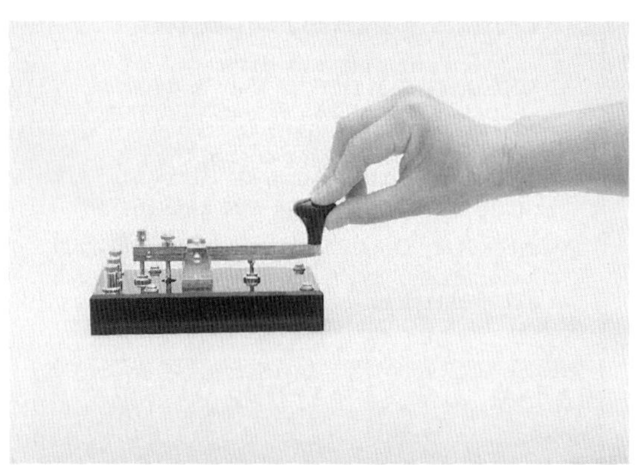

写真3　正しくない縦振り電鍵のつまみ方

図8　送信姿勢

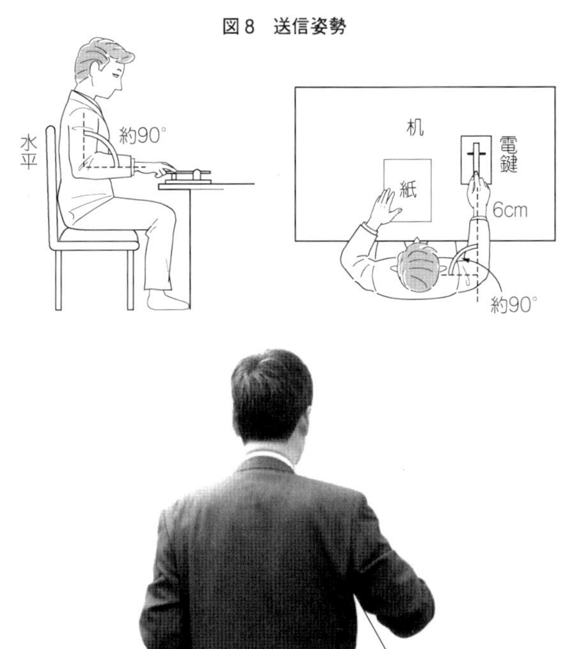

組み合わせた方式も用いられています．

短点符号の操作は按下式も反動式も操作方法は同じですが，長点符号の場合，按下式では手首を一定時間按下させますが，反動式では，手首の反動を利用して指先を押し下げるといった違いはありますが，基本的に大きな違いはありません．ここでは，主として按下式について述べますが，最後に反動式の相違点を説明します．

・短点符号の操作

短点符号の操作法を図9に示します．

① A 点：基準位置．符号送出前の準備段階のポジションであり，電鍵の槓杆と手首の下の線が平行となるようにする．

② B 点：打ち出し位置．運動の法則（例えばハンマーを C 点に打ち込む場合，ハンマーを振り上げたほうが打ち込みやすいように動作に移るための準備動作をすること）により，A 点から B 点まで手首を上げ，すぐに B 点から C' 点まで手首の力を抜き，ストンと自然に真下に振り下げる．その瞬間ツマミが押し下げられ，接点が閉じ，短点符号が送出される．

③ C' 点：B 点から振り下げられた手首がもっとも下がる位置であり，接点が閉じている状態．手首を大きく振っているので，接点が閉じた時の反動で手首は B 点まで戻り，続いて基準位置 A 点で待機する．なお，C 点で接点は閉じるが，手首は C' の位置まで大きく振ったほうが正確な符号を送出するためには効果的で

図9　短点符号の操作

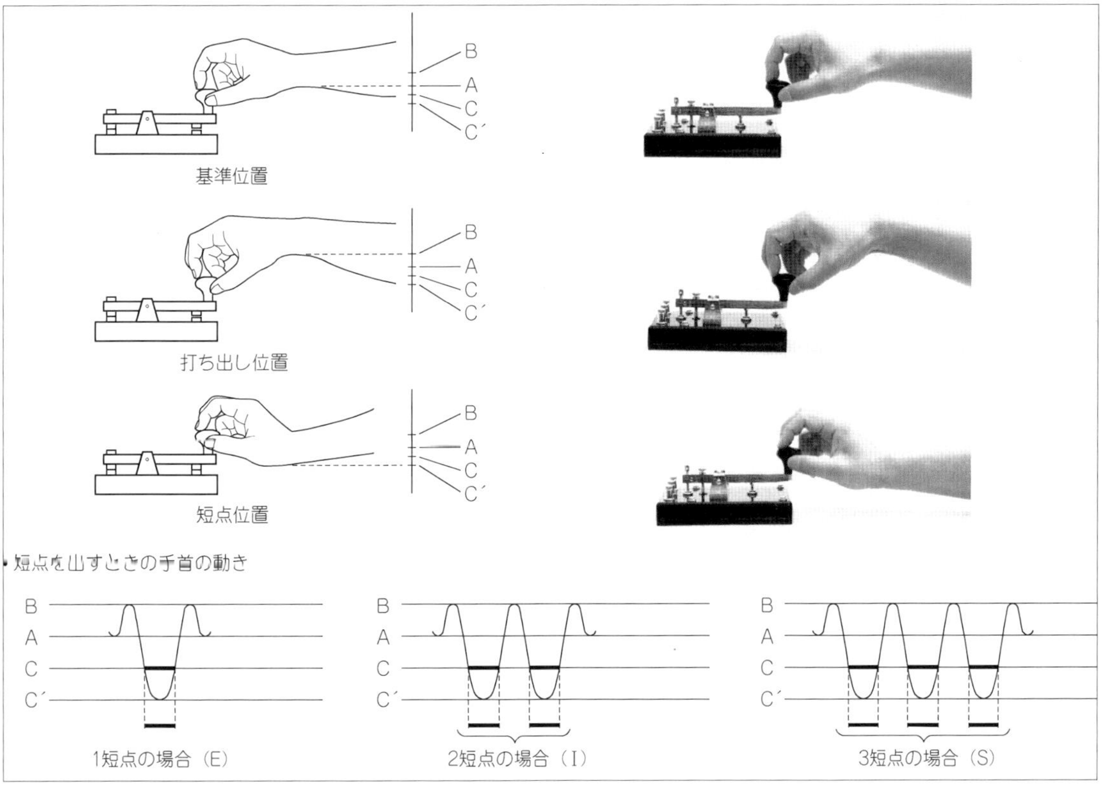

基準位置

打ち出し位置

短点位置

・短点を出すときの手首の動き

1短点の場合（E）

2短点の場合（I）

3短点の場合（S）

ある．同様の操作を繰り返すことにより連続して短点符号を送出することができる．

ここで注意しなければいけないことは，手首に重心を置き，一動作ごとに反動を利用することと，肩や腕に力を入れずリズミカルに操作することです．

また，短点符号の操作は最初の練習が大切です．基本操作に忠実に練習すれば，必ず技能は上達します．練習も慣れてくると，姿勢やツマミのつまみ方が変わったりしないように注意する必要があります．すなわち，手首が機械のようにたえず同じ動作の繰り返しができるようにするためです．

【練習問題 1】

ヘヘヘヘヘ	濁点〃〃〃〃	E E E E E	I I I I I
ラララララ	ヌヌヌヌヌ	S S S S S	H H H H H
五五五五五	ベラヌ五ラ	5 5 5 5 5	E I S H 5
五ヌラベヌ	ラベ五ヌラ	5 H S E I	H S E I 5
五ラ濁点ヘヌ	ヌ濁点ラ五ヘ	5 S I E H	H I S 5 E

・長点符号の操作

短点符号が問題なくスムーズに送出できるようになれば長点符号も基本的には同じため，問題なく操作できます．短点符号同様，長点符号の操作法（**図 10**）を示します．

① A 点：基準位置．符号送出前の準備段階のポジションであり，電鍵の槓杆と手首の下の線が平行となるようにする．

② B 点：打ち出し位置．短点符号同様 B 点まで手首を上げ，すぐに B 点から C' 点まで手首の力を抜き自然にストンと真下に振り下げ，一定時間手首の力を抜く．

③ C' 点：B 点から振り下げられた手首がもっとも下がる位置であり，接点が閉じている状態．長点符号の間だけ押さえることにより接点が閉じ，長点符号が送出される．そのあとすぐに，手首は B 点まで戻し，続いて基準位置 A 点で待機する．

なお，短点符号の時は C' まで大きく手首を振り下げたが，長点符号の場合は，手首を大きく振り下げると次の操作に移る際に余分な力が要るので，接点が閉じる C 点まで振り下げるだけで十分である．

【練習問題 2】

ムムムムム	ヨヨヨヨヨ	T T T T T	MMMMM
レレレレレ	コココココ	0 0 0 0 0	コココココ
ムヨレコ 0	0 コレヨム	T M 0 コ 0	0 コ 0 M T

図 10　長点符号の操作

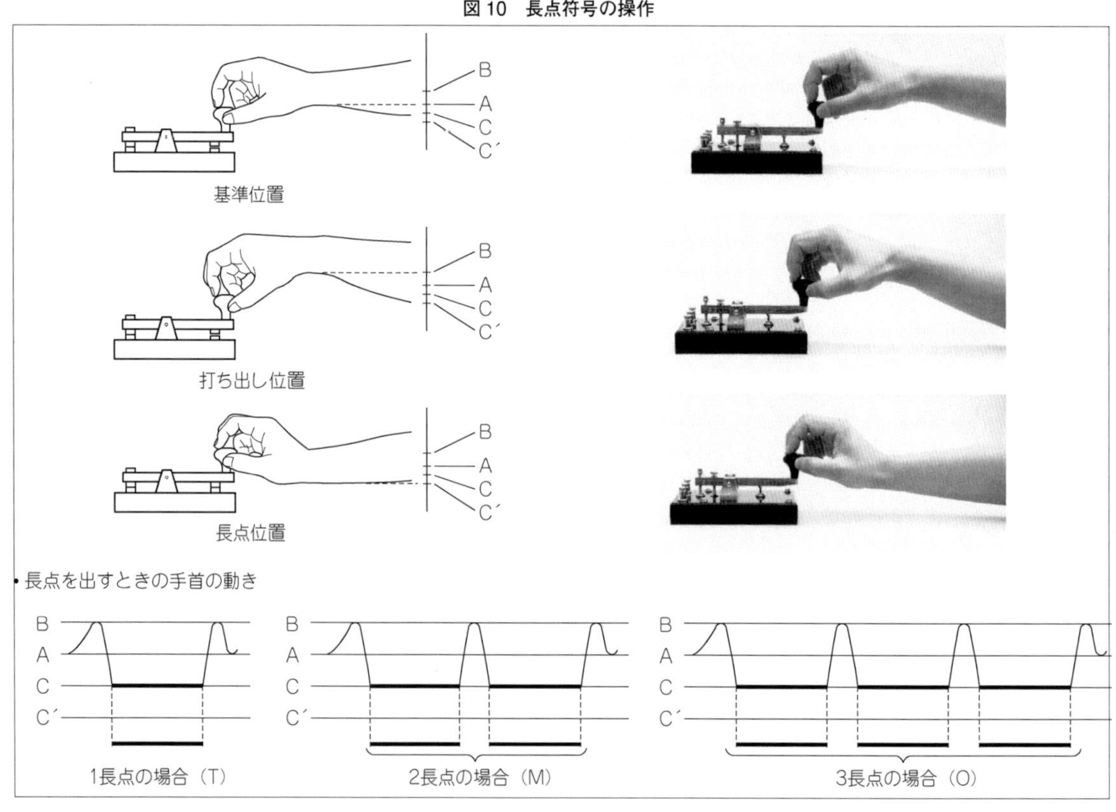

・**短点と長点の組み合わせ符号の操作**

縦振り電鍵の操作法は**図 11** に示します.

① まず基準位置 A 点から B 点まで手首を上げ，短点符号の要領で C' まで大きく手首を振り下げることにより，短点符号が送出される.

② 反動で手首は B 点まで戻ったところで C 点まで下降させ，長点符号を送出する時間押さえた後に力を抜く.

③ 手首の力を抜いた状態で B 点に戻し，続いて基準位置 A 点で待機する.

【練習問題 3】

イイイイイ	ウウウウウ	AAAAA	UUUUU
ククククク	四四四四四	VVVVV	44444
イウウイ四	ククウイ四	AUUA4	VVUA4
四クウイク	四イウウク	4VUAV	4AUUV
四イイウク	四四クウイ	4AAUV	44VUA

図 11　短点と長点の組み合わせ符号の操作

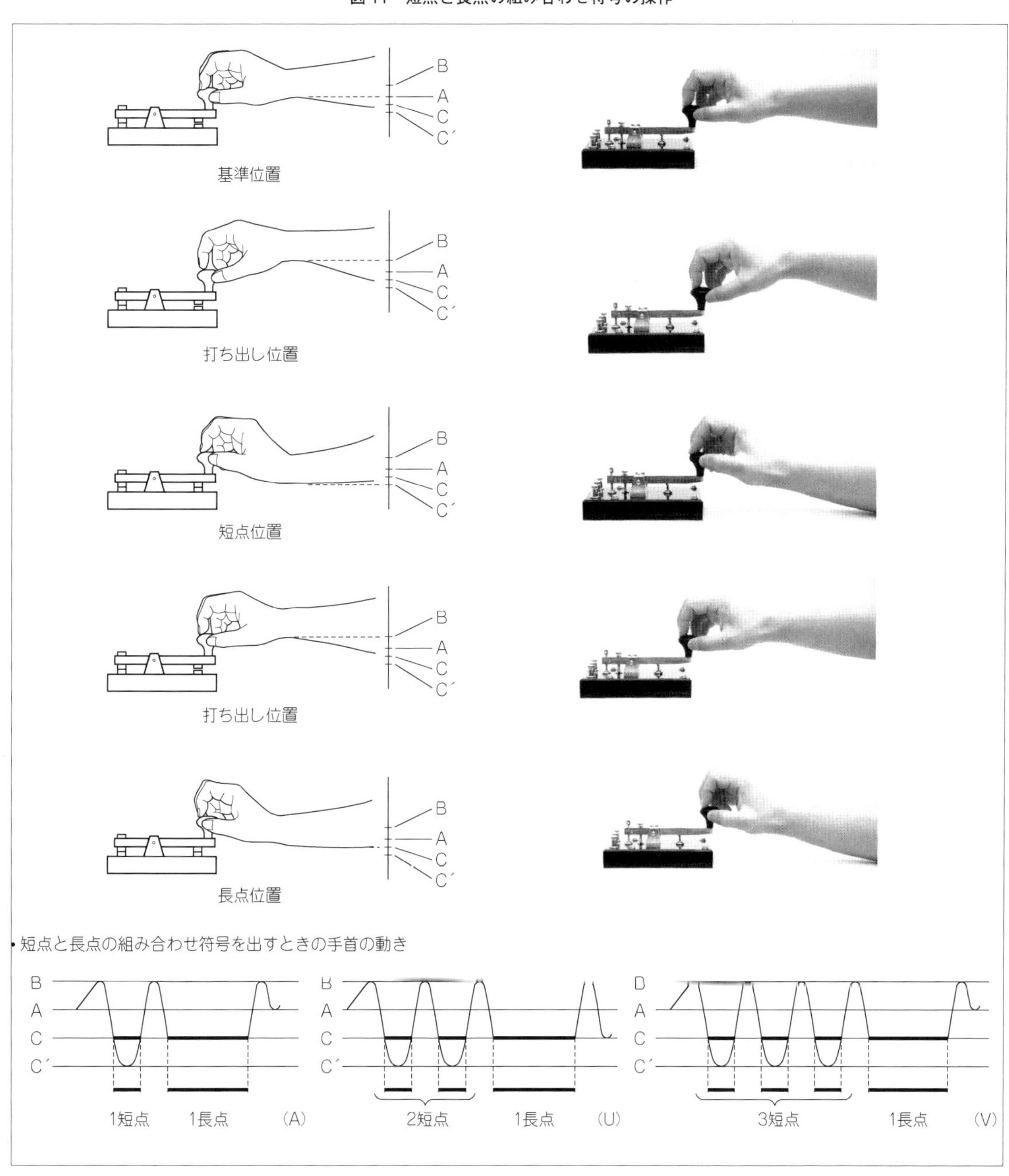

・**長点と短点の組み合わせ符号の操作**

縦振り電鍵の操作法は**図 12** に示します．操作法は，前述の方法と同様に長点と短点符号を組み合わせて練習します．

【練習問題 4】

タタタタタ	ホホホホホ	NNNNN	DDDDD
ハハハハハ	六六六六六	BBBBB	66666
タホハ六タ	ホハ六六ハ	NDB6N	DB66B
ホタ六ハホ	タホ六タハ	DN6BD	ND6NB
ハ六タハホ	タ六ハタホ	B6NBD	N6BNB

反動式の操作

練習も後期にさしかかると，長点符号は今までどおりの操作方法ではなかなか速度が上がりません．これは，按下式で長点符号を打つ場合，手首の動きをいったん止めて送出するので，次の動作に移るのに時間がかかるためです．

そこで，手首を基準位置 A 点から B 点に上げてから C 点まで振り下げ，接点が接触したのと同時に手首の

図 12　長点と短点の組み合わせ符号の操作

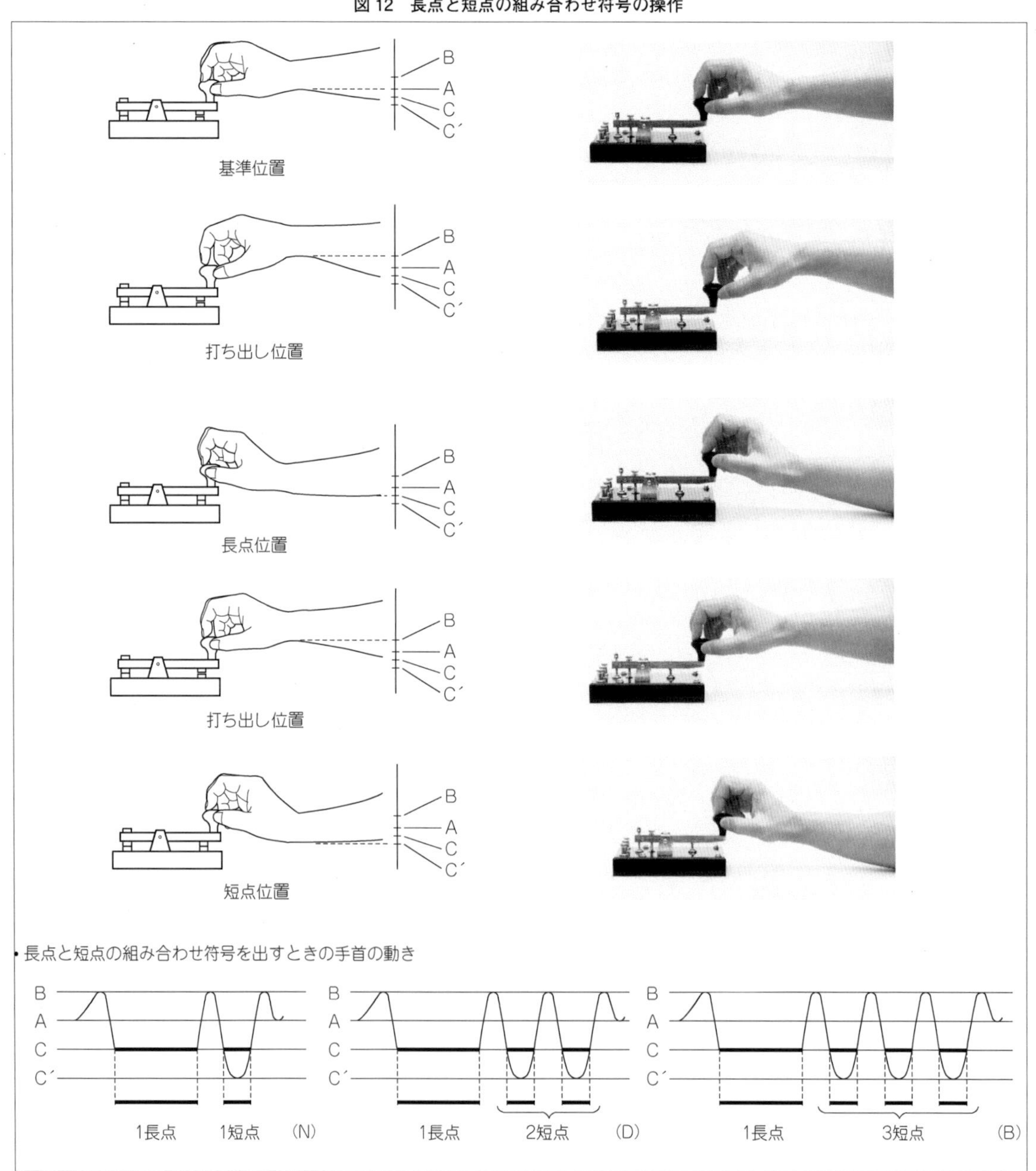

反動を利用してＢ点まで指先に力を加えながら戻す動作をすれば，次のように電鍵の操作を効率よく行うことができます．反動式の操作法は**図13**(p.54) に示します．

・反動式による長点の操作

① 基準位置Ａ点から手首をＢ点まで上げる．
② Ｂ点からＣ点まで手首を振り下げる．
③ Ｃ点で接点が接触すると，同時に反動を利用して手首をＢ点まで指先に力を加えながら戻す．
④ 長点符号を出し終わったら指先の力を抜き，基準位置Ａ点に復帰する．

・連続に長点符号が2個，3個と叩く場合

初めの長点符号が出し終わったところから基準位置Ａ点まで戻さず，Ｂ点からＣ点まで下降させ，手首は接点に接触するのと同時に指先に力を加えながら反動利用してＢ点まで戻し，手首を基準位置Ａ点に待機させます．

【練習問題5】

ムムムムム	ヨヨヨヨヨ	TTTTT	MMMMM
レレレレレ	コココココ	00000	ココココココ
ムヨレコ0	0コレヨム	TM0コ0	0M0MT
ム0コレヨ	ヨヨム0レ	M0M0M	MMT00
ヨム0コレ	レヨム0コ	MT0コ0	0MM0コ

・短点と長点の組み合わせ符号の場合

まず基準位置Ａ点からＢ点まで手首を上げ，Ｃ点まで大きく振り下げ，接点が接触すると同時に反動で手首をＢ点まで指先に力を加えながら上げ，長点符号が送出された後に指先から力を抜き，手首は基準位置Ａ点に待機させます．これは，短点と長点の操作をうまく組み合わせればよいわけです．

・長点と短点の組み合わせ符号の場合

手首を基準位置Ａ点からＢ点まで上げ，Ｂ点からＣ点まで下降させます．接点が接触すると同時に，手首は反動を利用してＢ点まで指先に力を加えてから上げるが，符号の適当な時期に指先の力を抜くとともにＣ点まで手首を大きく振り下ろし，反動でＢ点まで戻り，基本位置Ａ点に待機します．すなわち，長点操作と短点操作をうまく組み合わせればよいわけです．

【練習問題6】

タタタタタ	ホホホホホ	NNNNN	DDDDD
ハハハハハ	六六六六六	BBBBB	66666
タホハ六六	ハホタハタ	NDB66	BDNBN
ホ六タホハ	ホハ六タハ	D6NDB	DB6NB
ホタ六ハタ	ホハ六タホ	DN6BN	DB6ND

3-11 複式電鍵の操作法

この電鍵は，短点符号と長点符号を一個ずつ交互に電鍵の槓杆を振って手動で送出するもので，親指と人指し指を使って2個の接点を休みなく叩きながら操作します．複式電鍵は，縦振り電鍵の2倍のスピードで送出できるため，ダブル・スピード・キーとも呼ばれています．

レバーを右に押しても左に押しても接点が閉じ，押している時間だけ符号が出せるため，押している時間の長短で長点と短点符号を送出します．

・複式電鍵の調整

① 槓杆支柱部

支柱軸受け部には，ベアリングを使用しているため，軸受け部の止めネジを調整して槓杆部がスムーズに左右に動くようにする．締めつけが強いと可動部分の抵抗感が残り，ゆるいと槓杆部の先が下がり，上下にガタを生じる．

② 槓杆の左右の位置

左右のスプリング強度が同じで，かつ，槓杆部が中央で静止するように調整する．その時，槓杆部に遊び

複式電鍵の外観構造図

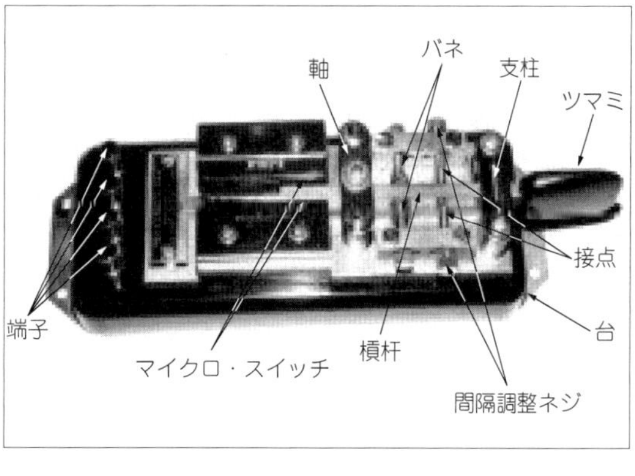

図 13　反動式による縦振り電鍵の操作

• 反動式による長点の操作

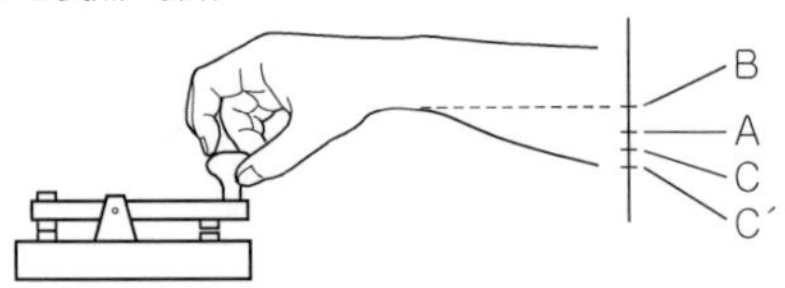

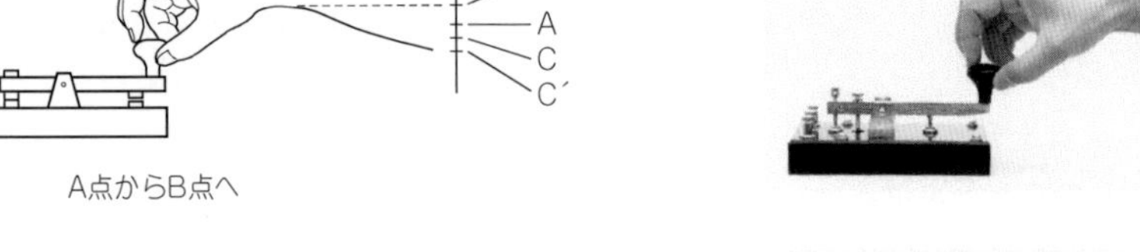

A点からB点へ

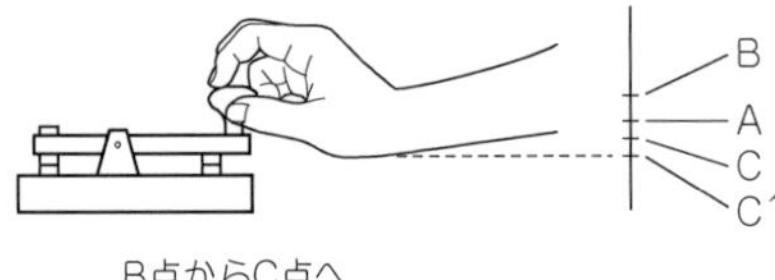

B点からC点へ

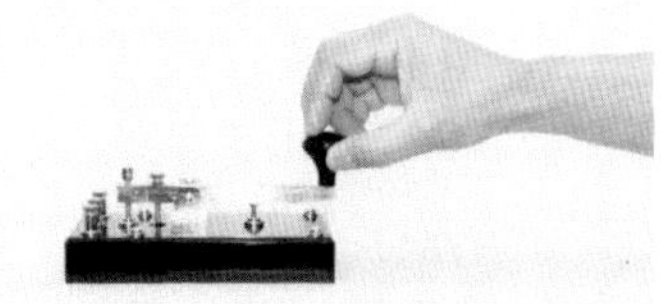

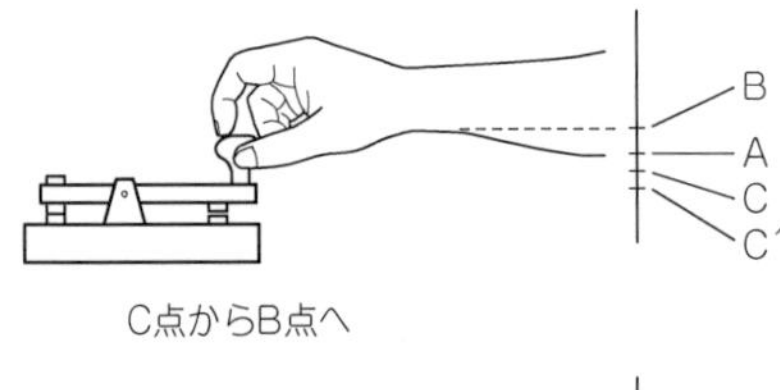

C点からB点へ

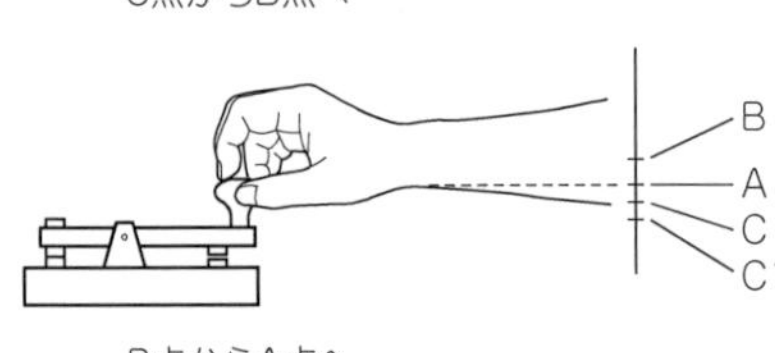

B点からA点へ

※ 反動式による短点の操作は按下式と同様のため省略

• 反動式で長点を出すときの手首の動き

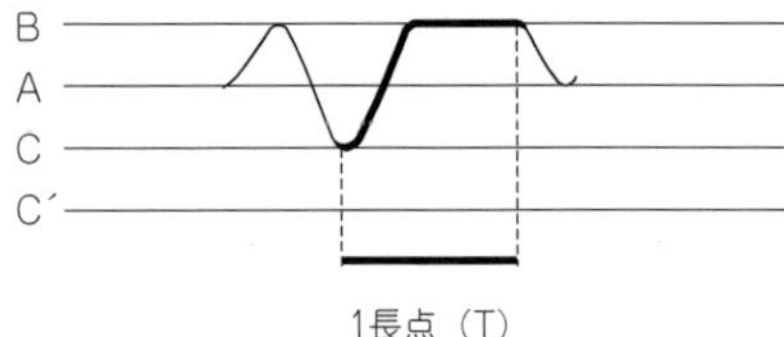

1長点（T）

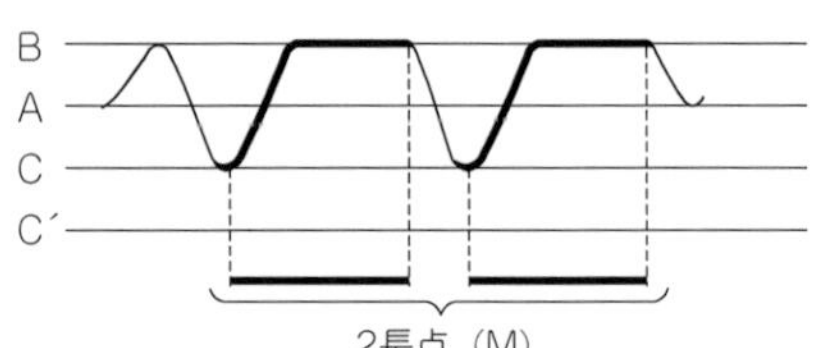

2長点（M）

• 反動式による短点と長点の組み合わせ符号を出すときの手首の動き

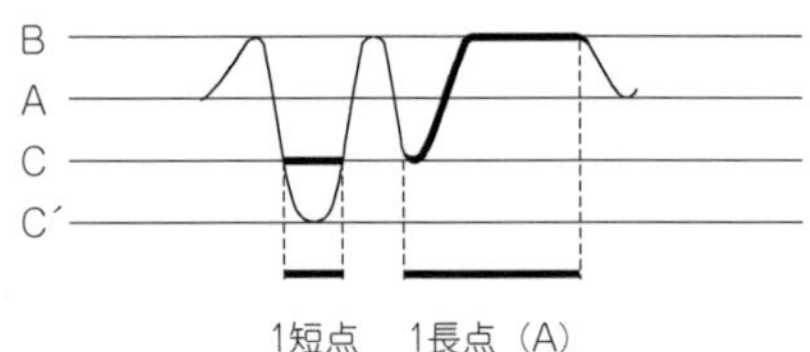

1短点　1長点（A）

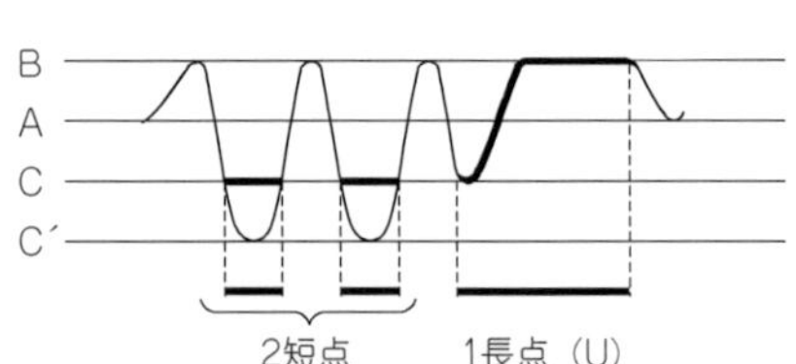

2短点　1長点（U）

• 反動式による長点と短点の組み合わせ符号を出すときの手首の動き

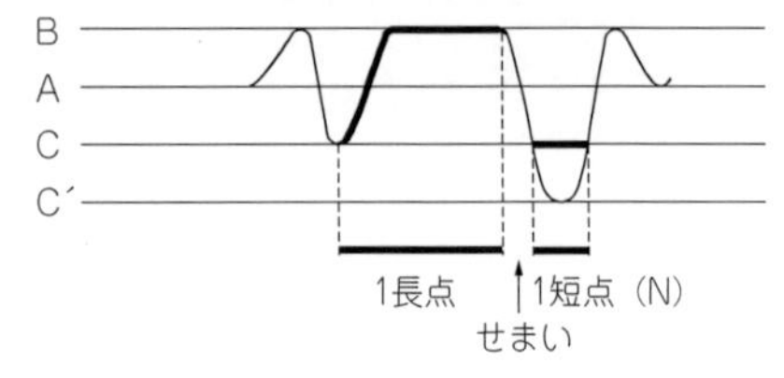

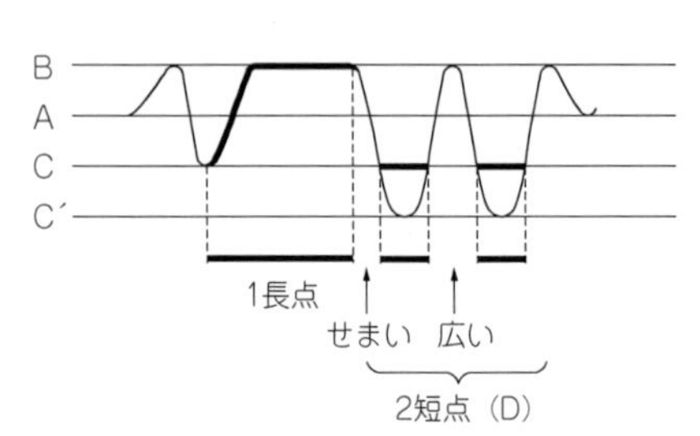

を少し残して左右の接点部のスイッチに軽く接触するように調整．また，スプリングが強いとスイッチの接点の接触に力が入り疲れ，逆に弱いと槓杆の復帰が遅くなり，次の符号の送出がしにくくなる．

③ 振幅間隔と接点部

槓杆の振幅間隔を左右同一にするため，接点間隔調整ネジで調整する．このとき，接点部スイッチに槓杆が完全に接触し，回路がONになることを確認する．

・複式電鍵の送信姿勢とレバーの握り方

送信姿勢は縦振り電鍵と同じですが，肘は若干開いたほうが楽です．親指と人指し指は関節のところで少し曲げてレバーの両側に置き，中指，薬指，小指は手の平に完全に引っ込めて手首を机につけ，手の平と机との角度がやや内側に傾斜し，これを支点に手が左右に動きやすいようにします（**写真4**）．

・複式電鍵の叩き方

送信準備が整ったら親指と人指し指の間隔をつねに約2cmほど維持し，手首を支点として手を左右に振ってレバーを左右に動かして操作します（**写真5，6**）．レバーを押している時間の長短で長点符号，短点符号となります．

モールス符号の叩き始めに短点と長点をどちらの指で操作するかは自由ですが，あらかじめどちらかに決めておいたほうが良いでしょう．バグキーやエレキーの併用を考えた場合，親指を短点符号，人指し指を長点符号とすれば都合が良いでしょう．

例えば，ABCDを送出する場合，親指・人指し指の操作は次のようになります．

A	B	C	D
- —	— - - -	— - — -	— - -
親人	人親人親	人親人親	人親人

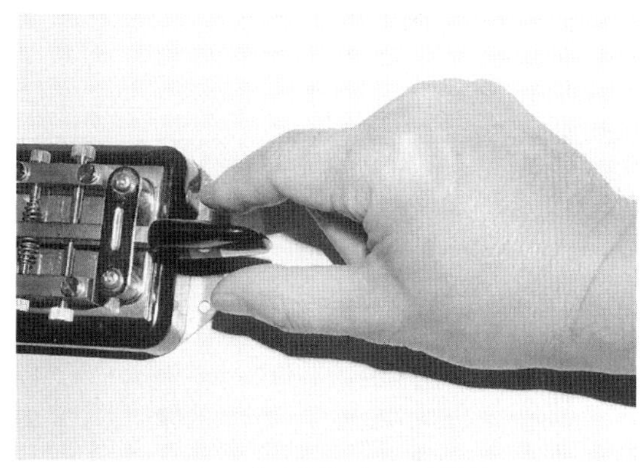

写真4　複式電鍵と指の位置関係

このように，最初にスタートした指を基準にして交互に操作するため，縦振り電鍵に比べ2倍に速度が出せます．しかし送出符号は，一般的に長点符号が長く，短点符号との間隔が短いといったネバリのある符号となりやすく，相当熟練しないと相手が受信しづらい符号になります．操作中は2本の指の間隔は約2cm程度を維持し，指を曲げたり伸ばしたりせず，縦振り電鍵同様，操作中は心理的な影響を受けないように配慮が必要です．

また，はじめは縦振り電鍵で練習を積み，正確な符号が出せるようになってから複式電鍵を使用するほうが良い結果が得られるようです．

いずれにしても，複式電鍵の操作原理は簡単である反面，正確できれいな符号を送出できるようになるためには相当の練習が必要であることから，最近では，複式電鍵を使用する人は少数派となっています．なお，複式電鍵の中でも槓杆部が接点に直接タッチするタイプのものは，相当熟練しないと符号のネバリを消すのはむずかしく，最近の製品ではマイクロ・スイッチを

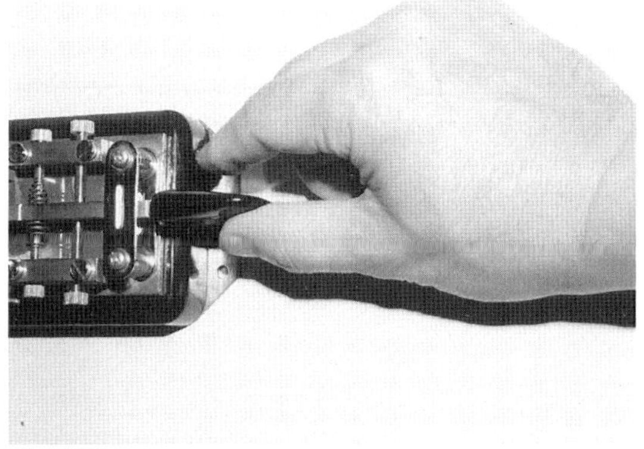

写真5　複式電鍵と短点操作時の指の位置

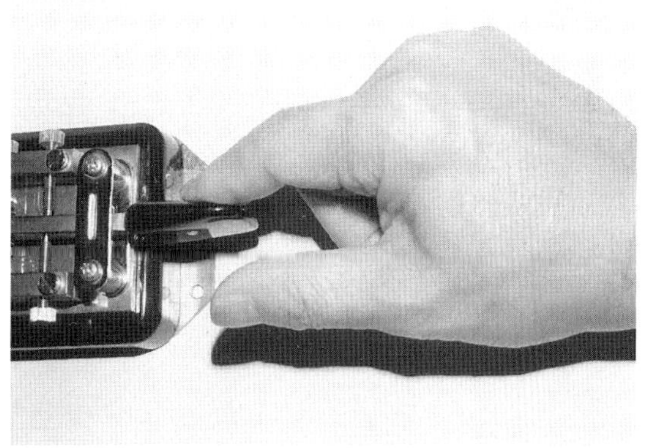

写真6　複式電鍵と長点操作時の指の位置

接点に使用して符号の歯切れを良くするなど改善が図られています．

しかし，筆者の経験では，一見貧弱そうに見えますが，鉄ノコギリを加工して自作した複式電鍵の槓杆部が弾力に富み，じつに楽で操作感もよく，符号のネバリもほとんど消すことができます．

3-12 バグキーの操作法

バグキー（**写真7**）はレバーの中心軸から短点符号用の槓杆と長点符号用の槓杆が別れており，左右にレバーを操作して符号を送出します．レバーの左側を押すと，短点符号用槓杆が重りの慣性で振動し，自動的に短点符号接点が開閉し，信号を送出できます．

バグキーの短点符号は，槓杆の振動周期を重りの位置で調整することにより，スピードを変えることができます．一方，レバーを右側に押すことによって，長点符号を一個ずつ手動で送出します．

・バグキーの調整

無操作時，バグキーの槓杆部は中心に静止しています．その時，次のように調整します．

① 長点符号用槓杆が振幅調整ネジと接触して止まっていること．

② 短点符号用槓杆振動部が振動停止車輪に完全に接触して停止していること．

これが不完全だと，槓杆が正確に左右に振動しないため，不正確な符号送出の原因となる．

③ 振幅調整ネジと短点符号接点の間隔が広すぎると，振動数が少なく短点符号が抜けたりするが，狭すぎると槓杆部の振動が不活発となり，短点符号がすぐに出なかったり，接点が接触して長点符号になる．したがって，レバーの左側を押した時，短点符号ができるだけ長い間連続して出る位置（約10～15秒間くらい）に短点の接点間隔を調整する．

④ 短点符号用のスプリングは，強すぎると短点符号を送出しづらくなるため，左右のバランスを考え，適

写真7　バグキーの例

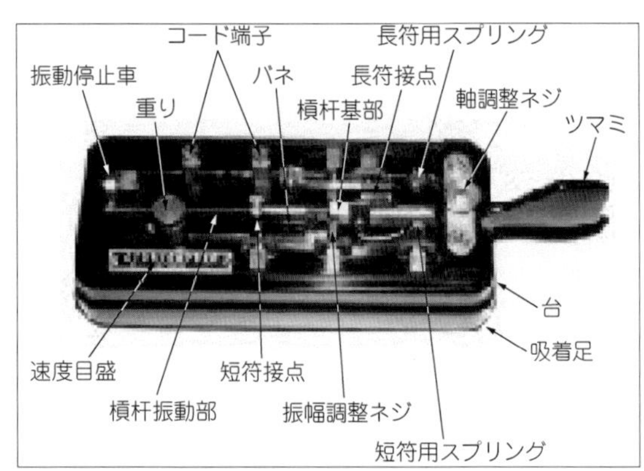

バグキーの外観構造図

Column 船団モールス情報戦

北洋漁業が盛んだった昭和30年代は鮭鱒（ケイソン）の船団がさかんに北洋へ出航してゆきました．昭和50年代後半ころに北洋漁業は終焉を迎えますが，函館などでは，装備を整え，出航に備えた独航船があふれんばかりに入港し，当時大変な賑わいを見せていました．

母船の通信室には局長以下10数名の通信士がおり，昔の洋服タンス大の1kW級送信機が10数台あり，それぞれの独航船と通信士が相手をしており，パワーも大きく，自局内の回り込みもひどい中で漁船独特のクセのあるハイスピードのモールスを確実に取ってゆく通信士の技能は，神ワザに近いものでした．漁場で操業していると，相手の居所は知りたいけれども，自分の居所は秘匿したいのは人情で，時には無線を封鎖したり，極秘の暗号書を使用したり，中には他船のコールサインを使用したり，違反通信も多かったようです．

独航船などの中には多数の無線受信機を配備して，通信士のほかに員外の傍受員を配置し，相手方の電文を解読したり，その特徴やトラヒック量を分析し，また僚船と連携し，方向探知機からの方位測定結果などから相手方の位置や魚種別の水揚げ量を推定するなど，そこは，まさにスパイ戦もどきの情報戦の現場そのものでした．

度に調整する．
⑤ 長点符号用接点は，一定間隔で一個づつスムーズに送出できるよう，短点符号のレバーのストロークとバランスを考え，適度な接点間隔に調整する．
⑥ 長点符号用スプリングは④の要領により，短点用と同じように適度に調整する．
⑦ 中心軸の調整ネジはメーカー出荷時に調整してあり，通常は調整の必要はないが，長年使用しているうちにゆるんできて調整が必要になってくる．締めつけが強いと槓杆の可動部分の運動に抵抗感が残り，逆にゆるいとガタを生じ，誤信号送出の原因となるため，円滑に動くよう適度に調整する．

・バグキーの送信姿勢とレバーの握り方

送信姿勢は縦振り電鍵と同じですが，手首の位置，机との角度，レバーの握り方は複式電鍵と同様で差し支えありません（**写真8**）．

なお，指の構え方のポイントはつぎのとおりです．
① レバーを中心にして親指は左側に，人指し指は右側にくるように両指を延ばす．
② 長点は右側の人差し指で操作し，中指，薬指，小指は自然に軽く内側に曲げる．そして，手首より先を机につけて安定させる．
③ 机の密着面を軸として，左右に手首が安定に振れるようにレバーを操作する．

・バグキーの叩き方

複式電鍵と同様に，親指と人指し指の2本の指を左右に動かして操作します．複式電鍵は手首を中心に手首を振りますが，バグキーの場合は短点符号が自動的に送出できるので，手首の運動量は少なくてすみます．注意すべきことは，肩，肘，腕，手首，指には決して力を入れないことと，レバー操作中は複式電鍵同様，2本の指の間隔は約2cm程度に保つことです．

・短点符号の送信

短点符号は親指で叩きます（**写真9**）．手首を軸とし，親指を伸ばしたまま手全体を右方に傾斜しながら動かすと親指がレバーに接触します．なお，右側に押すと槓杆振幅ネジに槓杆が接触し停止します．この時の親指の移動距離は約2cmくらいで，ほかの指は机の表面を少し離れ，小指の先が少し上がります．

レバーを押している間，通常10～15秒くらいは槓杆の振動が持続し，短点符号が自動的に送出できます．ここでの注意点は，短点符号の数を正確に送出することです．モニターを聞きながら送信する場合は問題ありませんが，練習を重ねることにより，バグキー単体だけで正確なモールス信号の短点符号を送出できるようになります．

注意点をまとめるとつぎのとおりです．
① 親指を曲げて指先でレバーを操作すると，指先の感覚が鈍いため上達が遅れるばかりでなくミス送信が出やすい．
② 短点符号の接触力を一定に保つため，短点数に関係なく，つねに一定の力でレバーを操作すること．
③ 接点の接触力は槓杆の振幅に大きく左右されるので，槓杆の振幅の間隔を適切に調整する．

・長点符号の送信

長点符号は人指し指で一個づつ手動により送出するので，短点符号に比べ，はるかにむずかしいといえます（**写真10**）．バグキーの送信技能の習得は，この長点符号の送信要領のマスターと言っても過言ではありません．

また，長点符号の長さは，複式電鍵と同様にレバーを押している時間で決まるので，長点符号の長さに注

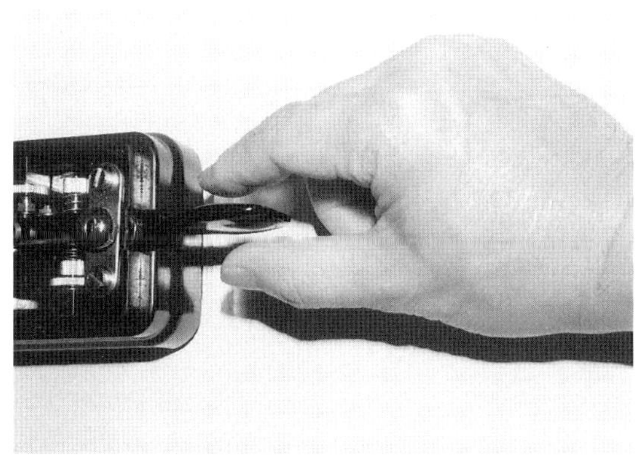
写真8　バグキーのつまみ方

写真9　バグキーと短点操作時の指の位置

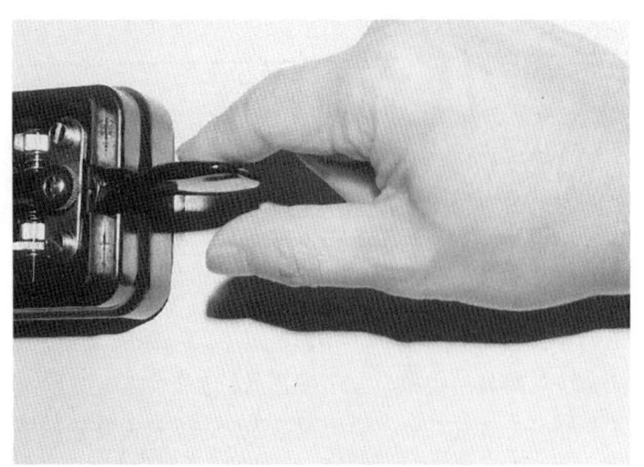

写真 10　バグキーと長点操作時の指の位置

意しないと，短点符号とバランスがとれない符号となります．

バグキーも熟練すれば，エレキー並みの符号や個性的な符号も出せるようになります．練習は，前項の練習問題１～６の練習文を活用し，繰り返し練習すればスムーズに送出できるようになります．

送信練習で注意しなければならない点は

① 人指し指は曲げずに伸ばしておき，第三関節を軽くレバーに接しておく．

② 手首を支点に人指し指で一個ずつ符号をていねいに送出する．

③ 肩，肘，腕，手首，指には決して力を入れず，人指し指はレバーから離して叩かないこと．

バグキーは一般的に，符号が短くて短点符号の多い英文の送信には適していますが，符号が長くて複雑な和文にはむしろ複式電鍵のほうが適しているかも知れません．

例えばABCDを送出する場合，親指・人指し指の操作は次のようになります．

A	B	C	D
- —	— - - -	— - — -	— - -
親人	人親→→	人親人親	人親→

3-13 エレキー（パドル）の操作法

エレキーは，きれいな符号とスマートなオペレーションが特徴で，特にコンテストなどでは大きな威力を発揮します．エレキーは構造上，機構部，操作部（パドル）と電源部で構成されています．これらが一体になったものもありますが，高級なものになると操作部だけ独立しているものが多く見受けられます．

いずれも今まで述べた複式電鍵やバグキーに比べ操作は簡単で，電源さえあれば短点符号も長点符号も電子回路で自動的に作り出せるため，短時間，練習するだけで，誰でも正確できれいな符号を送出することができます．

現在では短点・長点メモリー付きが標準装備となり，輸入品をはじめ，国内各社からもさらに多くの機能を搭載した高機能なエレキーが市販されています．

・エレキー（パドル）の調整

エレキーのパドルは，シングル・レバーのものとダブル・レバー（絞り込み型＝スクイーズ型）のものがあります．ダブル・レバーのものは指を左右に振る必要がないため，スムーズな操作が可能であり，現在のパドルの主流となっています．そして，シングル・レバーのものは最近あまり使われなくなりました．

シングル・レバーのものは，前述の複式電鍵と調整方法は同じです．ダブル・レバーのものは，机に置いている状態で双方の槓杆部とも中心で静止していますが，その時，次のように調整します．

① 短点用接点，および長点用接点が固定接点と適度の間隔となるよう，調整ネジを設定する．

② 双方のレバーのバネ圧が同じ強度となるようにスプリングを調整する．これが不完全だと槓杆の動作が安定しないので，不正確な符号送出の原因となる．

・パドルの送信姿勢とレバーのつまみ方

送信姿勢は縦振り電鍵と同じですが，手首の位置，机との角度，レバーのつまみ方は複式電鍵と同様で差し支えありません．ただ，ダブル・レバーのものは指を左右に振りながら操作しないので，手首を机に一定の角度で置いたままでも十分です（**写真 11**）．

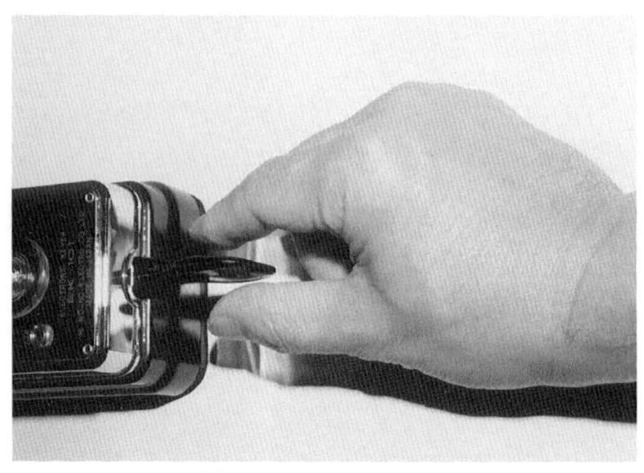

写真 11　エレキーのつまみ方

・**パドルの叩き方**

複式電鍵と同様に，親指と人指し指の２本の指を左右に動かして操作します．ダブル・レバーのものは２本の指でレバーを絞り込むようにしてつまみながら操作します．その場合，短点側あるいは長点側のうち，先につまんだほうの符号が先頭となり，両方の接点がONの状態では短点と長点符号が交互に出るようになっていますので，操作は簡単です．

なお，パドル操作上注意すべきことは，肩，肘，腕，手首，指には決して力を入れないことと，レバー操作中は複式電鍵同様２本の指の間隔は約2cm程度に保ち，指先だけで軽快に操作します．

・**短点符号の送信**

短点符号は親指でバグキー同様に叩きます．ダブル・レバーのものは短点符号から始まる場合，つまむようにして左側のレバーを押しながら短点を送出します（**写真12**）．

・**長点符号の送信**

長点符号は人指し指で送出します．ダブル・レバーのものは短点符号同様に，長点符号から始まる場合，右側のレバーを押して長点符号を送出します（**写真13**）．

例えばCQ DXを送出する場合，親指・人指し指の操作は次のようになります．

C	Q	D	X
— - — -	— — - —	— - -	— - - —
人親人親	人→親人	人親→	人親→人

・**エレキーへの注文**

エレキーの出現とその後の発達，付加機能の向上と充実によって，複式電鍵やバグキーは最近では影が薄くなり，あまり使われなくなりました．市販されているエレキーは通常の使用において，符号の正確さや速度，スマートなオペレーションと機能的な面ではほぼ完成されたものといえます．

しかし，一方で個性的なオペレーションを追求した

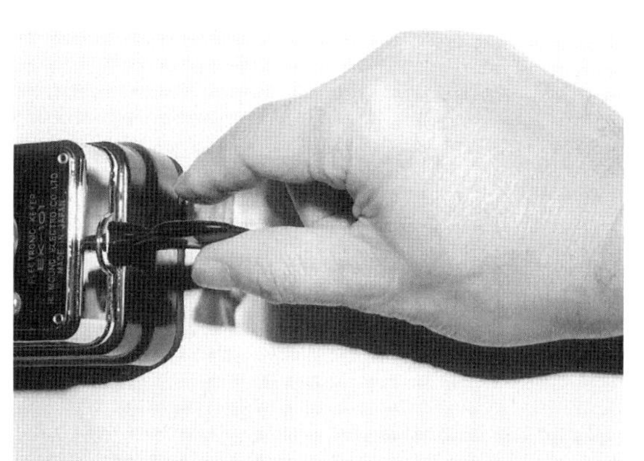

写真12　エレキーと短点操作時の指の位置

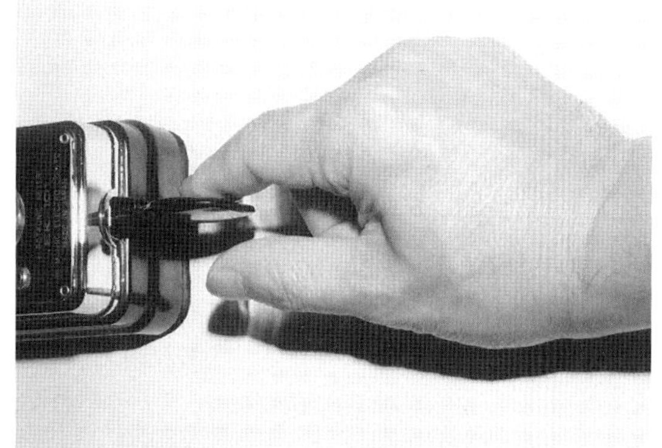

写真13　エレキーと長点操作時の指の位置

Column　**テレガラフ**

テレガラフに関して「私のジョン万次郎」（中浜博著・小学館・平成３年）に興味深い記述が記されています．

ジョン万次郎（中浜万次郎）は，土佐国播多郡（現在の高知県土佐清水市）の出身で，天保４年(1851年)，14歳の時に漁船で漂流，アメリカの捕鯨船に助けられたことを機に渡米．アメリカで教育を受け，さまざまな事物を見聞しました．日本に帰国後，万次郎の話を記録した「漂流談奇・嘉永５年(1851年)」には電信について図入りで説明されています．それによると「ソヲダ」，「ポヲシタン」なる文字が書かれており，類推すると前者はSounder音響器），後者は，Push Down（電鍵を打つ）の意味であろうと説明されています．

このように，アメリカでは，ペリーがもたらした印字式電信機以前から，すでに音響式モールス電信が使用されていたことを伺い知ることができます．しかし，万次郎が苦心してアメリカの事情を伝えようとしたものの，当時の日本では，電気に対する知識も乏しく，一般の人たちにはなかなか理解してもらえなかったようです．

わが国に初めて渡来した音響式電信機としては，明治４年(1871年)10月に岩倉具視が欧米を視察した際，サンフランシスコ電信局から音響式電信機を贈られたものが最初であり，「響ヲ聞得テ文字ヲ知リ候仕掛至極宜敷機械」と説明が付けられています．

各種エレキーの例

●パドル(ダブル・レバー)の例

●パドル(シングル・レバー)の例

●一体型エレキーの例

●分離型エレキーの例

場合，やはりアナログ的な縦振り電鍵や複式電鍵，バグキーの持つ個性的な送出符号の魅力には捨てがたいものがあります.

腕時計を例にとってもディジタルからハイブリッド，最近では機械式（アナログ）も流行しているようです. そういう面では，エレキーも第二世代のエレキーといいますか，ファジィ的な機能を付加した製品が誕生することを期待したいものです.

【参考文献】

・青年期心理学，岡本重雄ほか，朝倉書店，昭和 42 年
・生活指導診断検査，久米稔ほか，金子書房，昭和 42 年
・職業興味テスト，藤原喜悦，金子書房，昭和 45 年
・電信作業心理の研究，沢千代吉，昭和 21 年
・電信自動手送法，鐵道教習所教官　伊藤藤市編，大正 14 年
・手送通信術，逓信省電務局編，昭和 8 年
・音響通信術，電気通信共済会，昭和 27 年
・電信工学，稲田三之助，誠文堂，昭和 9 年
・電気通信術，加藤芳雄，電子工学社，昭和 31 年
・電気通信術，品川淳三，啓学出版，昭和 45 年
・独習電気通信術，吉田春雄，近代科学社，昭和 34 年
・横振り電鍵のすべて，大倉秋四郎，ハイモンドエレクトロ社，高塚高逸，CQ 出版社，昭和 47 年
・モールス通信独習法，吉田春雄，無線従事者教育協会・CQ 出版社，昭和 58 年
・モールス通信教本，松長伸二，電波振興会，昭和 60 年
・通信事業史第 3 巻（電信），逓信協会，昭和 15 年
・ビギナーのための電信コース，CQ ham radio 別冊，CQ 出版社，昭和 47 年
・逓信教育百年史，逓信同窓会，昭和 60 年
・電波教育第 5 巻，昭和 46 年
・無線便覧，電気通信振興会，平成 9 年
・AMERICAN TELEGRAPHY,Wiliam Maver,NY,1899
・Morsum Magnificat,Tony Smith, No49,1996 No51,53,54,1997,N056,57,1998.UK

第4章

実践 欧文モールス通信

JA1NUT 鬼澤 信

海外のハムと欧文モールスによるラグチューを楽しもうと考えるハムは，わが国のアマチュア無線界ではかなりの少数派といえます．この章では筆者の約30年にわたる運用経験をもとに，CWラグチューの手ほどきを紹介していきます．

4-1 CWラグチューのすすめ

読者の皆さんは，アマチュア無線を始めたころ，どのような夢を抱いていたのでしょうか．DXへのパイルアップで一番になることでしょうか，はたまたコンテストで入賞することでしょうか．これらの楽しみ方は，ハムの数多い楽しみの一つではあります．しかし，これらはいってみれば，量的な拡大を求める方向でしょう．

一方，CWというもっとも単純なそれでいて音楽的な響きのする通信モードにより，海外のハムとさまざまな話をし，議論を繰り広げ，彼らと真の友人となる，という楽しみ方もあります．これは，いわば質的なものをハムの世界に求めようとする方向です．

量的な拡大は，いつかはその限界や終点が見えてくるのに反して，質的なものを求めることに限界はなく，その世界は無限に深いといえます．ここでその世界の一端に触れてみることにしましょう．

CWラグチューを楽しむうえでの二つの障害

CW，それも平文のCWで海外のハムとラグチューを楽しもうと考えるハムは，わが国のアマチュア無線界ではかなりの少数派です．というのも，われわれ日本のハムにとっては，CWでラグチューを楽しむうえで二重の壁があるからです．第一の壁は，平文QSOが容易にできるまでにCWの送受信能力を向上させなければならないことです．また，平文QSOで使われる言語は，ご存じのとおり，世界的にもっとも広く使われている英語です．その英語能力をある程度のレベルまで身につけなければならないというのが，もう一つの壁になります．

CWによるどのような交信でも，平文を使うことがありますから，ここではCWによるラグチュー，ことに英語による海外のハムとのラグチューについて論じることにします．CWによるラグチューについて興味を抱かれた読者の皆さんに，先に述べたこれらの壁を乗り越え，世界中のCW愛好家とCWによるラグチューを自由に楽しめるだけの技術・知識を身につけていただくことが，本章の目的です．

しかし，即席のQSO例文集のような内容や，平文QSOの初歩から完成までの全行程を詳細に教授してもらうことを期待する方は，残念ながら本章を読み進まれても失望されるに相違ありません．英語のレッスンを行うのは本章の範囲を越えることであり，平文CW QSOの楽しみは，お仕着せのラバースタンプQSOを止めることから始まるのです．また，平文のCW QSOを楽しむためには，かなりの自己訓練を積む必要があります．自己訓練の道は，決して平坦なものではなく，各自が工夫して歩みを進める必要があります．読者の

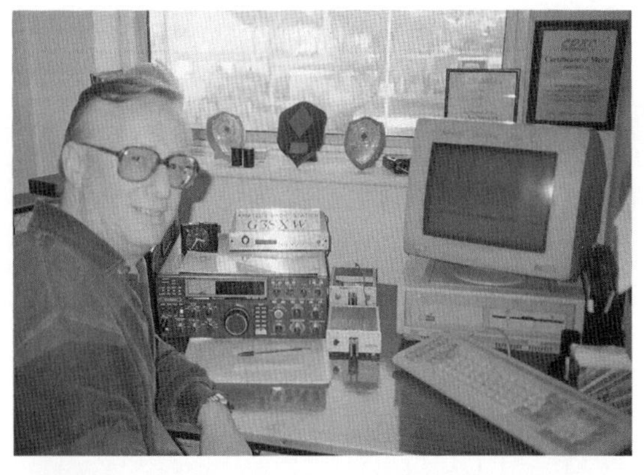

G3SXW Rogerはアフリカの珍エンティティーからコンテストにアクティブに参加するCWの名手である

皆さんが，より効率的に訓練を進めるために，道標やヒントとなるであろうことを，筆者の30数年のCWとの付き合いをもとに記すことにします．

CWでラグチューを楽しむ世界各地のハムの多くは，アマチュア無線のうえでも社会的にも経験豊かな人々です．彼らと友人になることはアマチュア無線生活のみならず，われわれ自身の人生をより豊かなものにしてくれます．このように豊かな世界に第一歩を一緒に踏み出してみましょう．

4-2 CWラグチューの魅力

CWは無線を楽しむための言語

まず，CWによるラグチューが，われわれを魅了して止まないのはどうしてなのか，という疑問をあらためて検討してみましょう．

この疑問は，ほかの多くの趣味の世界と同じく，その趣味に没頭している人間にとって，自明のことであり，ほとんど意識すらされないことです．しかし，CWによるラグチューの魅力と利点を明らかにしておくことは，それを末永く楽しみ，また後進のハムに説得力のある勧誘をするために大切なことです．

1960年代，またはそれ以前に無線を始めたハムの大多数が海外局と交信するモードは，CWでした．自作の無線機でDXと交信するのは，多くの場合CWに限られていたのです．CWは，無線を楽しむために必須のある種の言語であるといってもよいでしょう．必死にCWと格闘しているうちに，CWのもつ魅力に捕われるハムが出てくるようになりました．筆者もそのようなハムの一人でした．短点と長点の組み合わせという単純さに込められた意味，そのリズムと響きの美しさに魅了されたのです．

現実にさまざまなバンドで入感するCWの信号に興奮し，郷愁に似た気持ちを抱きます．7MHzや14MHzでフワフワした(フラッターを伴った)北米やヨーロッパからのCW信号を聞いたことのある方も多くいることでしょう．今でもこうしたCWを聞くと，いつもハムを始めたばかりの感激の多かった十代の気持ちに戻るのを感じます．

現在は，有線，無線を問わずコンピューターによるディジタル通信が全世界を駆け巡る時代です．また，高性能な無線機が比較的安価に手に入り，SSBやRTTYでも容易に海外のハムと交信を楽しむことができます．一見，非効率的で不確実なモードに見えるCWに，ビギナーの皆さん，とりわけ若いハムを魅了するものが今日あるかどうか，CWは年配の一部

〈写真右〉
W9KNI Bobと彼のアンテナ群．彼の家の広大な庭には，バーチカル・アンテナとマルチバンドの八木アンテナが建てられている

〈写真左〉
ベンチャー社（ベンチャー・パドルでおなじみ）のオーナーであるW9KNI Bobは，CWにアクティブなDXerである

愛好家にのみ担われ，消え去りゆく運命にある技術に過ぎないのかどうか，が大きな問題です．

この問題意識を，通奏低音として響かせながらさらに検討を進めていくことにします．

小規模な設備で済むこと

CWには，小さな設備でもDXと交信をすることができるという通信モード上の利点があります．小さな設備で済むということは，アンテナ設営，無線機器の購入費用，インターフェアなどの点で，ほかのモードに比べて圧倒的に有利であるといえます．

このインターフェアを起こす危険性が少なく，アンテナが小規模で済むという点は，人口密度の高い場所でアンテナの設置に苦労する都市生活者にとっては大きな魅力です．

CWのラグチューを楽しむために必要な設備は，具体的には，14MHz以上のバンドであればベアフットにトライバンダーの3エレ八木があれば十分であり，ロケーションによってはバーチカル・アンテナでも楽しめることでしょう．ローバンドでのんびりラグチューすることを希望するのであれば，アンテナは何であれ小さなリニアアンプが欲しいところです．

いずれにせよ，DXの珍局を追いかけたり，コンテストで上位入賞をねらったりする局の設備に比べたら，かなり小規模の設備で十分ということになります．

リアル・タイムであること

ディジタル・モードでもチャットをすることはできますが，CWでのラグチューのように気楽に海外のハムと話をするわけにはいきません．リアル・タイムで気軽に海外のハムと話をすることができるのは，CWの大きな魅力です．

7MHzでは，夕方になるとオセアニア方面と北米方面が同時に聞こえてきます．W(アメリカ)とVK(オーストラリア）のハムとラウンド・テーブルで話をする，というのは朝飯前のことで，そこに南米のハムや，ヨーロッパのハムが割り込んで交信するということもたびたびあることなのです．

リアル・タイムに話をすることは，SSBのようなほかのモードでもできることですが，CWのほうがより容易でしょう．

いってみれば，顔が見える通信モードである，というこの特性は，ディジタル・モードと比べてさらに優れている点の一つといえます．

CWラグチューの知的側面

海外のハムとラグチューをするうえでSSBに比べてCWが有利な点は何でしょうか．これは二つの事柄に集約できると思います．

第一に，英語の読解力と作文力がある程度あれば，CWのラグチューを十分に楽しめるということです．SSBにはわれわれ日本人がもっとも苦手とする英語のヒアリングと発音という障壁が立ちはだかりますが，CWではその障壁はありません．高校卒業程度の英語の読解力，作文力があれば，CWの世界では十分といえます．

ただし，これはいわば消極的な優越性に過ぎません．CWによるラグチューの楽しみの真髄は，その知的な側面にあります．CWは，ある時間内に送り，受けることのできる情報量が少ないモードです．したがって，CWのラグチューでは，限られた時間内に自分の表現

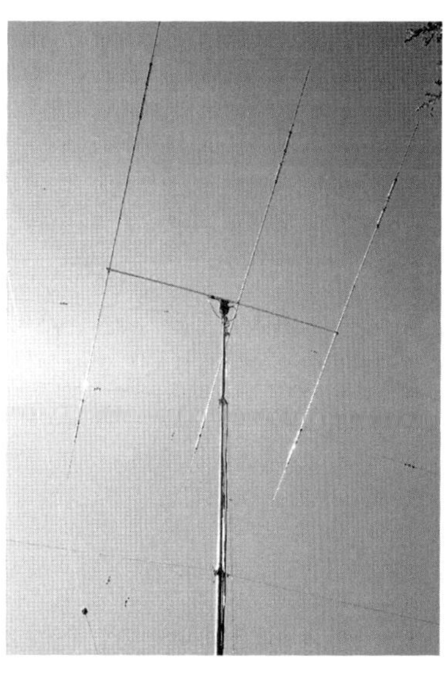

シンプルなシャック（写真左）とトライバンダーの3エレ八木アンテナ（写真右）でも十分にCWラグチューを楽しむことができる

運用編

ZL1AMO Ron は太平洋の島々から DX ペディションを行う一方で自宅からは CW ラグチューを楽しんでいる

しようとすること，いわんとすることを要領よく述べなければなりません．ちょうど手紙で論争・議論をするのに似ています．

相手の意見を受け止め，それに応える形で自分の意見を論理的かつ聞き手に興味を持ってもらえるように表明する，この過程がCWというモードを通して流れるように進めるのです．さらに，このやりとりで使われる言葉が，たまたまわれわれにとって外国語である英語なのです．英語を道具として上手く使いこなす力量も要求されます．

このきわめて知的な作業が，CW によるラグチューで得られる最上の愉悦なのではないでしょうか．

4-3 実際のトレーニングへ入る前に

自己訓練

どのようにしたらCWによるラグチューを自由に楽しめるようになるのでしょうか．端的に言えば，第一に英語の習得・訓練をする，第二にCWの暗記受信を訓練するというのが，その解答です．

これは，一見当然自明のことのように思われるでしょう．しかし，これを実行するのはなかなかむずかしいものです．自己訓練というと，堅苦しくおもしろ味に欠ける修行のような作業を連想されるかもしれません．

これらの自己訓練が，なぜ必要となるのか，そしてどのようにしたら楽しく実行できるか，について述べてみることにします．

ラグチューの基本的な態度

具体的な方法について議論する前に，より基本的な問題に触れておかなければなりません．ラグチューの中身が，独り言の言い放しになっているのではないか，という問題です．

Aというハムが，お天気の話をしている一方で，その交信相手であるBは自分のリグの話を続ける，というような「ラグチュー」があります．さらには，自分の言いたいことを長時間かけて述べ立てたうえで相手の反応にはまったく応えない「ラグチュー」など，相手が国内・国外であるを問わずあちこちで繰り広げられているように思えてなりません．

ラグチューの楽しみは，相手を理解し，自分を理解してもらえることにあると思います．自分を理解してもらう前提として，相手を理解しようとすることが必要になる，ともいえるでしょう．ラグチューは自由な楽しいものであるはずで，ラグチューはこのようにあるべきだという規範を持ち込むつもりはありません．

しかし，ラグチューを単に時間つぶしの無意味なものではなく，自分とラグチュー相手の人生を豊かにし，意味深いものとするためには，相手の言うことに耳を傾ける態度が基本になければなりません．このようにして始めて，独り言（monologue）ではない対話（dialogue）が成立するのだと思います．

同じアマチュア無線を楽しむ仲間だからといって，ラグチュー相手の海外のハムとすぐに理解し合えるとはいえません．少し突っ込んだ話を始めると，お互いの状況・文化・歴史が異なることに由来する違和感を感ずることが少なからずあります．相手を理解しようとするならば，相手の状況・文化・歴史などにも必然的に眼を向けなければなりません．

また，相手を理解しようとする時，自分をより深く理解してもらうことも表裏の関係であり，わが国のおかれた歴史的，政治的な状況にも関心を持つ必要があります．さらに，自分の考えを，自分の言葉で述べることを常日ごろから心がけたいものです．

ラグチュー CW に必要な英語力

CWのラグチューに使う英語は，特別なものではありません．先に述べたとおり，高校卒業程度の英語力があれば十分です．それほど自信のない方でも，さまざまな媒体で英語の勉強をすることができます．場合によっては，無線を通してトレーニングすることもできるでしょう．どんな方法であれ継続することがもっとも大切で，手軽であること，興味を持てることが継続するために必要です．

CW に使う英語を特に意識した習得法は，正確な語彙を基本にした読解力と作文力を養うことです．ペーパー・テストに慣れた学生の皆さん，または元学生だった皆さんには，あまり苦労しないで済む領域といえるでしょう．複雑な文法や，スラングおよびそれに類する表現などに精通する必要はありません．英語を使ったCWの交信をするうえでは，正確なスペリング・語彙と基本的な文法の知識が要求されます．

送信でも当然必要ですが，特に受信時には重要です．例えば，「I will go to school」という文章を相手が送ってくる場合，「I will go to scho」まで取れて，信号がフェージングの谷間になって「school」という単語の最後の2文字「ol」が取れないという状況を想定しましょう．「school」という単語を正確に知っていれば，「scho」までコピーしたところで，「ol」が続き「school」という単語であることを予想することができます．

この予想は，「私はどこそこへ行く」という文章の大まかな意味・文脈からも強められ，「scho」としてしかコピーできなかった単語は「学者」を意味する「scholar」などのようなほかの単語ではないと判断されます．

NCDXC の W6ISQ Jack は FOC のメンバーである

このようなプロセスは，どのような言語でも，何事かを聞き取るときにほとんど意識せずに行われることです．英語を使ったCW の場合，このプロセスが効率的に進めば進むほど，受信が容易になります．

言葉の意味を理解することと，CW を受信することは密接に関わっており，前者ができれば後者が容易になるのです．基本的な英語力，特に読解力と作文力が，英文の内容を把握することだけでなく，英文CW を能率的にコピーするためにも不可欠であることがわかります．

4-4 CW ラグチューのトレーニング

各自の練習方法を確立する

CW でラグチューするうえでもっとも大切な技術である，CW の送受信能力について考えてみましょう．

一個人においても CW の送信と受信の能力は，互いにあまり関連しません．ラグチューを自由に楽しむためには，送信能力はあまり問題にならず，受信能力が圧倒的に重要です．送信速度を上げるのは，エレキーなどを使えば容易なことです．とんでもない高速のCW をエレキーを使って出せるのに気を良くして，自分の受信能力をはるかに越える速度でパラパラと送信しまくる，というのがビギナーの陥りやすい誤りの一つです．

繰り返しになりますが，相手の言うことに耳を傾けることからラグチューは始まります．自分の受信能力を超えた速さで送信するのは，ラグチューの基本的な態度に反します．もっぱら送信しまくる，そして受信できる速さを超えた速度で送信することによって，相手のメッセージを受けることを当初から放棄する，という二重の意味で，ラグチューの際に取るべき基本的な態度に反するのです．ラグチューを自由に楽しむようになるためには，CW の受信能力を磨くことがもっとも大切なのです．

CW の受信練習については，本書でもほかの章で個々の筆者の経験からベストと考えられる方法を紹介しています．筆者自身は，プロの通信士でもなく，ただアマチュア無線の世界でCW のラグチューを楽しんできたに過ぎません．筆者の推奨する方法は，きわめてありふれたもので，CW 受信が一朝一夕に上達する秘密の方法といったものではありません．この方法を絶対化するつもりもなく，各自の練習方法を確立していくうえで，参考にしていただければと思います．

CW 自体も一種の言語です．言語を習得するのにもっとも適した幼少年期を過ぎてから，一つの新しい言語を習得するためには，自分が興味をもてる方法で

9X5EE, D25L, TL5A などのコールサインでアフリカから CW にアクティブであった PA3DZN Alex

継続する，ということに尽きます．幼少年期には考えなかった，習得方法の合理性と効率性にも常に目を配りたいものです．

暗記受信のすすめ

CW を受信する際に，どのような現象が，特に人間の神経系で起きるのでしょうか．このプロセスは，大きく三つに区分けされます．短点・長点の組み合わせからなる CW 符号，例えば「-—」という信号が受信機を通して入感したものとします．

第一に，聴覚器さらに聴神経をとおして，電気信号に変えられたこの信号は，高次知覚神経系（大脳半球知覚領野）に入り，そこで「A」という CW 符号であることが把握されます．

ビギナーの場合，知覚された「A」という符号を書き留める第二の作業が続きます．知覚された「A」という情報はそれ以上の分析を受けずに，高次運動神経系（大脳半球運動領野）に伝えられこの符号を目の前の紙片に書き留めるように指令が出されます．末梢運動神経系を介して，上肢･手指に信号が伝えられ，「A」という文字が紙片上に記されることになります．

ここまでの作業が終わるころには，次の CW 符号が入感して来ているはずで，この「A」という符号の意味を解析できずに次の符号の受信に移らねばならなくなります．したがって，CW による一連のメッセージの意味を解析し，理解するという，もっとも大切な第三のプロセスは，一応の受信作業が終わってから行われることになってしまいます．

このような「書き取り」受信の練習は，免許取得の試験に合格する役には立つかもしれませんが，自由にラグチューを楽しむには不利です．スムーズに受信を進め，円滑にラグチューを進めるためには，「書き取る」という第二の作業を省かねばなりません．この作業では，書くという作業，それ自体に神経を集中させなければならず，時間と労力を大きく費やします．意味を取るという第三の作業を同時に進めることは不可能です．自由にラグチューを楽しむハムは，この第二の過程を省き，知覚された情報を記憶することにより，意味の把握を行いながら，次の符号に対する第一の過程を引き続き進めていくのです．いわゆる暗記受信という受信方法です．

暗記受信の上達

どのようにしたら暗記受信を上達できるか，という疑問に対しては公式となる解答はありません．

暗記受信はラグチューを楽しむうえで必要不可欠の技術ですので，公式のトレーニング法がないとはいえ，読者の皆さんが暗記受信の腕を上げるために参考になると思われる事項を列挙しておきましょう．

① コピーするための鉛筆と紙片を，いったん机の上から取り除きます．紙片上にコピーすることは，きっぱりと止めることです．

② 正確な語彙の知識に裏付けられた英語力が，受信能力と車の両輪のような関係で必要になります．暗号またはアルファベットの羅列を，紙にコピーせずに頭で取っていくことは不可能です．頭の中でコピーしながら，その意味を取っていく訓練をします．そこで，前述のとおり，英語力がある程度必要になるのです．

③ 他人の交信・ラグチューを聞くのではなく，自分から交信・ラグチューを始めることです．他人の交信をワッチするだけでは，ちょっとコピーできなくなったら，その場から逃げ出してしまう可能性が大きいからです．自分で交信を始めると，簡単には逃げ出すことができません．わからないこと，コピーできないことがあったら，相手にわかるまで聞き返します．

例えば，「－－－ WHAT?」のように，コピーできたところまで打ち返し，そこに「WHAT?」を付けてそこから先を尋ねたり，内容のわからない部分を尋ねたりします．

気の合う相手を見つけ出し，楽しみながら気長に続けることが大切です．

④ 友人と，簡単な文章をオン･エアで送受信し合い，練習するのも効果的です．意味のある簡単な文章のほか，3 から 5 文字の無意味な文字列も良い練習になります．見栄を張らずに，暗記受信に徹することです．

⑤ いったん目の前から除いておいた鉛筆と紙片は，

受信内容の要点を記すのに使います．暗記受信が上達すると，要点を記したり，キーワードを書き留めたりする余裕が出てきます．要点・キーワードのみならず，意味のわからない単語などもメモします．

また，気の利いた表現に出会ったら，ぜひメモしておきたいものです．言葉は生きものであり，ある表現は特定の状況で特定の意味を持つもので，交信の中で学ぶことは多いでしょう．いずれにせよ，あくまでメモに留め，中味をすべてコピーするのは不可とするべきです．

⑥　さらに余裕が出てくると，交信の最中に暗記受信をしながら，英和・和英辞書を引くことができるようになります．引きやすい辞書をキーの横に常備しておきたいものです．

送信能力の向上

暗記受信にある程度自信が持てるようになったら，送信技術の面も検討してみます．

ラグチューをするために特に注意しなければならない送信技術はありません．自分の受信能力を超えない速度で，わかりやすく美しい符号を送信することを心がけましょう．自分の受信能力を超えないような速度にするということは，容易に理解できます．しかし，符号をわかりやすく美しく送信するということは，自明のことではありません．

わかりやすく美しい符号とはどのようなものか，そのポイントを列挙してみます．

①　使用するキーは，各人の好み次第です．疲れずに長時間送信するためには，エレキーかバグキーということになります．送信符号にある程度の個性を出すことにより，相手に受信してもらいやすくすることができるともいわれています．

しかし，短点・長点の比率を1：3にするのを基本とし，誤りの少ないことが大切です．美しく取りやすい個性的なCWを縦横無尽に駆使しているOTは，たくさんおられます．これぞと思うOTのCWを真似ることから始めるのも一つの方法です．

②　送信に際しては，アルファベット一語一語を意識するのではなく，単語の一語一語を一つのまとまりとして意識するようにします．また，単語間のスペースを十分に取ることです．単語間のスペースを十分取らないと，ある単語を別な単語と受信されたり，意味がまったく取れないなどということになります．

③　送るべき英文を紙上に記してから，送信するなどはもってのほかです．自分の知識にある語彙・構文を駆使して頭の中でまとめてから，情報や自分の考えを送るようにします．凝った文章にする必要はまったくありません．

文法にはあまりこだわらなくてもけっこうですが，主語・述語の関係，時制，単数・複数の区別などはできるだけ正確にするべきです．be動詞，冠詞は省略することもしばしばありますが，スペルはできるだけ正確に送りたいものです．

④　送信する内容については前述のとおり，交信パターン集のようなものを使うことは止めましょう．相手の話題とすることに耳を傾け，それに対する自分の応答から始めると良いでしょう．お天気，リグの話などから始めるのが定石です．政治経済・宗教などに関する議論は，お互いに深く知り合ってからにしたほうが無難といえます．

⑤　伝搬状態が良くなく，ノイズがあったり，エコーを伴っていたりする場合には，とりわけ送信速度を下げる必要があります．一回の送信内容が長時間におよぶ場合は，途中で一回ブレークを入れ，受信に問題がないかどうかを相手に確認するべきです．

4-5 モールス通信における略符号

略符号を使用する目的

CWラグチューのみならずCWの交信全般で，独特な略符号がしばしば使われます．例えば，朝の挨拶に「GM」と打ちますが，これは「good morning」を意味することなどです．こうした略符号を使う目的は，メッセージの送信を簡略化し，あわせてそのメッセージの受信を容易にさせることにあります．

したがって，各略符号のスペルを知っていることが前提としてあり，もとのフルスペルを知らないと一部のアマチュア無線家のみに使われるおかしな符牒のようになってしまいます．

CWラグチューでは，ことに高速になると，挨拶程度のものを除いて略符号を用いずフルスペルで送受信する傾向があります．高速の送受信では単位時間あたりに送れる情報量が比較的多くなり，略符号を使うメリットが減り，逆に略符号かどうかを短時間内に判断するのがわずらわしくなるためと考えられます.

ラグチュー相手が略符号をどの程度使うか，略符号を使うメリットが大きいかを，その場その場で判断して賢く使うことが必要でしょう．通信略符号は，長いCWの歴史の中で，工夫を受けながら作られてきたもので，法則に基づいた体系を形作っているわけではありません．しかし，ある程度の規則性が見いだせるのも事実です.以下に略符号に見られる規則性について，概説することにします.

なお，各々の略符号については，資料編の中で紹介しています．そちらをご覧ください.

① 頻繁に使われる略符号は，元の単語の頭の文字を連ねたものが多くなっています．例えば，挨拶の言葉などで良く見られる省略で,「good morning」を「GM」と略したり，「good by」を「GB」と略します.

② 略する語は，母音．例えば，「breakfast」を「BKFAST」と略す，よく使われる省略法です.

③ 語尾の「y」を,「i」にします.例えば,「any」を「ANI」と，「my」を「MI」と略します．これも頻繁に使われています．語尾の「y」を，まるっきり省いてしまうこともあります．例えば,「say」を「SA」と,「day」を「DA」と略します．北米のOTが時に使用しています.

④ 発音の類似性によるものは，上記③にもあてはま

Column

海外の名門CWクラブ紹介

FOC（The First Class CW Operators' Club）

FOCの歴史

CWを愛好するハムのクラブは内外に数多くあります．しかし，FOCは，それらの中でももっとも古い歴史を持ち，メンバーとなることがむずかしいといわれています.

このクラブは，1938年ころ英国で，アマチュア・バンドでの運用レベルを向上させることを目的にして，数名のCW愛好家により結成されました．当時，結成に参加したハムは，G5BW,G2ZQ,G6FO，それにG6WY（後のVE3BWY）などで，メンバーが英国人に限られた英国国内のクラブとして誕生しました．名称も現在のものとは異なり，The First Class Operators' Clubでした．このころは，フォーンを運用するハムでもメンバーとして認められましたが，やはりある程度のCW運用技術は要求されたようです．1939年，第二次世界大戦勃発時には70名ほどのメンバーになっていました.

第二次世界大戦後，1946年には，英国でアマチュア無線が再開されたのに伴い，このクラブが再結成されました．当時のクラブ規則では，運用能力および運用の仕方の優れたハムを育成・奨励することを目的とする，とされています．CW送受信能力は18WPM以上であること，3名以上のメンバーから推薦を受ける（メンバーが候補者のスポンサーになる，といいます）ことなどのメンバーとなるための条件も明記され，現在のクラブ規則の原形を見ることができます.

アメリカ西海岸・サンノゼからCWにアクティブなW6CYX Bob．筆者は1960年代からのべ900回以上にわたり彼とCWでQSOしている

その後，1947年には英国外のハムをメンバーに受け入れるようになり，1950年末にはメンバーは31カ国から300名を越えるまでになりました.

入会規則と現況

現在のクラブは，全世界のアクティブにCWを運用するハムをメンバーとし，その数は500名に限定されています．メンバーとなる資格はなかなか厳しく，以下の事項からなっています．まず，高い運用技術とマナーを備え，25WPM以上のCW送受信能力を備えたハムであること，さらに異なる5名以上のメンバーがスポンサーとならなければなりません．その5名のスポンサーのうち1名はG(英国)のメンバーであること,二つ以上の大陸からスポンサーを得ることなどが規定されています.

以上の条件を満たして，候補者になれたとしても，メンバーの欠員が出るまで待たなければなりません．この一連のややこしい手続きがもっとも特徴的で“英国的な”ことは,スポンサーされるために自分から運動をしてはならず,あくまでメンバーに推挙されるのを受け身で待つことが要求されることです.

このような点から，FOCは悪しきエリート主義だ，という批判もありますが，このような手続きがクラブを活発にし，その水準を保つうえで必要なことと考えられているのでしょう．メンバー間で活発に交信が行われ，クラブ内のニュース・レターや雑誌が定期的に発行されています．活動の基本は，会員相互のCWによるラグチューですが，クラブ内のコンテストや,アワードの発行も行われています.

著名なメンバー

現在CWにアクティブな，これぞと思う局は，しばしばFOCのメンバーでもあります．DXペディションやコ

りますが，「－ ou －」,「－ oo －」を「－ U －」と省略します．例えば，「look」を「LUK」に，「good」を「GUD」に,「could」を「CUD」と略します．こちらは，比較的頻繁に使われます．

「－ ch －」を「－ K －」と略す場合もあります．例えば，school を SKOOL と略す場合です．この省略は一部の好事家の間でのみ使用しています．

⑤　商業通信用符号に由来するもの.「－－－－（長点四つ）で,「－ ch －」または「ch －」を表します．これもごく一部の OT が使うものですが，なかなかチャーミングな省略です．長点の数をまちがえないことに注意しましょう，hi.

⑥　アマチュア無線以外で一般に使用される省略です．例えば,「Europe」を「Eur」と,「national」を「natl」と略します．あまり一般的でないものは使わないほうが得策でしょう．この場合，本来「Eur.」のように省略点の「period」を付けるのが文法的に正しいのですが，CW では省略点を付けず「Eur」とすることが多いことに注意しましょう．その代わり，省略点の部分に十分なスペースを入れるようにします．

⑦　頻繁に使われる単語を ,「－ X」として省略します．例えば,「receiver」を「RX」と,「weather」を「WX」と略します．この省略はきわめて便利で，よく使われています．

ンテストに活躍している G3SXW，RSGB の DX Bulletin のエディター G4BUE，ZD8,ZD7 などから長期間運用した G4ZVJ，ローバンドで強力な信号を送り込んでくる GW3YDX，GM3POI などが英国組で，メンバーのほぼ半分を占めます．

もう一方のメンバーの多数は W で，A61AD を運用する N1DG（ex WB2DND），コンテスターで US CQ 誌の筆者でもある K1AR，HS からの運用やコンテストで活躍する K3ZO，内科医師で広大なアンテナ・ファームを持つ N4AR，DX に関する著作もあるベンチャー社のオーナー W9KNI．さらに，西側に太平洋を一望するサンタバーバラの高台で悠々自適の生活を送る K6DC（ex W6ULS），彼は，1960 年代，冬になると日本時間の真夜中，ZS の連中と 7MHz のロングパス（もちろん CW!）で悠然とラグチューをしていたものです．後進のハムに対してもたいへん親切で，彼の自宅にある訪問者の記帳ノートには多くの若い DXer や CW 愛好家の名前とコールサインが記載されています．1960 年代，筆者がほやほやのビギナーだったころから相手をしてくださり，私のスポンサーの一人にもなってくれた方です．

このほか，VK2AYD，ZL3GQ などの VK，ZL 組，OZ1LO，DL4CF（ex DL2HQH），SM φ CCE，LA3FL，OH2BDA，EA6ZY などのヨーロッパ大陸組．9J2BO，EA8AB などのアフリカ勢，それに A47XR（ex A71CW），4X4FC などのアジア勢が少数ながらメンバーとなっています．

わが国のメンバー

わが国の過去のメンバーには，JA5AI，JA1ANG，JH1WIX，JE1CKA など，そうそうたる面々がおられます．現在のメンバーは，JE1JKL，JA5DQH，JP1BJR，JA7SSB，それに JA1NUT（筆者）の 5 名となっています．各バンドの DX ウインドウ，またはその少しうえで，海外のメンバーと盛んに交信しています．メンバー数が限定されているために，いきおい同一メンバーと交信を繰り返すことになります．

そして，国内外を問わず，メンバーの多くは，CW 運用のみならずハム活動全般・社会活動のうえでもエキスパートです．

彼らと交信すると，話題は多岐な事柄におよび，興味深く記憶に残るものになることが多いように思います．わが国の全ハム人口を考えると，当クラブのメンバーはまだまだ少な過ぎます．FOC に興味を覚えた読者の中から，一人でも多くのメンバーが生まれ，ハムライフをより豊かにすることができるようにと願って止みません．

K6DC Merle と彼の XYL Marjorie．サンタバーバラの新居にて

K6DC のアンテナ．このアンテナの右手には太平洋が広がっている

No. 33
WINTER '97
FOCUS
JOURNAL OF
THE FIRST CLASS
C.W. OPERATORS' CLUB

FOC のメンバーに配布されている機関誌「FOCUS」．メンバーの活動状況などが幅広く紹介されている

4-6 CWラグチューに何を求めるか

一人の友人とスケジュールをもつ

ラグチューの基本的な態度を理解し，英語力もある程度身につけることができ，CWの送受信にも一応の自信がついた，というところまで行き着いたとします．これでCWラグチューを自由に楽しめるはずなのですが，ラグチューを心ゆくまで楽しむことができないという未達成感，不満足感に襲われることがあります．

この欠乏感は，CWラグチューに何を求めるか，という根本的な問題が拘わりますから，解決を一時に得ることは困難でしょう．この欠乏感をバネにしてさらにCWラグチューに専念していく，そしてバリエーションに富むCWラグチューの世界に各々が時間を掛けて解決を求めてゆくべきなのだと思います．

ただ，ある程度CWラグチューを楽しめるようになった時に陥りやすい問題点は，いろいろなハムとラグチューをすることはするのですが，各々の相手との話題が通りいっぺんになってしまうことです．同じ話題を同じ議論の道筋で行う，これを繰り返していると，それを意識するとしないとに拘わらず，空しさを感じざるを得なくなります．

このようなスランプに陥った方に，何らかのアドバイスができるとしたら，表題にも示したとおり，気の合うハムを見つけて，定期的なスケジュールを組んでラグチューを続けることです．

一人の友人とラグチューを続けることにより，お互いに交流を深めるのみならず，家族・仕事・人生観なども良く理解し合えるようになり，相手の人生をある意味で共有するまでになります．

スケジュールで話し合った内容をメモして残すようにしてみましょう．スケジュールは，単にRSTの交換だけの時もあれば，深刻な議論をすることもあります．スケジュールのメモは，単なる交信記録だけでなく，相手をより深く理解する日誌にもなります．こうしたスケジュールを続けることにより，CWによるラグチューが再び光彩を放つのみならず，みずからのCWの腕前・英語力が飛躍的に向上していることにやがて気づくことでしょう．

筆者の夢は，CWで定期的にラグチューをしてきた世界各地の友人を訪ねて歩くことです．きっと，人生を共にしてきた友人を見いだすことができるでしょう．

おわりに

1960年代から1970年代にかけて，7020kHz近辺でWA6UNF（その後，K6NB）Edが，VK2NS Trevorと1700（JST）ころにスケジュールを続けていたのをお聞きになった方はいらっしゃるでしょうか．

夕日が沈みかけるころ，7MHzでは北米・オセアニア方面が開け始めます．当時としては珍しかったキーボードを使った高速の美しいキーイングで，彼らは毎日のようにラグチューを楽しんでいました．

最近，彼らが何回スケジュールを持ったのか知りたくなり，共通の友人であるCy，WB6CFN（現 K6PA）に尋ねたところ，2619回にも達したとか．最後のころには，短点一つでお互いを認識することができたという話です．しかし，1970年代半ばTrevorが突然他界し，彼らのスケジュールにも終止符が打たれ，その後，EdはQRTこそしなかったものの，空で彼の信号が毎日聞かれることはなくなってしまいました．

Edにとっては，Trevorとのスケジュールがアマチュア無線の楽しみ，目的そのものだったのでしょう．そして，CyがEdにこのスケジュールの回数について尋ねてくれ，調べてもらった直後の1997年3月19日，Edは89歳でサイレント・キーになったと，Cyが14MHzのCWで筆者に知らせてきました．

スケジュールの回数という量が問題ではありませんが，Edは一時代を作り上げた偉大なラグチュワーであり，筆者にとっても忘れ得ぬCWの先達でした．

CWによるラグチューの概要を論じてきましたが，CWのラグチューもまんざらではなさそうだな，と感じていただけたでしょうか．「さあ，ラグチューを楽しむぞ」と片肘をはって始めるものではなく，今まで繰り返してきたCWのラバースタンプQSOから一歩踏み出すことから，本当のラグチューが始まります．

古き良き時代の交友を実現することのできるこのモードでのラグチューに興味をもたれる方が，読者の皆さんの中に一人でもいらっしゃったら，この小論を記した筆者として望外の喜びです．この小論を記すにあたり，筆者のラグチューの友人でもあるK6DC，W6CYX，VA3CH，W8KJP，K6PAの方々から教えを受け，情報をいただきました．ここに記して謝意を表したいと思います．

第5章

運用編

和文モールス通信

JA2CWB　栗本　英治

日本人の皆さんであれば，和文モールスで相手に意中を正確に伝えることに魅力を感じるのではないでしょうか．この章では，和文モールス通信に興味を持っていただくためのノウハウを紹介していきます．

5-1 和文モールス通信への誘い

モールスによる国内QSOでは，必要最小限といえるラバースタンプQSOを和文モールス（以下，和文と略す）で構成するとやや冗長になります．しかし，少し立ち入った話になると，わたしたち日本人にとってもっともネイティブな言葉・日本語で話すことの便利さはいうまでもありません．

ただし，和文によるQSOをおすすめするといっても，交信のすべてを和文で済ませるということではありません．必要最小限の合理的な交信を心がければ，和文を使うかどうかはその時の状況によって判断します．

ここでは機能優先の欧文モールス（以下，欧文と略す）を用いた通信だけではもの足りない方，プラスαの意志を伝え合いたいと思っている方に，和文を誘いたいと思います．

ハムの通信について

和文のお話に入る前に，少しハムの通信について考えてみましょう．無線局の種類全体からみれば，ごく一部に過ぎないアマチュア無線局には，ほかの無線局にはないすばらしい特典があります．

アマチュア無線でもっともすばらしいのは，通信の主人公が自分自身であり，通信内容を決めるのも自分であることです．お天気，アンテナ，自作リグなどの技術的な話題，移動運用やDXの情報，自然科学や文学の話題など，自由に通信することができます．いつも会うCWの仲間に，今日はこんなことを話してみよう，聞いてみようと，あらかじめテーマや質問を考えたり，あるいは通信が始まってから即興で話題を決めたりします．

この一見何でもないような事柄が，ハムと業務無線

キノウ イヌノサンポニ
イッタラ チカクノ サクラガ
マンカイ デシタ. トテモ
キレイデシタヨ
イヌモ ヨロコンデタヨウデス
Hi
そうそう 犬と
いえば…
和文モールスは. 相手の人柄も伝わってくる.

とを分け，ハムの通信を楽しくしている大きな要因の一つではないかと思います．

DX やコンテスト，ラグチューや通信実験とハムの通信は実に多様です．そうした通信のなかで，海外局との QSO や寸刻を競う QSO を除いて，国内局との CW での QSO に母国語である和文を使えないとすると，一生に一度の出会いかも知れない貴重な QSO，または長く付き合う友となるかも知れない QSO を，十分に味わえないのではと思うのです．

和文は日本人の言語

日常，わたしたちが日本語で会話をしているように，国内の CW で会話をするときも，日本語を使えば話題がふくらみ，そのうえ QSO を通して相手局の人柄に触れることができます．

単にシグナル・レポートの交換だけで切り上げたいときや特定の情報に限定すれば，欧文や略符号だけでも意志の疎通はできます．しかし，詳細な内容や複雑な通信には向かないでしょう．

日本人にとって和文というのは，考えるときや話すときの言語である，もっとも普通の日本語の通信といえるのです．

人は，どんなささいなことでも自分が到達したことや感じたことを，表現したり人に伝えたいという欲求や，それによる相手の反応を知りたいという欲求を少なからず持っているようで，それがエネルギーの一部になっているのです．

5-2 和文モールス入門の心得

和文を覚える

ハムの和文というのは，潜在的な欲求が実に素直に出てくる場ではないかと思います．初めての局との通信でも，和文では「アンテナで苦労しているけれど，こんなアンテナを建てたい」，「自作リグでこんなものを製作したけれど，次の計画は…」，「電鍵を自作したけれど，ここを改良したい」など，まるで旧知の友人と話しているような会話が始まることがよくあります．

また，そうした会話を通して，相手局のパーソナリティに触れることもでき，見知らぬ相手局のイメージをふくらませて QSO をさらに楽しくしてくれます．それはわかっているけれども，和文を覚えるのがたいへんで，という方も多くいます．でも，和文の「イロハ…セスン」の 48 文字を覚えるのに要する期間は，かりに 1 週間で 5 文字とすれば，およそ 10 週間です（和文モールス符号表は資料編を参照）．

現代かな使いのなかでは「鍵のあるヱ」，「井戸のヰ」などを使うことはまれですから，46 文字とすれば約 9 週間，2 カ月ほどの辛抱で「日本語」が話せるようになるのです．しかし，皆さんの中にはそういう「うまい話」に乗って練習を始めたけれど，なかなか上達しなくて途中で諦めたという方もいるでしょう．

第一週で 5 文字，第二週で次の 5 文字…，第二週は新しく覚える 5 文字と，初めの週の 5 文字の反復練習を含めて 10 文字になります．つまり等差級数的に増えていくわけですから，そんなにうまい話ではなくて，やはりそれなりの苦労を伴うのも正直なところです．

忙しい日常の中でも根気さえあれば，日本語ですから 2 〜 3 カ月，あるいは長くても半年程度で覚えられるはずです．かりに半年かかったとしても，その後，末永く CW を楽しむことができるのです．

イメージ・トレーニング（パート 1）

モールス符号をある程度まで覚えてくると，目に入る文字は何でもモールス符号に置き換えてみたくなります．例えば，電車や車に乗っていて目に飛び込んでくる看板や広告に書かれたカタカナ，アルファベットなどです．

和文では，毎日見ている新聞が格好のテキストになります．新聞では漢字の比率が高く，モールス符号に置き換えるとき一度漢字を読んで頭の中で仮名（カナ＝カタカナやひらがな）に置き換えておかなければなりません．これは，暗記送信（テキストを読んで記憶した文章や，考え出した文章をその場で送信すること）の練習にたいへん有効です．

書かれたテキストを目で追いながら送信することも一つの訓練ですが，ハムの QSO ではあらかじめ書かれた文章を送信することは少なく，その場に応じた内容を送信することがほとんどです．特にラグチューで相手の問い合わせや話題に対応していくためには，アドリブの作文能力と同時に，頭の中にわいてきた文章をモールス符号に置き換えて送信する必要があります．

漢字を使う民族は，頭の中の作文にも漢字が多く含まれています．表意文字などは実に便利な文字である反面，和文はカナ文で送るという不文律というか，あたり前の条件があるためこれを送信する際は，頭の中では文章を考え，浮かんできた漢字をカナに置き換え，さらにモールス符号に置き換えるという煩雑な作業を余儀なくされます．

新聞を読みながら和文モールスに置き換えて送信練習をすることは，以上のプロセスを盛り込んだ和文の暗記送信のイメージ・トレーニングとして有効な一つの方法といえます．

新聞をテキストにして送信練習をする．

イメージ・トレーニング（パート2）

前項で紹介した「新聞を読みながら和文モールスに翻訳するトレーニング」の場合，文章は記事としてすでに書いてあります．しかし，ここでは文章もその場に応じて考え出す方法，つまり自分の感性や主張をCWで表現するトレーニング法を紹介します．

まず始めに和文QSOではどのような会話が行われているのか，3.5MHzや7MHzをワッチしてみましょう．週末には多くのハムが和文QSOを楽しんでいます．欧文であれ和文であれ，ワッチこそ上達の近道であることは今も昔も変わりません．ベテランのOMさんもよくワッチを楽しんでいますし，なによりも受信の練習になります．始めのうちは紙に書き取ることをおすすめしますが，慣れてきたら要点のみをメモ書きする程度にとどめましょう．

そして，ワッチで仕入れた話題やQSOの方法をもとに，通勤途中にでも，縦振り電鍵やエレキーのパドル操作をイメージしながら手でCWを叩く動作をしてみます．もちろんシグナル・レポート交換やQRA，QTHなどのやりとりのほかは，話の内容に定型文などはありませんから自分なりにアレンジしてみるのもFBです．また，窓の外に流れる風景の描写や車内の人物描写など，ほかにも日常生活の中にはモチーフできるものはいくらでもあります．

こうして一字一句をモールス符号で表現し，イメージ・トレーニングしてみると，いくらも話を進めることができないうちに目的地に着いてしまったりして，モールス符号の効率の悪さを再認識します．この認識が明日の実際のQSOに生かされるわけで，同じ内容でもできるだけ簡潔に伝えるという姿勢が自然に育ち，一石二鳥の効果を生み出します．

和文のマナー

さて，和文を覚え，和文でQSOしてみたいと思い，バンドをワッチしてみます．高速で和文ラグチューを楽しんでいるQSOをワッチすると，アンテナや自作リグの話などが断片的に聞き取れます．初めは自分に合ったスピードでQSOしている局を見つけましょう．もし，バンド内に好みのスピードの局がいなくてもためらうことはありません．

Column 和文モールスの略文

和文モールスだからすべて平文で送ればよさそうなものですが，やはり貴重な“時間”を節約するために，時には略文を使うことがあります．参考として少し例をあげてみますと，

「アリ」＝ありがとう
「シツ」＝失礼
「2ツキ3ヒ」＝2月3日
「ヨロ」＝よろしく
「オネ」＝お願いします
「サラ」＝さらに，リピート願います

こういった略文を使用するか否かは，年代，表現感覚などで分かれますが，古いカナ文体で表現される年輩の局長さんもいますので，知っておくと便利です．

しかし，ことさら和文の略文を多用すると，相手局の感覚とズレを生じます．

例えば，高速道路ではあまり遅い速度で車を走らせると，流れを阻害してかえって危険ですが，CWでは自分の実力以上のスピードで打っている局を呼んでもいっこうにかまわないのです．ただし，そんなときはあらかじめ自分が完全にコピーできる速度を相手に伝えておくことが必要です．100字/分で打っている局も，コールしてきた局が「QRS 50 PSE」と打ってきたら，50字/分に落としてくれます．もし不幸にして速度を落とさずに続ける局でしたら，「NIL CUL」と打って早々に引き上げ，ログの備考欄にその旨を書き込んでおき，次から相手にしないことです．

和文を楽しんでいる局は，自分が苦労して和文を覚え上達してきた過程を愛用の電鍵に十分しみこませていますから，初心者からコールされれば，その局の打つ速度に合わせてくれます．初心者マークをつけなくても（?），符号を聞けばマークがついているようなものですから，心配することはまったくないのです．もっとも相手が初心者であろうがベテランであろうが，モールス通信は遅いほうの速度に合わせるのがマナーです．しかし，マナーとして速度を合わせるだけでなく，現実の問題として同程度の速度にしないと会話のリズムがかみ合いません．

和文のQSOを行うまえに

CWを運用する局のすべてが和文を行うとは限りません．和文QSOを望むときは，相手局に和文ができるかどうかを確認することがマナーでしょう．「$\overline{\text{ホレ}}$」を付けてCQを出す方もおられますが，通信が始まってから，シグナル・レポート交換などの後に，「$\overline{\text{ホレ}}$ OK?」などで確認してから和文を始めるとよいでしょう．慣れてくると和文ができる局であるかどうかは判断できるようになってきます．

3.5MHzや7MHzでは和文QSOを楽しむ局が多いようです．ただし，単にレポート交換のみやDX局との交信を望んでいる局も多いため，見知った和文ができる局以外は確認してから行うようにします．ある和文の同好会では過去に和文を行っていた局をリストアップしていますが，そういった資料に掲載されている局でも，相手局の同意を得てから和文を始めることがマナーといえるでしょう．

和文のQSOをワッチしていると，「$\overline{\text{ホレ}}$（―・・――――，和文に入りますという意味）」を打って文やメッセージが始まり，さらにその文の途中でも「$\overline{\text{ホレ}}$」と打ち出す局がいます．しかし，このような場合，これから本文が始まりますよと宣言しておきながら，途中で同じことを伝えていることになり，会話としても文章としても不自然な形となります．「$\overline{\text{ホレ}}$」と「$\overline{\text{ラタ}}$（・・・―・，和文の終了符号）」は一対となっているものですが，はなはだしくは途中で数回打ち出す方もいて，面くらってしまいます．

会話の流れからみると，どうやら次の文章を考えている合間に挿入しているようですが，「$\overline{\text{ホレ}}$」は間をもたせたり，和文が始まりますという和文開始の符号でもなく，話が始まりますという本文開始の符号なのです．欧文で使われている「$\overline{\text{BT}}$」と［$\overline{\text{AR}}$」も同様の扱いとなります．

和文のおもしろさ

アマチュア無線のモールス通信は，国内の和文QSOばかりでなく，海外局と通信するときも，小さなアンテナとローパワーで遠くまで飛んだというスリルや感動があります．安定したコンディションでコンタクトできて，もしそこで双方が母国語と同じように英語やスペイン語の通信ができれば，モールス通信のおもしろさは倍増するでしょう．

和文がおもしろいというのも，突き詰めればモールス符号を使ったネイティブな言語の通信がおもしろいということになるのかも知れません．

Column

縦振電鍵

和文のラグチューを聞いていると，縦振電鍵のことがよく話題になります．和文のQSOですから，「タテブリデンケン」，「タテブレデンケン」と表現が2分し，それぞれ人によって読みが異なることがわかります．

こういったことは古いOTに聞くのが一番と，通信省時代にCW（有線電信）を叩いていたOTに聞いてみたことがあるのですが，どうも要領を得ません．それもそのはず，通信省の電鍵にはタテもヨコもなく，タテに決まっているわけで，単に「電鍵」と呼べばよかったのです．

筆者は，「タテブレ」は勝手にブレル，つまり他動的にブレてしまう響きが感じられ，一方「タテブリ」は能動的に縦にフル，あるいは縦方向に振り下げ振り上げる積極的な響きを感じることから，「タテブリ電鍵」が妥当ではないかと思います．

さて，皆さんはどう読まれますか？

第6章

CWコンテストの世界

JH7WKQ　佐々木　達哉

CWコンテストの魅力といえば，決められた時間内に多くのコンテスターとスムーズなQSOが楽しめることです．この章では，CWコンテストに参加するためのノウハウをはじめ，実践に役立つ運用法を紹介していきます．

運用編

6-1 CWコンテストの醍醐味

呼ばれる楽しみ

CWは電話と比べて格段に電波の飛びが違うので，比較的簡単な設備でも交信を楽しめます．後は自分の実力次第です．また，DXペディション局や記念局のように珍しい局でなくても，呼ばれる立場の局になれます．その代わり，少しでも失敗すると，途端に呼ばれなくなってしまうこともあります．

筆者がニューカマーだったころのログを見ると，呼ばれた局には印が付けてあって，「ここからここまで呼ばれる」などと脇に書いてあります．

当時の設備は，100WのHF機と屋根に上げたバーチカル・アンテナでした．お世辞にもFBなシステムではありませんから，普段のQSOで各局から呼ばれることは珍しい出来事でした．それが，コンテストになれば，まがりなりにも呼ばれることがあるのですから，とてもうれしかった記憶があります．

CWコンテストの魅力

いつもコンテストに参加していると，聞き慣れたコールサインが増えてきます．もちろん，電話のコンテストでもなじみの局がいるわけですが，CWの場合は少し違います．コールサインというよりは，CWのリズムで覚えている感じです．キーヤーを使ってCWを打っていても，モールス符号の語間に癖がでます．筆者も，CQの最後に打った「TEST」を聞いただけで誰だかわかりますよ，という話を聞いたことがあります．中には，「?」とだけ打ったのに自分のコールサインを打ち返された人もいるそうです．

このリズムの違いがわかるようになると，CWコンテストがとても楽しくなります．決められた時間内にたくさんのQSOを行うコンテスト．スコアは基本的に数の勝負なので，よけいなことはほとんど打ちません．しかも，かなりのハイ・スピードです．一見，機

JH4UYB 岡野氏は国内外のコンテストにアクティブなコンテスター

械的なやり取りに聞こえるCWコンテストのQSOですが，そこには符号以上の意味が隠されていることもしばしばです．

少ない情報量だから，耳を澄ます．そして，伝わる「心」．高速電信で交わされる，さり気ない挨拶．ほんの数文字に，凝縮された親しみが感じられます．「ツー・トトツー（TU）」の間合いにも，「おなじみさん」の心を見ることができます．

「ありがとう」といわれるよりも「TU」と打たれるほうが，なんかうれしく感じられます．つまり，言葉が少ないほど気持ちは伝わるもの．電話のコンテストでは感じることができないこの感覚に魅せられてしまった人は，もうCWコンテストのとりこといえるでしょう．これぞ，CWコンテストの醍醐味です．

6-2 コンテスト規約の裏表

ここで紹介することは，コンテスト規約を「深読みする方法」ではありません．コンテスト規約に関する常識的な事柄を説明していきます．

参加

コンテストによっては，ルールに「アマチュア無線の免許を得た全世界の局」などと書いてあるので驚きますが，一般にはハムであれば誰でもOKです．事前に参加を申請する，というような必要はありません．思い立ったら，いつでも誰でも，途中からでも，短時間だけでも参加することができます．

呼び出し方法

通常は「CQ TEST」ですが，「特定地域 対 そのほかの地域」形式で開催されるコンテストなどで，呼び出し方法が指定されていることがあります．

JARLが主催する「All Asian DX Contest」の場合，アジア地区の局は一般的な「CQ TEST」ですが，それ以外の地域局は「CQ AA（All Asian）」が呼び出し方法です．これは，CQを出している局の信号を聞いた際に，コールサインまで聞かなくても相手側なのか，それともアジア地区の局なのかを判断できる優れた方法です．したがって，アジア側のわれわれが，「CQ AA」という呼び出しを行ってはいけません．

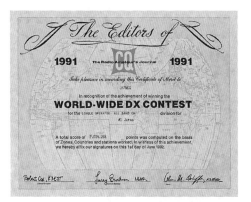

CQ World Wide DXコンテスト CW部門 第1位のアワード

開催日時

「毎年2月の第3週末」などと，土曜日から日曜日にかけて開催されるのが一般的です．国内コンテストなど，一部のコンテストの場合は，祝日を指定したり，第2日曜日などと曜日で決まっている場合もあります．

なお，アメリカのCQマガジンが主催するコンテストなどで「最終週末」と指定されている場合は，年によって第5週末がありますので，要注意です．また，終了時刻の認識にも，一部に誤解というか拡大解釈があるようです．例えば「土曜日の2100から日曜日の2100」となっている場合，最終日の2100になるまで（until）が有効で，「日曜日の2100」がログに記載されてはいけません．ルールによっては，「土曜の00時からの48時間」とか，「2359まで」といった苦肉の策も見受けられます．

周波数

アマチュア無線の専門誌・CQ Ham Radioに掲載されているコンテスト規約では，周波数を3.5～28MHzのように記載していますが，WARCバンドといわれる，10/18/24MHzの3バンドはコンテストに使用できません．これは，WARC79でこの3バンドを獲得した際に，アマチュア無線が2次業務として割り当てられた10MHzバンドに配慮して取り決められたものです．さらに，同一バンド内でもコンテストに使用してはいけない周波数がルールによって，また特定地域の包括ルールによって定められている場合があります．これらは，コンテストに参加していない局を保護するためのものです．

表1　JARL主催の国内コンテストで使用する周波数（CW部門）

3.510	～	3.525MHz
7.010	～	7.030MHz
14.050	～	14.080MHz
21.050	～	21.080MHz
28.050	～	28.080MHz
50.050	～	50.090MHz
144.050	～	144.090MHz
430.050	～	430.090MHz

JARLが主催するコンテストでは，**表1**に示す周波数のみを使用します．また，ヨーロッパ・アフリカ地域（ITUのRegion 1）では，IARUの取り決めで**表2**の周波数はコンテストで使用できません．

さらに，フォーン・バンドでCWによるコンテストの交信を行うことは，一般的に禁止されています．もちろん，各国の周波数制限も考慮しなければいけないのは，いうまでもありません．

このほかに，推奨周波数が定められているコンテストもあります．それらは小規模なコンテストやQSOパーティーなどに多く，ほとんどの局はこの周波数近辺で運用を行っています．このスポット周波数を知らないと，さっぱりスコアが伸びません．CWの場合，バンド・エッジから40kHz上付近が主流です．

なお，レピーターの使用やクロス・バンドでのQSOは原則的に禁止されています．

運用モード

自局がCWで送信，相手局はSSBで応答といったクロス・モードでのQSOは，ルールに明記されていない限り，許可されません．

参加部門

◆シングル・オペレーター

個人が開設している局であっても，ほかの誰かがコンテスト中にコンテストに関することを手伝うことはできません．つまり，バンドをワッチする，ログを書く，マルチや重複交信をチェックするなどのことを，すべて1人で行わなければいけないのです．また，パケット・クラスターやV/UHF帯のネットなど，外部の情報源を利用することも禁止となっています．もちろん，オペレーター以外の人が送信することはいけません．

以上の条件が満たされていれば，ゲスト・オペレーター（以下，オペレーターはOPと略す）やクラブ局から1人で運用する場合でもシングルOPとなります（コンテストによっては認めていない場合もあります）．また，同時に複数波の送信を認めていない場合がほとんどです．なお，食事を用意してもらったり，コンテスト後にログの整理を手伝ってもらうことなどは，まったく問題ありません．

表2　ITUのRegion 1でコンテストに使用できない周波数（CW）

3.550	～	3.800MHz
14.060	～	14.350MHz

◆シングルOP・シングルバンド

特定の1バンドだけで参加するのが本来の姿ですが，複数のバンドを運用して，そのうち一つのバンドだけにログを提出することも可能です．この場合，該当バンド以外のログをチェック・ログとして添付することが要求されているコンテストもあります．

◆シングルOP・ローパワー/QRP

コンテスト中を通じて使用した出力が一定レベル以下の場合に，参加できます．QRP（またはQRP/p）は5W以下が一般的ですが，ローパワーの定義を100Wにしているコンテストと，150Wにしているコンテストがあるので，要注意です．

◆シングルOP・アシステッド

1989年のCQ WW DXコンテストで設定された，シングルOPの1部門です．直訳すれば「援助を受けたシングルOP」ですが，この「援助」はパケット・クラスター，または同種のネットワークからの情報を得て運用する場合に限られます．これはシャック内のサポーターの意味ではありません．このこと以外は，通常のシングルOP部門と同一です．

ヨーロッパ系のコンテストでは，シングルOP＝シングルOP・アシステッドであることが多くなってきています．しかし，この「規制緩和」が明記されていない限り，アシステッド部門の設定がないコンテストでパケット・クラスターなどを利用すると，マルチOP

CQ WWコンテストなどメジャーなDXコンテストでアクティブなN5KO（ex WN4KKN）Trey

W2GD John は P4 W などのコールサインでアクティブなコンテスター

部門で参加しなければなりません．注意しましょう．

◆マルチ OP・シングル・トランスミッター

複数の OP で参加しても同時に 2 波以上の電波を送信しない場合は，この部門にエントリーできます．マルチ OP 部門といえども，シングル・トランスミッター（以下，トランスミッターは TX と略す）しか認めていないコンテストも多いので，注意が必要です．

シングル OP の要件違反も，同時送信がない限りはこの部門です．なお，後述の 10 分間ルールに違反すると，2TX またはマルチ TX 部門の扱いになります（これらの部門がない場合は，失格）．

表 3　10 分間ルールの例

・一般的な10分間ルール

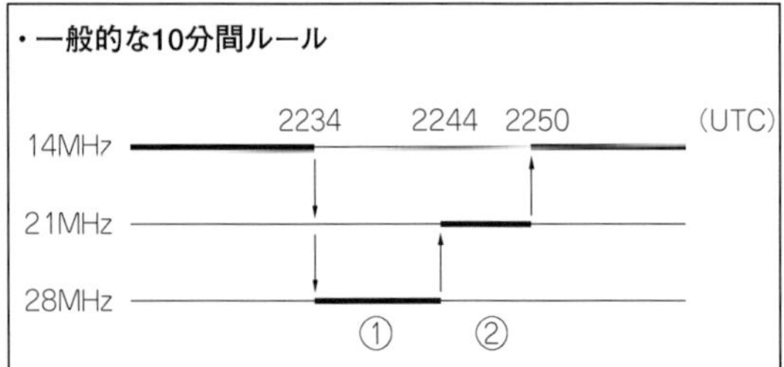

1度QSYしたバンドには，最低10分間とどまらなければいけません．この例の場合，①はOKですが②はルール違反となります

・CW World Wide DX Contest独自の例外規定

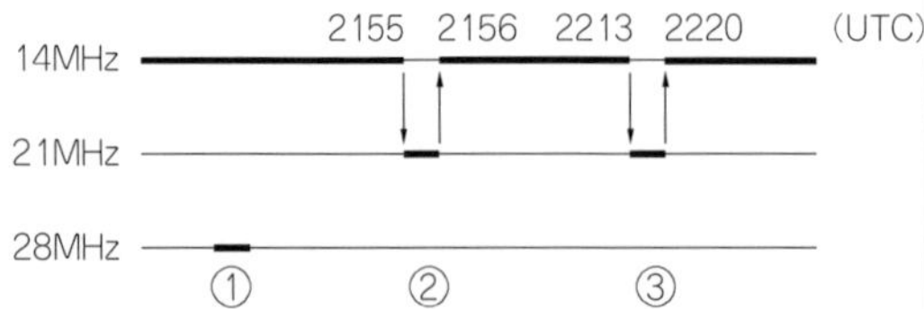

1度QSYしたバンドに10分間とどまらなければいけないのは，同一です．しかし，ニューマルチを得るためであれば，ほかのバンドでもう1波の送信が認められています．

①の例のように，ランニングしながら（14MHz）別のバンド（28MHz）でニューマルチの局とQSOしてもOK（同時2波）．

もちろん②と③のようにクイックQSY（10分以内に行って戻ってくる）をしてもOKです．

◆マルチ OP・2TX

この部門を設定しているコンテストは多くありませんが，マルチ OP・シングル TX との違いは，同時送信を 2 波まで認めた点だけです．10 分間ルールは，各送信機ごとに適用されます．

◆マルチ OP・マルチ TX

なんでも許可される部門です．とはいっても，同一バンドにおける 2 波以上の送信は，失格になります．コンテストによっては，マルチ OP・アンリミテッドと称している場合もあります．

SWL

一部の例外を除いてはシングル OP に限られ，アシステッド部門はありません．QSO している局のコンテスト・ナンバーおよび相手局のコールサインをコピーした場合に得点となります．コンテストによっては，同一の相手局が連続するのは 3 局までとか，SWL 専用のルールを設けている場合もあります．

10 分間ルール

1981 年の CQ WW DX コンテストから始まったルールです．「10 分間ルール」というのは通称で，オリジナルのルールでは「いったん使用したバンドには，少なくとも 10 分間はとどまること」，「10 分間で，一つのバンドのみが使用できる」などの表現がなされています．WAEDC では，15 分間ルールです．

バンドごとにリグとアンテナをセット・アップ，マルチ・バンドを縦横無尽に駆け回り，ニューマルチや未交信の局と片っ端から QSO．しかし，同時送信はしない，といった物量作戦ができるシングル TX 局と，リグが 1 セットだけの小規模なシングル TX 局とのバランスを保つことが目的です．

元来，マルチ OP 局に適用されるルールですが，シングル OP 部門を含めた全部門に適用するコンテストもあります．また，コンテストによって異なる何種類かのローカル・ルールが，このルールをいっそう難解にしています．

元祖の CQ WW DX コンテストでは，新しいマルチ・プライヤーを得るためであればもう 1 波の同時送信が認められていますが，CQ WW WPX コンテストでは，「いかなる場合でも 1 波のみ」と厳格です．し

EUROPEAN DX コンテスト CW 部門 第 1 位のアワード

かし，WAEDC では，ニューマルチを得る場合に限り，無制限にクイック QSY が認められています．最近では，QSY をログから判断できるように「あるバンドで最初に交信した時点から 10 分間」と，さらに厳しいルールも見受けられるようになりました（**表 3**）．

運用時間制限

シングル OP 部門に，しばしば適用されるルールです．一部のコンテストでは，人道的配慮から開催期間いっぱいの運用を認めていません．

WAEDC では，48 時間のうち 36 時間．CQ WW WPX コンテストも同じで，シングル OP は 12 時間以上の休憩が必要です．休憩時間の分割方法も決められており，3 分割以内とか，最小単位は 1 時間以上などと制限されています．この制限時間を越えると，マルチ OP 部門となってしまいます．

コンテスト・ナンバー

通常は，RST + α で構成されています．信号の強弱や了解度に関係なく RST の部分は「599（5NN）」を送るのが一般的です．もし，「579」なんて打たれたら，よほど弱いと認識したほうが無難です．

RST レポートの送受自体は QSO の成立要件ではないため，一部のコンテストでは RST が廃止されてしまいましたが，大多数のコンテストでは枕言葉（同期符号）として存在しています．もっとも，599 なのにコピーできなくて，「NR AGN?」って聞くのも変な話なのですが．

001 形式

オリジナル・ルールでは，「001 から始まり順番にカウントアップされる，QSO 数を表す番号」などという，堅苦しい表現が使われています．これを聞くと，

表 4　CQ ゾーン地図

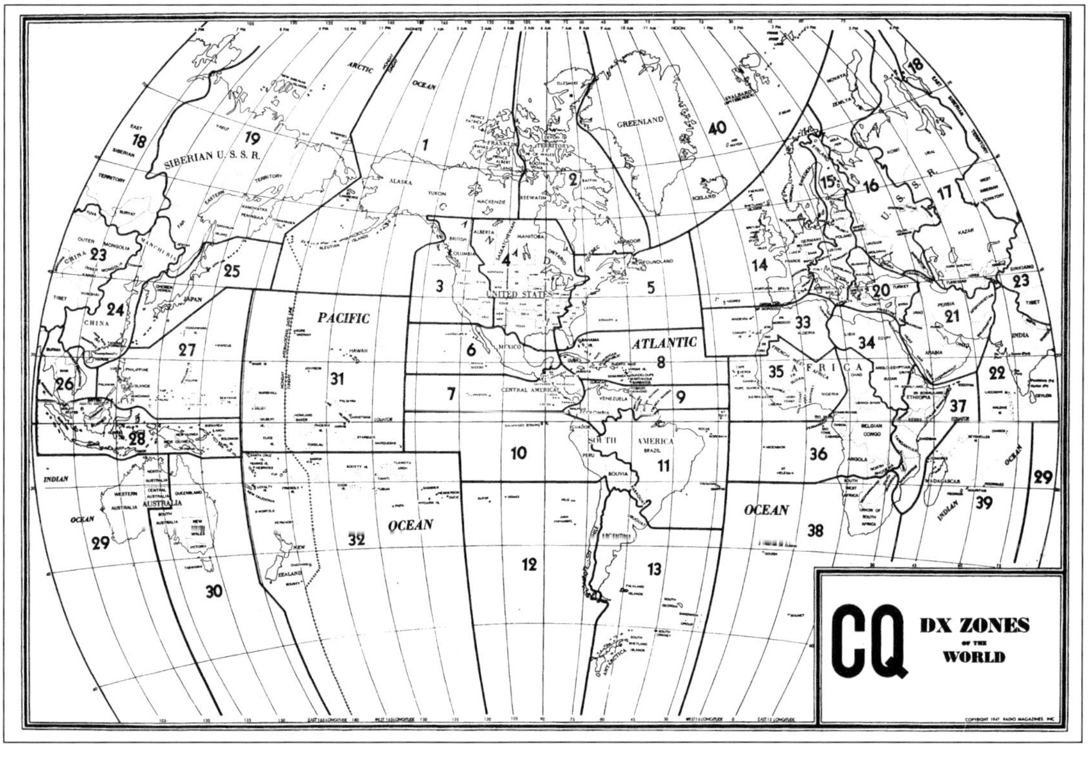

他局がどれだけQSOしているかすぐにわかってしまうすぐれもの．どうせログを提出しないからといって，適当な番号から始めるのはルール違反です．

また，北米方面の局に多く見受けられるように，100番未満の場合は，頭のゼロを省略して送信する場合もあります．慌てないようにしましょう．なお，「001」と3桁で表記していますが，1000局目以降は4桁となります．

CQゾーン

全世界を40の地域に分割したゾーンで，CQ主催のコンテストなどで使用されています（**表4**参照）．JAのゾーンは25（JD1は27）となっています．

ITUゾーン

全世界を90の地域に分割したゾーンで，IARUやヨーロッパ主催のコンテストで多く使われています（**表5**）．JAのゾーンは45（JD1/南鳥島は90）となっています．エリア内に陸地が存在しないゾーンもあります．

その他の地域符号

001形式以外のコンテスト・ナンバーは，行政区などの地域を表す符号を使うのが主流です．

前記のゾーン以外は，JARLの都府県支庁ナンバー（**表6**）や市郡区ナンバー，IOTAナンバー，State/Province/County/Sectionなどを使用するのが一般的です．

また，KCJ（全国CW同好会）が制定したアルファベットの都道府県コード（**表7**）は，コンテストにも使用されています．コンテストの前に，どのような地区があるか調べておかないと，かなりたいへんです．

QSOポイント

無条件にQSOごとの点数が決められている場合が多いのですが，QSOの難易度やルールの特徴でポイント分けがされている場合もあります．ローバンドでのQSO，遠い所とのQSO，コンテスト主宰者のエンティティーや地域とのQSOなどが高いポイントになります．

ルールによっては，このポイント欄の表現を使って

表5　ITUゾーン地図

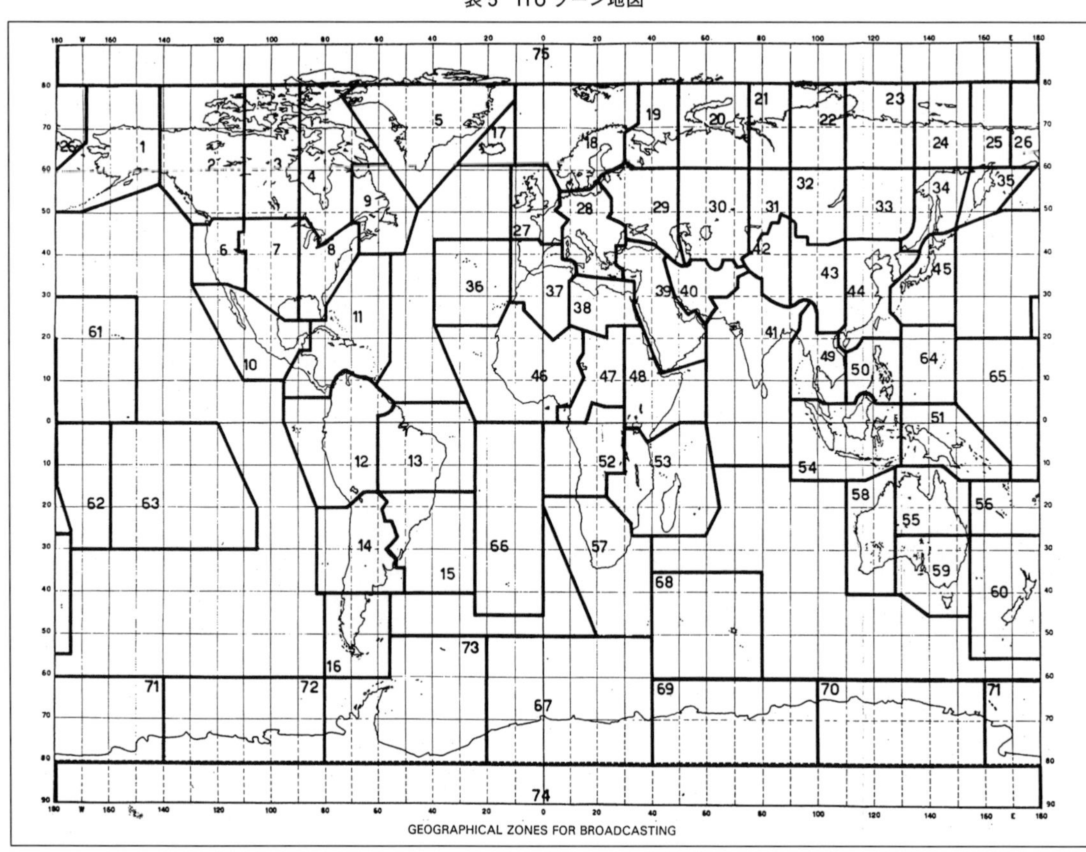

表6　JARL 制定都府県支庁番号表

101：宗谷	04：秋田	20：愛知	36：香川
102：留萌	05：山形	21：三重	37：徳島
103：上川	06：宮城	22：京都	38：愛媛
104：網走	07：福島	23：滋賀	39：高知
105：空知	08：新潟	24：奈良	40：福岡
106：石狩	09：長野	25：大阪	41：佐賀
107：根室	10：東京	26：和歌山	42：長崎
108：後志	11：神奈川	27：兵庫	43：熊本
109：十勝	12：千葉	28：富山	44：大分
110：釧路	13：埼玉	29：福井	45：宮崎
111：日高	14：茨城	30：石川	46：鹿児島
112：胆振	15：栃木	31：岡山	47：沖縄
113：桧山	16：群馬	32：島根	48：小笠原
114：渡島	17：山梨	33：山口	49：沖の鳥島
02：青森	18：静岡	34：鳥取	50：南鳥島
03：岩手	19：岐阜	35：広島	

注）札幌市は石狩支庁，硫黄島は小笠原に含む

表7　KCJ 制定 都府県支庁名略称ならびに大陸名略称の表

宗谷：SY	秋田：AT	愛知：AC	香川：KA
留萌：RM	山形：YM	三重：ME	徳島：TS
上川：KK	宮城：MG	京都：KT	愛媛：EH
網走：AB	福島：FS	滋賀：SI	高知：KC
空知：SC	新潟：NI	奈良：NR	福岡：FO
石狩：IS	長野：NN	大阪：OS	佐賀：SG
根室　:NM	東京：TK	和歌山：WK	長崎：NS
後志：SB	神奈川：KN	兵庫：HG	熊本：KM
十勝：TC	千葉：CB	富山：TY	大分：OT
釧路：KR	埼玉：ST	福井：FI	宮崎：MZ
日高：HD	茨城：IB	石川：IK	鹿児島：KG
胆振：IR	栃木：TG	岡山：OY	沖縄：ON
桧山：HY	群馬：GM	島根：SN	小笠原：OG
渡島：OM	山梨：YN	山口：YG	南鳥島：MT
青森：AM	静岡：SO	鳥取：TT	
岩手：IT	岐阜：GF	広島：HS	

大陸略称…アジア：AS，北米：NA，南米：SA，
ヨーロッパ：EU，アフリカ：，AFオセアニア：OC

交信相手を定義している場合があります．QSOポイントがゼロで，後述のマルチプライヤーにも該当しなければ，QSOする意味がありません．

重複交信

同じ局と何回もQSOしたところで，当然ながら2回目以降の得点はゼロとなります．ただし，条件があって，通常はバンドが違えばOKです．さらに同一バンドであってもモードが違っていれば有効などのルールが定められている場合もあります．

マルチプライヤー

コンテストの基本ルールは，時間内にできるだけたくさんの局，そして多くの地域とQSOをすることです．マルチプライヤー（乗数）が，異なった地域の数であることが多いのは，このためです．

コンテスト・ナンバーが地域を表す場合，つまり，コンテスト・ナンバーの種類がマルチプライヤーになる場合は問題ないのですが，001形式やAll Asian DX Contestなどの場合は，コールサインからマルチプライヤーを判別することになります．

たいがいのコンテストでは，バンドごとにマルチプライヤーをカウントしますが，全バンドを通じて1回限りとか，バンドによってマルチプライヤーのポイントが異なる場合もあるので，注意が必要です．

スコア

QSOポイントの合計にマルチプライヤーの合計を掛けたものが，コンテストの最終スコアです．シングルバンドで参加した場合は，誤解の入る余地がないのですが，マルチバンド（オールバンド）で参加の場合に，計算方法をまちがえる人がいます．

各バンドごとに掛け算をしてから合算，という例を聞いたことがありますが，これは誤り．マルチバンドで参加の場合は，各バンドごとのQSOポイントを累計します．同様にマルチプライヤーも累計し，それぞれの累計同士を掛けたものが，最終スコアです．

S59A Dragoはスロベニアからアクティブなコンテスター

JA5DQH 奈木氏はCWコンテストにアクティブなコンテスター

6-3 CWコンテストのオペレーション

CWコンテストの基本パターン

コンテストのQSOといっても，基本は普通の交信方法と同じです．違うのは，中身がコンテスト・ナンバーのやり取りだけであること．つまり，相手のコールサインと，そのコンテスト・ナンバーがコピーできればOKです．

CQ TEST 9M6NA 9M6NA TEST（CQを出す局がいて）
JH7WKQ（それを呼ぶ局）
JH7WKQ 59928（コンテスト・ナンバーだけを送信）
59925（応答側も同じ）
R TU 9M6NA（これでQSOは終了）

QSOの内容は，以上のように文字数が数えられるほど少なく，普通は1分以内にQSOが終了します．

送信は短く行う

限られた時間内に，できるだけたくさんの局とQSOしなければいけないコンテストでは，送信内容はできる限り省略します．これが基本，通信の本来あるべき姿です．むだな送信は極力避け，同じ意味をもつ略語があったら，短いほうを使います．

例えば,「了解」を意味するQSL,これをRとすれば,短く省略できます．TNXやTKSもTUで十分です．

次は，打たなくてもよいことは省略するように心がけるべきです．代表的な例が，「どうぞ」のK．昔は，これを打つ人がけっこう多かったのですが，最近では聞くことが少なくなりました．「こちらは」のDEも，意識的に打たない限りは聞くことがありません．つまり，違うコールサインが2個続いたら，2番目が呼ぶ側の局のものであり，1個しかなかったら，自分のコールサインを打っているのに決まっています．

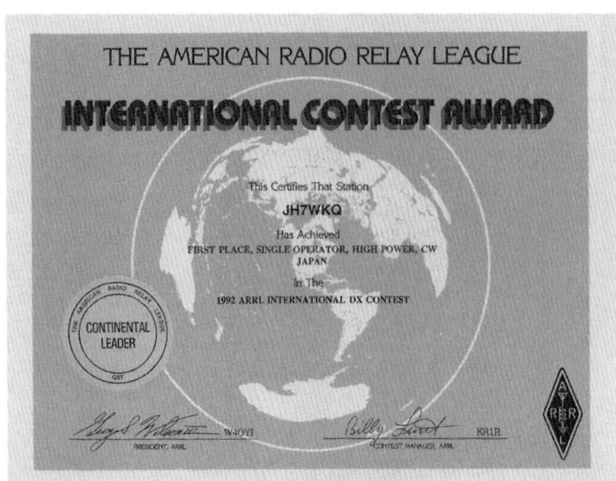

ARRL INTERNATIONALコンテスト CW部門 第1位のアワード

もちろん，QRZ? というような長い符号もむだ．普通は，コールサイン＋α（コンテスト・ナンバー以外）を打っている局が，呼ばれる側であることは明白です．途中から聞き始めた局に対しても，コールサインの後にTESTと打てば，自分が呼ばれる側であることを宣言できます．また，73などの長い挨拶も，遠慮したいものです．GLやGM/GA/GE/GNなどの挨拶も，無条件に送っているならば省略しましょう．

＜長い悪い送信例＞	＜短い良い送信例＞
9M6NA DE JH7WKQ K	**JH7WKQ**
R GM UR 59925 TU BK	**59925**
QSL TNX 73 QRZ? DE 9M6NA TEST K	**R TU 9M6NA TEST**

これらの受け答えの手順は癖になっていることが多いので，意識的に変えようとしないと，改善されません．癖がなおるまでは，無線を始めたころのように，運用法をメモしたノートを用意しておいて，それを見ながら打つ方法をとると有効です．

もっと短く運用する

RSTレポートの599を5NNと省略することは，普段のQSOでも見受けられますが，コンテストのQSOでは,あたりまえとなっています．これ以外の数字も，英字の省略形で送るのが慣習化しています．

パターンは決まっていて，長点部分を短縮（1個で代用）する方式です．一般的なのが,0をTまたはO,1をAに省略するパターンです.コンテスト・ナンバーが,「599100」だったら,「5NNATT」と短縮します．でも「1KW」を「AKW」とは打ちません．

長いコンテスト・ナンバーが多い国内コンテストの場合は，さらに省略化が進んでいて，2をUと省略する局も多く見受けられます．「599120102M」を「5NNAUTATUM」といった具合です．

このほか，3や7，8にも省略形があるのですが，効果が小さいうえに打ちまちがいと誤解されやすいため，一般に使われていません．なお，数字の省略形はコンテスト・ナンバーのように，数字が連続する場所でのみ使用されるものです．コールサインの後に付ける移動表示（/エリア番号）を省略形で送信している例が見受けられますが，これは大きなまちがい．「/A」では，違う意味（Alternative）になってしまいます．

さらに短く送信する

これ以上なにをつめるのか？と思われることでしょう．究極の方法がまだあります．それは，コールサインの変更です．今のところ日本では無理な話ですが，Vanity（お好み）コールサイン制度があるアメリカやフィンランドなどでは，コンテストに有利なコールサインへの変更が可能となっています．

アメリカでは，1996年11月からこの制度が開始され，コール・エリアの制限がないため，最短プリフィックスのN5に人気が集中しました．でも，N5EEでは，さすがに短すぎてわかりにくいかもしれません．

コンテストのマナー

珍しいエンティティーから，聞き慣れないコールサインでオン・エアしている局．これをしばらくワッチしていると，必ず出現するのがQSLインフォメーションを聞く人たちです．呼ばれる側にいわせると，一番の迷惑であるとのこと．彼らは，高得点をあげるため，珍しいエンティティーに出かけて行き，コンテストに参加しているわけです．1秒でも惜しい時に「QSL VIA?」では，たまったものではありません．

いわゆる，コンテスト・ペディションを行う局は，事前にニュースを流して宣伝を行います．この際，QSLインフォメーションも一緒に流されているのが一般的です．事前に情報が流れていなくても，コンテスト後には，無線雑誌やDXニュース・シートなどを通じてQSLインフォメーションがアナウンスされています．

もっとも，コンテスト・ペディションは，珍しい局とQSOしたいという心理を利用してスコアを伸ばそうという作戦．当然，QSOできた局はQSLカードも欲しいので，QSLインフォメーションを聞かれるのは，ある程度避けられないことかも知れません．

そして，もう一つの困ったオペレーションは，自分のコールサインをなかなか打たない局です．呼ばれ続けるからといって，延々と10局以上も交信を行いながら自分のコールサインをアナウンスしない局は困ります．時間にすれば，2～3分．呼びに回っていても，2～3局はQSOできる時間です．この貴重な時間をこの局に費やしているワッチ組は，待ちぼうけ状態となり，数分後にコールサインがわかってみれば，なん

Column コンテストに最適なCWスピードとは？

CWのコンテストを聞いていると，「こんなに速く送信して大丈夫？」と心配してしまうような局から，いかにもノンビリといった感じでCQを出している局まで千差万別．

コンテストQSOでは，1分間に数局との交信が行われることも頻繁です．CWのスピードはできる限り速くして，少しでもレート（時間あたりのQSO数）を上げたいと思っているのが呼ばれる側の心理です．

1996年にアメリカ・サンフランシスコで開催されたWRTC96で，筆者とチームを組んだJE1JKI 中村さんは，ハイスピード派．W6Gでは，38WPMで軽快にランニングをしていました．毎年，彼は9M6NAでCQ WW DXコンテストに参加しているのですが，その際にもこの程度の速度でオン・エアしています．しかし，どんどんスピードを上げていくと，速度についてこられない局が脱落して，かえって効率が落ちてしまうこともあります．では，快適なランニングにマッチしたCWのスピードとは，どの程度なのでしょうか？

CWコンテストにアクティブなG3SXW Rogerによると，それはズバリ32WPMだそうです．これは，筆者がヨーロッパの局を相手にする場合に常用するスピードと，奇しくも一致します．しかし，最適な速度は一様ではありません．

キャリアを積んだコンテスターであれば，経験則から対象地域やバンドによって速さを使い分けているはずです．北米の局が相手ならばかなり速くても問題ありません．しかし，ヨーロッパ向けには1割程度スピードを遅くします．そして，国内コンテストの場合はさらにスローダウンしたほうがよいでしょう．

筆者の場合は，それぞれ35WPM，32WPM，30WPMといった感じです．そして，ローバンドやコンディションの悪いときもスピードを下げています．もちろん，このスピードは状況によって上下させるのが常となります．呼んでくる局が多いときは速く，呼ばれなくなってきたら遅く機動的に変化させています．

なお，呼ばれ過ぎて収拾がつかなくなったら，40WPMオーバーという機関銃のようなハイスピードでお客さんを減らすのもテクニックの一つだそうです．

K1DG Doug はアメリカ本土からアクティブなコンテスター

と QSO 済みということもありえます．

こうなってくると，見切り発車で呼び始める局も多くなり収拾がつきません（見捨てて，ダイヤルを回してしまう局も増えるでしょう）．QSO 済みの局ばかり呼んできたり，ロングコールや「?」の嵐に見舞われて QSO の効率が落ちたりします．自分で自分の首を絞めることになるのですが，なぜか減らない現象です．せめて，4 局 QSO したら 1 回程度はコールサインを送出しましょう．

コンテストの QSO 例

いろいろな場面を想定した，CW コンテストの QSO パターンを紹介します．

●標準編（ARRL International DX Contest の例）

＜CQ を出す局＞	＜CQ に応答する局＞
CQ TEST JH7WKQ JH7WKQ TEST（CQ は短く）	AH7X/W7（呼ぶ側もコール 1 回のみ）
AH7X/W7 599KW（コンテスト・ナンバーは RST ＋出力）	599WA
R TU JH7WKQ TEST（ここまでが，基本パターン）	W9MAK K（最後が K で終わる局は苦労します）
W9MAK 599KW	599CA（W の局はエリア番号と住所が必ずしも一致しません）
R JH7WKQ（これが最短）	N4GAK $\overline{AR}$（このパターンもときどき見受けられる）
N4GAK 599KW	R 599TENN（州名を標準以外の省略形で送ってくる局も多い）
R TU（複数の局に呼ばれた際は，コールサインも省略）	VE7CQK（最近のトレンドは「K」を打たない．誤解が減った）
VE7CQK 599KW	GM 599BC（ときどき，挨拶を送ってくる局もある）
GE TU JH7WKQ TEST（余裕があれば，挨拶には答えたいもの）	N6OM N6OM（1 度の繰り返しはご愛敬）
N6OM GE JOHN 599KW（知り合いの局とはチョットしたやりとり）	TU 599CA GL
R TU JH7WKQ TEST	シ〜ン（遅れて呼んでくることもあり，3 〜 5 秒くらいワッチする）
CQ JH7WKQ JH7WKQ TEST	

●応用編（ALL JA コンテストの例）

＜CQ を出す局＞	＜CQ に応答する局＞
CQ TEST JH7WKQ JH7WKQ TEST（国内コンテストも DX コンテストと同じ）	JA1YCQ
JA1YCQ 59903H（RST ＋都府県支庁番号＋出力）	NR?（コンテスト・ナンバーがコピーできない）
59903H	PWR?（まだ，出力が不明）
H	R 599100116M
R TU JH7WKQ TEST	JP1NWZ
JP1DMZ 59903H（コールサインをミスコピー）	JP1NWZ 59911M
R NWZ TU JH7WKQ TEST（訂正部分の了解は最小限度で応答）	JA7RHJ
JA7RHJ 59903H	ALSO（究極の省略）
TU JH7WKQ	JP6JKK
JP6JKK 59903H	59946H
PSE 28MHz?（まだ未交信のバンドに QSY を依頼）	OK FREQ?（了承してもらえました．周波数は？）
QSY 28075 ?（空き周波数は，あらかじめ見つけておく）	R 75 NW ..
JP6JKK JH7WKQ K（予定周波数に QSY して呼ぶ）	JP6JKK
JKK 59903H（スケジュール QSO なのでわかれば OK）	59946H
TU ZEN ..	
? JH7WKQ TEST（すかさず，"空いていれば" 元の周波数に戻って運用再開）	JH7XGN
JH7XGN GM 59903H	GM 59904H（「04（秋田県）」もほかのバンドで未交信）
QSY 28MHz?（QSY を依頼するが…）	NO（一見ぶっきらぼうでも失礼にはあたらない）
R SRI JH7WKQ TEST	JA1YCQ
JA1YCQ QSO B4 JH7WKQ TEST（QSO 済 "Before"）	

●QTC編（European DX Contestの例）

＜CQを出す局＞	＜CQに応答する局＞
CQ TEST JH7WKQ JH7WKQ TEST	SM3CER
SM3CER 599457（001形式のコンテスト・ナンバー）	5993（コンテスト・ナンバー頭部のゼロを省略「003」）
R CU JH7WKQ TEST（じゃ，またね）	DL1IAO
DL1IAO 599458	599071 QTC?（QTCを依頼される）
QTC 21/10（OK，21回目のQTCで10局分）	QRV（準備完了）
0916 OZ8SW 019（QSO時間，相手局，もらったナンバーを送る）	R（1局ごとに了解の確認を行うのが一般的）
0916 F5RRS 067	RR（「R」を2回繰り返す局も多い）
0917 SM3PZG 007	E（短点1個でも，了解の意）
0918 PA0JR 041	I（「了解」は短点2個だったりすることもある）
0922 ON4YN 003	TIME?（時間がコピーできなかった）
0922	OK
0947 OH1TN 002	CALL?（コールサイン?）
OH1TN	R
（途中省略）	
1044 OH4RH 002 $\overline{\text{AR}}$（これで最後「10局目」）	R QTC 21/10 TU
GL JH7WKQ TEST	S5 A
S5 A 599459	599528
QTC?（こちらからの依頼もOK「押売モード」）	OK
QTC 22/10（22回目のQTCで10局分）	GA（Good Afternoonではなく，Go Ahead）
1101 YU7SF 003	
1102 DK SC 087	
1103 ES6DO 018（コンディションが良く，さらに相手局の受信能力を信じることができれば，10局分を一度に送信することがある）	
1103 HA7PF 009	
1104 UX I 058	
1104 LY2FN 006	
1106 LY3JY 068	
1109 DL7BQ 051	
1110 SP6OJE 030	
1121 DL SK 004 AR	QTC 22/10 GL
R TU JH7WKQ TEST	LY1DS
LY1DS 599460	599255 QTC?
QTC LATER TU JH7WKQ TEST （QSOを優先すべき時は，「後で」と打って断る）	

●トラブル編（All Asian DX Contestの例）

＜CQを出す局＞	＜CQに応答する局＞
CQ TEST JH7WKQ JH7WKQ TEST	VK2APK
VK2APK 59939 （All Asian DX Contestのコンテスト・ナンバーは年齢）	59979（外国局には，高齢のコンテスターも多い）
R TU JH7WKQ TEST	KF6FCC
KF6FCC 59931	59903（3歳ってことは，ないでしょう．CQゾーンですね）
UR AGE?（年を聞く）	AGE 31
OK 59931/AGE TU JH7WKQ TEST（少し強引だが）	DL WW
DL WW 59939	59914（もしかして，コレもCQゾーン?）
AGE?（悩むところです）	59914 59914（わかっていないような気もするが）
TU JH7WKQ TEST（とりあえず，OKかな）	BY4RSA
BY4RSA SRI NO ASIA（アジアとのQSOはできない）	OK SRI（素直にわかってくれる場合は少なく）
GL JH7WKQ TEST	BY4RSA（また呼んできたりする）
BY4RSA 59939（QSOしてしまうのが無難）	R 59900 TU（ログには，0点として記入する）
R TU JH7WKQ TEST	OH2MM
OH2MM GM 59939	GM 5####（QRMでコピーできなかったのだが）
R NR?（うっかり，「R」を打ってしまった）	シ～ン（相手局はダイヤルを回してしまって，すでにいない）
OH2MM NR?	シ～ン（あきらめるしかありません）
CQ JH7WKQ TEST	WA9ZWL/6
WA9ZWL/6 59939	R WA9ZWL/6 59942（正しくコピーされた自局のコールサインを打つのは誤解を招くことがある）
WA ZWL/6?	DE WA9ZWL/6 WA9ZWL/6 59942 59942 BK（もう泥沼状態）
R WA9 TU JH7WKQ TEST	?（コールサインを聞きそびれた誰か?）
JH7WKQ TEST（ここで，怒ってはいけない）	シ～ン（QSO済か，アジア側の局だったらしい）
CQ JH7WKQ JH7WKQ TEST	VE7QO
	EF（2局呼んできた）
VE7QO 59939	59977
R TU（短くきり上げたのに）	シ～ン（呼んでこない）
? JH7WKQ TEST	KA7FEF（ためらう局は，国内コンテストに多い）
KA7FEF GE 59939	OK TATSU 59900
R GL JH7WKQ TEST	?
（?と打たれてぼやぼやしていると）	CQ CQ TEST K5X･･･（オットット）
CQ JH7WKQ JH7WKQ TEST	

6-4 CWコンテストに威力を発揮するグッズ

CWフィルター

最低でも，600Hzまたは500Hz幅のナロー・フィルターが必要です．コンテストのピーク時には，1kHz幅に2局がオン・エアしているのは，あたりまえです．これを「耳フィルター」だけで分離するのは，疲れるばかりで効率もよくありません．

リグによっては，ナローの切り替えポジションが二つ用意されているセットもあるので，250Hz幅などのさらに狭いCWフィルターも用意したいものです．しかし，あまり狭いフィルターを使っていると，ずれて呼んできた局を取りこぼすこともあるので要注意．

最近のDSPを内蔵したリグには，帯域幅が可変できる機能があり，バンドの混み具合に合わせて変更できるので便利でしょう．

ヘッドフォン

スピーカーから音を出して，周囲に騒音をまき散らしながらコンテストをする人も中にはいるのですが，ヘッドフォンを使用するのが一般的です．

ところが，機種によってその分解能は，大きく違います．通信機用と銘打ったヘッドフォンがベストかといえば，決してそうではありません．価格もまったくといっていいほど関係がなく，使っているリグとの相性でも大きく変わってきます．

自分の環境に最適なヘッドフォンは，試行錯誤を繰り返して見つけるしかありません．購入する前に試聴するのは必須条件ですが，リグとアンテナをもってお店に行くわけにはいかないので，実際の弱い信号を録音したヘッドフォン・ステレオを持参するのがおすすめです．

メモリー・キーヤー

長時間のCWコンテストに縦振り電鍵（ストレートキー）で参加するというのは，現実的ではないでしょう．当然，キーヤーを使うことになるのですが，できればメモリー・キーヤーを使用したいものです．ワンタッチでCQが出せるだけでも，かなり楽になります．チャネル数が多いメモリー・キーヤーを使うと，自分で打つのは相手のコールサインだけ，といったオペレーションも可能です．

CPUを搭載したメモリー・キーヤーでは，001形式のコンテスト・ナンバーを自動再生してくれたり，キーイングの癖までも記憶します．もちろん，何秒か待ってからCQを繰り返す機能も装備（間欠CQ）．あまりに便利すぎて，深夜の運用ではオペレーターが眠ってしまうこともあるようです．

ヘッドフォンの例

CWフィルターの例

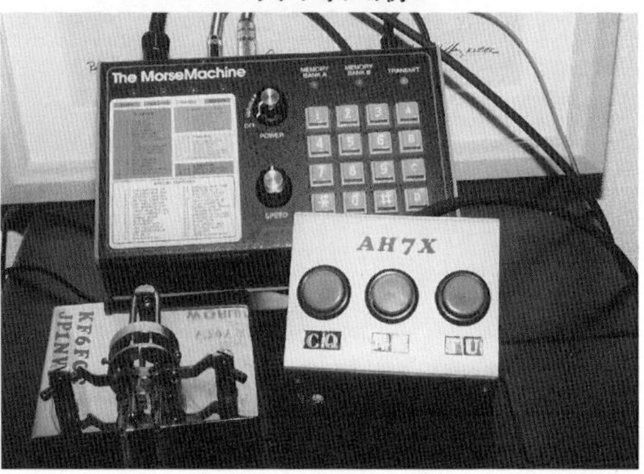

メモリー・キーヤーの例

パドルの例

パドル

これは，妥協してはいけないアイテムです．一番触わるパーツなので，チョットした故障も命取りになります．購入にあたっては，タッチの強弱とストロークを左右別々に調整できることを確認しておきます．そして，接点の材質も重要なポイント，酸化しない接点が必要です．

また，コンテスト中は，知らず知らずのうちに手荒な操作になっている場面が多いもの，がんじょうさもポイントの一つです．保守パーツの入手方法も，聞いておきましょう．

フット・スイッチ　その1

フル・ブレークインができるリグ（+リニア・アンプ）であれば，あまり必要性は感じられません．しかし，符号の頭切れ防止には有効なアイテムです．セミ・ブレークイン（またはVOX）を使って「JA」と打ったつもりでも，相手に聞こえるのが「OA」では困ります．

フット・スイッチの例

なお，リニア・アンプやカップラーのチューニングをとる時にも，両手が空くので便利です．

フット・スイッチ　その2

このアイテムは，通常，送受信の切り替えスイッチとして使用するもの．しかし，人によっては，メモリー・キーヤーにつないで使っています．コンテスト中は猫の手も借りたいほどなので，足を使うわけです．

たいがいのメモリー・キーヤーには，4チャネルほどの接続端子が用意されているので，そこにフット・スイッチを接続し，左足でCQ，右足はQRZ（R TU）というように設定をします．

あるコンテスターのシャックで見た方法は，ゲーム用のジョイスティックを改造して，左に倒すとCQ，右に倒せばQRZ，そして前に蹴飛ばすと自局のコールサインを送信します．これには，驚きました．

ワールド・クロック

国内コンテストでは必要ありませんが，DXコンテ

CWコンテストで活躍する，ZL3CW（ex F2CW）Jacky

ワールド・クロックの例

ストの場合は複数の時計を用意しておくと便利であり，最低でも，3個はそろえたいものです．JSTのほかに，ログに記載するためのUTC．これは，ヨーロッパ地域の時刻の目安にも使えます．そして，もう一つはLAまたはNY時間です．この三つがあれば，コンディションの開けるタイミングや（日の出や日没），現地の生活時間を考慮することが容易となります．

航空会社や総合商社みたいに，壁に世界各国の時刻を表す時計をズラリと並べてみるのも，シャックのレイアウトとしては一興かもしれません．

6-5 チェック・シートと提出ログの書き方

デュープ・チェック・シート

コンテストのQSOポイントは，同一バンドである限り，同じ局とは何回QSOしても増えません（モードが違えばOKの場合もあります）．たくさんQSOしても，重複が多ければ時間のむだです．それどころか，重複交信（Duplicate）分をポイントとして計上すると，ペナルティの対象にもなります．

このむだや危険を防ぐためのツールが，デュープ・チェック・シートです．ツールといっても，縦横に線を引いて枠を書いただけの紙．QSOのたびに，該当の枠内にコールサインを記入していきます．原理は単純ですが，QSO済みか否かが一目で確認できるすぐれものです．

一般にコールサインは6文字以内なので，6次元の表を使えば完璧なのですが，紙の上では無理．どこかをまとめることになるのですが，どこをキー（縦軸/横軸）にするかで，検索能力が大きく違います．

国内でポピュラーな方法は，テールレターとコール・エリア方式（**表8**）．データの偏りが小さいので，初めて参加するコンテストなど局数の見込みがむずかしいときに有効です．しかし，コールサインが最後までわからないと検索が始められない点は，最大の欠点なので，あまりおすすめできません．

コールサインのはじめのほうをキーにするのが，ARRL推奨方式です（**表9**，**表10**）．プリフィックスとコール・エリア，またはコール・エリアとトップレターの組み合わせをQSO局数で使いわけます．

この方法はコールサインを聞きながら検索できるので，相手がコールサインを打ち終わった時点でチェックは終了です．すぐに送信に移ることができます．

また，CQ WWコンテストなどキーが大量にある場合は，プリフィックスごとに一定の枠を割り当てする方法もあります．さらに，枠内でコール・エリアを分割するとすばやい検索が可能です．しかし，枠の大きさの設計がむずかしく，あふれてしまうと泥沼状態に陥るので，ある程度の経験が必要かもしれません．

表8　テールレター＆コール・エリア方式による重複チェック

80	A	B	C	D	E
1	JR1AIA JP1ROA/1	JF1LLB JP1PXB	JJ1RXC/1 JI1YEC	JR1CJD JJ1LID JG1VMD JN1JYD	JK1LEE JA1IE JH1RYE
2	JG2JCA JA2BZA JA2YVA/2 JG2JCA JA2YKA JL2WNA	7K2SJB	JK2HGC/2 JH2WIC/2 JK2VOC	JN2AMD/2	

移動表示やラストレターを省略して記入すると効率的

表9　プリフィックス＆コール・エリア方式による重複チェック

CALL: JH7WKQ　CONTEST DUPE SHEET　BAND: 21　MODE: CW

	AA—AL complete	KA—KZ callsign	K	N	W	WA suffixes only	WB	WD	VE	
6	D6AA A6EQ H6IP A6PW A6TY	N6WV G6AO Q6ES	BZS DKQ OY III RN VO OJ NR RM HRT	AZR AR ZZ CW J NG TW K6F	KY DCC FMK PH UM KNB FU LAX WB YRA FZA BKY	FGV UDX NKR OES →GHM	CSW CPI		JO	6
7	A7CP E7C A7FL B7II A7ML	C7UP Q7K A7T K7GW G7XC D7H E7NS	SY NPN NW PI BTW	RD MSU IR RK OG	OM GG HWR GB LAR GSW VV YS IIT	UTM →RM		O7Y N7J	AYU BDX FJE	7
8	D8J G8L A8TK	F87M	LX MR MFO MJZ KM LEE BK	AA BJQ	LVN EQA JGU NL TPS					8
9	K9N	J9O	MMS UQN MA QVB SD BWI	JF O9Z C9Q EN	RE IL LT JUV XT IW GXR			O9S N9O		9

表 10　コール・エリア＆トップレター方式による重複チェック

	1A	1B	1C	1D	1E	1F	1G	1H	1I	1J	1K	1L	1M	1N
1	K1AR N1AU K1AM	K1BV	K1CLX W1CSM AD1C K1CA	N1DG			KA1GJ W1GOU W1GD W1GMD	N1HRW W1HIJ			K1KI K1KY	NS1L	KB1M K1MM	
	2A	2B	2C	2D	2E	2F	2G	2H	2I	2J	2K	2L	2M	2N
2	N2AU	W2BC N2BA	N2CKZ WA2C W2CD	WB2DVU	W2ENY W2EN N2ED	K2FU K2FL N2FX	W2GMR W2GDJ W2GG		N2IC	KW2J		W2LK KM2L NJ2L N2LT	KQ2M WB2MJQ	K2N NA2 N2N K2N
	3A	3B	3C	3D	3E	3F	3G	3H	3I	3J	3K	3L	3M	3N
3	KB3A K3ANS KA3ANJ N3AD W3AU W3AZ	AA3B N3BB		W3DA	W3EA		W3GN W3GG		K3II	K3JT	K3KYR W3KB WA3KPP K3KY	K3LR WR3L W3LPL	W3MM K3MD KB3MM	K3N
	4A	4B	4C	4D	4E	4F	4G	4H	4I	4J	4K	4L	4M	4N
4	K4AMC N4AA W4AO W4AA W4AUB W4AFS	K4BAM	N4CW	K4DLJ W4DIA W4DGJ	K4EM	NJ4F	K4GW	KD4HXT	NY4I N4IG NQ4I	K4JMN	W4KY KB4KKL N4KOP	N4LQ	K4MF W4MYA	N4

マルチ・チェック・シート

「呼ばれるだけ」ならば関係ないのですが，呼びに回る際はマルチ・チェック・シートが重要な役割を占めます．コンテストのスコアは，QSO ポイント×マルチプライヤーで勝負が決まってくるため，その局がニュー・マルチならば，QSO に多少の時間を費やしてもむだになりません．

また，コンテスト・ナンバーの中にマルチ情報が含まれている場合は（地域名など），ミスコピーの防止にも有効です．

コンピューター

最近では標準化されてしまった感もある，究極のコンテスト・グッズがコンピューターです．リアルタイム・ロギング・プログラムを使えば，机の上いっぱいに広げたデュープ・チェック・シートやマルチ・チェック・シートは必要なくなります．もちろん，ログ用紙も不要．メモリー・キーヤーも必要ありません．メモ紙やペンがなくても大丈夫です．

最終スコアはリアルタイムで算出，QSO レートも表示されますので，バンド・チェンジの目安にもなります．コールサインを半分しかコピーできなくても，パーシャル・チェック機能で，「もしかして，このコールサインじゃないの？」という具合．

プログラムによっては，リグのコントロールや周波数情報の取り込みができるため，バンド内のマップも作成できます．1 度スキャンしたバンドでは，コールサインを聞かなくても誰だかわかってしまう，といった芸当が可能となります．

何種類かのリアルタイム・ロギング・プログラムがありますが，国内コンテスト用には ZLOG，DX コンテストでは，CT/TR/NA がデファクト・スタンダードです．

運用編

Column　コンテスト・ロギング・ソフトウェア

主に国内で使用されているコンテスト・ロギング・ソフトウェアの問い合わせ先は下記のとおりです．

● CT

* 動作環境：DOS/V MS-DOS

*Version: 9.37

* 入手先：XX Towers,Inc.

814 Hurricane Hill Road, Mason, NH 03048, USA

*TEL: 1（603）878-4600　FAX:　1（603）878-1102

* 価格：$87.95

* 支払方法：Master Card/VISA

● TR Log

* 動作環境：DOS/V MS-DOS

*Version: 6.26

* 入手先：TR-LOG 事務局（JE1CKA 熊谷隆王）

〒181-0000 三鷹郵便局私書箱 22 号

*e-mail: je1cka@nal.go.jp

* 価格：¥6,500/¥13,000（ライフ・メンバー）

* 支払方法：郵便振替口座名：TR - LOG 事務局

* 口座番号：00140-9-721713

* 記入事項： コールサイン，使用コンピューター，申込種別（通常 / ライフ・メンバー）

● ZLOG

* 動作環境：NEC PC98 MS-DOS, DOS/V MS-DOS

*Version: 3.8（ZLOGJA），3.5（ZLOGCG）

* 入手先：http://www.scripps.edu/~yohei/zlog/zloghome.html，または，NIFTY SERVE アマチュア無線アドバンス館（FHAMAD）のライブラリー

* 価格：　無償（フリーウェア）

注：上記の価格は，マニュアルおよび送料・諸費用込みの金額で掲載してあります．なお，いずれも 1998 年 7 月 1 日現在の情報です．

コンテストに参加したらログを提出

長いようで短かったコンテストも終了し，あとは，コンテスト・ログを提出するだけです．片手間の参加でも，部門によってはタナボタのアワードがもらえるという，ラッキーなこともあります．少なくとも，コンテスト結果の一覧には自分のコールサインが掲載されます．

しかし，ログの記載方法をまちがうと，せっかくの参加も無意味になります．チェック・ログや失格扱いになっていたのでは，泣くに泣けません．

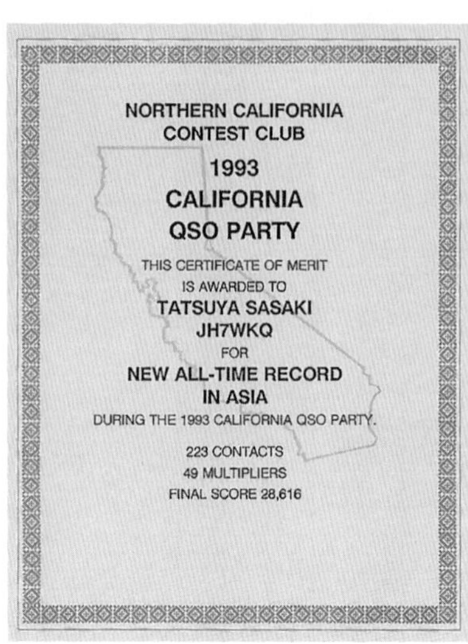

CALIFORNIA QSO PARTY コンテスト CW 部門 第1位のアワード

コンテスト・ログを手に入れよう

国内コンテストの場合は，JARL から販売されている「コンテスト用紙」が標準形式です．したがって，これを使用します．DX コンテストの場合も，ログやサマリー・シートの記載事項は，パターンが同じです．つまり，ほとんどの場合は，JARL 形式を流用することができます．

しかし，一部のコンテストでは，マルチプライヤーの記載欄が2個必要だったり，QTC 欄などが必要な場合もあるので，できるだけ所定のログやサマリー・シートを使ったほうが無難です．JARL 形式以外のフォームは，主催者もしくはログの提出先に，SASE か SAE と IRC を1～2枚，または US1 ドル程度の送料を同封して申し込めば，手に入れることができます．

ただし，返信には時間がかかることも多いので，十分に余裕を見ておかないと慌てるハメになります．さらに，ARRL 主催のコンテストでは（IARU を含む），ログやサマリー・シートの配布はしないとのことなので，ARRL が発売している Contest Yearbook を購入することをおすすめします．

なお，コンテストによっては，制定用紙がない場合もあります．

JARL が発売している「コンテスト用紙」．定価 499 円，送料は 390 円．問い合わせは JARL 事業課販売係あてに

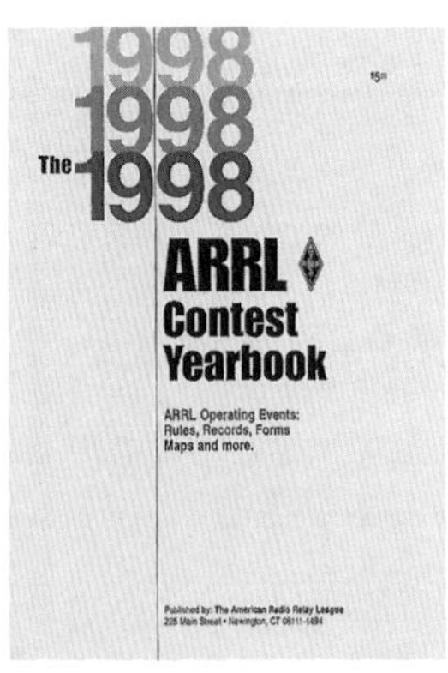

ARRL が発売している「ARRL Contest Yearbook」．定価 US5 ドル．問い合わせは以下のアドレスへ
The American Radio Relay League,
225 Main Street Newington, CT 06111-1494 U.S.A.

パターンは2種類

シングルバンド部門に参加する場合は迷うことが少ないのですが，マルチバンド（オールバンド）部門に参加する場合は，コンテストによりログの記入方式が異なります．主流を占めている方法は，JARL でも採用している，バンドごとにログを分けて記入するパ

表13　ALL JA コンテスト・ログ・シートの記載例
（JARL 発売のコンテスト用紙を使用）

LOG SHEET（ログシート）　Year（年）1998.　ALL JA　Contest
Callsign(コールサイン) JH7WKQ.　Band(バンド) 3.5 MHz.　Sheet No.(シートナンバー) 1/28

Date Time UTC 月日 時分 JST	Station Wkd 交信局	Exchange (コンテストナンバー) Sent (送信)	Received (受信)	Multi. マルチ	Pts 得点	Op. 運用者	Rmks 備考
4 28 2101	JG2YIV	59903H	59920M	20	1		
2101	JF2FTU		20H				
2102	JH9ZIO		30M	30			
2103	JA8LKU		106M	106			
2103	JM1GWG		13M	13			
2104	JA8RRF		108M	108			
2105	JO1YPW		14L	14			
2106	JH4PQM		33M	33			
2107	JA2MYA		19M	19			
2108	JJ7XHM		03M	03			
2108	JAØADY		08M	08			
2109	JL4QIA		11M	11			
2110	JF1TMH		13M				
2110	JR1NWV		16H	16			
2111	JH7DFZ		07M	07			
2111	JA7RG		03H				
2111	JR8CIX		112M	112			
2112	JF1CST		10M	10			
2112	JH1RNI/1		10M				
2113	JM3QQD/1		12P	12			
2114	JA7LLL/1		13M				
2114	JA5NAP/3		25M	25			
2115	JI1ZMW		12M				
2116	JM6CIP/6		45M	45			
2117	JRØGNY		09M	09			
2118	JA5WTL		38H	38			
2118	JA8TMJ		113M	113			
2119	JH1DHV/1		15M	15			

表 14　CQ WW DX コンテスト・ログの記載例

World Wide DX Contest
Last Full Weekend of October (Phone) & November (CW)

Page 23 of 32 Pages

Call Sign JH7WKQ　☐ Phone　☒ CW　(Use separate log for each band.)　Log for 21 MHz Band

TIME GMT	STATION	SERIAL NUMBER SENT	SERIAL NUMBER RCVD	New Multipliers Only Zone	New Multipliers Only PX of Country	QSO POINTS
0000	W6EV	59925	59903	03	K	3
0000	K6JX		03			
0001	AC6DD		03			
0001	NØNI		04	04		
0002	N7IR		03			
0002	K5QF		04			
0003	KC6X		03			
0003	W6NMZ		03			
0004	AA5CK		04			
0004	K5KLA		04			
0005	W5XU		04			
0005	W7QN		03			
0005	K5RT		04			
0005	N6YEU		03			
0006	KJ7NS		03			
0006	WØWP		04			
0006	K7ANT		03			
0007	XE2MX		06	06	XE	
0007	KØEU		04			
0007	WN6K		03			
0008	W6UDX		03			
0008	W7QDM		03			
0009	KTØF		04			
0010	K7CS		04			
0010	KGØDS		04			
0010	W6VG		03			
0017	WO7Y	59925	59903			3
0018	AB7II		03			
0019	AA7FL		03			
0019	N5AW		04			
0021	W6JTI		03			
0022	K4VX		04			
0022	KO7X		03			
0022	W6TKF		03			
0023	UAØKCL		19	19	UA9	1
0024	K7HBN		03			3
0025	W7IIT		03			
0025	K6UG		03			
0026	W2VJN		03			
0026	W6NKR		03			
0027	K6UM		03			
0027	KI6T		03			
0028	LU1FC/app		13	13	LU	
0029	LU5GPL		13			
0030	AE9F		03			
0030	K6VO		03			
0031	W6LAX		03			
0031	K6XV		03			
0031	KC7WP		03			
0034	W6VEM		03			
0035	UAØUAG		18	18		1
0036	WA9ZUL/K		03			3

表 15　ARRL International DX コンテスト・ログの記載例

INTERNATIONAL DX CONTEST

Callsign JH7WKQ　☒ CW　☐ Phone　Log Sheet 1 of 33

Band MHz	Time UTC	Station	Complete Exchange Sent	Complete Exchange Received	New Multipliers 1.8	3.5	7	14	21	28	Points
21	0000	K3JT	599500	599 WV					WV		3
	0001	N5HRG		TX					TX		
	0001	W7GSW		WA					WA		
	0001	N6ZZ		TX							
	0002	N4RV		VA					VA		
	0002	W5WLA		TX							
	0002	W2VJN		OR					OR		
	0003	N7MSU		MT					MT		
	0003	K6III		CA					CA		
	0003	N1HRW		IL					IL		
	0004	K4RO		TN					TN		
	0004	N6CW		CA							
	0004	WØHSC		ND					ND		
	0005	K9MA		WI					WI		
	0005	K8MFO		OH					OH		
	0005	W8TPS		OH							
	0006	KK7GW		WA							
	0006	W7VV		WA							
	0007	W9JUV		IL							
	0007	K5RX		TX							
	0008	KN4Y		FL					FL		
	0008	W5UN		TX							
	0009	W09S		IL							
	0009	K5KLA		LA					LA		
	0009	KØEJ		TN							
	0009	NØUR		MN					MN		
	0010	K8MJZ		MI					MI		
	0011	WK5K		TX							
	0012	W7YS		AZ					AZ		
	0013	W6UM		CA							
	0013	K5AB		TX							
	0013	K8KM		OH							
	0013	W6PH		CA							
	0014	KMØL		MO					MO		

ターンです．コンテスト中にバンド・チェンジをしたら，ログも変えて記入します．

ログ提出時は，例えば 14MHz の一群の次に 21MHz の 1 ページ目がくるように並べます．QSO 局数が少ないからといって，複数のバンド分を同一のページに記載してはいけません．たいがいのコンテストは，特にルールで触れられていない限り，この方式です（**表 13**，**表 14**）．

もう一つのパターンは，ARRL が採用している方法で，バンドが変わってもログの用紙は変えません．すべての QSO を時系列に記載します．このため，ログの各行には，周波数を記入する欄が設けられています（**表 15**）．もっとも，この場合でもマルチ TX 部門に限ってはバンドごとに記載します．

忘れてはいけない補助書類

ログとその集計表であるサマリー・シートのほかに，コンテストによっては（一定局数以上の QSO の場合などと指定される），デュープ・チェック・シートやマルチ・チェック・シートの提出が要求される場合もあります．

これらの補助書類，書式が決められていない場合がほとんど．コンテスト中に使用したものを再チェックして同封すれば OK です．もっとも，なにが書いてあるか，主催者側で理解できるものを提出する必要があります．

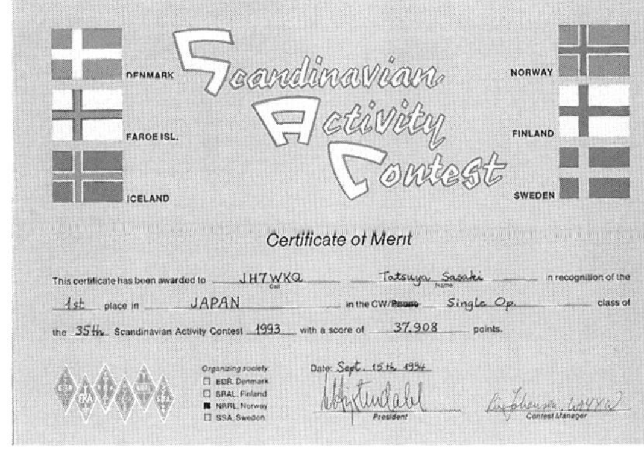

SAC コンテスト CW 部門第 1 位のアワード

トレンドはディスク・ログ

コンテストにコンピューターを使う局が増えたのに呼応して，ログもフロッピー・ディスクで提出できるようになりました（一部のコンテストを除く）．主催者側としても，コンピューターでチェックできるため，正確で公正な審査ができます．最近の傾向として，優勝レベルの局には，フロッピー・ディスクでのログ提出が義務付けられ始めました．

ARRL が最初に始めたため（1990 年），ARRL の推奨フォーマットが標準スタイルです（**表 15**）．前出の CT/TR/NA は，いずれも標準フォーマットの提出用データを作成できます．ほかに，アフターコンテスト・ロギング・プログラムというソフトウェアも各種市販されています．

なお，ログをフロッピー・ディスクで提出する場合でも，サマリー・シートは紙に書いて同封する決まりになっています．

表 16　ASCII ファイルの例

```
14 CW  21/02/98  0000  W6QNA   599500  599OR  OR   3
14 CW  21/02/98  0000  WA7FAB  599500  599OR       3
14 CW  21/02/98  0002  AC6NS   599500  599CA  CA   3
14 CW  21/02/98  0003  KJ6HO   599500  599CA       3
14 CW  21/02/98  0003  NK7U    599500  599OR       3
14 CW  21/02/98  0003  AC6IT   599500  599CA       3
14 CW  21/02/98  0004  K6VI    599500  599CA       3
14 CW  21/02/98  0004  W6JVA   599500  599CA       3
14 CW  21/02/98  0005  W0IJN   599500  599MT  MT   3
14 CW  21/02/98  0005  VE7IN   599500  599BC  BC   3
14 CW  21/02/98  0006  W6MUS   599500  599CA       3
14 CW  21/02/98  0007  KC6CNV  599500  599CA       3
14 CW  21/02/98  0007  WA5OYU  599500  599MS  MS   3
14 CW  21/02/98  0008  K6LL    599500  599AZ  AZ   3
14 CW  21/02/98  0008  W6CSI   599500  599CA       3
```

ディスク・ログのフォーマット

標準的なメディアは，3.5 インチまたは 5.25 インチのフロッピー・ディスクです．フォーマットは MS-DOS で，3.5 インチが 1.44M の 2HD か 720k の 2DD，5.25 は 15 セクタ・フォーマットの 2HC（1.2M）とします．NEC の PC98 で普通にフォーマットした 5.25 インチは規定外なので，注意が必要です．

ファイルは ASCII ファイルとし（半角英数字のみのテキスト・ファイル），各レコードの並びはオリジナル・ログに合わせます（**表 16**）．この際，それぞれの項目はカラム（桁位置）を揃えてスペースで区切ります．データは左から，バンド，モード，日，月，年，交信時間，相手局のコールサイン，コンテスト・ナンバー（送信・受信），マルチ，得点の順です．

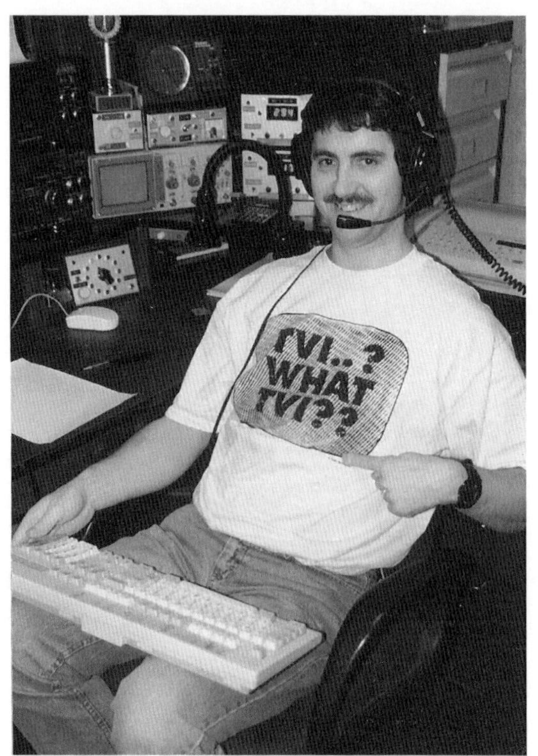

国連の仕事でアフリカに滞在し，CW コンテストにアクティブである ON4WW Mark

表 17　CT を使ったフォーマット・ログの例

```
20 CW  21/02/98 0000 1  W4BAA/7   599 500  599 WA     * 3
20 CW  21/02/98 0001 2  KC6CNV    599 500  599 CA     * 3
20 CW  21/02/98 0002 3  AA7GH     599 500  599 OR     * 3
20 CW  21/02/98 0003 4  W5UDA     599 500  599 OK     * 3
20 CW  21/02/98 0003 5  WB7NKD    599 500  599 MT     * 3
20 CW  21/02/98 0005 6  W7YS      599 500  599 AZ     * 3
20 CW  21/02/98 0007 7  KE6ORT    599 500  599 CA       3
20 CW  21/02/98 0007 8  N7IC      599 500  599 NV     * 3
20 CW  21/02/98 0007 9  K5RX      599 500  599 TX     * 3
20 CW  21/02/98 0008 10 W6UDX     599 500  599 CA       3
20 CW  21/02/98 0010 11 W6EV      599 500  599 CA       3
20 CW  21/02/98 0011 12 W6MVW     599 500  599 CA       3
20 CW  21/02/98 0012 13 W0UY      599 500  599 KS     * 3
20 CW  21/02/98 0013 14 W6KNB     599 500  599 CA       3
20 CW  21/02/98 0013 15 K5TSQ     599 500  599 TX       3
```

CT を使った場合は簡単で，コールサインの代わりに「WRITEARRL」と打ち込めば，ARRL フォーマットのログを出力します（**表 17**）．ファイル名は，「callsign.log(例 :JH7WKQ.LOG)」です．なお，フロッピー・ディスクにはファイル 1 個だけを入れ，コンテスト名および参加部門と中身（= 自局のコールサイン．LOG）が記載されたラベルを貼ります．

電子メールでの送付

インターネットも一般的なメディアとなりました．一部のコンテストでは，ログの提出もインターネット経由で可能となりました．これも，ARRL が先駆けです（1993 年秋から）．

ディスク・ログの内容を，電子メールで送るだけ（または，FTP 接続をして先方のサーバーに置いてくる）．サマリー・シートも，データとして一緒に送るので，とても簡単です．

なお，インターネット経由の電子メールは確実な伝送が保証されていないので，主催者側から受領通知の電子メールが返送されてくるのが一般的のようです．

ログ提出の締め切り日

さて，もっとも大事なのが，ログ提出の締め切り日です．いくら正しくログを書いても，送り忘れたのでは話になりません．ほとんどのコンテストは，終了後 1 カ月以内の消印が締め切りです．

DX コンテストの場合には，多少の誤差は許されることが多いのですが，JARL 主催のコンテストでは厳格なので注意が必要です．

第7章

HSTの世界

JA2CWB　栗本　英治

HSTの競技とは，ハイスピード電信の速さと正確さを競うものです．この章では，HSTの世界選手権大会で銅メダルを獲得した筆者の経験をもとに，HSTの競技説明，さらに競技参加に必要なノウハウを紹介していきます．

7-1 究極の速さへの挑戦

HST世界選手権大会

ハイスピード電信世界選手権大会（World Championship in High Speed Telegraphy）では，「アルファベット」，「アルファベット，記号，数字の混合」，「数字」の3種類の暗語（ランダム・テキストは，5文字で1語を構成）を使った送受信と，「RUFZ」と「PED」（注：PEDの競技は第2回HST世界選手権大会から）のアマチュア無線実践テストのスピードを競います．

1995年，第1回ハイスピード電信世界選手権大会がハンガリーで開催され，日本から4名の選手がエントリーしました．結果はSENIOR OM部門でRUFZ 3位（銅メダル），総合4位などの入賞を果たしました．また，1997年にブルガリアで開催された第2回大会にも，同じく日本から4名の選手がエントリーし，メダルには手が届きませんでしたが，各競技で第1回大会よりおよそ10パーセントほどの向上が見られるなど，少しづつ着実に実力を伸ばしています．

日本ではあまりなじみのないHSTですが，東欧圏諸国のハムは，これまでHSTに熱心かつ組織的に取り組んでいるため，非常に高いレベルにあります．参加者は10代の前半から50代前後まで多くの男女が大会に参加していますから，選抜されて出場していることを考えると，そのすそ野は非常に広いと思われます．また，女性のレベルが高いことにも驚かされます．

ちなみに過去に開催されたHST大会を挙げると，

●ヨーロッパ選手権大会

1983年　旧ソ連・モスクワ

1989年　ドイツ・ハノーバー

1991年　ベルギー・ネールペルト

●世界選手権大会

1995年　ハンガリー・シオフォーク

1997年　ブルガリア・ソフィア

これをみると，ヨーロッパのHSTの歴史の延長線上に世界選手権大会があることがわかります．

1995年10月，ハンガリー・シオフォークで開催された第1回HST世界大会で，筆者がシニアM45部門で銅メダルを獲得した証の賞状

7-2 HST 競技の概要

速度の単位

HST では共通の速度単位として「PARIS」が使われています．PARIS の 5 文字および 3 単位分の文字間隔と，7 単位分の語間隔で 1 ワードがちょうど 50 単位となります．100 PARIS/ 分は「PARIS」の語を 1 分間に 20 ワード送る速さを表し，文字数で 100 字となります（以下「/ 分」は省略）．単位数でみれば 100 PARIS には 1000 単位が含まれ，このときの 1 単位は 60msec になります．

PARIS の表

同じ 1 語でも文字により単位が異なるため，語数の違いが生じます（例：PARIS ＝ 50 単位，TOKYO ＝ 66 単位）．

PARIS	PARISの語数/分	TOKYOの語数/分
5	1	0.76
50	10	7.6
100	20	15.2
150	30	22.7
200	40	30.3

ちなみに，第 1 回と第 2 回の世界選手権大会をとおしてのトップ・レベルを記しますが，あまりのハイスピードに愕然とします．

部門	アルファベット	数字	混合
送信（PARIS）	299	394	258
受信（PARIS）	330	540	330

受信競技

第 1 回大会における日本選手の受信手段は，ノート型パソコン（以下，ノート PC と略す）と機械式タイプライターが各一人，筆記受信が二人でした．他国の選手では電動タイプが一人のみで，ほとんどが筆記受信でした．第 2 回大会では日本の選手はノート PC が二人，機械式タイプライターと筆記が各一人で，他国の選手では機械式タイプライターが二人，そのほかがすべて手書きでした．

各席にヘッドフォン（音量可変）が用意されていて，試験開始前にテストがありますから具合が悪い場合は申し出れば交換できます．モールスのトーン信号は各席に配線され，あるいは IR（赤外線）受信機で各席にて受信します．トーンは 800Hz くらいでした．

アルファベット（100 PARIS からスタート），数字（150 PARIS から），混合（100 PARIS から）の順で，1 分のインターバルをおきながら 10 PARIS ずつ速くなっていき，試験会場内で誰も受信できなくなった時点で競技が終了します．それぞれの終了後に 30 分の清書時間があり，アルファベット，混合，数字それぞれ自己採点で最良の受信テキストを 3 枚まで提出できます．1 分のインターバルは鉛筆を取り替え受信用紙を整えて，汗ばんだ手を拭き深呼吸すると瞬時に過ぎてしまう感じです．

ドラフト（下書き）受信用紙は個人で用意したものが使用できるため，選手は自分の使いやすい用紙を用意することができます．筆記の場合は，使い慣れた鉛筆を 5 ～ 10 本と消しゴム，鉛筆削りをすぐ取り出せるよう机上に置きます．清書提出の各 3 枚（文字，数字，混合の合計 9 枚）はオフィシャルの用紙であらかじめ配布されますから，大文字のブロック体に清書して提出し，その中から最高位のテキストを選手の得点とし，さらに選手全体の順位に応じて得点を比率配分します．筆記の選手はドラフトも清書とともに提出します．

ノート PC などによるエディター受信の場合は，受信終了後，画面から提出用紙に清書しながら写していきます．受信不能になるまでのすべての中から最良の 3 枚を選んで採点用として提出します．第 1 回大会で筆者が受信したオリジナル・テキストの一部を紹介しますので，参考にしてください（**図 1**）．したがって，本来アルファベット，数字，混合それぞれ 3 枚づつ合計 9 枚の清書を提出することになります．

タイプライターやエディターで受信した筆者などにとっては，自己採点で最良の三つを選べばよいだけですから提出まで数分の作業です．しかし，筆記受信した各国の選手は受信した速記記号を本来の文字に清書する作業があります．かなり高速まで受信した選手は

受信競技が行われた会場の様子．第 1 回 HST 世界大会より

受信競技で書き取ったドラフトをもとに提出用紙への清書を行うJE1SPY芦川氏．第1回HST世界大会より

図1　筆者が受信したテキストの一部

```
(100)
MYPGI XEJXD TSMYC NDYPH TVBJN FZQVA QXWVN EVJKW PQEML BIGDT WHXGH
IGTUG EDONZ COSTW CUUZE BSQVE VWMGL

(110)
RTOCW QVZNF DFXVU CQFEG ZEXVH DHLQK QITAY FDUAU XOGNB BWTKI ZDRFO
AMETN GPWUS NQGP  XOAWK WHJTV RPZCQ LDCHY SXPTV

(120)
MSSPR ZPCUI WWXOE JPEMZ LLOIU YJDPJ UVAZO WIHQJ URWQW YYMDH BPUQS
ZPWEA BSATT TAROM JXVHQ SYSUI MEVBS HLVQR QLNAZ HEWOM ZDGWB

--------------------------------------------------------------------

(150)
32532 22563 04875 29731 65053 18248 34228 14942 15972 62858 28977 83567
28686 71123 15584 19307 57780 92975

(160)
98062 95524 50147 42437 60458 71080 99533 76113 58945 46675 47561 94059
98417 68075 90789 20235 76734 45402 62631

(170)
33902 97488 69645 08155 91944 95819 15730 45055 14760 75037 50962 10479
31279 32863 88557 79101 98980 74601 26552 32545
```

相当な枚数になり，それらをチェックしながら翻訳清書していくため，かなり時間がかかります．

ノートPCの場合，長時間の電池駆動は心配ですから，念のためHST開催国の電源電圧やコンセント形状に見合ったACプラグのアダプターが必要です．最近のノートPCの電源はAC100V～240V対応となっていますので電圧に関してはあまり心配はないのですが，コンセントが少し離れた場所にあったり，足りなかったりする場合がありますから，テーブル・タップや延長コードを用意しておくとよいでしょう．

送信競技

送信の競技では，一人ひとりが個室に呼ばれて机上のテキストを送信し，ジャッジが耳と印字機やディスプレーで受信しながら採点します．使用するキーは，ストレートキー，エレキー（シングルレバー，ダブルレバー）のいずれかというレギュレーションですが，バグキーの受験もOKです．

既製品のダブルパドルのエレキーを使用していた国はドイツ，イタリア，オーストリア，韓国，日本などで，ほかの東欧圏の選手はほとんどが手製やキット製らしきシングルパドルのエレキーでした．中にはキーの筐体底面全面に多量の粘土をつけていましたが，見栄えはともかくどんな机にも強固に固定でき，安定してキーイングできるようです．

誰に聞いてもダブルパドルのスクイーズ・キーのほうが合理的な動作で高速向きといわれてきましたが，たぶん200 PARIS程度の「高速」までのことなのかも知れません．ハイレベルな選手の限界近くの送信速度ではシングルパドルの場合，短点/長点の長さの時間計測，つまりリズムの把握と指先の運動リズムとの同期が単純化して取りやすくなるのでしょう．

いずれにしても，熾烈なHSTの競技を繰り返してきた東欧圏のハムがシングルパドルを選んでいるのですから，「超高速」ではそれなりの合理性があるのかも知れません．

選手は競技室に入室してから10分以内に競技を開始することがレギュレーションにあります．しかし，第1回大会では東欧圏の選手たちは1時間近く競技室から出てきませんでしたから，数10分にわたって競技用送信テキストを練習していたようです．第2回大会からは長い選手でも30分くらいでした．

競技室のなかには練習用のテキストは置いてありませんから，苦手な符号の並びなどチェックしながらある程度納得がいくまで本番のテキストの練習が可能で

Column　JARLモールス電信技能認定

1997年からJARLではモールス電信技能認定制度を設けました．送受180 PARIS/分の名人位を最高に5段から初段までの各段位と1級から3級までのクラスがあります．年1～2回の認定試験開催とともに，将来は各地方都市でも1級から3級までについては認定されたボランティアによる認定試験が開催される予定とのことですから，より多くのハムが参加できるようになるはずです．

皆さんもモールス電信技能認定に参加して，自分の電信の基礎体力を確認し，さらに上位にチャレンジするよう練習を続けていけば，電信基礎レベルの向上と層の広がりに期待できます．そして，やがては日本人もHSTで上位を狙うことも夢ではなくなるでしょう．

認定試験の開催日については，JARL NEWSでご確認ください．

送信競技室の机上の様子．第1回HST世界大会より

す．第2回大会では入室して10分経ったころ，ジャッジがストップをかけました．

送信競技は自己最高スピードでアルファベット・数字・混合テキストを1回のみ（各1分間）送信して終わりで，やり直しはありません．誤字とそれに伴う訂正が絶えず頭を占めていますから，自己最高スピードとはいっても確実に送信できる速度まで落とさざるを得ないのが実状でしょう．誤字を生じたときは，いうまでもなく単点の多い訂正符号（レギュレーションでは6短点以上）と誤字を生じたワードの先頭まで戻るわけですから，大きな時間の損失になります．受信競技は各3枚づつ提出したテキストのなかからジャッジが最良を選んでくれますが，送信競技は1回だけですから，ある意味では受信競技より緊張します．

電源のコンセント同様にキー出力の接続は，開催国それぞれで形状が異なりますから，大小サイズのバナナチップ付きコードと大小のワニ口クリップ付きコードを用意する必要があります．

RUFZ競技

DL3DZZのプログラムによる「アマチュア無線実践テスト」は，競技室に置かれたパソコンを使って，ヘッドフォンに打ち出されるコールサインをキーボードに入力するものです．

スタート時のスピードは100 PARISですが，コピーしたコールサインをキーボードで入力し，リターン・キーを押すとすぐ次のコールサインが送出され，スピードが速くなります．受信してからリターン・キーを押すまでの時間が短いほどスピードが速くなる割り合いが高く，調子に乗って瞬時にリターン・キーを押すと瞬く間に250, 300 PARISのスピードになります．

RUFZ競技室の机上の様子．第1回HST世界大会より

RUFZのプログラムがダウンロードできるインターネットのURLは次のとおりです（1998年7月現在）．

http://www.sk3bg.se/contest/rufz.htm

PED競技

JE3MAS 高津氏が作成したプログラムです．第2回大会から採用になったパイルアップ・シミュレーションのプログラムであるこのPEDは，実際のパイルアップに遭遇したときのQSOを基にしています．

サンドブラスターによる多音源で呼んでくる局のコールサインのコピーとレポート交換までのパーフェクトなプロセスを経て得点となり，一定時間にどれだけのパイルアップをこなしていくかが得点の加算条件となります．

実際のQSOを再現していますから，われわれ日本人にとってはヨーロッパの聞き慣れないエンティティーよりアジア・北米のほうがコピーしやすいのですが，

送信競技の練習を行う選手．第1回HST世界大会より

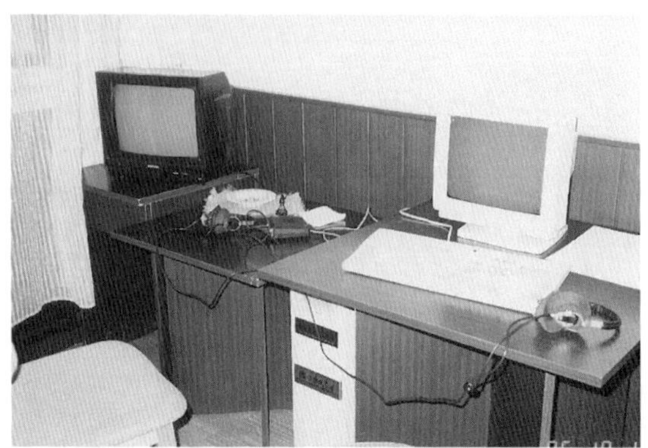
送信競技のモニター室の様子．第1回HST世界大会より

コンディションの移り変わりによってオープンする地域が変わり，自分の受験時にちょうど手ごろなエリアに当たるとFBですが，これも運不運があります．

東欧圏の選手たちが練習で入力している様子を見ると，アルファベット配列のキーボードには不慣れのようで，ドラフトに一度筆記受信したのち，キーボードを見ながら一本指で入力している選手を多く見かけました．彼らは紙に書いてからの雨垂れ入力でも得点はかなり高いので，超高速のモールス符号を受信できる基礎能力が高いということでしょうか．

PEDのプログラムがダウンロードできるインターネットのURLは次のとおりです（1998年7月現在）．
ftp://qed.laser.ee.es.osaka-u.ac.jp/pub/radio/ped/index.html

運用編

7-3 競技の検討と対策

競技全体を見渡してみて，もっとも検討すべき課題は「文字（アルファベット）」，「混合」，「数字」の受信であろうと思います．送信については，エレキーに慣熟して基本的な練習を繰り返し，スピードアップを図るしかありません．

受信の練習

HSTの受信を，日ごろ楽しんでいるCWのQSOと比較してみます．筆者はキーボードを使い和文で150字～180字/分の高速通信を楽しむことがありますが，通信内容はお互いがある程度共通の理解と認識にたった話題や情報です．いわゆる平文ですから少々文字が抜けてもいっこうにかまいませんし，重要な情報の伝達部分で神経を集中するとしても，それはほんの数秒のことです．加えて「暗記受信」と呼ばれるハードコピーなしの受信で，要点のみ書き留めておくQSOですから気楽であるといえます．

一方，HSTでの受信はすべてランダム文ですから，ハードコピーする際は少なくとも数文字は頭の中で記憶しないと筆記やタイプが苦しくなります．平文なら5文字前後は頭にため込みタイプできますが，意味のない暗語を遅れ受信するのは記憶するうえで関連付ける手がかりがありませんから，数文字がいいところでしょう．

競技では各テキストが1分間送信されるだけですが，練習時には受験時の緊張がないぶん多めにして，2～3分間コピーを持続できるよう心がけるとよいでしょう．

筆記受信と速記受信

筆記体でもブロック体でも，文字をそのまま受信しながら筆記する場合の最高速度はどのくらいでしょうか．あとで清書することを前提としても，200字/分あたりが限界のように思います．HSTの競技では東欧の選手たちが本気で受信をはじめる速度です．乱暴な表現ですが，それらの文字の画数や運筆量を半分にすれば400字/分が筆記可能になるわけです．

もちろん自分で工夫をして，合理性のある速記記号（Stenograph）をつくれば良いのですが，それには記号の習熟と，ある程度速記の専門的な知識と，記号そのものの検証，修正などの時間を要します．東欧でのHSTは競技の歴史があり，彼らが使っている速記記号は過去の実践で検証されていますから，おおいに参考になります．

筆者は，各国から参加する選手の速記記号を見せてもらいましたが，当然左から右への横書きですから筆順/運筆と画数を考慮した記号の合成が多く，彼らによると各個人で工夫するといっていました．筆者は速記の専門家ではないため断定できませんが，いわゆるグレッグ式（Gregg shorthand simplified）が現在の英米速記の主流のようです．しかし，これは文章や言葉を速記することに主眼がおかれているため，暗語を構成する脈略のない母音，子音，記号，数字のすべてを超高速で速記するには向いていないように思います．

第1回大会で活躍したハンガリーのトップガンの一人である，HA3NU，Laszlo Weisz氏から速記記号を教えてもらいました（**図2**）．一度にすべての速記記号を覚えてから受信練習を始めるより，数文字づつ（例えばA，B，Cの速記記号だけ）を，やや遅目のスピードで受信練習を始め，そのスピードをキープしながら少しづつ文字数を増やしていくほうがよいとのことです．しかしその際は，もっともむずかしい記号から手がけていけばよいそうです．

アルファベットと数字に同じ記号がありますが，「混合」の際は数字はオリジナルのフォームで書くとのことです．**図2**で紹介している彼の速記記号はいくつかあるバリエーションの中の一つであるといっていますが，同じ東欧圏の国でも，旧ソ連の国々は彼の記号と少し異なる印象です．

図2　HA3NU Laszlo Weisz 氏の使用する速記記号表

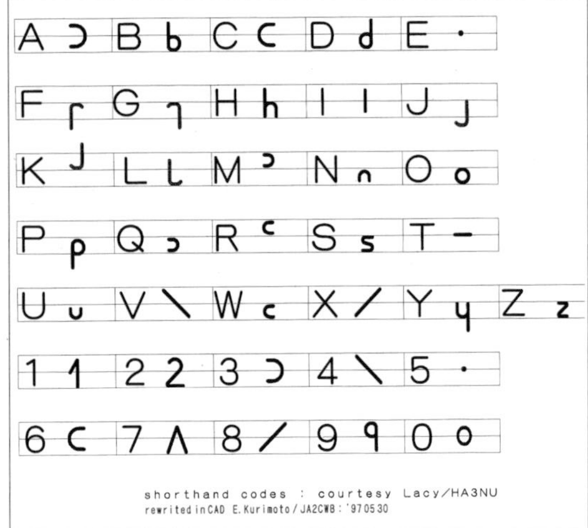

shorthand codes : courtesy Lacy/HA3NU
rewrited in CAD E.Kurimoto/JA2CWB: '970530

タイプ（キーボード）受信

ここではパソコンで受信する場合を説明します．ノートPCを持っていく場合，キーボードについてはできればフルサイズの外付けキーボードがよいのですが，荷物になるのでノートPCだけということになります．店頭にあるB5サイズなどのコンパクトなノートPCのキーボードに触れてみて感じるのは，現代の標準からみれば小柄な筆者でさえ窮屈なキーレイアウトで，フルサイズのキーボードからの乗り換えではミスタイプを生じそうです．

ノートPCはシフト・キー（右側の「SHIFT」キーは各社とも小さい）やリターン・キーの位置，形状に各メーカーごとの違いがありキータッチ／キーストロークを含め吟味する必要はありますが，機種の好みなどで決まることになりますから，手持ちのキーボードに習熟するしかないようです．

毎日タイプを叩いていると，原稿がある場合は300字／分は普通に叩けるようになりますから，200字／分程度であれば半年くらいで到達可能でしょう．あるメーカーの「親指シフト」ならその半分の期間で会得可能で，ホーム・ポジションからの移動が少ないぶん高速に向いています．タイピングに必要な能力の目安は，たぶんモールス受信能力の120%～130%あたりが最低限必要だと思います．つまり，200 PARISのハードコピー受信をしようとすれば250 PARIS程度は叩ける必要があります．これは速記受信についても同様と思います．

速記受信かタイプ受信か

HST選手のほとんどが速記による筆記受信ですから，速記に習熟してしまえばむしろ適しているのかもしれません．しかし，すでにタイプに慣れ親しんだ人には当然普通の筆記に比べればタイプのほうが速いわけですから，タイプをおすすめします．これまで世界大会に出場した日本選手の間でも結論は出ていませんが，結局，個々の条件によって選択するしかなく，一義的に決められるものではないようです．

いずれの方法にしても，モールス符号を反射的にデコードし，指先の動作として伝達するまでの速さがポイントですから，単にタイプが速い，速記が速いというだけでは解決しません．

超高速受信の能力は，むしろモールス符号を受信して文字のイメージに頭の中でデコードする速さに依存するのではないかと思います．

デコーダーとディスクリミネーター

モールス符号を覚えた当初は「-」が一つ「—」が一つという弁別作業の後，「- —」は文字の「A」あるいは「イ」と認識しますが，慣れてくると短点と長音の集合「- —」でそれと認識できるようになり，短点や長音がいくつであったかなどは数えなくなります．　こうしたモールス符号という長短の音の集合を文字として解読するための機能が，頭の中のデコーダーといえるでしょう．

筆者は従来，このデコード能力は，受信能力を越えても超高速に至るまで直線的に続くものだと曖昧に思っていましたが，2回の大会を通じてその甘い認識を完全に覆されました．

RTTY信号音に聞こえるほどの超高速モールス符号の受信では，そのデコーダーがうまく機能しません．つまりピロピロと聞こえる300 PARISや400 PARISの超高速サウンドは1文字そのものが弁別できなくなり，文字の判別や認識に至る長音・短点がいくつどんな並びで構成しているのかという問題は，二の次ではないかとさえ思います．しかし実際は，モールス符号に慣れたころ，符号を長短の集合として捉えられるようになっていったのと同じように，「トーンの変化」を文字として認識できるように訓練するしかないのかも知れません．

では本来，人間はどのくらいのディスクリミネート能力をもっているのでしょうか．わが家の娘を相手に受信実験をしてみました．娘は，16歳の高校2年生です．コールサインは持っていますがQSO歴は10回に満たなく，QSOの相手は筆者のみでモールス符号はまったく知りません．

短点と長音の数の弁別が目的ですから，「E, I, S, T, M, O」の単純な符号だけの6文字をランダムにして10文字で一つのテキストとします．まったくのビギナーですから，ここでは「H, 5, コ, 0」などは含めません．モールス符号を知りませんから，Eは「-」，Tは「—」の如く符号を書いた紙を渡して，それを見ながら受信筆記させます．

1文字書き取り，確認後に次へ進む方法ですから，一つのテキストには十分時間をかけ，100～300 PARISまで，10 PARISづつ速くしていきます．その結果，誤字があった速度だけをピックアップしたものが次の表です．

速度	誤字数/テキスト文字数
130 PARIS	1/10
160 PARIS	1/10
180 PARIS	1/10
190 PARIS	1/10
210 PARIS	1/10
220 PARIS	1/10
230 PARIS	1/10
240 PARIS	2/10
300 PARIS	1/10

ミスの80%が「I」と「S」，20%が「M」と「O」．250～290 PARISはまちがいありませんでした．ただし，これは一人，しかも1回だけのサンプルですから，もちろん定量的な判断はできません．しかし，この結果は電信を知らないビギナーが，これくらいの弁別能力がある証明といえるでしょう．

7-4 HSTの魅力と世界レベル

東欧圏諸国におけるHST

ARDFでも圧倒的な強さを誇る東欧圏諸国では，HSTにおいても軍関係で活発だったらしく，またスポーツとしても定着しているようです．彼らは国ごとにお揃いのスポーツ用ジャージのユニフォームを着ていて，体操の選手権大会のような雰囲気も感じられました．

かつてワルシャワ条約を軸に東欧諸国はロシア語が必須でしたから，圏内では同じモールス符号を使う基盤と，国同士が高速通信を競う土壌があったといえ，ハイレベルな選手が多く，上位入賞者はみな東欧諸国の選手です．また，高速通信だけを練習していたプロかハムかよくわからない選手や小さいときからクラブ局で練習を積み重ねてきた少年選手のいる旧東欧諸国と西側諸国では環境も大きく異なります．

そういった東欧圏諸国と違い，幸か不幸か日本では和文モールスが主体でしたから，他国と同じモールス符号で競い合うことなど思いもよらないことです．

HSTのおもしろさ

日本や西側諸国のハムには合理的な高速通信手段が選択できるのに，苦労して訓練して何が得られるのか理解しがたい部分があります．しかし，別の角度から見れば，東欧諸国は早くから効率の悪いCWで，いかに速く送受信できるかを競って楽しむ遊び心が旺盛だったのかも知れません．

実用を離れて遊び心に徹すれば，受信／送信の速度を競ったり，自己記録を更新して限界に挑戦することに楽しさを見いだすこともできます．1分間200字，250字などという速度のレベルではなくても，モールス符号を覚えたてのころのように1分間40字の受信能力が，やがて50字まで受信できるようになると，CWが楽しくなったりした経験を誰もがお持ちではないかと思います．

競技に出場する選手は，そのほかにどこの国に勝つなどという対抗意識や，メダルを勝ち取る目的もあるでしょうが，西ヨーロッパからの参加者たちは「競技会を楽しもう」と話していました．自分の限界を試したり，競技の合間に各国の選手たちと談笑するのもまたHSTの魅力です．

もともと実践スピードをはるかに超えた暗語文のCWの高速通信に，現代では合理性などないわけですから，やはりHSTは別の次元で楽しむもので，効率や必要性から離れた趣味の世界だからこそ存在する競技といえます．言語が異なる国々の選手が参加するHSTは，CWという世界共通な「言語」があればこそで，改めてCWの持つ魅力を感じました．

カテゴリー別の統計資料

表1～表8の資料は，第1回大会のデータ（第2回大会も同じような傾向）です．いずれも平均スピード以外は得点順に並べてありますから，下位の選手でも速い場合（ミスなどで得点が下がるケース）もあります．スピードそのものは得点となるポイントではありませんが，重要な一つの目安になります．

シニアOMの激戦の様子，シニアYLのレベルの高さ，それぞれを将来的に支えるジュニアOM/YLたちが伸びていく途上にあることなどがよくわかります．

最後に，HSTの世界大会をとおしてのチーム・メートであるJE1SPY 芦川氏には，写真・資料の提供やご支援をいただきました．誌面をお借りしてお礼申しあげます．

表1　カテゴリー別の受信最高スピード

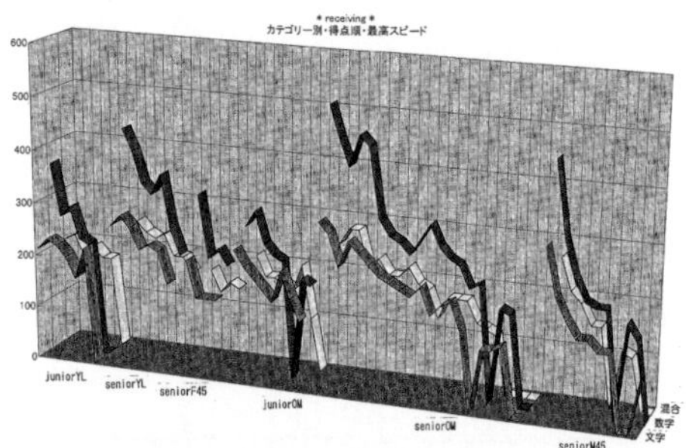

表2　カテゴリー別の受信平均スピード

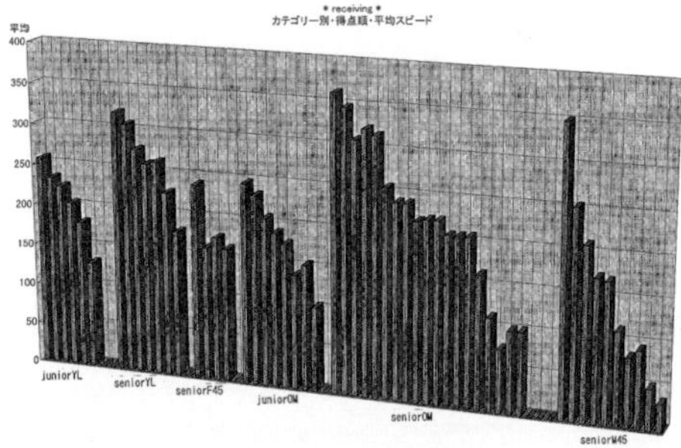

表3　全体の受信平均スピード

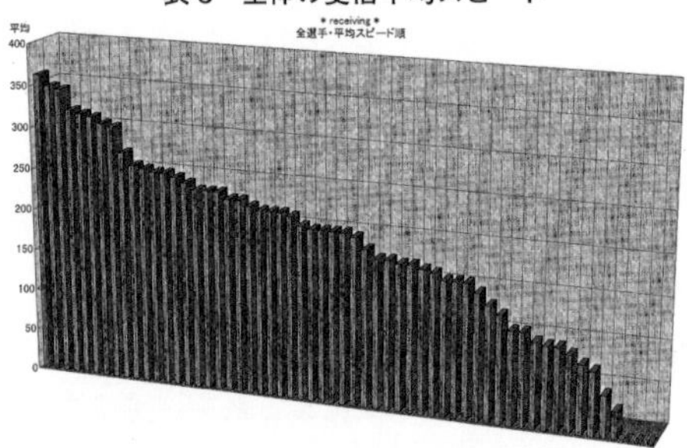

表4　カテゴリー別の送信最高スピード

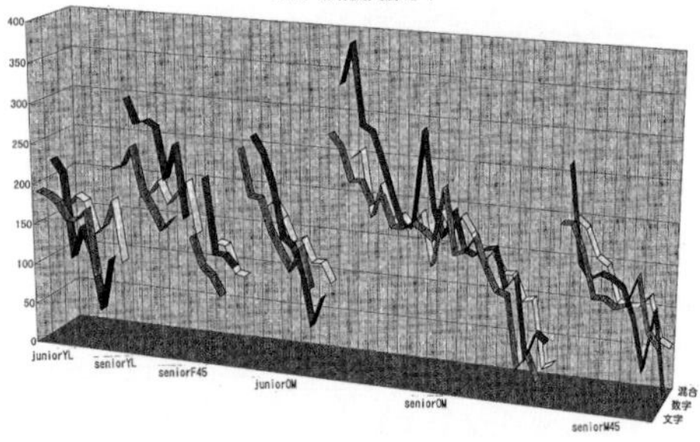

表5　カテゴリー別の送信平均スピード

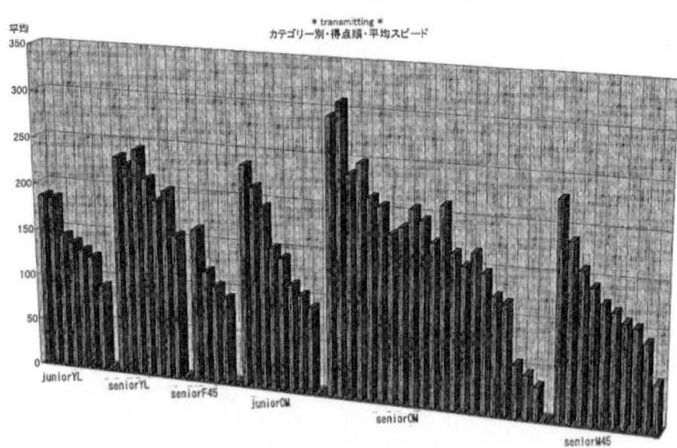

表6　全体の送信平均スピード

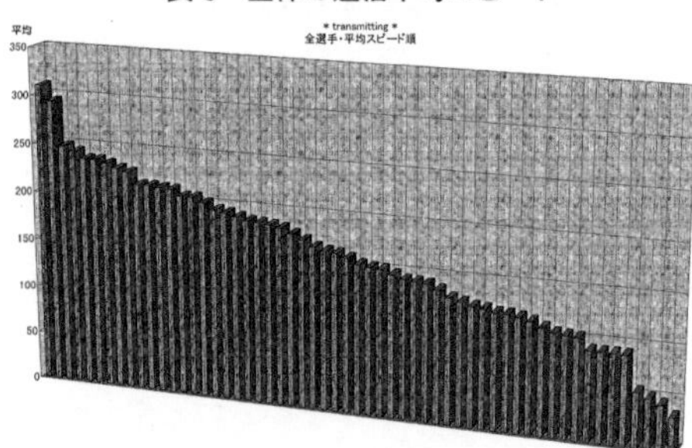

表7　カテゴリー別のRUFZ最高スピード

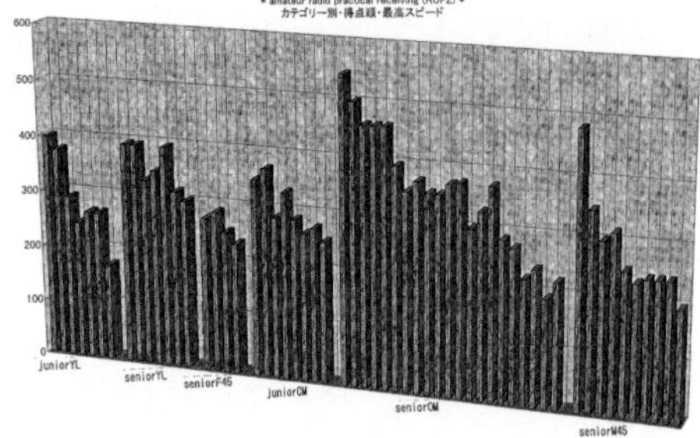

表8　全体のRUFZ最高スピード

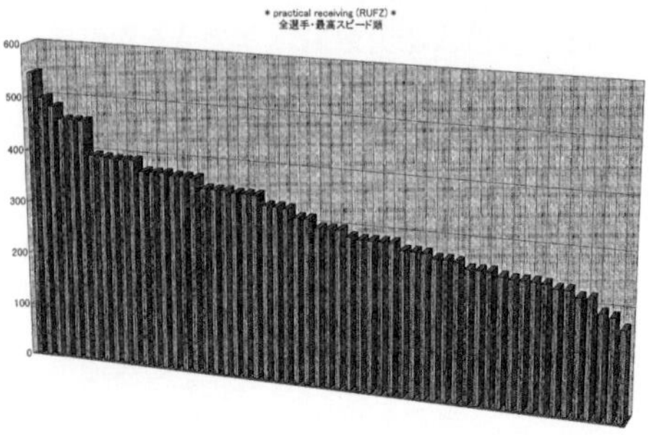

第8章

モールス通信実践ノウハウ

JE1SPY　芦川　栄晃

モールス通信は人間ハードウェアの訓練のうえに成長します．それを発揮すれば，都会の集合住宅の限られた環境でもCWを楽しむことができます．この章では，手軽に，どなたでも，モールス通信が楽しめる実践ノウハウを紹介していきます．

8-1 楽しく遊べるモールス通信体力作り

アマチュア無線家が主役

前章までは，モールス符号を覚え，資格取得から実用QSOに至る方法，ラグチュー，コンテスト，そしてHSTの世界をそれぞれ縦に深く掘り下げた紹介がありました．本章では，これらをアマチュア無線家の視点から横方向に切った断面で検討し，その切り口から見て，各分野に共通する実践的モールス通信を楽しむために必要な基礎体力を鍛えるトレーニング方法を紹介します．さらに，手軽に実践で生かせる簡単なアンテナ・システムの実例も紹介します．

さて，プロの世界ではモールス通信が廃止されつつある今日，継承する主役はアマチュア無線家になりました．ところが，今後のモールス通信を担う肝心要のアマチュア無線は，都市化による住環境変化でアンテナ設置などがむずかしくなっています．さらに，都市部を離れれば通勤と生活が脅かされ，板挟みです．しかし，大都市の住宅密集地の雑音とインターフェアの中でも，CWの長所とトレーニングで鍛えた成果を生かせば，設備の劣勢を補うことができます．

筆者自身，モールス通信はまったくの独習であり，過密都市のアパマン・ハムです．プロの経験は皆無ですし，日常生活の制約もありDXペディションは夢です．本格的なコンテスト・チームのメンバーにもなれません．勤務のため48時間のDXコンテストにフル参加することもむずかしい身です．皆さんと等身大のいちモールス通信愛好家に過ぎないのです．したがって，そんな筆者が都会の中で楽しんでいるモールス通信のスタイルであれば，どなたにでもできることでしょう．海外からの微弱なモールス信号を小さな釣竿アンテナで釣り上げる醍醐味は楽しいものです．

平凡なアマチュア無線家の視点による楽しみ方の再認識は，モールス通信の将来を考える意味でも意義があると思います．

ノウハウを支える人間ハードウェア

モールス通信の運用法は，資格取得後，アマチュア無線家とプロの通信士とで道が分かれます．国家試験合格後，アマチュア無線家の上達の道筋は，実用QSOに対応できるスピード到達へ進みます．つまり，ラバースタンプQSOで実践的な練習を繰り返し，その後は「ラグチュー」,「コンテスト」,「DX」,「アワード」,「HST」,「宇宙通信」などに分かれ，そのための上達法と運用ノウハウはそれぞれ異なります（**図1**）．

この点について少し視点を変えて次のように考えるとおもしろいと思います．人間のモールス通信に対する能力をハードウェア，ソフトウェアという二つの側面に例えてみましょう．CW の楽しみ方は上記のようにいろいろあります．この違いはソフトウェアの違いであって，その下地となるハードウェアは共通しています．どのようにCW を楽しむか，どんなソフトウェアを選択するかはまったく個人の自由です．

そして，どのソフトウェアを選択するにせよ，トレーニングを積んだ人間ハードウェアであれば，よりすばらしいソフトウェアを乗せることができ，楽しみの質も高まります．ソフトウェアは勉強によって身に付けることもできます．一方，ハードウェアを良くするには訓練しかありません．

さまざまな楽しみの土台

上記のような視点から再度いろいろなモールス通信の楽しみ方を見てみましょう．

ラグチュワーは，相手の送信内容を暗記受信しながら要旨を掴み，要点だけをメモできる性能にハードウェアを鍛えます．そして，それに乗せるソフトウェアの充実を計ります．親しい友人を作り，QSO を重ね，質の高いソフトウェア（ラグチュー）を楽しめるように，欧文の場合は英語力のスペルとボキャブラリーを勉強し，CW に適した表現力や会話内容を磨きあげます．さらに設備も，高性能でラグチューに快適な環境を研究します．

コンテスターやDXer は，ハードウェア面からは「QRM やパイルアップからいかにして目的局を聞き分けるか」,「最小限の送信で効率的に情報交換するか」が基礎になります．ソフトウェア面では究極的な交信テクニックの追求，符号と相手を関連づける頭の中のデータ・ベース蓄積，心理を突いた運用方法の研究を深めてゆきます．設備面では，もっとも質，量ともに究極が追求されます．世界的な友人関係での情報収拾も盛んです．

HST は，ハードウェアの性能を追求する遊びで，人間の限界に近い超高速のCW を聞き分ける耳を鍛え，それと同じくらい正確に書き取り（タイプし），送信する技能が追求されます．同時にパイルアップをさばく技能も必要です．何より，短時間で最高速を出せる集中力の精神修行が要求されます．ソフトウェア面では速記記号や超高速タイプ方法の研究も盛んです．エレキーやパドルなど，ツールの研究も重要です．そして東欧圏を中心に親密な友人関係に成り立っています．

図1　アマチュア的モールス概念図

アマチュア無線におけるモールス通信の階層構造イメージ．楽しみ方は実にさまざま，好みのメニューを選択してはいかがでしょうか

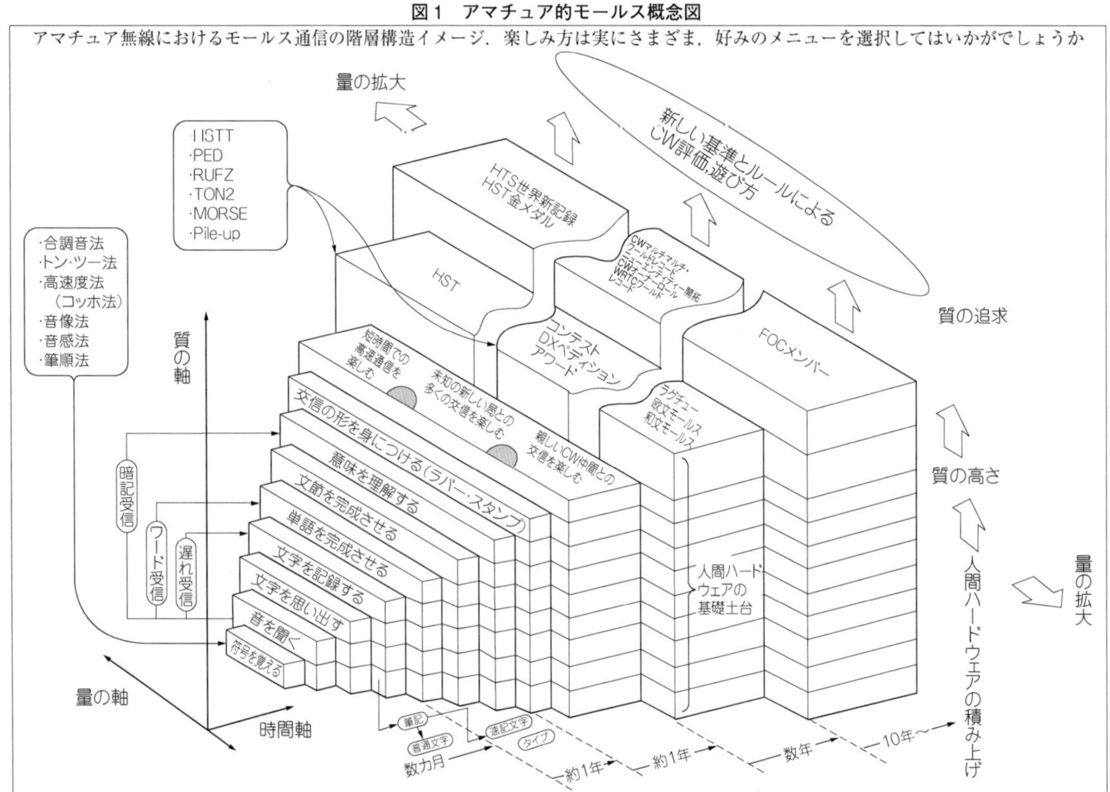

このように，一般的なラバースタンプQSOを越えたこの境地に達すると，それぞれの楽しみ方によって求められる能力とそれに最適な練習方法は異なってくるわけです．しかし，おもしろいことにソフトウェア面での要求条件はそれぞれに異なりますが，人間ハードウェア部に要求される性能は共通していそうです．

人間ハードウェアの訓練

何を楽しむにせよ，基礎となる人間ハードウェアが鍛えられていれば，土台がしっかりしているわけですから，質の高いソフトウェアを豊富に搭載でき，楽しみは深まり，幅も広がります．アマチュア無線家のモールス通信環境を考えると「周波数の共用」，「限られた設備」，「究極の飛距離のおもしろさ」であるため「ノイズに埋もれた，たくさん混信がある弱い信号」を聞くことになります．どんなソフトウェアを楽しむにせよ，要求される「耳」は「目的外の音がたくさん混ざった悪い状態の中から，より早く正確にモールス符号を聞き取る能力」と「そんな相手の立場にたった上手な送信」が鍛えられていれば，プラスにこそなれマイナス要素はないと思います．

アマチュア無線家の場合，熱心なCWファンの学生やサラリーマン・ハムが就職，転勤でメイン・シャックから離れて暮らすことは日常的です．最近では海外というケースも多いようです．そんな理由で住環境が制限され大出力の無線機や大きなアンテナが使えないこともあります．劣勢な設備，環境での運用を強いられることは多いわけです．モールス通信を支える主役のアマチュア無線自体が都市形社会の大波を受け，その生存形態を変えつつあるともいえそうです．それを技量で補いCWを楽しめればすばらしいことです．もちろん，設備が充実していれば「鬼に金棒」です．

筆者は，約25年間にわたる趣味のCW生活で，満足できる設備で楽しめたのはトータルしても5年間に足りません．度重なる転居にもかかわらず細々とCWを続けられたのは，このハードウェアの土台が多少なりともあったおかげだと思っています．

人間ハードウェアは仲間にも楽しさを

簡単なラバースタンプQSOでも，QRPerやアパマン・ハムが打ち出す微弱なモールス符号を，鍛えられた「耳」で確実に拾ってあげれば，相手の局には「こんなにも電波が飛んだ!」という感動と満足をプレゼントできます．

ラグチューなら空中状態の悪いコンディションでも受信力に十分な余力が生まれ，そのゆとりのぶん，心のこもったストロークを楽しめます．相手の意図を一発で以心伝心で受け，快適感を与え，負担をかけない優しい運用で友情も深められます．

DXなら全世界からのドッグパイルを効率良く捌き，多くの方にスリルとチャンスに満ちた楽しい時間をプレゼントできます．

コンテストでも限られた設備で運用している局へ貴重なポイントをプレゼントでき「柔よく剛を制す」楽しみを差しあげられます．

HSTでは，モールス符号という世界共通言語だけで母国言語や民族の壁を越えて，訓練した者だけが共通して持てる親近感と理解で，お互いをさらに研鑽しあえます．このように，人間ハードウェアの充実で世界中の仲間と交流を持つことは，すばらしいことです．

8-2 人間ハードウェアを選択的に鍛えるノウハウ

SSB耳でCWを聞く

CWが上達してくると電話のダイヤル・パルスの音から何番にかけたかわかるようになります．一方，音楽が得意な方であれば，音感をお持ちですから，ラジオの時報と同じ440Hz，880Hzは容易に同調できます．これをミックスすると電話のピポパ音で電話番号がわかります．この延長線上で，雑音や混信に埋もれたCWを聞けば良いわけです．SSB耳でCWを聞けば短点一つでも相手がわかるようになります．CWを“1”，“0”のディジタル信号としてでなく，生きているアナログ信号として聞くわけです．

筆者は普段のワッチでは，もっぱら2.5kHz以上の広帯域IFフィルターを使い，数百Hzのトーンを中心に聞いています．これならいつもパイルアップを受けているのと同じで，自然と耳が鍛えられます．せっかく訓練するのですから応用範囲が広い条件を選択すれば後々便利です．これは，人間というハードウェアにとって辛いほうを選択するといえます．

カリブ海や南極方面のあるDXペディションに参加した友人は，CWフィルターの実装されていない無線機を使って7MHzを運用し，彼は一晩で1000局以上とQSOして参加メンバーを驚かせたそうです．これはトレーニングが設備を補った実例です．狭帯域IFフィルターに慣れてしまうと，広帯域IFフィルターは辛く感じます．しかし，広帯域フィルターで訓練しておけば，狭帯域フィルターはさらに快適な環境になります．

自分を呼んでくるパイルアップだけで近接混信がなければ，このように広帯域フィルターを選択するのも一考です．強い局から順番に拾えば良いときは，低いトーンで呼んでくる局から順に拾ってゆきます．チューニングの必要がないため，ダイヤルには手を触れずに運用でき，両手をキーボードの操作などに使えます．なにより楽しみながら実践でトレーニングを積めます．

一方，近接混信やノイズが多く，その中からどうしても目的の微弱な相手の信号をピックアップしたい時は，250Hz以下の狭帯域IFフィルターを選択し，IF-SHIFTで雑音の音色を変化させ，ピッチも低いトーンでAPFも入れながらRITで精密なチューニングをし，耳感*S/N*を最適化して聞きます．

パイルアップでも特に弱い信号の局をピックアップしたいときは，このように運用します．つまり，人間ハードウェアと設備能力の総力をあげて聞き取るわけです．

8-3 パソコンの活用

我々の大先輩の時代は，人間ハードウェアを選択的に鍛える方法がなく，ひたすらソフトウェアを含んだ遊びの場数を重ねることで，ハードウェアとソフトウェアを総合的に鍛えていました．

充実したラグチューを繰り返す，コンテストの場数を踏む，バンドをワッチし，DXを楽しむといった日常的なCW運用です．もちろん筆者自身もそうしてきました．

しかし，最近ではパソコンを活用し，遊びながら楽しく，このハードウェアを選択的に鍛える方法が開発されつつあります．したがって，ここではいくつかの具体例を紹介します．CW練習ソフトはたくさんありますが，実践運用の訓練に役立つものは意外と限られています．

Column ハードウェア世界一の実例

人間は唯一遊びをする動物ですが，CWを使った遊びも，パイルアップ聞き取り，RUFZ，HSTなどといった高速CWの送受信競技，さらにはCWコンテストなどがあります．その中でもCWコンテストは，運用法，設備，ロケーションの総合力を競い合うゲーム，HSTはいかに高速なCWを正確に送受信するか，といった人間の能力を競い合うゲームという点で違います．

CWコンテストではオペレーターの拙さを設備で補うことも可能ですが，HSTは直接的に人間のモールス通信の技能差が問われます．どれくらい高速なCWをコピーできるかといえば，'97年にブルガリアで行われた第2回HST世界選手権大会でハンガリーのHA3OV Antalは何と630PAIRSのCWをコピーして世界新記録で優勝しました．630PARISというと一般のRTTYの2倍に近い速さです（図2）．

HA3OV AntalはHST世界選手権プラクティス部門2連覇．世界記録と金メダル保持者．コンテスト，ラグチューにと，日ごろからCWにアクティブである．写真の中で彼が手にしているものは自作キーヤー

彼は特殊訓練を積んだ東欧の秘密兵器なのでしょうか？ RTTYのターミナルを上回る受信ロボットなのでしょうか？ いえいえ，彼はコンテスト，ラグチューなどにアクティブな一般のCW愛好ハムなのです．

7MHzのCWで，ベランダに設置した筆者の釣竿アンテナでヨーロッパの信号が弱いときでも，彼は逆Vアンテナにもかかわらず，その驚くべき「耳」で筆者のか細い電波を確実に拾ってくれました．

彼を含め，過去2回のHST世界選手権で知り合った選手たちと，その後もお空で実際のQSOを重ねるにつれ，筆者の認識は一変しました．彼らは決してスピード一辺倒でなく，高性能な人間ハードウェアの土台に築かれた，すばらしい送受信基本能力を駆使しています．それに各自が好みのソフトウェアを乗せてCWの楽しさを満喫していることを実践で教えてくれたからです．

図2　速度比較例（PARIS，bps，Bauds）

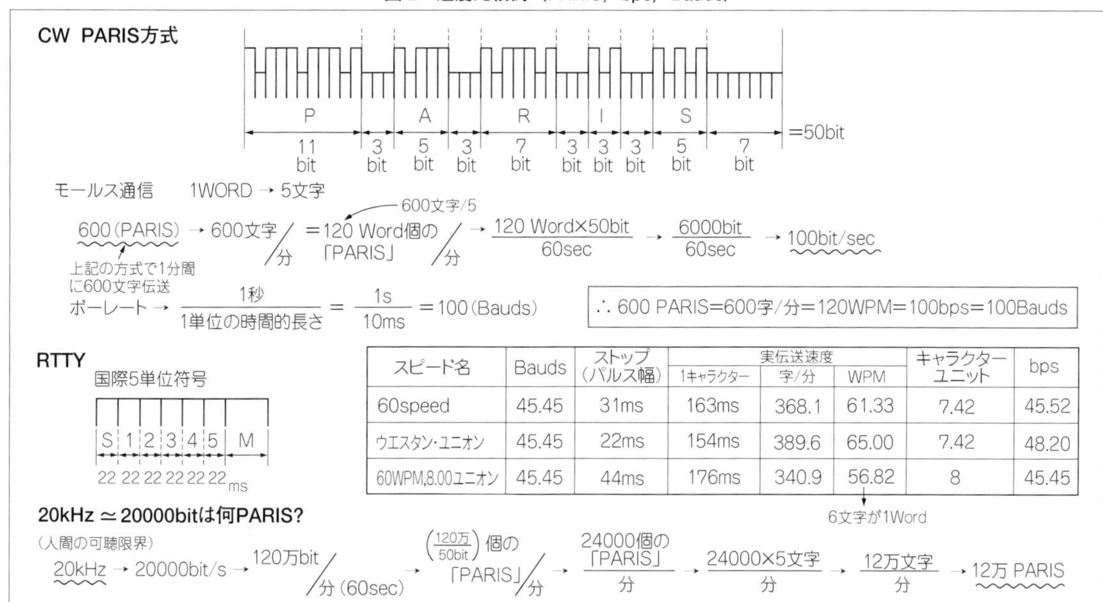

スピード名	Bauds	ストップ（パルス幅）	実伝送速度 1キャラクター	実伝送速度 字/分	実伝送速度 WPM	キャラクターユニット	bps
60speed	45.45	31ms	163ms	368.1	61.33	7.42	45.52
ウエスタン・ユニオン	45.45	22ms	154ms	389.6	65.00	7.42	48.20
60WPM,8.00ユニオン	45.45	44ms	176ms	340.9	56.82	8	45.45

超高速モールス（HST）トレーナー

JE3MAS 高津氏が作成した「HST トレーナー」は，これを選択的に鍛えることを目的としたパッケージ・ソフトウェアです．発展途上国も配慮した動作環境で，8086 以上の IBM 互換パソコンの MS-DOS（英語）で動きます．

一般にモールス符号を覚えて練習を積むと「プラトー現象」に突きあたります．つまり，60～80PARIS を越えるあたりで練習量と速度の比例関係が延びなくなる現象です．原因は遅れ受信，ワード受信をマスターするための現象で，これを越えると，また 150PARIS くらいまで伸びます．それ以上になると耳に手が追いつきません．暗記受信以外は速記記号による筆記か，キーボード受信で記録速度を上げる対策が必要です．

しかし，個人差はありますが 300PARIS の壁を越えるのは，記録を行わない暗記受信でも尋常な人ではむずかしいように感じます．

音色モールス信号

モールス符号の解読法であるトーンをたどる方法は，HST 世界記録の 600PARIS クラスでは以下の理由で困難になります．テープの早回しと違い，速度が上ってもトーンの周波数はあがりません．通常，受信トーンは速度に関係なく 400Hz とか 800Hz で固定です．

一方，600PARIS は約 100bps です（**図 2**）．800Hz のトーンを 100bps でランダムにオン・オフする場合，100bps は可聴域なので，クリック状のオン・オフ信号に邪魔されて肝心のトーンは聞こえにくくなりま

Column　ビギナーの質問と OM の回答

ビギナーが OM に「モールス通信上達の練習方法は？」と質問します．この回答は実にむずかしく，上達度や目標とする運用法（楽しみ方）に何を目指しているかによって異なります．しかし，多くの場合，質問者の嗜好によらず画一メニューだったり，その OM の得意な分野に合った練習方法を推奨したり，上達過程を小出しに教えていくこともあるようです．

しかし，遊びという面で見ればアマチュア無線家の場合は，まずビギナーが楽しみ方のメニューと選択肢をすべて知り，目指すゴールを先にイメージしながら，上達の道のりの全貌を掴んだうえで好きな分野のトレーニングを始める，こんな練習方法はいかがでしょうか．

画一の時代から個性の時代へ移りつつある今日，「気に入ったコースを選択して好きなメニューから CW を楽しむ」これからのモールス通信はこんな遊び心の道があっていいのかもしれません．

HSTは人間のモールス送受信の技能を競技する世界規模の新しいスポーツ．写真は第2回HST世界選手権大会をプロモートするIARU Reg1のHST委員会のキー・マンたち．左よりHA3NU Lacy，LZ1RF Panayot，LZ1US Milcho

す．つまり，トーンをたどる方法は，おのずと速度の限界があるからです．

オン・オフ信号だけ聞いて受信できるとすれば，人間の耳は20000bps程度までは聞こえるわけですから120000PARISくらいまでは可聴領域限界だけ考えれば理論的には受信可能かもしれません．これが記憶力，筆記・タイピングの速度などの事情で，600PARIS前後に落ちつくものと思われます．600PARISはトーンとオン･オフ信号が渾然一体となった音で，これが「音色モールス信号」です．

豊富な機能

HSTトレーナーは，超高速モールス符号を聞き取る耳と，それを記録する超高速タイプを1台のパソコンで同時にトレーニングできるパッケージ・ソフトウェアです．さらに超高速受信に適したエディター機能があるため，HST本番にも威力を発揮します．しかも，高速コールサインを繰り返し受信練習できる機能も登載し，RUFZやコンテストの練習に活用できます．これらをBGM的に流し，自動トレーニングできる機能もあります．

また，ランダム符号やコールサイン自動発生機能のほかに，テキスト・ファイルを読み込んでモールス符号で聞かせてくれる機能もあり，普通欧文の暗記受信の基礎訓練にも活用できます．

パイルアップ・シミュレーション

人間ハードウェアに要求されるのは，高速性のほかにノイズや混信の中から目的信号を聞き分ける能力があります．これをシミュレートするパッケージ・ソフトウェアはJE3MAS高津氏が作成し，'97年のブルガリアでの第2回HST世界選手権大会から公式種目として採用された「PED」です．このほかにG4ZFEによって作られWindows95上で動作する「Pile-Up」もあります．

両者の違いですが，「PED」は高津氏が海外運用で経験したパイルアップの醍醐味をどなたにでも体験してもらいたいと，コンテスト･ロギング･ソフト「CT」で運用する感覚そのままの実践QSOスタイルで作られています．一方，「Pile-Up」は一定時間を区切った受信局数が記録される形式になっています．

「PED」は，パイルアップをさばくうえで，きわめて重要な送受信のタイミングや応答法といった実践的総合トレーニングができます．今後，ますます主流と

Column 簡単な自作機でトレーニング

筆者がCWを初めたころは学生で，無線機を購入できるお小遣いがありませんでした．しかたなく3W出力のQRP，受信はダイレクト・コンバージョン構成の無線機を自作し，それで運用していました．オーディオ・フィルターも満足なものは組み込んでおらず，常時，数局のCW信号が一緒に聞こえていました．さらにQRPのため，よほど旨いタイミングで呼ばないと応答もありませんでした．

しかし，今振り返ると，これが人間ハードウェアのトレーニングの基礎になったような気がします．ただし，この後，上のランクへステップ・アップするためには，やはり人並の無線機で新しい世界を体験することは重要だったと思います．

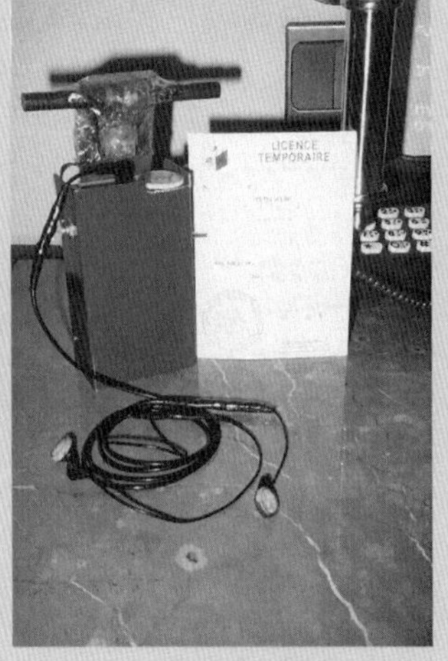

自作ダイレクト・コンバージョン受信機の一例．写真は160m専用ポケット受信機．筆者がフランスからF/JE1SPYを運用した際，付属のバー・アンテナで全欧州が良好に聞こえ，虜になってしまった．指向性もシャープで近接ノイズ源の探索などにも便利

なるリアルタイム・ロギング・ソフトウェアを使用したタイピング・オペレーション・スタイルのコンテスト，およびDXペディションのトレーニングにも活用できます．

高速コールサイン受信トレーニング

コンテストやDXペディションでは，コールサインを音のイメージとして瞬時にとらえる直感力が重要です．これをトレーニングするのが「RUFZ」や「TON2」です．

「RUFZ」は，'95年にハンガリーで行われたHST世界選手権大会から正式種目に採用されたパッケージ・ソフトウェアです．これらは短いコールサインを受信する遊びなので誰でも取っつきやすく，きわめて実用的な練習です．

最初のうちは自分の頭の中でCW→文字→打鍵というプロセスをたどりますが，遊んでいるうちにCW→打鍵の脳細胞のバイパス回路が繋がってきます．高速になると前述の音色モールス感覚でコールサインが取れるようになり，

第2回HST世界選手権大会でドイツ選抜選手として「RUFZ」4位を獲得したDF4PA Mark．写真はRUFZを練習中のMark

プリフィックス	/プリフィックス	サフィックス
LZ	/JE1	SPY

などと長いものも三つの音のグループとして

ビロビロロ	/ピロリロリン	パッパカパー

と高速音のイメージをパケットにして頭のレジスターへ放り込めば良いわけです．

8-4 見えるモールス信号

こうして，遊んだり，実際に運用していると，超高速モールス通信やパイルアップでも，共通に頭に残る音の残像が生まれてきます．パイルアップの場合はそれが頭の中で映像としてパノラマのように広がります．平文を暗記受信する時には無意識のうちに目の代わりに耳を使って読んでいるわけです．同様にパイルアップをさばいているときも無意識的に映像で処理しています．

図3はX軸を時間，Y軸をトーン周波数，Z軸を信号強度に取った3次元空間にパイルアップ参加局がマップされます．これを見ると，空間的に距離の離れている信号が受信しやすいというのは明らかで，どの

Column　オウム（ものまねのうまい鳥）返し送信

コンテストやDXの初心者が「パラパラッとCWで打ってこられても，一度にログへ書き取って応答できない」と悩んでおられます．そこで，こんな練習方法もあります．例えばSSBで初心者が，「ジャック・エドワード・ナンバーワン・スペシャル・ポート・ヨーク」と変則的なフォネティック・コードを使うことがあります．そんな場合，やはり初心者は，無心にオウム返しで応答します．そして，話ながら「えーとJE1CPYだな」と考えながらログに書くと思います．これをCWでやれば良いのです．

エレキーとパドルを用意して，CWバンドを聞きます．CWを文字に復号しないことです．ピロリロリーンと聞こえたらオウム返しでピロリロリーンと打ちます．こういう風に音のオウム返しで遊んでいると，驚くべきことにログを付けなければ，CQを出して捌けます．とはいえ，これでは約束に反しますので「PED」にパドルと足踏みスイッチを接続して遊びながら練習します．

ここでキーボードでなく，パドルを使う理由は，脳の中の処理回路が違うらしいのです．これはCWの復号によるプロセスの有無の差です．電子回路のレジスターとメモリーの差にも似ています．少し慣れれば，打った直後に字を認識できます．したがって，ログは打ち終った後にサッと書けば良いのです．あくまで応答する瞬間は，頭を空っぽにした状態でオウム返しします．暗記受信でコールをとってそれに応答する方法とはこの点が異なります．

図3　頭の中のパイルアップ・イメージ映像例

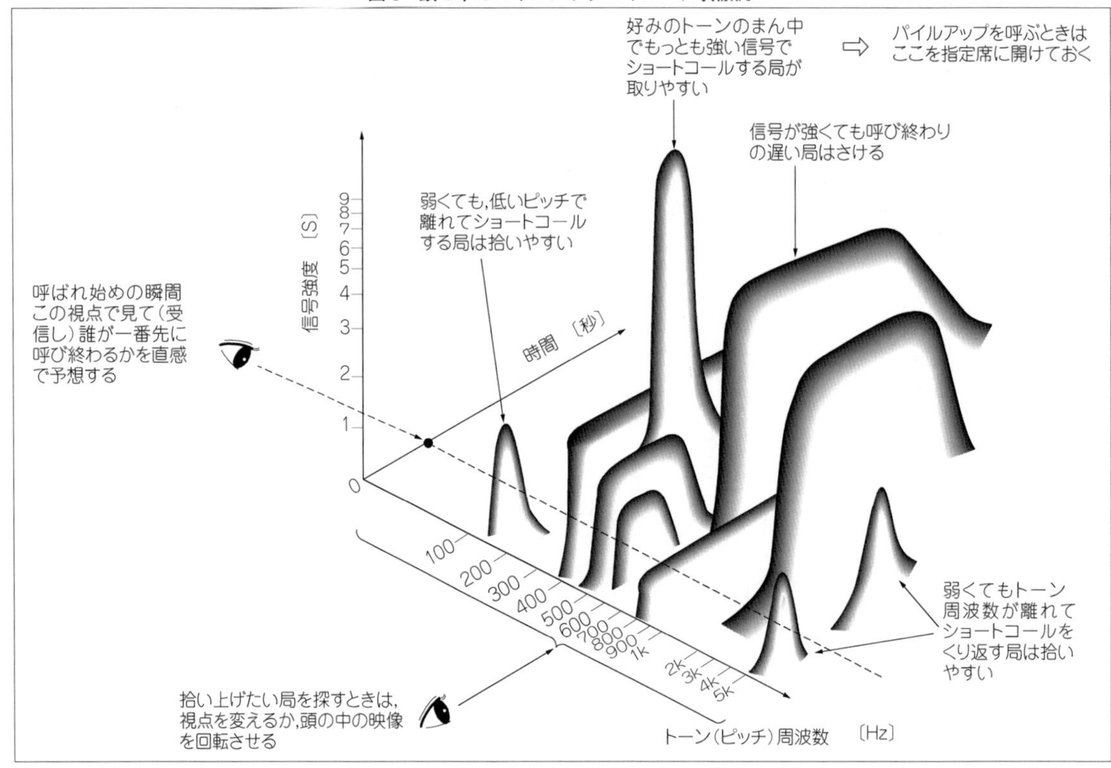

信号に集中すれば良いかが一目（一耳）でわかります．これが時事刻々変化してゆくわけです．パイルアップから特別の局を聞き分ける必要がなく，とにかく速くパイルアップを捌こうとするときは，どの局が一番早く打ち終わるかを瞬時に，経験と直感で判断すれば良いわけです．

一方，一本釣りのときは，この映像を頭の中で回転させるか，自分の視点を動かしながらそれを探し，瞬時に拾い上げれば良いわけです．

もちろん，自分が呼ばれる時だけでなく，オンフレのパイルアップを呼ぶときも同じです．映像の中心に呼んでいる局のコールバックの指定ポジションを空けながら待ち受けます．

そして，フル・ブレークインで呼び，自分のキーイングのすき間でそのポジションへ信号が現れれば，コールバックありと瞬時に見えます．時間軸が自分の送信タイミングに合っていなければ，ほかの局へのコールバックとわかります．

Column　モールス通信と右脳の謎

「右脳と左脳」の話題があります．「右脳」は（イメージ，映像，直感）といった分野をつかさどり，「左脳」は（論理思考，計算，言語）といった分野をつかさどるといった話です．以下は筆者の勝手な例え話です．

CWの場合も「A（・−）」の勉強は，はじめは左脳を使って「暗記」しているのだと思います．しかし，左脳は精密ですが，その処理に時間がかかるので普通のQSOに追いつきません．では，QSOしている人の「左脳」は凄いスピードで動くのかといえばそうではなく，訓練によって処理を「左脳」から「右脳」に切り替えているのかもしれません．

空を飛ぶ鳥を見て，「いち，に，さん」と数えるのは左脳ですが，右脳はぱっと見た直感で数を量として捕らえます．意識的に脳の右左を使い分けられませんので，この実現は訓練しかなさそうです．

類推ですが，CWの旨いOM/YLが指を組んだり腕組みをすると，左手上が多い気がします．近年，高齢者の「ぼけ」の研究が進み「右脳人生で生き生き老後」といわれています．名手の先輩CWマンの方がかくしゃくとしておられるのも上記の理由ではないか，などと想像しています．ご専門の方からすれば根拠もない話と一笑されるかもしれません，hi.

8-5 送信力を鍛える

2刀流の秘技

モールス通信は，受送信のバランスが大切なため送信のトレーニングも重要です．以前にDXerやコンテスターの間で，パドルの右打ち，左打ちの議論がありました．筆者の場合は左打ちです．縦振り電鍵，複式電鍵，シングル･パドル（1枚羽），アイアンビック（スクイーズ）・パドル（2枚羽），いずれも左手でパドルを操作しながら，右手で送信内容とは無関係の文字を書くように訓練しました．

紙ログ時代は左手でパイルアップを捌いたりCQを出しながら，右手でデュープ･チェック･シートを整理，エントリー・ログを清書，QSLカードを書く，などたいへん便利でした．しかし最近では，オート・キーヤーやコンピューター・ロギングがこれに代わり威力は半減しました．しかし，コンピューター・ログがない環境では今でも便利といえます．

私の友人はパドルで1枚羽，2枚羽，右置き，左置き，親指短点，親指長点の合計2×2×2の8とおりの打ち方をすべて訓練しています．また，あるコンテスターのシャックには真ん中にキーボードが置かれ，その左右にパドルが合計2個置かれていました．2刀流ならぬ3刀流です．

マルチ・オペレーター（クラブ局など）運用で活躍

アパマン・ハムで自宅からは運用できない方は，クラブ局などで移動運用やコンテストのときだけ運用する方も多くおられます．そんな時はエレキーや電鍵を個々に持ち寄り，オールバンド運用を行う，というケースがほとんどです．パドルも個人の趣味のものが集まりますので，上記のような8とおりすべての組み合わせが出現します．

ところが，コンテスト中やパイルアップでオペレーターが代わったからと，パドルを左右に置き換えたり，接続替えしていては時間のロスです．コンピューター・ログも全バンドに対応していないかもしれません．ですから，いろいろな場合を想定してあらかじめ訓練しておくことは，マルチ・オペレーター環境やお助けオペレーターにとって必須事項といえます．より多くの条件に対応できる人間ハードウェアのトレーニングは，送信でも同じです．

これは国際的なDXペディションの運用でも同様です．前述の南極方面のDXペディションでは，皆で持ち寄った中にあったシングル・レバーのパドルを打てたわずか2名が，これで大活躍したそうです．

気軽な運用は，パドルとコンピューター・ロギングを兼用するのも一考．ロギングはコンピューターで，挨拶や情報交換はパドルと臨機応変に対応できる．写真は以上のスタイルでブルガリア・ソフィアから160m CWをLZ/JE1SPYで運用する筆者

本文中でご紹介したCW練習パッケージ・ソフトウェアは，インターネットのホームページなどから入手できます（'98年7月現在）．

「PED」...http://jzap.com/je1cka/
「RUFZ」...http://www.sk3bg.se/contest/rufz.htm
「HSTT」...http://jzap.com/je1cka/　および，http://www.ham.or.jp/software/cw/
「TON2」はパソコン通信のニフティサーブから情報が得られます．

Column 人間ハードウェアの高空性能

零式戦闘機のパイロットだった坂井 三郎氏の著書「大空のサムライ」に，高度1万メートルで酸素マスクを使用しても「パイロットの六割頭」という現象があったとあります．

そこで，HSTトレーナーをインストールした愛用のパソコンで，筆者もジャンボ・ジェット機の客室にて，高度1万メートル，時速900kmの条件で試してみました．すると，どんなにがんばっても地上の記録の8割程度しか記録できませんでした．

8-6 お手軽アンテナで楽しむ

変わる運用形態と不変の伝統的ルール

'80年代後半の地価急騰で'90年代，都市部の若いアマチュア無線家を中心に大きな変化が現れました．それはHF帯の国内コンテストで移動局が増えたことです．住宅環境で自宅から運用できない方が，簡単な設備で短時間集中運用すれば成果の上がる国内コンテストに移動運用で活躍したのです．さらに'90年代後半に入るとDXコンテストでも，移動局が優勝しはじめました.ローバンドならスペースのメリットを生かし，ワイヤー・アンテナで対抗できるわけです.

一方，アワードはマラソン・レースです．特にDXCCなどはDXペディション局と交信できるかが勝負なため,休日だけの移動運用では不利といえます.そのため固定シャックを持たない若い方に興味が向かない傾向にあるようです．また，アマチュア無線の総合誌である「CQ Ham Radio」でも，アパマン・ハム向けの釣竿アンテナやコンパクト・アンテナの記事で賑わいだしました．こちらは日常生活に密着した運用時間ですが，電波の飛びが限られ，自転車でスポーツ・カーと競争するような面もあります．一方では相当の費用と時間を注いで人家の少ない山の上などにシャックを建て，アンテナ・ファームを築くスーパー・ステーションが出現し，2分極化が進んでいます.

アマチュア無線の運用形態が変化する中，遊びのルールはパワー面のクラス分けは，ようやく世界的に普及してきました．しかし，それ以外の設備面，運用時間からの配慮は検討課題となっています．したがって，スーパー・ステーション以外の局が現行のルールで成果をあげるには，ラグチューなどを選択するか，設備面で可能な限り工夫するなど，CWの特徴とトレーニングされた人間ハード能力を最大限に活用しなければならないわけです.

楽しみ広がる 人間ハードウェア＋アンテナの工夫

いずれを選択するにしてもモールス通信の長所を生かして，人間ハードウェアのトレーニングを積み，そのうえで設備面，特に住環境と関わりの深いアンテナを工夫することは有益です．そこで多くの方が悩む，どこでもCWを楽しめるアンテナの実例について簡単に触れ，読者のヒントにしていただければと考えます．　筆者自身，社会人になった時は集合住宅に引っ越し，モールス運用を諦めかけました．しかし，その際，諸先輩の真に迫る体験談は説得力があり，大いに勇気づけられました.

そこで，私が実際に使ったアンテナのうちで都市部の集合住宅でも簡単に建てられ，国内からDXまで実用的に使えるアンテナを紹介します.

国内は上空，DXは地面スレスレにある

初めてアンテナを建てる場合，トライバンダーを屋根馬にあげてSWRを一所懸命追い込んだが，DXにさっぱり飛ばない，ということを耳にしたことがあります．せっかくのビーム・アンテナも水平ビーム・パターンに気を使うわりには，垂直ビーム・パターンの実測がむずかしいため，わからずじまいのまま使うことが多いようです.

図4A，**図4B**は昼間の7MHzや夜間のローバンドを想定し，電波がE層で反射すると仮定したうえで，国内QSOを行うのに最適な垂直ビーム・パターンを仮定した図です．意外と上向きなのに驚きます．一方，**図5**はアメリカを想定してF層反射の場合の打ち上げ角を仮定した図で，地面すれすれに電波が出入りするイメージです．きわめて大胆な仮定ですが，当たらずしも遠からずかもしれません.

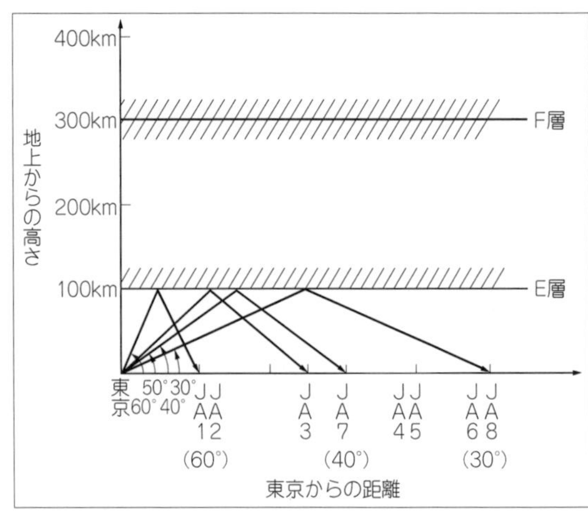

図4A　東京から見た，国内各エリアへのQSOに適した打ち上げ角．図のとおり，国内の電波は真上に打ち上げられ，天から降ってくる

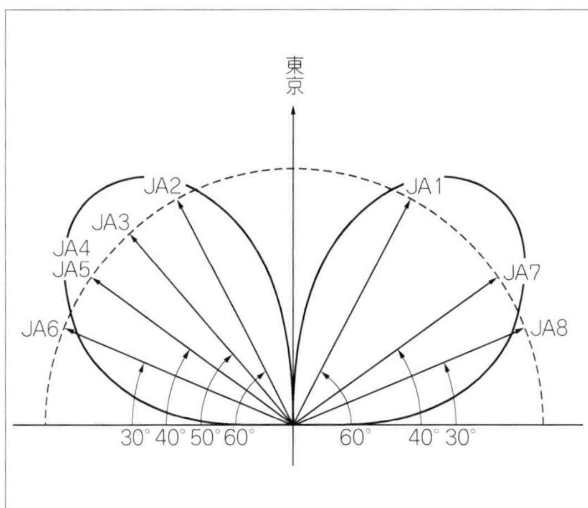

図 4B　東京から見た，国内交信用の垂直ビーム・パターン．打ち上げ角 30° ～60° の間で各エリアがカバーできる

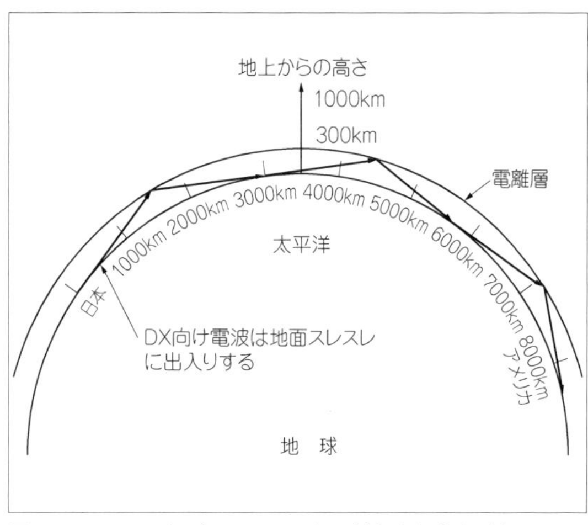

図 5　DX QSO（日本－アメリカ）**に適した打ち上げ角．DX の電波は地面**（海面）**スレスレの低い角度で出入りする**

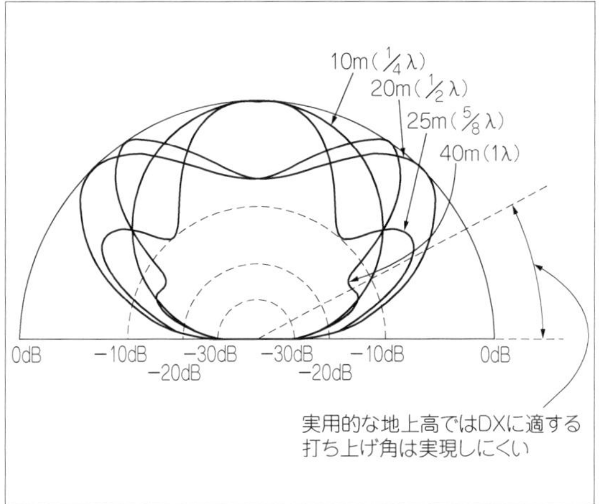

図 6A　1/2 波長水平ダイポール・アンテナの地上高を変化させたときの垂直ビーム・パターンの変化（国内交信用には 7MHz バンドの場合，地上 10 ～ 20m 高くらいの高さに上げたダイポール・アンテナが適している）

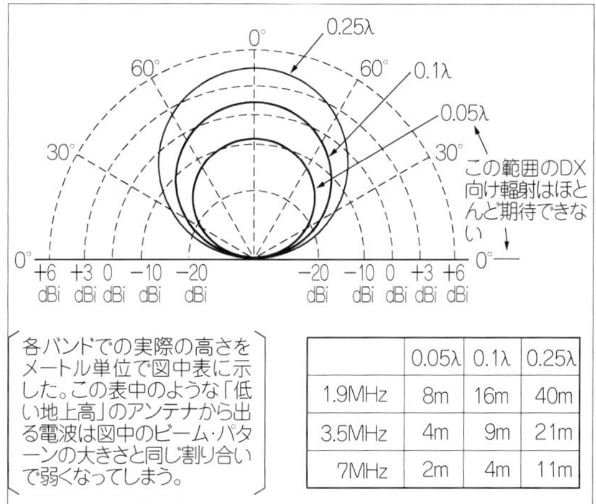

	0.05λ	0.1λ	0.25λ
1.9MHz	8m	16m	40m
3.5MHz	4m	9m	21m
7MHz	2m	4m	11m

図 6B　地上高が 1/4 波長（0.25 λ）**より低い場合の水平ダイポール・アンテナの垂直ビーム・パターン**（0dBi はアイソトロピック・アンテナ＝完全な球形のビーム・パターンのアンテナ）

アンテナ・シミュレーターと飛び実体験の連携

水平非接地系アンテナは，打ち上げ角が高く DX 用ベランダ・アンテナとしてはむずかしいといえます(**図 6A，図 6B**)．したがって，ベランダのような狭い場所に建てるアンテナは垂直系が良さそうです．

低い打ち上げ角で DX に適する垂直系の基本モデルをアンテナ・シミュレーターで検討した例が**図 7，図 8, 図 9** です．ベランダでの最大の問題は地面(アース)がないことです．1/4 波長バーチカル・アンテナなどは理想大地でない場合，輻射抵抗とアース抵抗の比率で電力がロスし，効率が悪いといわれています．

さらに，アースが不完全な場合は打ち上げ角が高くなり，垂直ビーム・パターンのビームの端で一所懸命

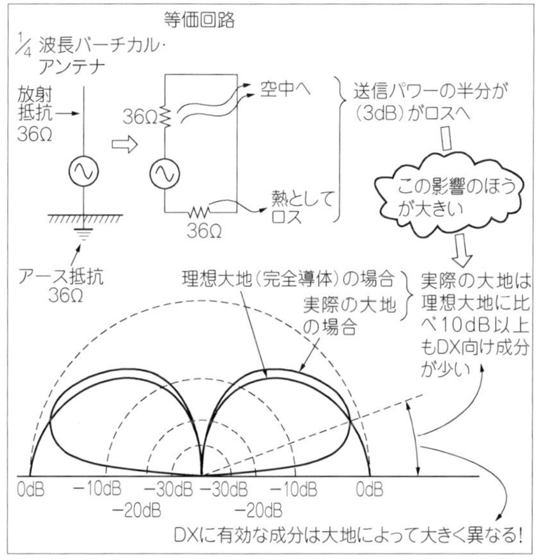

図 7　大地の違いによる 1/4 波長垂直バーチカル・アンテナの垂直ビーム・パターン．理想大地の場合，地面スレスレくらいの低い角度では，実際の大地の 10 倍以上強い電波が出せる

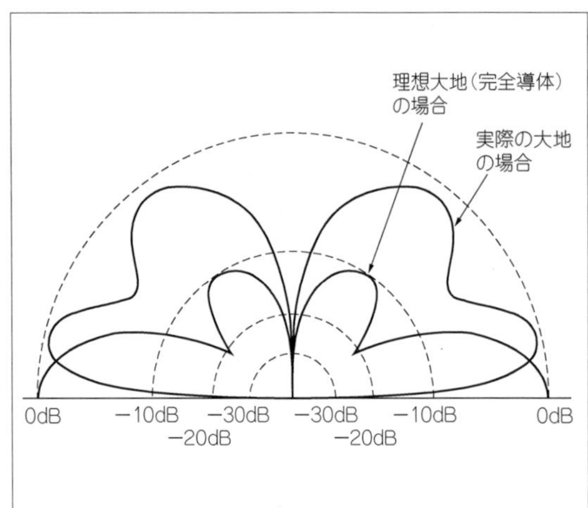

図8　大地の違いによる5/8波長バーチカル・アンテナの垂直ビーム・パターン．垂直アンテナでもっともDXに適しているといわれる5/8波長バーチカル・アンテナも，アースの状態で大きく性能が変ってしまうことがわかる

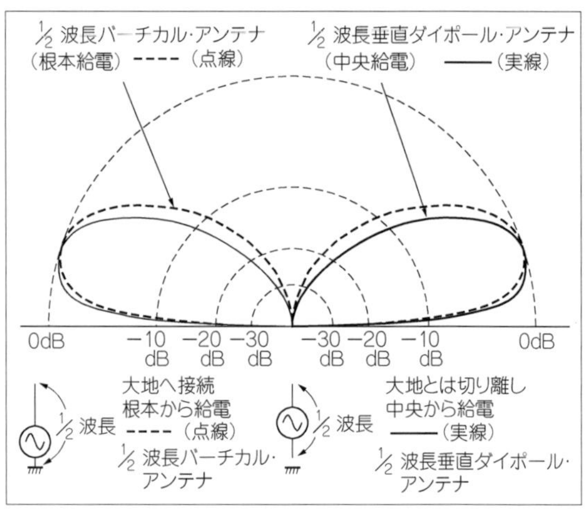

図9　1/2波長バーチカル·アンテナと1/2波長垂直ダイポール·アンテナの垂直ビーム・パターンの比較．いずれも実際の大地では1/2波長の垂直系アンテナが適していることがわかる．バーチカル・アンテナにするか，垂直ダイポール・アンテナにするかは，個々の設置環境により判断が必要

DX局を呼んでいることが支配的な原因となっているようです．

一般に低輻射方向にもっともゲインが高いといわれている5/8波長バーチカル・アンテナは理想大地上ではそのとおりですが，実際の大地の場合は1/2波長バーチカル・アンテナか，垂直ダイポール・アンテナのほうが低い打ち上げ角にエネルギーを集中できることがわかります．

したがって，ベランダの不完全なアースで最大の効果をあげるには，1/2波長バーチカル・アンテナか垂直ダイポール・アンテナをベースに検討すれば良さそうです．また，それが無理でもなるべく1/4波長より長くして，できるだけ地面に対して垂直に近いラジエター·エレメントから電波を出すことを目標とします．さらに，アパマン・ハムの優位性である給電点の高さを生かします．地表に給電点があり，回りの建物に電波を吸わせているバーチカル・アンテナや，一戸建ての屋根の上わずか数mから真上に電波を打ち上げているトライバンダーより，高層マンションなどのベランダやそこから引き下ろしたワイヤー・アンテナのほうが高い位置からより水平方向へ電波を出せます．しかも，それを遮るものがないメリットを最大限に生かせるわけです．

集合住宅では，目立たないように工夫してスペースを活用すれば，むしろ狭い一戸建てよりローバンドでは良く飛ぶアンテナを上げやすいことに気づきました．その実際の飛び具合とアンテナ・シミュレーションとの関係を自分の評価尺度として身体に染み込ませた蓄積は貴重なノウハウになります．パターンを見て飛び具合をイメージできればFBです．

集合住宅のアンテナ

まずエレメント(ラジエター)長をハイバンドとローバンドに分けてクリップで繋ぎ替えられるようにし，良く飛ぶ約1/2波長程度のラフな長さに決めます．バンド幅が広く，良く飛ぶようにフルサイズとします．ケーブルとのマッチングは給電部にアンテナ・チューナーを入れて簡単にオールバンドに対応します．これらを家のベランダなどで手軽に建てられるように釣竿や細いワイヤーなどの軽い材料で実現します．

この方法は，共振周波数とSWRを追い込むために何度もアンテナを上げ下ろすなどの調整は必要がありません．一人でも楽々，使うときだけ短時間で建てられ，洗濯物を取り込むようにサッとたたみ込めます．

最近は小型の磁気ループ・アンテナも注目され，おもしろいテーマですが，CWの威力が発揮されるローバンドでDXとも交信する．しかも，オールバンドで簡単に自由自在にQSYするという2点を考慮して上記に絞ってみました．

目立たなければ使うときだけ大きく

図10のアンテナはベアフットでもオールバンドでDXから呼ばれたい，160mのDXコンテストで使いたい，と欲張ったスタイルです．マンションの最大の悩みは「美観」と「規則」です．そこで主に夜間と日

図10 「使う時だけフルサイズ」ベランダ・アンテナ概念図（鉄骨鉄筋コンクリート工法（SRC））

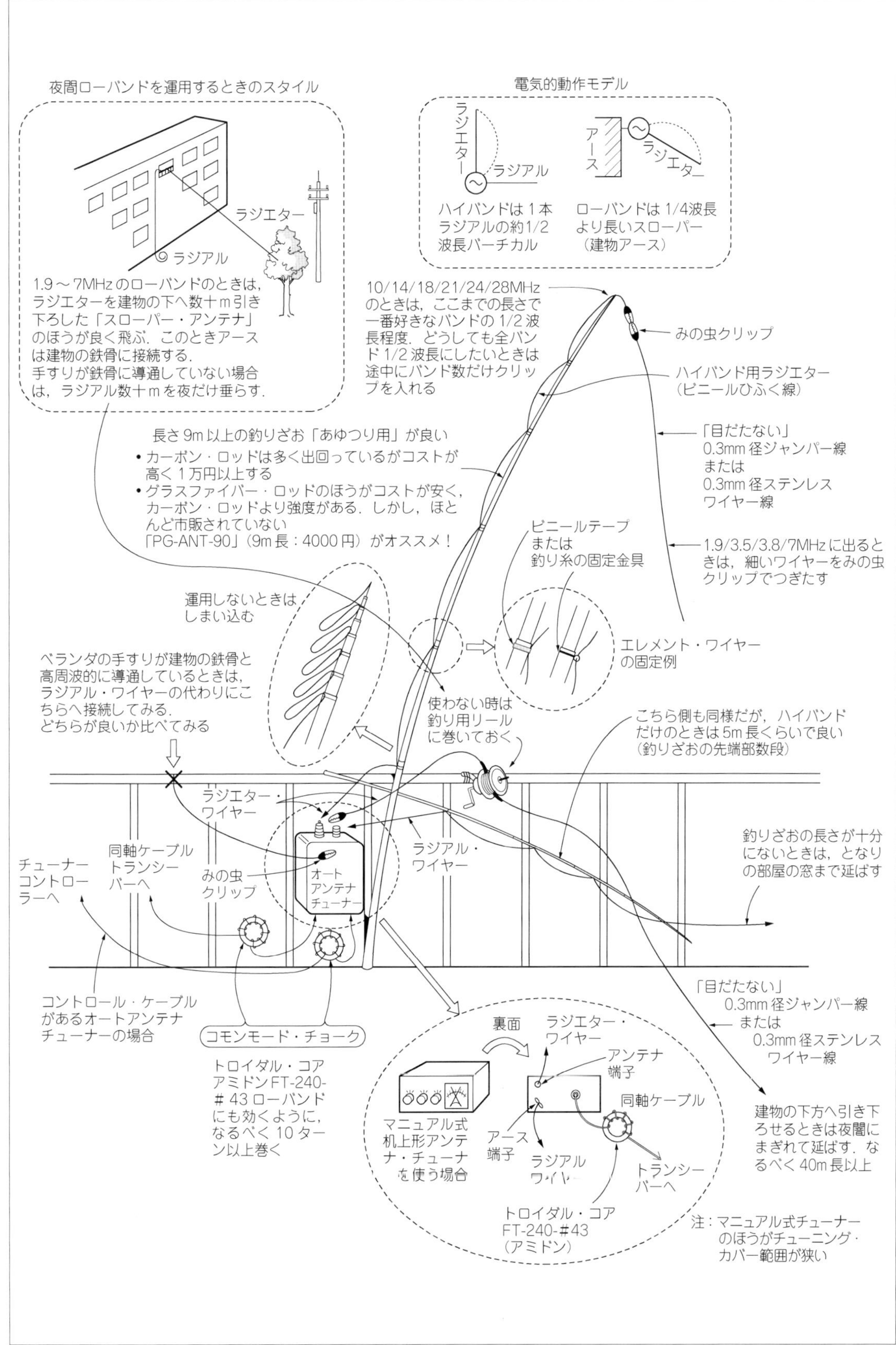
夜間ローバンドを運用するときのスタイル
ラジエター
ラジアル
1.9～7MHzのローバンドのときは，ラジエターを建物の下へ数十m引き下ろした「スローパー・アンテナ」のほうが良く飛ぶ．このときアースは建物の鉄骨に接続する．
手すりが鉄骨に導通していない場合は，ラジアル数十mを夜だけ垂らす．
電気的動作モデル
ラジエター
ラジアル
ハイバンドは1本ラジアルの約1/2波長バーチカル
アース
ラジエター
ローバンドは1/4波長より長いスローパー（建物アース）
10/14/18/21/24/28MHzのときは，ここまでの長さで一番好きなバンドの1/2波長程度．どうしても全バンド1/2波長にしたいときは途中にバンド数だけクリップを入れる
みの虫クリップ
ハイバンド用ラジエター（ビニールひふく線）
「目だたない」0.3mm径ジャンパー線または0.3mm径ステンレスワイヤー線
長さ9m以上の釣りざお「あゆつり用」が良い
•カーボン・ロッドは多く出回っているがコストが高く1万円以上する
•グラスファイバー・ロッドのほうがコストが安く，カーボン・ロッドより強度がある．しかし，ほとんど市販されていない「PG-ANT-90」（9m長：4000円）がオススメ！
ビニールテープまたは釣り糸の固定金具
1.9/3.5/3.8/7MHzに出るときは，細いワイヤーをみの虫クリップでつぎたす
運用しないときはしまい込む
エレメント・ワイヤーの固定例
ベランダの手すりが建物の鉄骨と高周波的に導通しているときは，ラジアル・ワイヤーの代わりにこちらへ接続してみる．どちらが良いか比べてみる
使わない時は釣り用リールに巻いておく
こちら側も同様だが，ハイバンドだけのときは5m長くらいで良い（釣りざおの先端部数段）
ラジエター・ワイヤー
ラジアル・ワイヤー
同軸ケーブルトランシーバーへ
チューナーコントローラーへ
みの虫クリップ
オートアンテナチューナー
釣りざおの長さが十分にないときは，となりの部屋の窓まで延ばす
コントロール・ケーブルがあるオートアンテナチューナーの場合
コモンモード・チョーク
トロイダル・コアアミドンFT-240-#43ローバンドにも効くように，なるべく10ターン以上巻く
「目だたない」0.3mm径ジャンパー線または0.3mm径ステンレスワイヤー線
裏面
ラジエター・ワイヤー
アンテナ端子
同軸ケーブル
マニュアル式机上形アンテナ・チューナを使う場合
アース端子
ラジアルワイヤー
トランシーバーへ
トロイダル・コアFT-240-#43（アミドン）
建物の下方へ引き下ろせるときは夜闇にまぎれて延ばす．なるべく40m長以上
注：マニュアル式チューナーのほうがチューニング・カバー範囲が狭い

曜だけの運用が中心であることに着目し，「使うときだけ伸ばす」，「目立たない」工夫をしてみました．

1.9～10MHzは直径0.3mmの細いテフロン被覆の亜鉛メッキより線（多少手荒く扱っても切れにくく，キンクができにくい），通称「ジャンパー線」をコンテストや週末の夜間だけベランダから約50m長引き下ろしました．透明のテグス糸と組み合わせ，保護色を選び，先端は通行人に届かない高さに仮り止めしました．アースは幸いにもSRC（鉄骨鉄筋コンクリート）工法の建物で，避雷針アース＝鉄骨になって手すりと確実に導通していましたのでそれを良好なアースとして使いました．

建物によっては手すりと鉄骨間に直流導通はあっても高周波的にはダメな場合があります．できれば建築時の施工図での確認か，接続を目視確認できるとベストです．中途半端な導通はインターフェアの危険があります．そうでなくても建物に高周波電流を流しますので注意が必要です．

評価は，時間とルールが一定のコンテスト中心で行いました．これで成果が上がったアンテナなら普段のQSOでも十分実用になります．しかもコンテストでは多くの局が短時間に集中運用しますので，ここでの飛び具合は豊富な実践データとなり，確率的にも信用がおけると考えました．

結果はベアフットで160mのDXコンテストでCQを出してアメリカ西海岸から呼ばれ，W5，W6，W7，WØなどの聞こえる局からは応答がありました．3.5MHzではコンディションのピークにアメリカ西海岸から短時間呼ばれ続けました．7MHzの飛びはFBで，ARRLコンテストではアメリカ西海岸の日の出1時間程度呼ばれ続けました．14～28MHzの5バンドは長さ約9mの釣り竿に太めのビニール被覆線を沿わせ，使うときだけ竿を伸ばしました．アースはベランダの手すりとは絶縁し，数メートルのラジアル線を1本だけ出しました．いちおうエレベイテッド1本ラジアルのつもりです．

アンテナ・チューナーに接続されるすべてのケーブルにはトロイダル・コア（アミドン#43材）を使った自作のソータ・バランを入ました．これはチューナー内部でコントロール系の直流アースとアンテナ系の高周波アースが切れていないので，本来のラジアルではなくチューナーのケーブルに高周波が乗ってしまい意図した動作をしなかったらです．

結果は14MHzの1/2波長程度なので，特に14MHzでの飛びはすばらしく，後日に建設許可が下りて屋上3m高に上げた短縮2エレHB9CVより遙かにFBでした．この原因は打ち上げ角です．今，振り返ると，HB9CVを屋上に対して垂直に建てて実験すればたいへん興味深い結果が得られたのではと考えます．屋上の同じ場所に立て直したフルサイズ14MHz用ヘンテナと比較してもSメーターで二つ程度劣るだけでした．

オールアジア・コンテストCW部門などの時はヨーロッパからも立て続けに呼ばれ，通常のCW QSOでもアメリカ東海岸やヨーロッパが気軽にCQに答えてくれ，パイルアップさえなければ聞こえるDX局からはまず応答がありました．

Column

ローバンドと自分の時間

ローバンドでは「自分の時間」があるようです．つまり，自分の電波がスポット的な地域にどかんと落ちてゆく極短い時間が存在するのです．

ですから一見，相手が聞こえているとき呼んでも自分のスポットがずれているので飛びにくく感じてしまい，反対にCQを出すと自分の電波が一番強く落ちている地域から呼ばれるため，CWですとカスカスの弱い局でも呼んできます．

「自分の時間」の相手方は必ずしも「相手の時間」ではないようです．アンテナの飛び具合の評価を行うときには参考になります．

住まいごとに最適なアンテナは異なる

ある時，上記のように工夫を重ねたアンテナと苦労の末，屋上設置許可を取った住まいともお別れとなりました．興味深い（困った）ことに引っ越し先で上記と同じタイプのアンテナで試したところ，特にローバンドがまったく飛ばなくなってしまったのです．アンテナ・シミュレーションと実験を繰り返して落ち着いたのが**図11**です．

ポイントは建物がRC（鉄筋コンクリート）工法のためにアースとして使用できなかったので，無線機の電源ラインも含めて高周波的にアースを完全に建物から切り離し，そのかわりラジアル・ワイヤーを大地と見立てたわけです．

常設するラジアルは地面や建物から高くできないので，ベランダ内に収まる範囲で長めのビニール被服線を丸めてできるだけ本数を多く置きました．長さは1/8～1/4波長を目安に適当で構いませんが，20mくらいの長さのワイヤーを5mくらいにまで丸めても

図 11　ベランダ・アンテナ概念図（鉄筋コンクリート工法（RC））

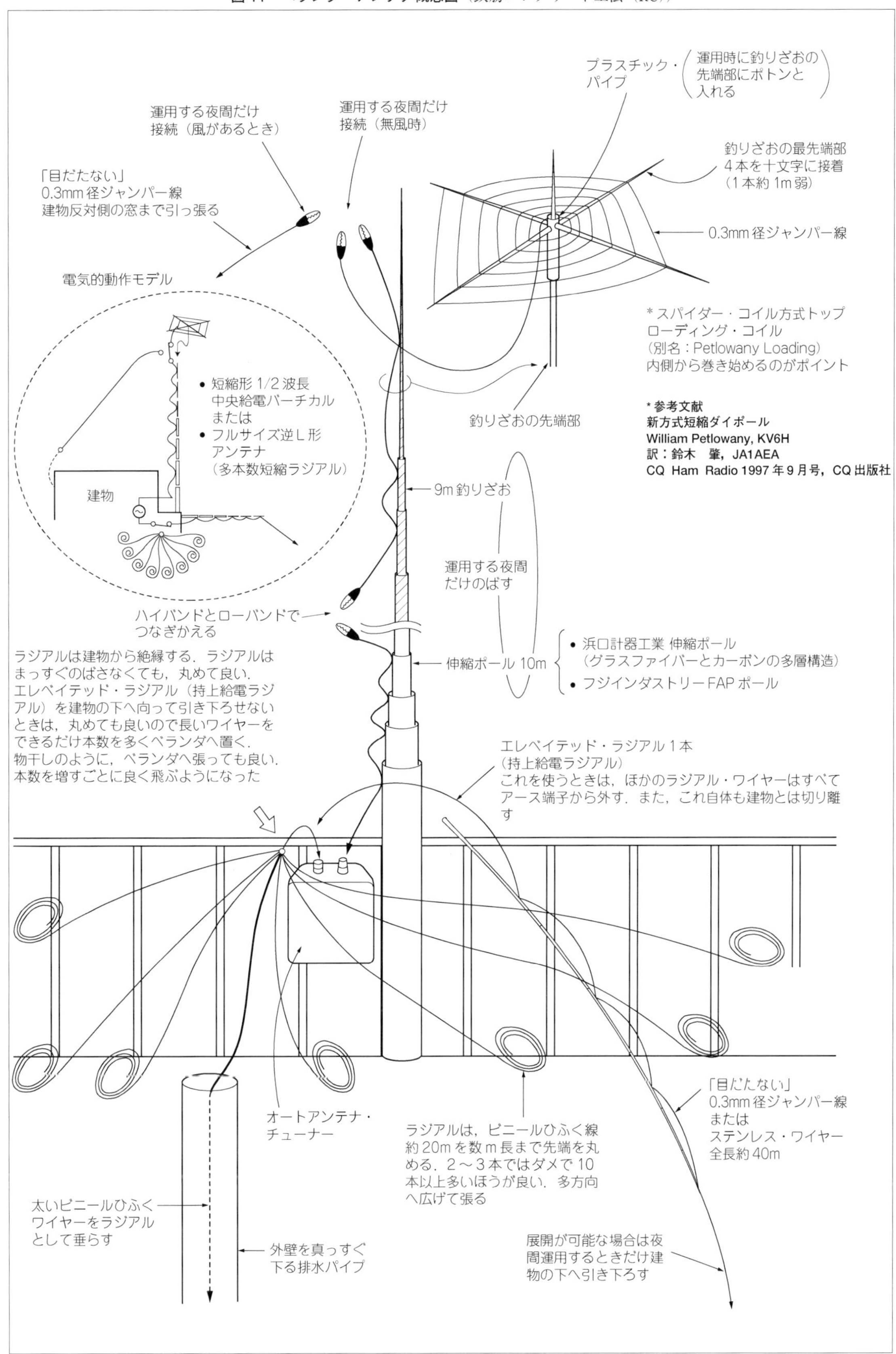

運用編

ローバンドすべてで効果はありました．ラジアルは10本以上可能な限り多いほうが良いでしょう．これはラジアルによる仮想大地を作り，それで電波の打ち上げ角を低い方向に引き下げる意図です．

そして，特別に飛びを良くしたいコンテストや週末の夜間，ローバンドでDXと交信したいときだけ前述のジャンパー線を1本だけベランダから数十m長引き下ろします．高さを確保したうえで，地面との結合を減らし，その方向へのビーム効果も期待するのが有効のようでした．なくべく角度を付けて打ち上げ角が低くなるようにもしました．動作原理は良くわかりませんが，1/2波長垂直ダイポールのようなアンテナです．

釣竿アンテナの製作に便利なグラスファイバー釣竿（モデル名：PG-ANT-90）の入手先（'98年7月現在）は下記のとおりです．
問い合わ先：洪進産業，担当：佐藤さん（e-mail：QYU01737@nifty.ne.jp）電話：0465-37-2640
商品名：PG-ANT-90

グラスファイバー釣竿（PG-ANT-90）．この釣竿は，アンテナを製作するために設計されたもの

短縮方法のヒント

ベランダや移動地で建てる垂直系アンテナは，ローバンドの場合フルサイズはむずかしい場合があります．アンテナ・チューナーを使えばもちろんフルサイズの必要はありませんが，電流腹を少しでも持ち上げるこのような方法もあります．通称「Petlowany Loading」といわれているもので，蚊取り線香のようにワイヤーを巻き込むスパイダー・コイルに似たローディング方式です（**写真1**）．

バーチカル・エレメントに水平エレメントを継ぎ足すと水平部からの輻射が支配的になり，高角度輻射が増えますが，「Petlowany方式」はより低い打ち上げ角になるようです．開発者であるKV6Hの意図とは少し違いますが，アンテナ・チューナーを使うことでこのコイルの巻き数もラフに無調整で作れます．

私自身驚いたのは，このアンテナとベアフットで160mのDXコンテスト時に5大陸とQSOでき，アメリカはW8（オハイオ州）と交信できました．特にハットを使用せず，逆Lタイプと丸めたラジアル・タイプの組み合わせでも160mでアメリカから呼ばれる側となり，ヨーロッパ，アフリカとも交信できたのは嬉しい誤算でした．

しかし，パイルアップになると必ず負けました，hi．興味深い実験として約40m長のラジアルを4本だけ，ベランダの床面から建物面にはわせた場合では，S9＋で聞こえるW7あたりの局を呼んでも応答すらもらえませんでした．**図12**の10バンド・アンテナもWARCバンドを含むオールバンドで実用性が高く気に入っています（**写真2**）．

移動場所のツボとノウハウ

都市の住宅密集部ではインターフェアの問題があり，この悩みから完全に解放されるのが移動運用です．アンテナを展開するスペースも十分に確保でき，手軽なワイヤー・アンテナでも固定局に負けないサイズで張れます．

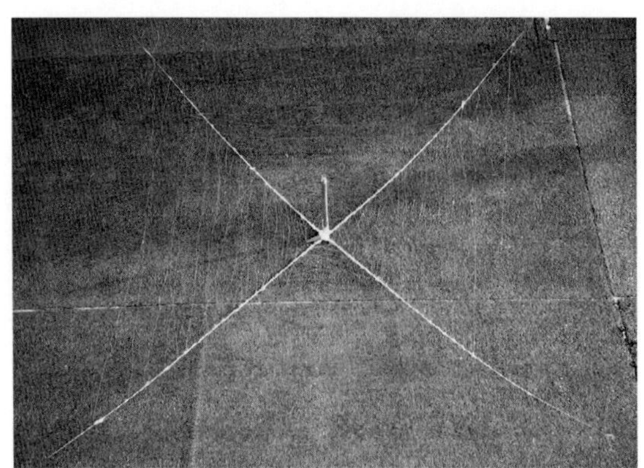
写真1　Petlowany Loadingコイル．軽さを最優先で作った一例

写真2　1.9～28MHz，10バンド，アパマン・ハム用フルサイズ・アンテナの給電部．ローバンド用ラジアルは30本ついている

図12　1.9～28MHz，10バンド，アパマン・ハム用フルサイズ・アンテナ

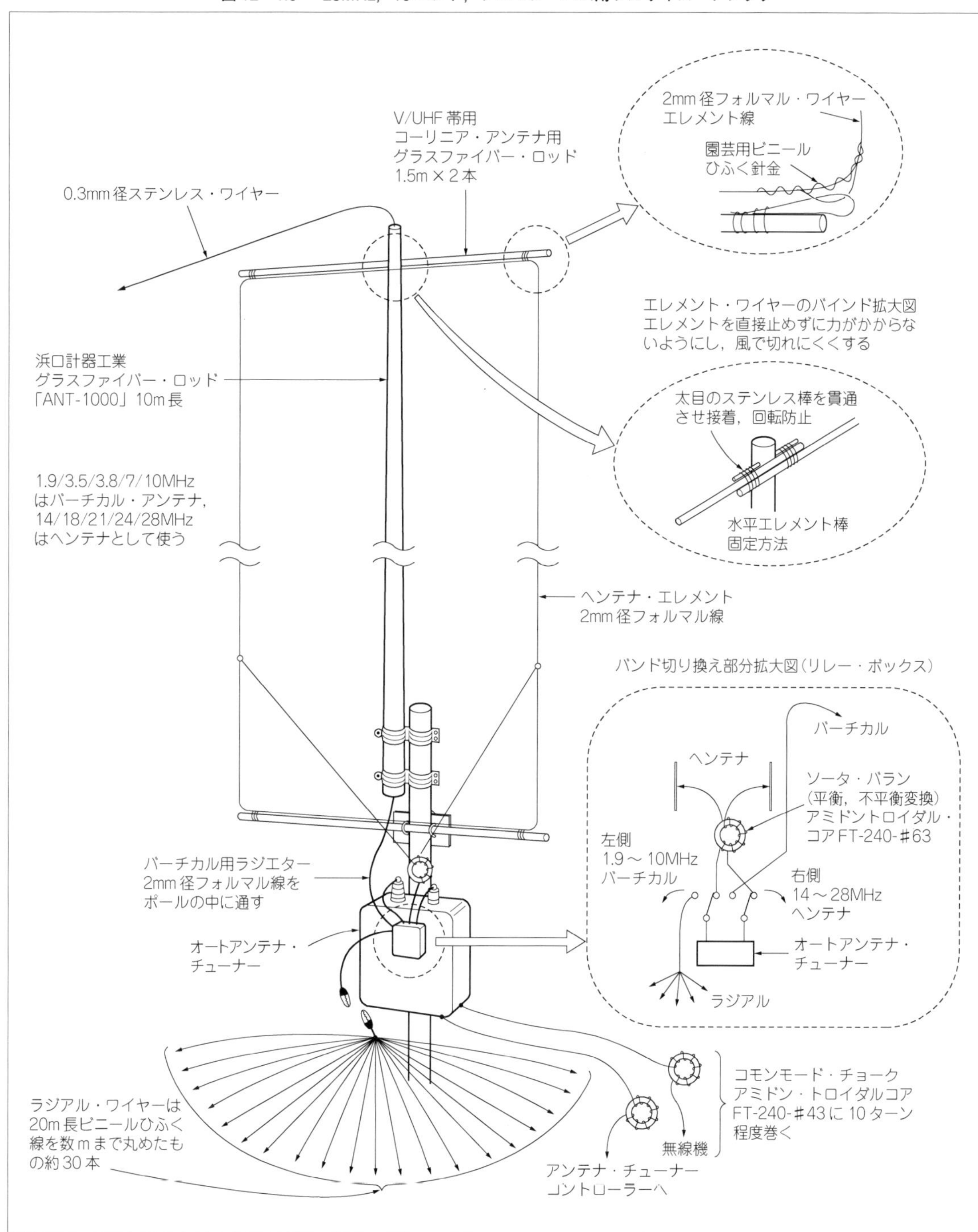

移動場所でベストなのは海岸の波打ち際です．海水は電波にとっては絶好の媒体です（**図13**）．DX相手なら電波を飛ばしたい方向に開けている波打ち際で垂直ダイポール・アンテナや1/2波長バーチカル・アンテナなどを海水に接触しないように建てる水際作戦が効果的です（市販の1/4波長バーチカル・アンテナは裸導線のラジアルを海水に投げ込むと良いようです．アース棒などでなく長さのあるラジアルです）．各種DXコンテストなどでもこの運用スタイルを実行し，その成果に驚いたと絶賛されています．このスタイルで'97年のWWコンテストのCW部門に参加した6Y4A（ジャマイカ）の信号は，3.5MHzで筆者のベランダに建てた釣竿アンテナで強力に聞こえ，驚かされました．

また，内陸部にお住まいの方にお勧めなのは，川や

図 13　お手軽移動運用の実例
水際の 1/2 波長垂直系アンテナは，DX に驚くほど良く飛ぶ

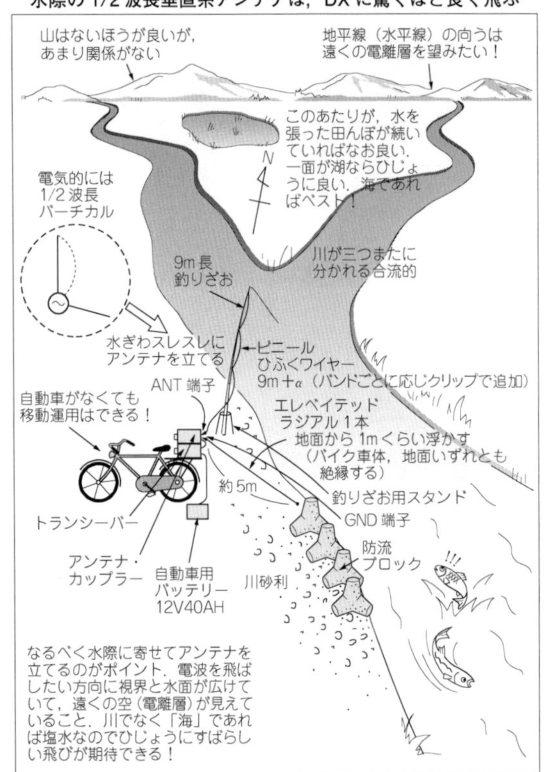
山はないほうが良いが，
あまり関係がない
地平線（水平線）の向うは
遠くの電離層を望みたい！
このあたりが，水を
張った田んぼが続い
ていればなお良い．
一面が湖ならひじょ
うに良い．海であれ
ばベスト！
N
電気的には
1/2 波長
バーチカル
9m 長
釣りざお
川が三つまたに
分かれる合流的
水ぎわスレスレに
アンテナを立てる
ビニール
ひふくワイヤー
9m＋α（バンドごとに応じクリップで追加）
ANT 端子
自動車がなくても
移動運用はできる！
エレベイテッド
ラジアル 1 本
地面から 1m くらい浮かす
（バイク車体，地面いずれとも
絶縁する）
約 5m
釣りざお用スタンド
GND 端子
トランシーバー
防流
ブロック
アンテナ・
カップラー
自動車用
バッテリー
12V40AH
川砂利
なるべく水際に寄せてアンテナを
立てるのがポイント．電波を飛ば
したい方向に視界と水面が広けて
いて，遠くの空（電離層）が見えて
いること．川でなく「海」であれ
ば塩水なのでひじょうにすばらし
い飛びが期待できる！

湖で同様の水際作戦を実行することです．海水にはおよびませんが，普通の平地に比べると段違いです．海まで出かけなくてもお住まいの周辺で手軽に運用できるのが魅力です．ここでは筆者の一例を紹介します．

初夏のある日曜日の夕暮れ，9m 長の釣竿アンテナとバッテリーをオートバイに積み，川岸からエレベイテッド・ラジアル 1 本で運用してみました．太公望と並んで釣竿を水際に立てて 10MHz で CQ を出すと，アメリカ東海岸からたて続けに呼ばれ続け，14MHz では 2 時間で WAC(6 大陸との交信）を完成しました．

一方，山の場合，HF 帯は見通し波が伸びる効果とともに「電波の打ち上げ角を低くする効果」があります．これは山の高さよりも地面の形が重要です．高さは 100m 足らずの丘でも，なるべく頂が小さくてアンテナ直近から周囲の地形がきり下がっていれば電波はより水平に近い角度で出てゆき遠くに良く飛びます．それが無理なら電波を飛ばしたい方向に地形がきり下がっていれば良いでしょう．

以上のような場所をあなたの「秘密基地」に選べば，「えっ，これがワイヤー・アンテナの飛び！」と誰もが驚く成果が上がるでしょう．

海外運用時のベランダ・アンテナの秘密

日本国内で，一つのコンテストに参加し，DX 局と 1000 QSO を達成するためには，どうしても kW 出力とビーム・アンテナが欲しくなります．ところが，旅行がてらに小さな鞄へポータブル・タイプの HF 無線機と釣竿アンテナを詰め，一歩日本から出るとホテルのベランダ・アンテナでも簡単に 1000 QSO が実現できるのです．

図 14 は**図 10** の自宅と同じタイプのアンテナをグ

図 14　AB6DH/KH2 の釣竿アンテナ

9m 長カーボン・ロッド釣りざおは
使うときだけ伸ばす．旅行のときは
グラスファイバーよりカーボンのほ
うが軽いので FB
14～28MHz 用
バーチカル・アンテナ
ガムテープ
で固定
ビニールひふくワイヤー 40m
をローバンド用ラジアルとし
て夜間だけ垂らす
0.3mmφジャンパー線（青色）を
約50m引き下す．
こちらは昼間でも見えないので
張りっぱなし
ベランダ手すりはコンク
リートなのでアースとし
ては使えなかった
1.9～10MHz
スローパー
約 50m
0.3mm 径ジャンパー線
アンテナ・カップラー
夜間だけ，ラジアル・ワイヤー
を窓から垂らす
クーラーのアースに
パラ接続
クーラー室外機

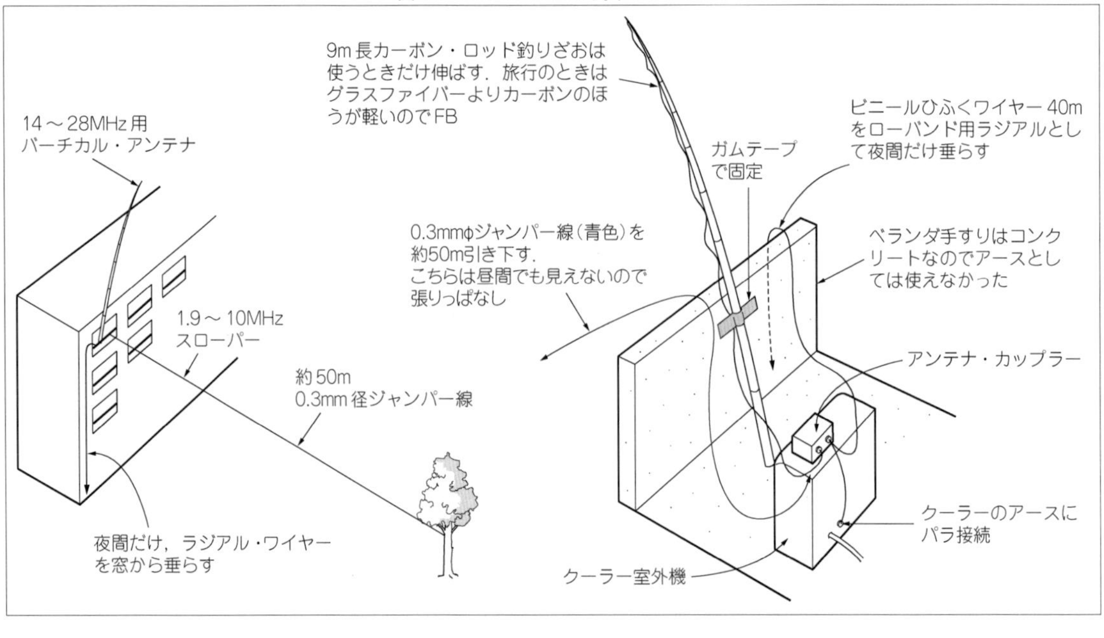

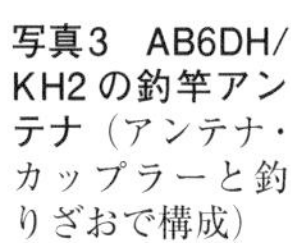

写真3　AB6DH/KH2の釣竿アンテナ（アンテナ・カップラーと釣りざおで構成）

アムのホテルで試した時の様子です（**写真3**）．1.8～7MHzのCWだけの運用で（4日間），パイルアップを受け続けました．特に1.8MHzだけでも132局，5エンティティーでした．自宅と同じアンテナなのに何かまちがっているのではないか，と感じたほどです．国内ではしがないベランダ・アンテナでも，太平洋では一人勝ちの状態になれることを実感しました．

このときのポイントは，ローバンドのアースです．建物がRC工法で手すりもコンクリートのため自宅のようにアースが取れません．そこでラジアル用ワイヤーを夜間だけ壁に添って垂らしたところ，自宅と同様の飛びが得られました．特に7MHzではアメリカ東海岸やヨーロッパの局がたくさん必死で呼んできてくれました．

また，ニューカレドニア（FK）から運用した時の問題は，部屋が最上階ではありませんでした．そこで釣竿を地面と水平方向に設置しました（**写真4**）．特に18MHzが良く，飛びはすばらしかったです．これ

写真4　FK/JE1SPYの釣竿アンテナ

は1/2波長に近い長さで，地上高30m程度の片端給電水平ダイポール・アンテナ的な動作をしたと思われます．ローバンドは4月のシーズンオフとは思えない飛びでした．1.8MHzでは45局，7エンティティーを含むオールバンドCWだけで700局と交信しました．

また，地元CWマンとのアイボールQSOも楽しみの一つです（**写真5**，**写真6**）．普段，アンテナの設置環境が厳しい都市部の集合住宅で鍛えておけば，海外のたいていの場所でアンテナを建て，モールス通信を楽しめることを体験しました．

ヨーロッパの過密都市でも

サラリーマンであると無線目的でプライベートの海外旅行をする時間がなかなかとれません．しかし，出張などでは海外の大都市へ出かける機会は意外と多いようです．特に普段JAからベランダ・アンテナではQSOできない国では，ローバンドのCWなどチャンスがあれば現地で運用したいものです．自分の電波が飛ばないなら懐に飛び込んでしまおうというわけです．

そんな一例として筆者がHSTの世界選手権に参加

写真5　FK8FU Daniel（右）は熱心なローバンダーのCWマン

写真6　FK8GK Patris（左）はアンテナ自作派のCWマン

図15　DL/JE1SPY，LZ/JE1SPYの釣竿アンテナ

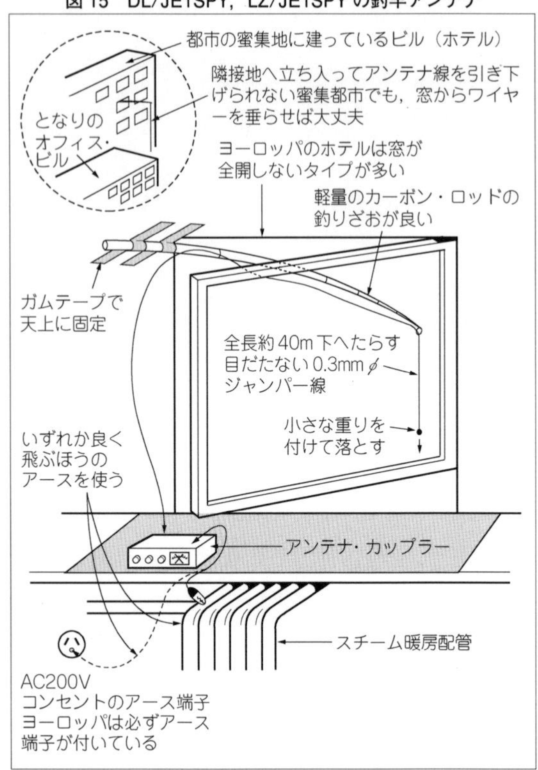
都市の蜜集地に建っているビル（ホテル）
隣接地へ立ち入ってアンテナ線を引き下げられない蜜集都市でも，窓からワイヤーを垂らせば大丈夫
となりのオフィス・ビル
ヨーロッパのホテルは窓が全開しないタイプが多い
軽量のカーボン・ロッドの釣りざおが良い
ガムテープで天上に固定
全長約40m下へたらす目だたない0.3mmφジャンパー線
小さな重りを付けて落とす
いずれか良く飛ぶほうのアースを使う
アンテナ・カップラー
スチーム暖房配管
AC200V
コンセントのアース端子
ヨーロッパは必ずアース端子が付いている

のため渡航した際，ヨーロッパの過密都市で運用した例を紹介します．ドイツのフランクフルトとブルガリアのソフィア（**図15**）での様子です．ドイツでは3時間程度の運用でしたが，繁華街から3.5MHzで聞こえた5エンティティーすべてとQSO．ハンガリー・シオフォークでは庭が広かったので，ヨーロッパの国々からパイルアップを浴び，1.8MHzだけで80局，

写真7　LZ/JE1SPYの釣竿アンテナ

31エンティティーと交信できました．

ブルガリア・ソフィアでは1.8MHzと7MHzで運用しました．「免許はOKだが小さなホテルの部屋から160mは無理だ」といわれましたが，運用後の実績に感心されました．特に7MHzではJAとも交信でき，国際電話が通じなかっただけに，沈みゆく夕日を眺めながらヨーロッパの混信にまぎれた日本からのCWをキャッチした感激は今も忘れません（**写真7**）．

さらに，私の日本での設備ではQSOがむずかしい東欧のトップバンダーとも旧交を深めることができました．このように過密さではJAと並ぶヨーロッパの大都市で窓が開かないという最悪条件のホテルの部屋からでも，アンテナを張ってモールス運用のできることを実証できました．

8-7 無線機の選定法

人間ハードウェアと設備ハードウェア

都市部に住む多くのアマチュア無線家がトレーニングした人間ハードウェアで，限られた環境を補い，国内外でCWを楽しめば，モールス通信の普及と継承の原動力になると思います．一方，無線機の面では，出力を除けばアパマン・ハムであろうと最高級無線機の選択は可能です．

トレーニングされた人間ハードウェアを最大限生かし，より質の高いソフトウェアを楽しむには，無線機も最高級のものが使えればベストです．それにより，見えなかった世界に達し，視野と楽しみはより高く広がります．不思議なもので人間ハードウェアも，自分が体験できなかった世界を一度でも覗くとさらに成長を始めます．それにつれてソフトウェアの質もより充実します．

そこで以下に，モールス通信で特に必要と思われる無線機の基本性能について考え，これから本格的にCWを運用したい方の参考になればと思います．

CWオペレーターの視点から選ぶ

ここでは設計面の技術的な話はほかの文献に譲り，あくまでユーザーの視点からCWにポイントを絞って簡単に触れます．スペクトラム・アナライザーやシ

グナル・ジェネレーターといった測定機器の定量評価なくしては諸OMからお叱りを受けそうですが，無線機の数倍もするコストはかけられませんので，アマチュア的な「耳」評価に限定します．

現在の市販無線機は，各メーカー技術の結晶によるすばらしいコスト・パフォーマンスです．ただし，多くのユーザーの多様なニーズを最適コストで満足できるように作られているので，モールス通信だけに特化するわけにはいかないようです．

ローバンドで狭帯域多信号を聞く

操作性とオプション機能はさまざまですが，基本性能はハイバンドではどの無線機も大きな優劣差は感じられないすばらしさです．そこでまずはローバンドの実用状態での多信号特性で聞き比べてはいかがでしょうか．

私が評価場として常用しているのは，S9＋の強力な信号が数kHz以内に多数林立する全国規模のコンテスト開始直後の3.5MHz CWバンドや，冬の夜明けにDXを呼ぶkW級の局が居並ぶ1.9MHzバンドです．250Hz程度の狭帯域IFフィルターを選択して，信号と信号のわずかなすき間を聞くと，本来なら誰も聞こえないはずの空きスポットにCW同士が重なりあったようなオバケが聞こえる無線機があります．オバケとは，ノイズ・レベルすれすれか，それよりわずかに強く「シャラシャラ，キラキラ」聞こえる独特の音です．

微弱なDX信号を拾うローバンドのCWでは，これが邪魔となります．これはRFアッテネーターを挿入してもなくならないのが特徴です．なるべくこのような症状が出ない無線機を選ぶようにしています．

オバケの正体

きわめて定性的でラフな推定です．カタログなどで上記は，ダイナミック・レンジで性能表記されています．測定条件は明記されていませんが，たいていは50kHz程度離れた2信号の3次IMDで規定しています．アナログ方式のオールウェーブ受信タイプ，トリプル（アップ）コンバージョン方式の無線機ではフロントエンドのトップに広帯域BPFを入れ，そのバンド外信号によるフロントエンドの飽和歪を回避しています．

したがって，50kHz離れた2信号や，近接多信号は，このフィルターを抜けてその差なく1stミクサーへ入ります．つまりカタログ値と実使用感に大きな差はないということです．

しかし，第1IFのルーフィング・フィルターは10数kHzの帯域幅なので50kHz間隔の2信号は通しませんが，実使用状態の数kHz間に林立する多信号は筒抜けです．ここに狭帯域フィルターが入ればCW以外は使えなくなります．これをユーザーが選択設定できる無線機はフラグシップといえども今のところ市販されていません．そのために，2ndミクサーでの狭帯域多信号，過大入力歪が問題となるわけです．最大ゲインと飽和領域の間をフルスイングするCWはAGCにも厳しい条件ですし，制御方式の問題もあります．それ以降の第2IF，第3IFはたいていの無線機は狭帯域のCWフィルターをオプションで搭載できるようになっているので問題ないわけです．

しかも2信号にくらべ，多信号の場合は一つひとつのピーク・エネルギーは小さくてもトータルの合計値は大きくなります．オバケ（IMD）を引き起こす局発PLLの純度とミクサー・アンプ系の歪を含めて耳で聞いた感じで選ぼうという，きわめてアマチュア的な方法です．

夜のローバンドを広く聞く

フルサイズのアンテナをつなぎ，夜の7MHzなどを聞いてみます．近接の放送バンドにもS9＋の超強力な信号がたくさん林立している状態が望ましいです．この場合は，CWバンドに限らずアマチュア・バンド外もワッチします．RFアッテネーターを挿入してクリア・スポットを探し，そこでRFアッテネーター

Column

CW波形考 角ばったCW，なまったCW

なまったCW波形はソフトに聞こえ，角張ったCW波形はパイルや混信に強くDXへ飛びやすいといわれてきました．かつて真空管時代，有名なDXerのOMは電鍵を叩く振動が同じ卓上のVFOへわざと伝わるようにして，機械振動でグリッドを変調し，良く飛ぶCW波形を作られたそうです．

最近では無線機のDSP化が進み，この形をソフトウェアで設定できるようにようになりました．今のところ立ち上がりと立ち下がりは同じ設定ですが，立ち上がりを鋭く，立ち下がりはなまった形に設定できると存在感があり，しかも聞いた感じソフトなCWが実現できそうです．その逆はちょっと間の抜けた汚い感じのCWに聞こえるようです．

運用編

をスルーにしてみます．その時なるべくオバケが現れない無線機を選びます．このときのオバケは文字どおり何が聞こえるかわかりません．あるいはすべてのCWが濁って聞こえることもあります．

これは上記のフロントエンドのトップにあるフィルターによりフロントエンド部分がどの程度の大入力まで低歪で動作できるかの耳感です．多信号の位相が相加しあうとトップBPF切替用ダイオードのバイアスを瞬間的に変えてしまいIMDを発生させることもあるようです．

コリンズ方式ダブルコンバージョン・タイプやPLL方式初頭時のシングルコンバージョン・タイプはここに同調回路が入っていたのでフロントエンドへの負担は軽減されたわけです．これが広帯域の場合，

Column CW運用にぜひ欲しい付属機能

・IFフィルター

数kHzの広帯域，1～2kHzの中帯域，500Hzの狭帯域，250Hz以下の超狭帯域をワンタッチで選択できるのがベストです．すそ野の切れ具合を追求するとデュアル・フィルターは必須です．シングル構成の場合は，ハイフレでなく455kHz段でクリスタル・フィルターが入る構成の無線機であれば実用上許容する切れは確保できるようです．ハイフレで1段だけのモデルはモード・スイッチを取り外してストレート・キャパシティによる結合を最小にするなどの対策をして使用するCWマンもおられます．

・オーディオ・ピーク・フィルター

これは効果絶大です．注意点は自分の好みのピッチ周波数まで調整ができるかです．400Hz以下には下げられない機種が多いので注意が必要です．方式はアナログでもディジタルでも構いません．高級機種でないと搭載されていないことが多く残念です．

・IFシフト

本来混信除去が目的で設けられていますが，前述のノイズの音色を変えるのにきわめて有効です．ピッチ調整，APFと兼用して使います．

・CWピッチ

少し古いタイプはピッチ800Hz固定の無線機が多く，RIT（クラリファイア）で好みのピッチ周波数の差分を常時補正する必要がありました．CPU制御化されてからは可変になりましたが，可変範囲が自分の好みの領域をカバーしているか，プリセット方式ではなく，ワッチしている時でも連続的に調整できるかなどがポイントです．なお，CWピッチが搭載されていても温度特性が悪く，冬の早朝などピッチが変わっていく機種があり要注意です．

・フル・ブレークイン

オンフレでパイルアップを呼ぶとき，自分の送信符号のスペースでワッチが可能であり，コールバックの確認に有効です．スプリット運用の際はコールバックがあるまで構わず呼び続けられますので応答確率をあげられます．

ただし，フル・ブレークイン動作時，符号のデューティが細る機種があるので要注意です．サイド・トーンでなく実際の送信電波をモニターして選びましょう．

・ゼロイン機能

これは慣れてくると絶対音感が身に付きますので必須ではありませんが，できれば送信キーイング・モニター・トーンと連動してピッチが変わり，それにおんさゼロで合わせるか，ゼロビート・ゼロイン機能，LED点灯表示があれば便利です．特に超混雑するローバンドCWでの国内コンテストなどでは，オンフレのコールはきわめて重要です．

・受信系専用端子

あまりに単純な機能ですが，意外とないのが受信アンテナ専用端子と外部受信機接続端子です．ローバンドのCW運用などでビバレージやスモール・ループなどの受信アンテナを接続したり，スプリット運用時やコンテストでパラレル受信が必要な際，これらの端子が出ている無線機は実に便利です．

・ノッチ

同じメーカーでも機種によってその効き具合に差があります．本来はビート除去の目的で設けられていますが，CWの場合，狭帯域IFフィルターと組み合わせてノイズ軽減にきわめて有効な場合があります．

ノッチを目的信号からわずかにずらしてセットし，自分の耳でノイズの音色がノッチによってどう変わるか，目的信号が切られないかを確認して選ぶと良いです．AGCが振られないかもポイントです．方式はディジタル，アナログ問いません．

・アンテナ・チューナー

アンテナ直下に外置きするタイプがFBでしょう．無線機内蔵の場合は送信時だけでなく，受信時も入れば前述のフロント・エンドのIMDを改善できるようです．その意味ではマニュアル・タイプのアンテナ・カップラーをアンテナとの間に挿入することも有効です．

図 16　受信機のブロック・ダイヤグラムと各部フィルター，多信号特性の関係

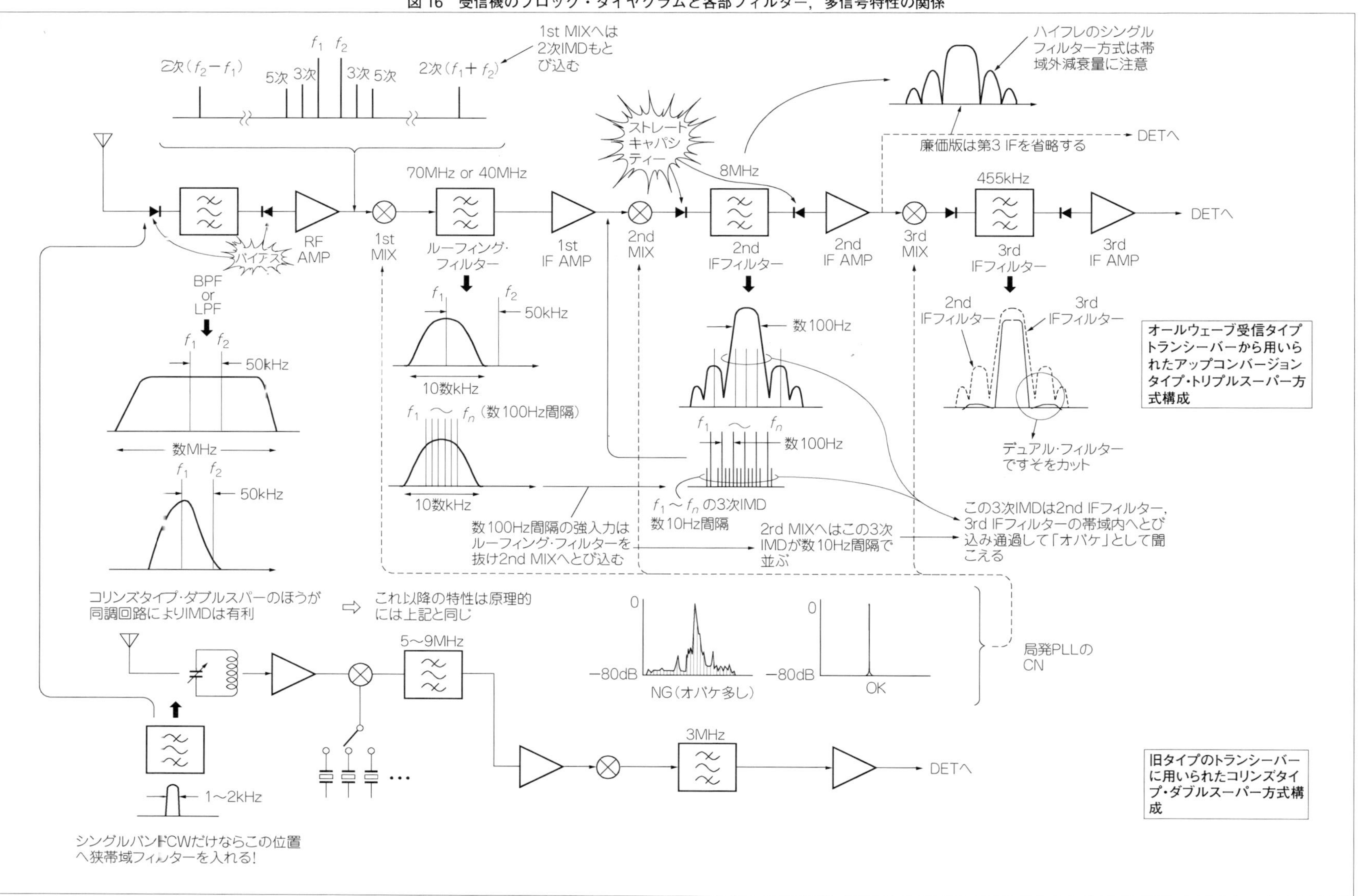

運用編

カタログ規定の2信号による3次IMDだけではなく，多信号による3次IMDと特に2次IMDも対象になります．ヨーロッパでの7MHzバンド付近などは混信がすざまじいので絶好の実験場です（図16）．

アンテナなしでノイズを聞く

無線機からアンテナを外し，アッテネーター，IF-SHIFT，フィルターを変化させたときのノイズをヘッドフォンで聞いてみます．もちろん，少ないほど良いわけですがヒスやリンギングがない，自分の好みにあった俗にいう「耳に付かないノイズ」かを確認します．特にIFフィルターを狭帯域に選択した場合，IFシフトでどのくらいノイズの音色を変えられるか，などがポイントです．店頭通電展示品でも可能ですが，CW用の狭帯域フィルターはオプションの場合が多く未実装なのが問題です．

これも推測ですが，おもにミクサー部と各部のアンプで発生したノイズがキャリアとの相対関係でIFフィルター通過帯域内のどの部分を通過するかにより群遅延特性が異なります．ここの位相回りで音色の聞こえ方が変化するからなのかもしれません．

ノイズに埋もれた弱い信号を聞く

今度はアンテナをつなぎ実際のノイズを聞きます．ハイバンドでも良いのですが，ローバンドとはノイズの音色が違うので，私は実際に使用する状態で160mバンドのDXの弱い信号をヘッドフォンで聞き，俗にいう「浮き上がって聞こえるか」を評価しています．この際，上記のアンテナを外したノイズ評価の結果を参考にします．

PLLの周波数純度（位相ノイズ）とその側波帯が目的信号，あるいはノイズ同士をミキシングしてIFフィルターをとおり，総合的に自分が聞きやすい音色で聞こえるかどうかです．

8-8 アマチュア無線とモールス通信のゆくえ

平凡な，いちアマチュア無線家の視点から実践的楽しみ方を紹介しました．21世紀にモールス通信が生き残るには，それを担うアマチュア無線自体も再評価が必要かも知れません．JAのアマチュア無線家人口の多くを占める都市生活者の環境からコンテスト，アワードへ参加しても，それなりに成果が期待できるルールの研究が望まれます．

従来は日本，アメリカ，西欧諸国が中心だった遊びとしてのアマチュア無線に，今後はアジアや東欧の発展著しい国も仲間入りをしてくることでしょう．国家，民族，宗教，言語を越えて，国際共通言語であるモールス通信そのものを世界規模で楽しむシステムを作ってゆくことが重要ではと考えます．最近ではWRTC，HSTなど設備差によらない人間のCW技量をスポーツ的に楽しむ遊びが生まれ始めています．この方向も有効な選択肢の一つかも知れません．居ながらにして世界のCWマンと競技できるインターネットを通じたRUFZスコアの配信なども新しい試みです．

従来の楽しみ方に加え，これからのアマチュア無線家，CW愛好家のニーズに合った新しい遊び方が生まれ，次第に別の出口に出てゆくのかも知れません．コンテスターやDXerがインターネットを活用し，さまざまな試みを初めています．有線系とのリンクなどにもそのヒントがあるのかもしれません．モールス通信もこれらを取り入れた遊びのなかで発展，継承されるよう皆さんと楽しんでゆきたいと思います．

最後に日ごろよりCWについて貴重なアドバイスをいただいたJA1CMS 阿部 克正氏，JA2CWB 栗本 英治氏，JA1OQG 松田 純夫氏，JH9CAJ 成木 保文氏，JE3MAS 高津 宏幸氏，JL1WFD 竹村 勇紀氏に感謝いたします．

【参考文献】

・電気通信術，加藤芳雄，電子工学社，昭和31年
・高速モールス練習ソフト HST Trainer Ver1.0，モービルハム，1998年1月号，電波実験社
・特集・モールス通信の魅力「HSTのノウハウ公開」，CQ Ham Radio 1996年4月号，CQ出版社
・HSTの世界と高速電信を送受するための手ほどき，CQ Ham Radio 1998年2月号，CQ出版社
・RTTY入門，津田稔 JA1DSI，電波実験社，昭和61年
・大空のサムライ，坂井三郎，光人社，昭和42年
・釣竿アンテナ大研究，HAM Journal，1993年5，6月号，CQ出版社
・コンパクト・アンテナブック，小暮裕明 JG1UNE，CQ出版社，昭和63年
・HF帯フロントエンドの徹底考察，HAM Journal，1991年3，4月号，CQ出版社
・受信機最新設計法とキー・コンポーネント，HAM Journal，1994年11，12月号，CQ出版社
・HF帯トランシーバー120％活用ガイド，高木誠利 JJ1GRK，CQ出版社，
・DXing on the Edge,Jeff Briggs, K1ZM ARRL 1997

第9章

モールス通信歴史学ノート

坂田　正次（ex JH1IGG）

この章では，モールス符号の誕生から，カタカタという音を聞き分ける音響通信へと移り変わってゆく有線電信の発達，無線電信が開発されたあとのCW通信の拡がりなどを，モールス通信のルーツをたどりながら紹介していきます．

歴史編

9-1 モールス符号の誕生

モールスの発明　客船シュリー号での出来事

1832年10月1日，フランス・セーヌ河口のルアーブル港を出港し，ニューヨークへ向かう定期客船のシュリー号にサミュエル・F・B・モールスは乗船していた．二度目の欧州行きで，画家としての修行を終えてアメリカへ帰国するためである．

このシュリー号には，ボストンの神学を専門としていたジャクソン博士をはじめとするアメリカ人たちが乗り合わせていた．船内で開かれた午餐会では，このころに発見された電気と磁気の関係をフランクリンの雷の誘導実験など初期の研究のことをまじえて話したり，ジャクソン博士によるパリ・ソルボンヌ大学のプイエ教授から教わった電磁石の実験を行うことで盛りあがっていた．

それを見ていた乗客の一人が「電気はケーブルが長くなると伝わるのが遅れるか」と質問した．ジャクソン博士の答えは，「実験の結果では，ケーブルがどんなに長くても電気は瞬時に伝わる」というものであった．この時，このやりとりをかたわらで聞いていたモールスは稲妻のような衝撃に打たれた．「もし，電気が通じていることを電気回路のある部分で知ることさえできれば，それによって瞬時に遠くと通信ができるはず」というアイデアがその衝撃により浮かび上がったのである．

シュリー号上でのこの瞬間がモールス通信の始まり，つまり出発点といえる．やがてモールスは午餐会の食卓を静かに離れて甲板のほうへ向かった．考えをまとめるためにゆっくりとした歩調をとりながら甲板に出たモールスは，画家らしくポケットに入れたスケッチブックを取り出し，通信を行うための機械と符号を描いた．それは，1832年10月29日の出来事であっ

シュリー号上でのモールス．フランスの銅版画より

た．最初のモールス符号にあたるものは数字のみであり，短点と長めの長点により構成されている．この数字を単語や常用句にあてはめることを，モールスは次の段階で考えていたのである．さらに通信を行う電信機の構想も，この時点ですでにでき上がっていた．ただし，引き戻し用のマグネットは後にスプリングに置き換えられることになる．いずれにしてもモールスはシュリー号の上で電信機の構成をほぼ完成させることができていた．そして，ニューヨークに到着して船を降りるとき，船長に次のような言葉を残している．

Well, Captain, should you hear of the telegraph one of these days, as the wonder of the world, remember the discovery was made on board the good ship Sully.（船長，もし世界の不思議の一つとして電信というものを近いうちに聞くことがあったなら，それはこのシュリー号で完成したものであるということを思い出してほしい．）

電信機作り

シュリー号を後にしたモールスは，さっそく電信機を作り始めた．しかし，貧乏絵かきの身のうえでは電信機だけのために働けず，ニューヨーク市立大学で美術の講義をしながら生活費を稼がなければならなかった．さらには政治の世界にまでも身を投じている．1836年，モールスはネイティブ・アメリカン・アソシエーションの公認候補としてニューヨーク市長選挙に立候補したが，わずか1496票を得ただけで落選し，再び興味の対象を電信機に戻している．

モールスが最初に作り上げた電信機は，画家が使うキャンバス台を台所用テーブルの側面へ垂直にクギづけし，これを電磁石などを取り付ける外枠として振子状の可動部を電磁石の力で動作させていた．そして，分銅の重さで動く機構によって巻き取られる紙テープ上に入力信号の波形を記録する受信機と，鉛で鋳造され，数字に対応させたのこぎり状の突起をスライドすることによって，水銀接点をスイッチングする送信機で構成していた．

モールス電信機を発明したサミュエル・モールス
<出典：通信総合博物館蔵>

電磁石を動作させる電源には，モールスが自作したバッテリーが使われていたが，電源を入れても電信機は正常に動作しなかった．あちこちをいじくりまわしても事態は変わらないため，大学の物理学のレナード・ゲール教授に見てもらうと，絶縁していない銅線を鉄芯に巻いた電磁石が動作しないことや，正しい電池の組み立て方など，改良しなければならないことを教えられた．

この時にモールスは，自分の電信の構想が唯一のものではなく，世の中にはホイートストン・クックの指示電信機がすでに存在していることを知らされて驚いている．しかし，モールス独自の方式は存在しないため製作は続けられ，ゲール教授に教わりながらやっとのことで完成した．ケーブルの長さも100フィート，1000フィートと延ばしながら，1836年にはドラムに巻いた10マイル（16km）のケーブルによる送信を成功させたのである．

このころ，モールスに強力な協力者が現われた．その名はアルフレッド・ベイル．彼はニューヨーク市立大学でモールスに講義を受けた師弟関係にある人物で，1837年に行ったモールスの公開実験を見て援助を申し出た．またベイルの父は，スピードウェル製作所という鉄工所を経営しており，資金の提供と共同による電信機の製作を申し出たのであった．

電信機の性能はベイルが参加してからの向上の一途をたどり，順次改良されていった．特許関係の申請もベイルの資金協力によって行われ，1837年10月6日付で，アメリカ合衆国特許庁から特許権保護登録の承認を受けている．そこには「信号の電気的伝送」，「特殊文字」，「送信機」，「信号の印字」，「数字の暗号表」，「ケーブルの被覆」の6点が特許項目に上げられた．

モールス符号の完成

アルフレッド・ベイルとモールスとの共同作業で本格的に動き始めたモールス電信機は，なおも改良が加えられたが，電信機の改良は機構部分だけではなかった．モールス自身が最初に考案した符号は数字のみであり，その数字の組み合わせを「暗号表」によって普通文に換える方法で，以下のような数字の組み合わせで通信を行った．

215（Successful）36（experiments）2（With）58（telegraph）112（September）0（数字がくる意）4（fourth）0（数字がくる意）1837

この汎用性の狭い，数字の符号をほかのABC…Zのアルファベットに符号をあてはめることを考案したのがベイルであった．ある日，ベイルはニューヨーク・オブザーバー新聞社を訪れた時，あるアイデアが浮かんだのである．このアイデアも電信機のことをいつも考え続けていたことによるものであった．

それまで短点のみで符号を構成していたが，その短点と長い直線とを組み合わせたら，もっと多くの符号が構成できるのではないかと考え，新聞社のイスに座り込んでアイデアを書きとめた．

ベイルは自宅のあるモーリスタウンに帰るとすぐに地元の新聞社のデモクラティックバナ社へ行き，どの文字が一般に多く使用されているかを調べ上げ，この統計数字をもとに一番使用頻度の高い文字には，一番簡単な符号をあてはめる方法により，**表1**のようなモールス符号を考えたのである．これが今日まで続くモールス符号の基礎といえる．

モールスとベイルの電信機作りの契約条項中にある特許については，すべてモールスの名義とし，収益の4分の1をベイルに配分することが明記されている．したがって，このアイデアもモールスの名で世の中に知られているが，モールス符号を考え出したのは，アルフレッド・ベイルであったことを記憶にとどめるべきであろう．

表1　アルフレッド・ベイルが考案したモールス符号

文字	モールス符号	文字	モールス符号
A	・—	T	—
B	—・・・	U	・・—
C	・・ ・	V	・・・—
D	—・・	W	・——
E	・	X	・—・・
F	・—・	Y	・・ ・・
G	——・	Z	・・・ ・
H	・・・・	&	・ ・・・
I	・・	**数字**	**モールス符号**
J	—・—・	1	・——・
K	—・—	2	・・—・・
L	――	3	・・・—・
M	——	4	・・・・—
N	—・	5	———
O	・ ・	6	・・・・・・
P	・・・・・	7	——・・
Q	・・—・	8	—・・・・
R	・ ・・	9	—・・—
S	・・・	0	―――

ベイルの考えたモールス符号は，電鍵による手送り送信と音響器受信が行われていない時のもので，機械に符号の型をはめこんで送出する方式で使われた．そのため，符号の区別さえつけばよく，手送りの送受信をするには，まだあらけずりの感じであった．

その後，モールス符号は機械送出から手送りへというハード，ソフトの変遷の中で，変化してゆくのである．

ワシントン－バルチモア間の開通

短点と長点の組み合わせによるモールス符号ができ，モールス通信の実用化へのはずみがつき，電信機の改良は大部分が木で作られた大型の物から，小型化されていった．しかし，送信機自体はあいかわらず複

Column　タイタニック号とSOS

タイタニック号の遭難事故は，86年を経た今も本国（イギリス）を中心として，出版物や深海から引き上げられた遺品の展示をロンドンの海洋博物館で展示するなど話題性にこと欠きません．その理由として船舶の安全航行について注目されたことと，今もって沈没原因に不明点が多いことが上げられます．それに加えて，SOSの発射によって救命が行われたはじめての海難事故としても無線通信の分野では大きく注目されているわけです．

1912年のタイタニックの事故の前の1906年の第1回無線電信会議（ドイツ・ベルリン）では，遭難信号の制定が議題に上げられ，英国のマルコーニ社が1904年に決めたCQD（come quick danger, or come quick distress）米国提案のND（旗信号の遭難信号），ドイツが提案したSOE（ドイツ船舶ではそれまでこの信号が一般呼び出しとして使用されていた）などが審議の対象となり，各国代表の討議の結果，空電の中でも聞きやすいドイツ提案のSOEにしぼれられました．しかし，SOEのEは短点一つで聞き落としやすいとの意見が強く，最終的にEの代わりにSを使用することで意見が一致し，SOSの遭難信号が誕生したのです．

巷間（こうかん）言われる「save our sours」がSOSの略だとするのは，後のこじつけであり，符号そのものには意味がなく，短点，長点のリズミカルで簡潔な構成が通信士にとって聴取しやすいとの理由で決められたのが本当のところであるようです．

タイタニックのSOSを受信したカーパシア号のログブックには，SOSとCQDが混在していてベルリン会議の決定がまだ定着していなかったことがわかります．

〈左〉
モールス符号をアルファベットにあてはめることを考案したアルフレッド・ベイル
<出典：ロンドン科学博物館蔵>

〈右〉
1844年に記念すべき通信を行ったサミュエル・F・B・モールス

雑な歯車などの組み合わせであった．

しかし，これではいけないと，モールスとベイルは今日の電鍵に似たスイッチだけの簡単な送信機を考え出したが，実験段階ではうまく動作せず，複雑な機構の送信機に戻っている．受信機は，短点と長点の印字記録をスムーズにそして確実にするため，印字針を複数の3本にした．また，印字のかすれを気にせずに記録がとれ，針の圧力で紙面にすじが残るエンボッサー・タイプが考えだされ，こうして実用に耐える電信機は完成した．

さきほど述べた送信機の複雑な機構も，最終的には今日の手送り電鍵の元祖に落ち着き，受信機の機構とともに一つの木の台に取り付けられるようになった．しかし，残された問題は費用が掛かる通信ケーブルを設置することであった．

これには国家予算レベルの金額を投入する必要があるため，モールスは1842年に米国議会へエルスワース議員の後押しによって，モールス電信機採用の請願を行ったのである．

議会への要請は1838年にも行っており，これが二度目であったが，このときの要請は議会を動かしたのである．1842年3月4日の早朝，前日の夜遅くまで議論沸騰した米国議会の上院がモールス電信機の採用を通過させた．この報をエルスワース議員の令嬢のアニーがモールスの下宿まで行き，まだ寝ていたモールスを起こして，それを伝えたのである．モールスはたいへんに喜び，すぐに採用の報告をベイルにしたことはいうまでもない．

モールスはベイルのほかにコーネルをメンバーに加え，工事に着手．1843年10月17日，コーネルがニューヨークからバルチモアへ向かい，木綿とゴムによる絶縁をほどこした往復の回線を構成する4本のケーブルを鉛管に入れ，バルチモア－オハイオ鉄道の複線の中央地下に付設する工事を開始した．

しかし，地下埋設のケーブルが途中で絶縁不良となり，工事を中断しなければならず，モールスはケーブルを引き出し電柱に架設することにした．1844年

Column

クリッペン事件・海上の追跡

ロンドンの医師であったホーリー・クリッペンは温厚な人柄でもの静かな人物でした．しかし，秘書のエセル・ルニーブと恋に落ち，憎んでいた妻と別れることができずに選んだのが殺人だったのです．

ヨーロッパからカナダ行きの船での逃避行は成功したかに見えたのですが，マルコーニ会社の無線電信機を積んでいたモントローズ号の船長からの通報により，ローレンティック号で先回りした刑事に逮捕されています．Daily Mailの「ノースロンドンの石炭庫殺人事件」を読んでいた船長，そして当時実用化されてまもない無線電信によって事件は解決しました．

モントローズ号からの無線電信を受けたカナダの通信士

4月から5月にかけて，メリーランド州の駅でワシントンから架設の進んでいたケーブルの通信試験が終了し，工事開始後7カ月余の5月23日にすべての準備が終了した．

翌24日は，ワシントン－バルチモア間の電信線開通の日であった．モールスはワシントンの国会議事堂に,ベイルはバルチモアの鉄道駅に電信機を設置して,モールスからベイルに実用回線で最初のメッセージが伝送され，大成功を収めた．最初のメッセージは，エルスワースの令嬢のアニーが旧約聖書から選んだ次のような引用句であった．

「What hath God wrought（神がなすところ）」この句をモールスがみずからの手で送信したときの脳裏には，シュリー号からこれまでの出来事が写し出されていたに違いない．開通のときにモールスが使用した電信機にはベイルが考案した電鍵が取り付けられていた．この電鍵は指先ひとつでチョンチョンと打つように作られた小型のもので，これは電鍵の出発点に位置づけられている．

この後，モールス電信は普及の一途をたどりもう一つの方式である指示電信は淘汰され，世界各国はモールス電信を統一した方式として採用するのである．モールス電信を影でささえたベイルは，開発が完了した時点で身を引き，1859年，53歳で亡くなった．

一方，モールスは，ヨーロッパの国々でモールス電信が使われるようになったことを見とどけた後，1872年4月2日，81歳でこの世を去った．モールス符号とモールス電信を生み育てたモールスが逝去したことを伝えるニュースは，世界各国の通信士たちが叩く電鍵によって伝えられていったのだった．

9-2 日本のモールス電信

佐久間象山の電信研究

幕末の先進的な思想家の佐久間象山は，日本で最初に有線電信の実験研究をしたとされる人物として知られている．象山は信濃松代城下に生まれ，老中海防掛に任ぜられた松代藩主の顧問となって，蘭学を学び，多くの蘭書を読んだといわれる．

東洋の道徳と西洋の技術がそろってこそ，完全なものになるとの信念の下で，ドーフ・ハルマ（蘭語辞典）の出版計画をしたり，ショメールの百科辞典をはじめとする蘭書により，象山は大砲を鋳造，磁石を応用した地震予知器，絹巻銅線，電気治療機などを作り上げたが，その中の一つが電信機だったといわれている．象山の門下生の一人，五明静雄が86歳のときの大正10年9月29日に象山の実験を次のように語っている．

「…中略… 私は16歳のとき象山先生の門に入り，中町の御使者屋へ実家の東福寺から通い，幼い時から先生に一番可愛がられていたと思います．しかし，先生はギヤマンを作ったり，幻影鏡を作ったり，また電気についてのいろいろな実験を行い，面倒な電気医療機も作っていたのです．私たち門人は随分コイルを巻かせられたのですが，そのうち例の出入りの大工と鍛冶職を呼んで二尺ばかりの台の上へコイルやいろいろ仕掛けた装置を作り，それはたしか嘉永2年の2月のまだ寒い時“この機械を向こうの鐘楼堂の上において，これを張れ”と絹で巻いた線を渡されたので私は一人の門人とともに張りましたところ，先生は一人の門人には御使者屋に仕掛け置きの機械のボタンを回したり放したりせよと命ぜられ“おまえたちは来い”と私たちをつれて鐘楼の上に登り，手で御使者屋のほうへ合図をしたところ台の上の機械の針はグルグル動くので先生は“どうだ，うまく動いて字を指すだろう”と例のひげをしごいてニッコリされたのは今でも忘れられません．つまり，御使者屋のほうにいる門人の機械操作による発信によって鐘楼堂上の機械へ受信したわけです．そのときの象山先生は“これはテレガラフといって電気で文字を送り通信するのだ．これからは軍事上その他，こういうものによって一瞬に知らせあう時がくるよ”と言われました．…中略… 翌年一月近所の火災で御使者屋が焼失し，硝子製造設備や電信機，写真などがみな焼けてしまったのは残念でありました．その後，先生はペリーが横浜へ来たとき警衛の軍議役として行かれ，ペリーが幕府へ献上した電信機の実験を見たが理屈は“おれのやったことと同じだ”とお話がありました …後略…（日本の先覚者 佐久間象山・斎藤薫編より）」

という古老の話が松代に残されてはいるものの，象山が作ったという電信機本体や，硝子の碍子などは残されていない．このへんのことについては，関章氏が研究されていて，人の記憶のあいまいさからくる多くの矛盾点を指摘している．

「五明が象山の門をたたいたのは，嘉永四年である．また，嘉永三年に“近所の火災で電信機などがみな焼

〈左〉
佐久間象山
日本で最初に有線電信の実験研究をしたとされる人物

〈右〉
ペリーが江戸幕府に献上した品々の中にあったのが，このニューヨークのノルトン製造所で作られた電信機．現在は東京・通信総合博物館に保管されている

けてしまった”と言っているが，嘉永三年には火災はなく，万延元年の翌年ならば火災が発生している．したがって，万延元年になって初めて電信実験が可能になり実施されたとみるのが妥当である．

さらに象山は，電信機製作にあたり，江戸にいた親友の三村晴山に旧知の島津斉彬の研究資料を手に入れるよう仲介してもらったといわれている．その島津が電信機を研究し実験するのは，安政２～４年の間とされ，研究成果を徳川斉昭や象山に報告したものといわれている．…後略…（関章・象山桑原記念館学芸員）」

象山の電信実験は日本で最初のものではないとする関章氏の考察は納得できるが，電信実験が実際に行われ，それが成功したのかという疑問点については電信機が現存していない以上，今もって不明である．しかし，先覚的な象山のことであるから，実験のことはともかくとして，電気を応用した通信のことを日本で最初に考えていたとしても不思議ではないだろう．

象山の電信研究と同じころ，ジョン万次郎こと中浜万次郎が，天保12年（1841年），出漁中に漂流しアメリカの捕鯨船に助けられて米国へ行った．10年後の嘉永４年に帰国して，現地で見た電信機のことを「路頭に高く針金を引きてあり，是に書状を掛け，駅より駅へおのずと達し」と記憶をたよりに述べたり，薩摩藩が安政元年ころに電信の研究を始め，伊予（三瀬諸渕による実験研究），佐賀，越前の各藩においても同様の研究が行われていた．

開国と電信機

日本人による電信研究が実用段階にまでたどりつけないでいた時，日本に開国をせまるペリーの船団が嘉永５年と７年に神奈川県の浦賀にやってきた．嘉永７年の来日のとき江戸幕府に献上した品々の中にはニューヨークのノルトン製造所で製作された電信機が含まれていた．

電信機の構成は，電信機２台，電線４束，ガタパーチャ線１箱，電池４箱，機械製紙１箱，そのほか亜鉛版，碍子，接触装置，機械用分銅，稀流酸というものであった．モールスが発明して18年目に日本へ渡ってきたこの電信機は，紙にみぞを刻むエンボッシング・タイプの実用機であったものの，当時の日本人たちにとって操作のかなりむずかしい代物だった．

このため，下田で実際に電信線を張り，アメリカ人たちが通信を行って見せたときは驚き，すばらしいものだと思った日本の人々も，アメリカ人が帰国し使い方を教えてくれる人がいなくなってしまうと，電信機は幕府の竹橋御蔵，蛮書取調所，大学南校を転々とし，それこそ御蔵入りになってしまった．現在は逓信博物館に大切に保管されている．

アメリカの開国交渉が成功すると，あわてたのがオランダで，同様に幕府へ献上したのが電信機２台であった．オランダは鎖国当時，長崎の出島を通じての通商を許されていた唯一の国であったが，オランダ商館長クルチウスの対日交渉を助けるため，本国が軍艦スムービング号を急きょ長崎に派遣させ，電信機を献上した．米国の半年後にまたも電信機の献上を受けた江戸幕府は，長崎奉行からの「テレガラフ仕掛方」の伺書にもとづいて，日本人だけによる電信機の実験が行われることになった．装置の組み立ては天文方の山路弥左衛門と山路金之丞に，通信操作は勝海舟と小田又蔵に申し付けられた．

山路父子と海舟，小田の４人は長崎藩の役人から電信機の伝習を受け，電池の薬品調合から組み立て方，通信方法までを覚え込んだ．電信の通信士の日本人第１号が，勝海舟であったことは驚きである．

オランダから献上された電信機のほかにも，米国からのものがあることが気になった４人は，許可をもらって竹橋御蔵へ米国の電信機の様子を見に行くと，

表2　日本最初の和文モールス符号（安政2年）

文字	モールス符号	文字	モールス符号
イ	-	ノ	--—-
ロ	--	ク	--—--
ハ	---	グ	--—---
バ	----	ヤ	--—----
パ	—	マ	--——
ニ	—-	ケ	--——-
ホ	—--	ゲ	--——--
ボ	—---	フ	--——---
ポ	—----	ブ	--——----
ヘ	——	プ	--———
ベ	——-	コ	--———-
ペ	——--	ゴ	--———--
ト	——---	エ	--———---
ド	——----	テ	--———----
チ	———	デ	---—
リ	———-	ア	---—-
ヌ	———--	サ	---—--
ル	———---	ザ	---—---
ヲ	———----	キ	---—----
ワ	-—	ギ	---——
カ	-—-	ユ	---——-
ガ	-—--	メ	---——--
ヨ	-—---	ミ	---——---
タ	-—----	シ	---——----
ダ	-——	ジ	---———
レ	-——-	ヒ	---———-
ソ	-——--	ビ	---———--
ゾ	-——---	ピ	---———---
ツ	-——----	モ	---———----
ヅ	-———	セ	---—-—
ネ	-———-	ゼ	---—-—-
ナ	-———--	ス	---—-—--
ラ	-———---	ン	---—-—---
ム	-———----	ー	---—-—----
ウ	--—		

表3　子安峻が考案した和文モールス符号（明治2年）

文字	モールス符号	文字	モールス符号
ア	—	ハ	——
イ	—-	ヒ	——-
ウ	—--	フ	——--
エ	—---	ヘ	——---
オ	—----	ホ	——----
カ	-—	マ	-——
キ	-—-	ミ	-——-
ク	-—--	ム	-——--
ケ	-—---	メ	-——---
コ	-—----	モ	-——----
サ	--—	ヤ	--——
シ	--—-	イ	--——-
ス	--—--	ユ	--——--
セ	--—---	エ	--——---
ソ	--—----	ヨ	--——----
タ	---—	ラ	---——
チ	---—-	リ	---——-
ツ	---—--	ル	---——--
テ	---—---	レ	---——---
ト	---—----	ロ	---——----
ナ	----—	ワ	----——
ニ	----—-	ヰ	----——-
ヌ	----—--	ウ	----——--
ネ	----—---	ヱ	----——---
ノ	----—----	ヲ	----——----

最初の和文モールス符号は，オランダ人が考えたものであり，次いで日本人が考案した最初のものは子安峻のものであったのである．

乱雑をきわめる蔵の中に部品の欠けた動作しないペリーが持参した電信機があるのみであった．このため，実験はオランダ献上の電信機で行われ，場所は現在の浜離宮の御浜御殿で，海岸御茶屋から松の御茶屋の間をケーブルで結び，将軍家定の上覧に供したのである．このときの電文は，

①天地和合　テンチワゴウ

②鶴亀　ツルカメ

③和歌ノ浦　ワカノウラ

④梅松竹　ウメマツタケ

⑤今日無事　コンニチブジ

⑥隅田川　スミダガワ

⑦万蔵楽　バンゼイラク

というものであった．

この電文を送るときに使ったモールス符号はオランダ人が作ったもので，勝海舟，小田又蔵がその符号を使って送受信の操作を行った．その最初の和文モールス符号を**表2**のとおりである．

米国そしてオランダから電信機が献上された後，万延元年（1860年）7月，プロシア（ドイツ）との修好通商条約が締結されると，同国から指示電信機が送られた．御一新後（明治維新後）の明治2年にもオーストリアとの通商条約締結後，オーストリア公使からエンボッサー・モールス機が明治政府に献上された．

明治に入って，オーストリアから電信機が日本に入ってきたとき，外務省大訳官の子安峻が和文モールス符号を考案し，明治3年10月にその符号を使って，天覧での通信実験を行った．この子安峻の考えた和文モールス符号はオランダ人よりも系統だてられた符号により構成されたものとなっていた．**表3**に示すのがその符号である．

実用有線電信の開通

電信機がかなり便利なものであることに気が付きはじめた日本の明治政府は，各国からの献上品に加えて，

オーストリアから献上されたモールス電信機

横浜電信局の内部の様子（野生司香雪画）

電信機の輸入を始めた．明治初年にフランス製のブレゲー指示電信機，鉄道用クック・ホイートストン・ニードル単針電信機が購入され，このうちのブレゲー指示電信機によって，東京～横浜間で日本初の実用電信回線が明治2年に開通した．

その後，電信局が開局し，回線も整備された．しかし，指示電信機の操作は簡単であったが消費電力が大きく，遠距離通信に適さないことと，通信速度が1分間4～5字という遅いものであったために，明治6年に長崎線が開通する時に，英国から購入したシーメンス社製のモールス印字電信機が採用された．この時に，吉田正秀，寺崎遜の二人とエドガー・ジョーが，英国で使用しているモールス符号のABC…順にイロハを適宜あてはめて和文モールスを構成した．

この当時は濁点に「━ - ━ ━ -」，半濁点には「- - ━ -」を使っていたが，明治18年5月にメーソンの発案によって，濁点を「- -」に改良し，「━ - ━ ━ -」はルとし，さらにヰヱオの3字も加えて，現在の和文モールスが完成した．

長崎線開通後は，すべての回線にモールス電信機が導入されたが，英国シーメンス社の電信機をもとに同様のものが日本人の手で作られた．国産初のモールス電信機がこのとき作られたわけだが，日本人特有である外国の新しい技術をすぐに自分たちのものとして同化するという例が，ここにも見られる．コピーされたモールス電信機は逓信総合博物館に展示されている．

明治政府が導入したモールス電信は，西南の役でその威力を発揮した．明治7年2月16日の江藤新平による佐賀の乱，明治9年10月24日の熊本神風連の暴発，同月の福岡県秋月の乱，前原一誠の長州萩の乱などの情報が長崎線を通して東京そのほかの要所へ伝えられ，西郷隆盛の明治20年2月の挙兵，そして同年9月24日に城山で西郷軍が散るといった動きが電信によって伝えられた．

このほか，明治の電信にまつわるおもしろい話として，電信線には処女の生き血を塗るから早く通じるのだという風説がひろまって，中国筋の娘たちがあわててオハグロをぬったという話が伝えられている．また，日本橋品川町の万林という料理屋が座敷ごとに電信機を応用した呼び鈴を取り付けて評判になったということが，明治8年6月4日付の東京日日新聞が伝えている．東京日日新聞の記事では，電気のない時代にチンと鳴って客の呼ぶのを知らせるのは，めずらしくていいのだが，酔った客が無闇に使ったのでは帳場のチン

Column　エジソンも打った73

エジソンが有線電信の通信士だったことはよく知られており，アメリカの電信屋さんたちはそのことを誇りとしていました．1920年，エジソンが73歳になったのを記念して，エジソン研究所とウェスタン・ユニオン会社を電信回線で結び数分間モールス符号で電信関係者にメッセージを送ったのです．

受信端にはウェスタン・ユニオンの要人が並び，音響機からのサウンドは録音され，そのレコードはテレグラフ・アンド・テレフォン・エージ社から販売されました．

文面の最後にQSOのおしまいに挨拶としてよく使う“73”が出てきます．Best regardsの意をこめて打つ例の数字ですが，エジソンは自分の年齢とこの“73”がちょうど合った1920年に上記のイベントを行ったものと考えられます．

*

EDISON LABORATORY, JULY 20,1920.
TO THE TELEGRAPH FRATERNITY,

Amid the activities of a busy life,full of expectations, hopes and fears, my thought of early association with my comrades of the dots and dashes have ever been a delight and pleasure to me. I consider it a great privilege to record in Morse characters on an indestructible disc this tribute to my beginnings in electricity thought the telegraph and with it a God-speed to the fraternity througout the world. “73” EDISON

も女のヘイも，まさに奔命に疲れとすべしとおもしろ半分に結んでいる．ともあれ，モールス電信は明治時代の日本で普及の一途をたどったのである．

音響器の導入

電信が戦争など有事の際や，日常生活の中でも重要であるとの位置付けがなされてくると，トン・ツーを紙テープに記録し，それを文字に変換する印字機による方法では手間がかかりすぎて，もっと速い通信がしたいと思えてきた結果，そのような欲求から生まれてきたのが音響器であった．日本人で最初に音響器（Sounder）を見たのは，前項に記したジョン万次郎であるといわれている．

その万次郎の話を記録した嘉永5年（1852年）出版の「漂客談奇」には，図入りで電信機を紹介し，Sounderをソヲダと記している．万次郎の日本への帰国は，嘉永4年で，ペリーが将軍に電信機を献上した3年も前のことで，アメリカではこのときすでに，音響器がモールス電信に使用されていたことがわかる．しかし，音響器のカタカタという音だけを耳で聞いてモールス符号に変換し，人がそれを文字へ変換するのを行うには，それなりの訓練を要するわけで，その普及には時間がかかったという．

日本に初めて音響器が持ち込まれたのは，明治4年（1871年）で，岩倉具視が欧米を視察しているときに，サンフランシスコの電信局から音響器を贈られて，同年12月に日本に送付されている．しかし，通信士の養成がすぐにできなかったため，明治10年（1887年）4月に工部省内の電信分局から新橋鉄道停車場分局と築地電信分局に電信線を架設したときに使用したくらいであった．

明治20年代に入って，電報の取り扱い量が多くなってくると，手間いらずの速い通信ができる音響器の導入が叫ばれ，明治20年に東京で試験的に使用されると，全国的に普及していった．

音響器とモールス符号

通信速度の速い音響器によって，通信が行われるようになると，モールス符号自体も人の耳に整合させたものに改革されていった．特に数字の符号がもっとも大きく変わっている．また，欧文符号では，ある大きな会社の組織内部で決められたモールス符号も変革の過程の中で生まれた．そして，現在もっとも広く使用されているものが国際式と呼ばれるモールス符号である．一方，和文モールス符号は，前項で述べた明治期に考えられ，多少の改良が加えられたものが現在に至っている．

音響器の出現により，モールス符号は人の脳の中で信号処理が行われることになり，人の感性にもっともなじむものが，変化定着していったとみることができよう．このとき人がモールス符号という言語を，もう一つ手に入れたことになるわけである．

二重電信からテレックスへ

音響器の普及とほぼ同時期に，一条の電信線で両局が同時に送受信を行え，2倍の通信量となる二重電信法が導入されるようになり，大量の電報の取り扱いができるようになった．また，後にこの方式を発展させた四重電信法も完成した．

音響通信の通信速度がさらに速さを要求されてくると，手書きでは対応できなくなり，タイプライターを使用した受信方法が考えられた．日本では大正5年（1916年）に欧文電報で初めて試みられている．その後，欧文タイプライターを改造して和文タイプライターを作って，大正11年（1922年）には本格採用された．タイプライターの採用は，受信速度の飛躍的向上をもたらしたのである．

電信の通信回線も，各国の国内ばかりでなく，海底ケーブルが各国間に接続され，国際通信も盛んに行われるようになった．この時期の海底ケーブルの敷設にはたいへんな苦労が伴い，何度もケーブルが切れ，何度も敷設をくり返して，大陸間を結ぶ海底ケーブルがつなげられたことが伝えられている．

電信機の改良は，モールス自身が最初に考えた方式でもある自動化へと進んでいった．モールス符号に相当する孔を紙テープにさん孔し，自動送受信する方式を1856年にイギリスのホイートストンが発明しているが，本格的な自動化は1874年にフランスのボード（J.M.E.Baudot）が考えた5単位の印刷電信符号による方式が実用化されてからである．

印刷電信のサービスを初めて実施したのはアメリカで，1931年にアメリカ電信電話会社によって開始され，次いでヨーロッパ諸国が導入．日本国内では，カタカナが必要なため6単位符号が使われている．

現在の有線電信は手送りのモールス電信がすでになくなっていて，通常テレックス，日本では加入電信と呼ぶこの印刷電信という姿で存在している．

歴史編

9-3 マルコーニの無線電信の実用化

マルコーニの誕生

1874年4月25日，イタリアの古都ボローニャの中心部にある邸宅で一人の男子が誕生した．父はボローニャの裕福な地主で実業家のジュゼッペ・マルコーニ，母はアイルランドのダブリンのウイスキー醸造家として名高いジェームソン家出身のアニー・ジェームソンであった．この男子が無線電信機を実用化させたグリエルモ・マルコーニなのである．

母のアニー・ジェームソンの親類にはヘーグ家があり，イングランドにも知り合いが多く，このことが後に幸いしてくる．マルコーニ生家の建物は今もボローニャのIV Nobenbre通り7番地にあって，正面には1907年に作られたマルコーニ生誕の記念碑が埋め込まれている．

イタリアでのマルコーニの少年時代は，遊ぶことも教育を受けることも，すべてといっていいほどその場所はポンテッキオの別邸であった．そのような中で冬場にはアニーの姉がいる南海岸のレグホーンに滞在していた．そこには海軍士官学校があり，父はマルコーニを海軍士官にと望んでいたこともあり，マルコーニは士官学校の入学試験を受けるが失敗している．その原因は，ほかのことにマルコーニが興味を向けていたからである．

1883年の冬，13歳のときレグホーン工科学校に通うことになり，水を得た魚のようにマルコーニは物理，科学を学んだ．母のアニーは，本当にしたいことをマルコーニが見い出したことを感じていたようである．

マルコーニは時間のある限り書物を読み，電気の実験を行い，父がしぶしぶ出した，たくさんのお金はすい上げるようにしてマルコーニの実験装置へそそぎ込まれた．アニーは息子マルコーニの熱心さと，時とお金をきまぐれに浪費しているかもしれないことへの父親への弁明との間に入って，両方がうまくいくようにバランスをとったのである．

マルコーニの生家・ボローニャ

そしてアニーは工科学校の講義がマルコーニの好奇心を満足させるのに十分ではないことと，マルコーニに学校とは別の勉強を受けさせるべきであると思い，このことからアニーはローザ教授に個人教授を担当してもらい，当時の最先端の知識をマルコーニに教えてもらっている．マルコーニの10代の好奇心は，Electoricityに焦点をあてており，無線電信を作り出そうとする起源は10歳代後半に見い出せるようである．

無線電信機の開発

リボルノのローザ教授による物理学の個人教授を受けた後，マルコーニがさらにレベル・アップして教えを受けることになった先生は，マルコーニの別邸のあるグリフォーネ村の近くに住むボローニャ大学のリーギ教授であった．オーギュスト・リーギは，ボローニャ大学の物理学教授で，マクスウェルの電磁理論，ヘルツの電磁波の実証実験を受けた研究を行っていた．リーギはヘルツの装置に改良を加え，4個の真鍮球による火花間隙（スパーク・ギャップ）にし，火花の発生を制御するための電鍵を誘導コイルの一次側に入れていたという．

リーギの実験を発展させていけば，無線電信機が作れるわけだが，リーギもまたほかの電磁波を研究する多くの研究者と同様にその可能性については懐疑的だった．リーギとマルコーニは隣に住むというくらい近い所にいたので，意思もよく通じあっていた．リーギはマルコーニにボローニャ大学の実験室に実験装置を置くことを許し，別邸の屋根裏部屋に母の許しを受けて作った研究室に装置を借りていくことも承諾している．

マルコーニは屋根裏部屋の研究室で大喜びで長い時間を物理学の勉強についやした．このときマルコーニは18歳であった．しかし，棚につまれたたくさんの装置からは，新たな科学的な発見や発明は生まれてこなかった．そのうち，父が屋根裏部屋の装置を見つけて，マルコーニにこんなことをするのは時間のむだだといったが，マルコーニは父のいうことには気にもとめず研究を続けたのである.

1894年，マルコーニが19歳の夏にイタリア・アルプスの避暑地ビエレージで兄とともに過ごしていたある日，科学雑誌のページを退屈しのぎにめくっていると，ヘルツの実験の記事が目にとまったのである（ヘルツはこの年の初めに亡くなっている）．これまで物理学を勉強してきていたマルコーニの思考の中に，ヘルツ波を使ってケーブルなしで電信が送れるのではないだろうか，というアイデアが浮かんだのである．

同様の考えはロシアのポポフ，英国のウィリアム・プリース，そしてクロアチア人で米国にいたニコラ・テスラなどがほぼ同時期に思い付くわけだが，ほかの追随を許さないほどマルコーニの行動力とアイデアを生んでゆくときの柔軟さは突出していたのである．

マルコーニは夏の休暇の残りのすべてを無線電信機の構想を練ることにあて，秋の訪れとともにポンテッキオの別邸に戻るとすぐに無線電信機作りにとりかかったのである．無線電信機を構成させるための装置は，火花間隙はリーギに借りることができていたが，受信装置に使うコヒーラーはフランスあるいはイギリスからの取り寄せか，自分で金属をヤスリでけずって金属粉を作り，それでコヒーラーを自作したものと考えられる．

実験を始めて1カ月ほどは，火花間隙は動作するが，受信装置にはなんの反応もないという状態が続いた．そうした悪戦苦闘の後，ついに受信装置が動作してベルが鳴るようになった．3階にある受信装置のスイッチを入れると，1階の受信装置につないだベルが鳴ったのである．1日か2日後には，別邸の端から端まで届くようになり，さらに屋内から庭へ距離を延ばしてもベルが鳴るようになった．こうなると懐疑心の強い父も納得して，マルコーニに“5000リラ”を与えて実験を続けることを許したのである．マルコーニの無線電信機の到達距離の延びは次のとおりである．

***1894年夏**　イタリア・アルプスの避暑地で無線電信機のアイデアが浮かぶ．

***1894年秋**　Villa Gurifoneの別邸に帰り，3階から1階までの約5mの通信実験に成功．

***1894年秋**　数日後，別邸の端から端までの約30mの通信が可能となる．

***1894年秋**　庭に受信機を持ち出し，約50mに到達距離が延びる．

***1895年9月**　別邸の実験室から丘までの1700mの通信ができるようになる．

***1895年12月**　丘の向こう側の姿が見えなくなった2400m（1.5マイル）の到達距離となる（これが実用化の時点）．

無線電信機を実用化させたグリエルモ・マルコーニ
<出典：Richard Tames GUGLIELMO MARCONI>

このときに使用したマルコーニの送受信装置は非同調のもので，同調回路はしばらく後に入るようになる．別邸のフィールドの行き止まりといっていい，2.4kmの到達距離になったとき，イタリア国内での実験はこれ以上行われていない．マルコーニ自身もマルコーニの家族たちも無線電信機の実用化への自信を強めていたに違いないだろう．

この実験に使用されたマルコーニの無線電信機の構成を見てみると，銅版によるアンテナ＋火花間隙による電磁波の発生装置部分＋接地という送信機，アンテナ＋コヒーラー検波器＋ベル＋接地の受信機によって構成されており，今も変わることのない無線通信の理論そのものによる送受信機の構成となっていた．

大西洋横断通信の成功

無線電信機を完成させたマルコーニは，イタリアの郵政省にその採用を進言したが，すでに海底ケーブル

グリフォーネの別邸．3階の右から2番目の窓から最初の電波が送信された

があったこともあり，イタリア政府はマルコーニのいうことには何の関心も示さなかった．母国のイタリアでは無線電信の普及に望みがないことを悟ったマルコーニは，1896年2月，母アニーの知り合いが多い英国へ渡った．ロンドンでは政府の役人や資本家に紹介された．その中にイギリス郵政庁の技師長であるウィリアム・プリースがいた．

ウィリアム・プリースは，マルコーニの無線電信機を高く評価し，全面的な協力を申し出て，マルコーニの英国での活動は順調にスタートした．そしてまもなく無線電信の英国での特許を得て，1896年～1897年にかけて英国各地で公開実験を行っている．この実験の様子は世界各地にニュースとして伝えられた．無線電信の普及に向けて，1897年にマルコーニは Wireless Telegraph and Co. Ltd. を創設した．この会社は3年後の1900年には Marconi Wireless Telegraph Co. Ltd. と名を改め，著名な技術者であるオリバー・ロッジや二極管を発明する J.A. フレミングなどが集まってきていた．

しかし，無線電信の普及については今一歩という状況が続いた．1899年秋のイギリス戦艦との150kmの海上通信の成功，同年のアメリカンズカップ・ヨットレースの実況中継の成功などの実績をおさめたものの，海底ケーブルと同じ大陸間通信が可能となることが必要だったのである．地球の曲面を電波が伝わって遠距離通信ができるのだろうか，という疑問について，電波は光と同じ性質を持つから回折によって伝わる距離を越えては到達しないであろう，と当時考えられていたが，マルコーニはイギリス西南部のポールデューに北アメリカへ向けて送信するための送信所を建設したのである．

受信地点は最初アメリカのケープコッドとしたが，建設してまもなく暴風雨に会いアンテナなどは倒壊してしまった．送信側のアンテナもその少し前に暴風雨で壊れている．応急処置により送信アンテナを再建し，受信点をカナダのニューファンドランドに変えて大西洋横断通信の実験は行われることになった．

1901年12月12日の正午ころ，マルコーニはニューファンドランド，セントジョーンズの受信所で受話器を耳にあてていた．全神経を受話器に集中させていたマルコーニの耳にカチ，カチ，カチとかすかながらもモールス符号のSが聞こえてきた．12時30分のことであった．なおも耳を澄ませていると，Sの信号音が数回くり返して聞こえてきた．大西洋横断通信の成功である．

マルコーニは世界的な英雄になり，報道機関はそろってマルコーニの偉業をたたえた．ニューヨーク・タイムズは“マルコーニ，新時代を開く”という社説を出したほどであった．この成功によって無線電信は新たな段階を開いていくわけだが，多少の異論もあって，最近の電離層伝搬の特性データの考察によると，マルコーニの聞いた信号音は同調のとられた中波ではなく，高調波成分の短波であろうといわれいる．

送受信機の改良

マルコーニによる長距離通信の開拓は，コヒーラーによる検波によって行われたが，受信感度を決定する検波器の改良も送信機と同様に進められていった．大西洋横断通信が成功を収めたのとほぼ同じころ，コヒーラーよりもっと感度の良い磁気検波器をマルコーニは作り出した．ポールデュー～カナダ・グレース湾の商用無線電信回線が開通したときには，ヘッドセット受信が可能な磁気検波器が使われている．

ヘルツの電磁波存在の実証のときまでさかのぼると，スパーク・ギャップによる検波→ブランリーのコヒーラー→磁気検波器→電解検波器→鉱石検波器→二極管検波器という変遷をたどる．各検波器のおおまかな感度などの比較は，1911年の Electrical Review に載せられている．

送信機の改良のほうは，普通火花式→瞬滅火花式→電弧式→発電機式→電子管式という流れで改革が進められていった．普通火花式は，buzzer induction coil によって高周波電流を発生させるものと，250Hz～1000Hz の交流発電機の出力を変圧器によって昇圧し，スパーク・ギャップに火花を飛ばせて高周波電流を発生させるものとがある．

火花間隙では，空気がイオン化した状態にしばらく保たれるので，火花の発生が不安定になるのだが，そのイオン化を防止するように改良したのが，ロータリー・スパーク・ギャップという方式である．回転機構に複数の火花間隙を取り付けて，火花発生のための電源と同期しながら回転させて，火花発生を行おうとするもので，この空気のイオン化による影響をさらに少なくしたのが瞬滅火花式である．

火花による空気のイオン化を防止するには，密閉して空気をなくし，さらに電極の面積を広く，かつ間隙の幅をできるだけ小さくすればよいため，瞬滅火花式はドーナツ状の円盤に雲母などで絶縁を施し，それを何枚か重ねた構造になっている．

初期の送信機．現在ではマルコーニ財団が保存している

瞬滅火花式は構造が簡単で価格が安く，頑丈なためにかなり後になっても使用している船がたくさんあったという．火花式が発生電波の振幅が減少するものであるのに対して，一定振幅の電波発射ができる方式が電弧（アーク）式である．この方式はアーク灯の特性を応用して安定した発信回路を構成させたものだが，どちらかといえば取り扱いが不便なため，わりと短期で高周波発電機式にとって変わられている．

高周波発電機は交流発電機が回転発電子型，回転界磁型，誘導子型と分類されるうちの誘導子型をGEのアレクサンダーソンが改良して高周波が発生できるようにしたものである．発生周波数は10kHz～100kHzで200kWが標準的な諸元だが，昭和の初めに原の町無線電信送信所へ芝浦製作所が納入した高周波発電機式の送信機は20kHz，500kWもあった．

高周波発電機により発生させた高周波を目的の周波数に合わせるには，周波数変成器（stattic frequency transformer）が使われる．この変成器には2倍あるいは3倍のものがあり，ドイツはこの技術が優秀で，有名なナウエンの送信所には数段の変成器があった．この後，電子管式が登場するわけである．

CWとは何か

前項の送信機が発射できる電波の種類を分類すると，**＊減幅電波：火花式（普通・回転・瞬滅）**
＊持続電波：電弧式・発電機式・電子管式
＊キーイングまたは変調した持続電波
＊無線電話，または変調した持続電波
（持続電波＝ Continuas Wave）

ということになるが，1920年にワシントンで開かれた国際無線電信予備会議で，CW modurated（変調された持続波），CW interrupted（断続する持続波），CW high speed（高速の持続波），damped（減幅波）と当時無線通信の電波型式の区分とそれに対応する波長とが決められた．しかし，技術部門から異論が起こって1921年の国際無線通信諮問委員会・CCIRにおいてICW（Interrupted Continuas Wave），CW（Continuas Wave），Phone，Dampedの四つに変更された．さらに1921年の会議の決議には，ICWとDampedはなるべく止めることとするが，船舶用の450m，600m，800mの波長では使用を認め，そのほかは主としてCWを使うべきである，との規定が盛り込まれた．

凧アンテナを上げるマルコーニ（左端）
<出典：カナダ・シグナルヒルのエッチング銘版>

無線電信の電波型式のうち，火花式のDampedはやめてCWへ移行しようとするこの当時の決議は，世の中の進み具合に合わせて実行され，今はCWだけになった．このような経緯でCWは現在でも用語として存在しているのである．その意味は持続波（Continuas Wave）であっても．

長波大電力無線電信へ

1901年に大西洋横断通信を成功させたマルコーニは，前年の1899年にできた「American Marconi Telegraph Co.」に続いて1902年には，「Canadian Marconi Co.」を作っている．このときからしばらくの間マルコーニ会社が独占体制をとり，Marconi会社の無線機を装備していない無線局との交信をしないということも行った．マルコーニ会社が英国そのほかに作った大電力の無線局は，Poldhu，Clifden，Carnarvonなどで，そのうちで一番大きいのがCarnarvonの300kW回転火花式によるものであった．同様に米国では，Marion，New Brunswick，Bolinas，Kohokuの4局，カナダにはGlace Bay，ノルウェーにはStavangerに無線局を建設している．

第一次世界大戦後の英国は，各植民地を結ぶ無線局作りを行った．ロンドン近くのOxford，カイロに120kWの真空管式，240kWの電弧式によって無線局を建設している．英国の場合は発電機式ではなく，真空管式によって無線局の建設を行っていった．

フランスはSFR会社が1901年にできて，25，50，

マルコーニが開発した磁気検波器
<出典：ミラノ・レオナルド・ダビンチ科学博物館蔵>

250，500kWの発電式機を標準型とする送信機によって本国－植民地間の通信網を建設していった．SFR会社は機器の製作を担当し，通信業務はRadio Franceが担当した．まず最初にできたのがパリ近くのサンタシースで500kW機2台を装備している．フランスの各地の無線局には，ボルドー付近のLa Fayetteに陸海軍の無線局がある．これはドイツに対抗するアメリカ軍が使用したものである．そのほか，フランス陸軍用のリヨン，エッフェル塔，海軍用にナントの無線局が大きなものとしてあった．

ドイツには名のとおったテレフンケン会社があって，Telefunken gap（瞬滅火花式）方式をひっさげて英国のマルコーニ会社と対峙していたが，1906年にナウエンに大電力局を建設し，つづいて，Eilvese局を建設．ナウエンは，はじめ400kW，後に600kWの発電機を備えるようになった．第一次世界大戦中はここが主局となり，ほかの無線局を制御し，国外の諜報員への通信もナウエンから行ったといわれている．

オランダは，本国自体は小さいのだが，植民地との連絡用にジャワのBandengに100kWほどの局が存在していた．後に電力を増強し，200kWの電弧式送信機が配備されたようである．本国にはAssel近くのKootwijkに大電力局を建設したと伝えられている．イタリアはマルコーニの故郷であるものの無線局の建設には力が入れられておらず，Caltanoの局があるくらいであった．後にローマ近くのSan Paoroに米国の会社の設計による200kWの電弧式の局が建設された．米国はアメリカン・マルコーニがしばらく国内を牛耳っていたが，第一次世界大戦が起きたときに政府が無線局を統一管理し，戦後はRCAを作って英国資本の投下を防止するようにしている．

米国政府が統一した無線局は戦後払い下げられたが，その無線局は，New Brunswick，Marion，Bolinas，Kohukuの4局で，すべてがマルコーニ会社のものであった．払い下げ当時はロータリー・スパーク・ギャップ方式だったものをアレクサンダーソンの発電機式に替えている．RCAはこのほか新たにニューヨークのロングアイランドのロッキーポイントに中心的な局の建設を行い，対ヨーロッパ通信を行った．

太平洋側ではサンフランシスコ近くのBolinasの局が日本などアジア向けの通信を行い，1930年ころには，ワシントン付近のアーリントン，アナポリス，ハワイ真珠湾，グアム，フィリピンに電弧式の局を建設しネット化している．そのほか，南米・ブエノスアイレスに各国の共同出資でテレフンケン社の大電力の無線機が設置され，さらにアフリカ，中国にも建設が計画された．この時期の無線局の状況は，大陸間の長距離通信を行うにはすべて長波の大電力局でなければならないと信じられていたのである．

9-4 日本の無線電信

英国からの報告

マルコーニの英国での無線電信に関する活躍ぶりは日本へも伝えられていった．明治の日本の海軍は軍艦を英国に注文していたことから，明治30年（1897年）1月のマルコーニの新聞報道を見たイギリスに滞在中の新造船の回船員などが日本へ「無線電信の大発明」を伝えたのである．明治32年になると，英国公使館の川島令次郎は，同年5月17日付の報告書の中で次のように述べている．

「マルコーニ無線電信の世に出でたるは僅かに昨年のことなれども，其の成績の良好なるは爾来各種の試験に因りて証せられたる事少からず今日今だ完全のものたりとしては認められし居らざるも近世の大発明として近来世を益する事大なるべしとの信用は概ね識者の認むる所となりしたるが如し．

マルコーニ以前無線電信の発明少からず英国の如き今日尚現に使用し居るものありと聞くまた海軍にては水雷術練習艦ヴェルノン号におて二，三の意匠に付実験研究中なること疑を存せず其の成績も頗る可なりと伝聞すれども兎に角マルコーニ式が従来の無線電信に比し装置簡単にして実績の見るべきものは多きは明瞭なる所なり」

この報告を受けた海軍の中央部では，たまたまこの年に海軍大学を出た外波内蔵吉が沿岸防衛を担当することになり，報告で述べている無線電信を利用すればどんなに便利かと考え調査すべきだと申し出た．しかし，米国からの情報ではまだ実用段階にはなっていないということで，なかなか取り合ってくれなかったのである．ところが，明治32年10月，とにかく調査研究をしてみようということになった．このときすでに逓信省では，外国雑誌の情報をもとに無線電信の実験研究を松代松之助が明治29年10月に始めており，予算もないことだし一緒に研究をやろうと外波少佐はまず逓信省に行ったのである．

そして電気試験所長から松代松之助が海軍へ出向することの同意を得て共同研究をスタートさせた．さらに海軍少佐の木村浩吉の弟である木村駿吉が仙台の第二高等学校で先生をしながら電波の研究をしているというので文部省と海軍とで交渉を行い，木村駿吉を海軍へ転出してもらい研究に加わってもらった．日本の無線電信の実用化はこのように海軍がまとめるような形で進められていった．無線電信調査委員会が外波内蔵吉，松代松之助，木村駿吉の三人を中心に組織され，築地の海軍構内の軍艦用倉庫を改修して，調査研究が始まった．

電気試験所ですでに作り上げていた十分に動作する装置を松代松之助が海軍に持ってきたので，海軍大臣などがそれを見に大勢集まった．それでも，まだまだ実践で使える段階にまで行っていないため，木村駿吉が主となり倉庫を改造した研究室に寝起きして研究をしたのである．

マルコーニはこの時期，英国に無線電信の特許を申請した62日後に日本にも空中線部分の特許申請をしたのだが，本国に申請してから60日以内に申請すべしとの条約規定により日本には受理されなかったことが伝えられている．木村駿吉，そして松代松之助による無線電信の実験は，受信所を東京・羽田（穴森稲荷付近）に設置して対艦船の通信が行われた．明治34年5月には70海里の通信ができる実用段階になったため，調査委員会は調査終了報告を行い，その無線電信機は三四式無線電信機と称されたのである．

しかし，無線電信機用部品のインダクション・コイルなどを量産することが当時の日本ではできなかったため，外波内蔵吉と木村駿吉は欧米の視察に出かけている．

三六式無線電信機

米国ではテスラの研究所などを訪問したが参考となるべきものはなく，米国からイギリスへエトリユーリア号で渡ることにしたが，途中でスクリューを飛ばしてしまったのである．そのうち舵もなくして，無線電信機もなかったため，1カ月の漂流後アフリカにたどりつき，そこから海底ケーブル電信によって船を呼び寄せてイギリスへ向かった．

イギリスでは，日本がマルコーニの特許申請を受け付けなかったことなどから，マルコーニ会社へは立ち寄らずに，英国西南端の岬に建設していたポールデュー無線電信局を見に行った．そばのポールデューホテルに一泊して翌朝，板塀で囲まれた工事現場をのぞいていたら，守衛に追い払われたのだった．明治36年に帰朝し，まもなくして大西洋横断通信成功の報が入ってきている．

その後，ドイツのテレフンケン社を見学し，フランスでは特に視察をせず終えたのだが，日本の無線電信調査委員会での研究成果以上のものは見あたらなかった．外波と木村は日本に帰ると海軍の要求する，昼夜を通じて80海里の通信可能距離の無線電信機を製作するべく作業を再度開始．80海里というのは，当時の艦船の行動範囲から出された数値だったのである．新たな無線機の製作は横須賀の長浦で行われた．

価格の問題やメインテナンスのしやすさを考え，国産品のみで構成するべく努力した結果，安中常次郎が一番製作のむずかしいインダクション・コイルを苦労のうえ製品化させたのである．安中は，後の安中無線電機製作所・安立電気・アンリツへとつながる元祖である．国産品の部品で構成した無線電信機は，明治36年になって実用化されている．これが三六式無線電信機である．三六式無線電信機は優秀な装置であったが，それには英国海軍の無線電信機を見学した日本海軍の一士官がまとめた調査報告書によって，改良が加えられたことが大きく影響を与えていたのである．

この報告書には，英国のコヒーラーには少量の水銀が入れてあること，長い把柄のついた電鍵を使用すること，ジーメンス社のすぐれたリレーを使用すること，およびモーター付きのインターラプターを使用することなどが述べられていた．

三六式の改良を担当したのは，英国艦船のマルコーニ会社製の無線電信機を見学した山本大尉である．まずコヒーラーに水銀を少量入れてみたが，くっつき

歴史編

合ってどうもうまくいかないため，金属粉を顕微鏡にかけてみるとトゲトゲの金属粒になっていた．そのため薬を粉にするときに使う薬研を使って磨いて見ると，ある程度感度が良くなった．

リレーはジーメンス社のものを明治36年暮れに取り寄せ，接続してみると，80海里の到達距離が200海里にまで延びた．このリレーの性能が三六式無線電信機の感度を決定づけたのである．明治36年の暮れが近づくにつれ，日露戦争の予感が現実のものとなってきた．海軍は三六式無線電信機を連合艦隊の全部に装備していった．一方，無線通信士の配備は明治34年に養成した20名の下士官だけでは不足するため，田浦の水雷練習所で無線電信術の第1回練習生として60名の訓練が行われ，合わせて80名の通信士を確保して日露戦争に望んだのである．

ロシアのバルチック艦隊と日本の連合艦隊とによる日本海海戦は，明治38年5月27日の未明に幕が切って落とされた．仮装巡洋艦信濃丸が「敵艦見ゆ」とバルチック艦隊の動きを無線電信によって打電したのがその始まりだったのである．信濃丸の報は厳島へ，さらに三笠へと転電された．

5月27日

05:05　厳島→三笠　タタタタ敵第二艦隊見ゆ

05:20　三笠→厳島　敵艦隊の位置を示せ

05:35　三笠→出雲　ただちに出向用意

05:40　厳島→笠置　敵艦隊の位置を示せ

05:50　秋津川→笠置経由厳島　敵は東水道を通過せんとするものの如し

注）タタタタ（タ連送；敵艦見ゆの意）

この無線電信による艦船間の電文のやりとりは，翌朝にまでおよんでいる．その終了は，日本海海戦の終了をも告げたものであった．周知のとおり日露戦争での日本海海戦は日本の連合艦隊が大勝利しているが，その勝因が三六式無線電信機の性能の良さにあることが大であることはいうまでもない．

日本海海戦が終わり，しばらくして連合艦隊司令長官・東郷平八郎から仮装巡洋艦信濃丸にあて敵艦隊発見の功績に対する「感状」が送られ，島村参謀長と秋山参謀からは礼状が三六式無線電信機の生みの親ともいうべき木村駿吉へ送付されている．次に紹介する礼状は秋山参謀のものである．

「…中略…彼の5月27日朝敵艦隊見ゆとの信濃丸の電信を感受したるわれわれの歓喜譬ふるに物なくすなわち此警報の達したる午前5時は皇軍大勝の決定したる千金の一刻とも可申爾後彼我合戦の結果は自然の兵理に基ける当然の成敗にて左程珍奇のものにも無之乎と愚言致候蓋し開戦以来砲熕水雷の如き腕力的武器の効力も亦卓絶致居たるには相違無之候得共適当の時機に適当の地点に之を指導するを得たるものまったく無線電信の機能と称するの外無之如何なる堅艦速艇にても聾唖にては何の働きも出来申間敷若し夫れ司令部員が此海戦におて奉公の応分を尽し得たいとせば其の用いし武器は無線電信機と鉛筆と二脚機にて是れ特に貴下に対し茲に深厚の謝意を表する所以に御座候…後略…」

以上，むずかしい文面だが，海戦に勝った武器が無線電信機と電文を書き取った鉛筆，それに海図で船の位置を割り出すときに使うコンパスであったという部分に注目していただきたい．

ロシアのバルチック艦隊の無線電信機はどうしたのかというと，ドイツ・テレフンケン社の無線電信機を本国を出るときに積み，ドイツ人の技師も乗り込んでいたが，途中のマダガスカルでドイツ人技師はロシア人にあいそをつかして降りてしまい，まともに無線電信機を使用できなかったといわれている．

JCS・銚子無線電信局の開局

日本海海戦に向けて実用化していった日本の無線電信も民生用に活用するときがきた．明治41年，逓信省は太平洋に突き出た千葉県銚子に無線電信局を建設した．有線電信に加えて無線電信業務の営業も開始させようというわけである．このとき無線電信の利用がわれわれのものとなったといえるだろう．

わが国最初の無線電信局となった銚子無線電信局は，明治41年3月に完成し，明治39年ベルリンで開催された第1回国際無線電信会議の決議による条約をベースとした無線電報規則を制定して，さらに無線通信吏員の養成を同40年12月に開始．第1期生を同41年5月16日に開局した銚子無線局，天洋丸無線局にはじめて配属した．

そして，呼び出し符号は次のとおり指定されている．第1文字を海岸局にはJ，船舶所属会社によりY（日本郵船），T（東洋汽船），S（大阪商船），あるいはC（逓信省所属船舶）などを冠し，第2文字，第3文字は局名に因む文字を配すようにしていたので，JCSがChoshiのCとsをとって呼び出し符号（当時は局名符号）としたことが容易に想像できる．

この後，ロンドン条約の施行のときに国際識別符号

表4　明治41年に開局した海岸局と船舶局

銚子	JCS	1kW	明治41年5月16日開局
大瀬崎	JOS	1.6kW	明治41年7月1日開局
潮岬	JSM	1.6kW	明治41年7月1日開局
角島	JTS	1.6kW	明治41年7月1日開局
落石	JOI	4kW	明治41年12月26日開局 (落石は後にJOCに変えている)
天洋丸	TTY	1.5kW	明治41年5月16日開局
丹後丸	YTG	1.5kW	明治41年5月26日開局
伊豫丸	YIY	1.2kW	明治41年5月26日開局
加賀丸	YKG	1.2kW	明治41年6月7日開局
安芸丸	YAK	1.3kW	明治41年6月9日開局
土佐丸	YTS	1.2kW	明治41年6月21日開局
信濃丸	YSN	1.2kW	明治41年7月5日開局
香港丸	THK	1.5kW	明治41年7月5日開局
日本丸	TNP	1.5kW	明治41年11月16日開局
地洋丸	TCY	1.5kW	明治41年12月14日開局

Jを冠するようになった．銚子無線電信局(JCS)の開局に続いて**表4**の海岸局と船舶局が開局していった．これらの無線局の設備は，最初の火花式から電弧式，高周波発電機式，真空管式へと変遷をたどっていき，私設無線電信が認められてからは官設ではない私設の無線電信局が船舶に開設され，漁業用無線電信局も開設された．

長波大電力無線電信局の建設

船舶通信から始まった無線電信業務は，大陸間を結ぶ長距離固定間無線電信局へも事業の拡大がされる．

次にその大きな役割をになった主要な無線局を紹介する．

◎船橋無線電信局

日米間無線電報を取り扱うために建設された船橋局は，大正5年11月16日に業務を開始．布哇（ハワイ）を中継し，桑港（サンフランシスコ）を結ぶ無線電信回線を構成した．日本－ハワイ間の通信を行っていたとき，欧州航路の従事経験のある穴沢忠平がドイツの無線局の混信を受けたのを確認している．

当時の新聞は，世界の無線電信の大勢は波長8000mあるいは10000mまでが使用され，マルコーニ会社が大西洋横断に使用しているものは8000mだという．電力を大きくして波長を長くすれば長距離に達することが可能になるといわれているが，日布間に漸く通信したばかりのわが国にあって，5～600海里という長距離に，通信のもっとも困難な大陸を横断して，しかも昼間強勢に感応するに至ったのは斯界の進歩驚くべきである．

けれどもこの感応は毎日あるのではなく，大気の状態によって不可能の場合もあるのだから，欧州大陸ともただちに通信し得られるべしと考えるは早計であるが，電力の如何によって9000海里にも達すべきは学理上可能なのであると伝え，この後も船橋局では世界の長波無線局の入感があり，後に福島県に建設された磐城局とで受信された局名は次のとおりである．

昭和14年ころの銚子無線電信局

＊独逸　ケーニヒスウスターハウゼンLP，ナウエンPOZ，アイウェーゼOUI

＊仏蘭西　リヨンYN，ラファイエットLY

＊伊太利　サンパウロIDO

＊米国　西海岸：桑港KEI，サンディエゴNPL 東海岸：タッカートンNFF，マリオンWSO，ニューブランズウィックWII

＊比律賓　カビテNPO

◎磐城無線電信局

日－米間の電報の取り扱い数が増大してきたことに対応するため，大正10年に建設された磐城無線電信局は原の町送信所と富岡受信所によって構成されていた．原の町のアンテナを支える中央の大きな電柱は高さ200mの鉄筋コンクリート柱で，強固な地盤の上に建設されており，送信機は350kWの電弧式と，400kWの高周波発電機式を切り替えて使用した．

◎東京無線電信局

船橋局の事務を引き継いだ無線電信局で，東京中央電報局内に設置された．大正12年には送信所を千葉県検見川，受信所を埼玉県岩槻に新設し，対植民地および内地通信を行った．

◎大阪無線電信局

欧州のナウエン，ボルドーなどの無線電信局から放送される新聞電報を受信する目的で，大正12年，大阪府東成郡喜連村に開局した．後に国内と外地無線局との無線電報を扱うようになり，次いで対外国通信を行い，東京とともに日本の主要無線電信局となった．

欧州航路上の主要通信

横浜丸が第一次世界大戦後の欧州航路で収録した主

歴史編

表5　横浜丸が欧州航路で収録した主要通信

時刻	局名	Call	波長	記事	時刻	局名	Call	波長	記事
0000	Carnarvon	MUU	14000m	新聞 CW	1159	Funabashi	JJC	4000m	報時
0100	Poldhu	MPD	2750m	船舶新聞	1159	Choshi	JCS	600m	報時気象
0100	Toulane	FPT	600m	気象	1200	Dairenwan	JDA	600m	気象
0200	UK 各局	−−	600m	航行警報	1256	Cape Daguilar	VPS	1000m	報時
0230	Carnarvon	MUU	14000m	気象 CW	1300	Tsarkoe Selo	TSR	5000/6000m	新聞
0230	Hanoi	FAO	24000m	気象	1330	Madrid	EGC	2000m	気象
0245	Eiffel Tower	FL	2600m	気象	1355	Cavite	NPO	5000m	報時
0253	Shanghai Zicaurd	FFZ	600m	報時気象	1400	UK 各局	−−	600m	航行警報
0255	Cavite	NPO	952m	報時気象	1415	Eiffel Tower	FL	2600m	気象
0255	Olongapo	NPT	952m	報時	1430	Carnarvon	MUU	14000m	気象 CW
0330	Lyon	YN	8000m	新聞 CW	1500	Eiffel Tower	FL	3200m	新聞
0356	Cape Daguilar	VPS	1000m	報時	1545	Prague	PRG	3200/10000m	気象
0400	Cape St Jacques	FCA	1000m	報時	1600	Madrid	EGC	2000m	気象
0500	Cleethorps	BYB	3000m	気象	1630	Carnarvon	MUU	1400m	新聞 CW
0500	Cape Daguilar	VPS	600m	気象	1700	Cleethops	BYB	3000m	気象
0530	Lyon	YN	8000m	新聞 CW	1910	Calcutta	VWC	2000m	気象
0727	Calcutta	VWC	2000m	気象	1910	Karachi	VWK	2000m	気象
0730	Karachi	VWK	2000m	気象	1910	Rangoon	VTR	1200m	気象
0730	Rangoon	VTR	1200m	気象	1920	Bombay	VWB	2000m	気象
0740	Bombay	VWB	2000m	気象	1920	Madras	VWM	2000m	気象
0740	Madras	VWM	2000m	気象	1920	Port Blair	VTP	1200m	気象
0740	Port Blair	VTP	1200m	気象	1927	Calcutta	VWC	2000m	報時
0740	Nauen	POZ	3900m	気象	1930	Eiffel Tower	FL	2600m	気象
0800	UK 各局	−−	600m	報時気象	2000	Tsorkoe Selo	TSR	5000/6000m	新聞
0815	Eiffel Tower	FL	2600m	気象	2000	UK 各局	−−	600m	航行警報
0853	Shanghai Zicaurd	FFZ	600m	報時気象	2030	Pola	IQZ	3600m	気象
0859	Mauritius	BZG	2000m	報時	2030	Gibraltar Rock	BYW	600m	気象航行警報
0859	Lyon	YN	2000m	報時 CW	2030	Carnarvon	MUU	14000m	新聞 CW
0900	Cape Daguilar	VPS	600m	気象	2059	Mauritius	BZG	2000m	報時
0900	Toulane	FLT	600m	気象	2100	Lyon	YN	8000m	新聞 CW
0930	Poldhu	MPD	2750m	気象	2130	Poldhu	MPD	2750m	気象
0955	Eiffel Tower	FL	2600m	報時	2130	Rinella	BYZ	2700m	気象
1044	Eiffel Tower	FL	2600m	報時	2200	Nauen	POZ	3900m	気象
1100	Nantes	UA	2800m	航行警報	2239	Tsarkoe Selo	TSR	5000/6000m	新聞
1115	Scheveningen	PCH	1800m	気象	2315	Scheveningen	PCH	1800m	気象
1130	Eiffel Tower	FL	2600m	気象	2344	Eiffel Tower	FL	2600m	報時
1130	Fukkikaku	JFK	600m	気象	2357	Nauen	POZ	3900m	報時
1157	Nauen	POZ	3900m	報時					

このリストは横浜丸無線電信局長の長津定が収録したもので，大正 10 年 2 月発行の「無線」第 10 号に掲載されたものである．

要通信を**表5**で紹介する．収録した通信記事は，ほとんどが船舶通信には欠かせない気象や時報である．長波時代の世界，そして日本の無線電信局の様子を読み取ってほしい．

9-5 アマチュア無線の無線電信

アマチュア無線の誕生

アマチュア無線がいつごろから始められたのか人によって解釈はまちまちだが，無線通信を楽しむのがアマチュア無線だとすれば，マルコーニがイタリア・ボローニャ近郊での実験にわれを忘れて取り組んでいた時の，のびやかで自由奔放な活動は，アマチュアそのものの心を持っていたのではないだろうか．

この時期においてアマチュアかプロかの区別はつけがたく，しいて区別する必要はないだろう．アマチュアもプロもひっくるめて同じときに生まれたと考えれば，気が楽になったりするものである．

マルコーニが無線電信を企業化していったことは，当時としては自然のなりゆきであったのではないだろうか．20 歳代前半であったマルコーニは，就職先を自身の開発した無線電信の世界へと求めていたわけである．それによって無線電信の技術も開けていくことになったため，だれでもが部品を手に入れることができ，無線電信機を組み立てられるようになった．

そして，通信のプロではない人たちの趣味で無線電信を楽しもうという動きが出てきたのである．プロへ向かって進んで行った無線電信が，枝分かれしてアマチュア無線のグループがひょっこり飛び出したのである．アマチュア無線の誕生は，無線電信の実用化，いいかえると商用の通信と一身同体となっていたことがその経緯から察することができる．

マルコーニをアマチュア無線家の元祖として，次に出てくるアマチュアらしいアマチュア無線家というと，英国のメグソン氏である．後にG2HAのコールサインで活躍したこのメグソン氏は，1899年からアマチュア無線家としての活動をしていたというから，このうえないほど古いハムであったのである．さらに活発な動きを始めたのが1900年代のアメリカのアマチュア無線家である．

短波通信の開拓

アメリカのハムたちは，自動車エンジンの点火用のイグニッション・コイルなどを使って火花式送信機を作り，受信にはブランリー式コヒーラー検波器を使い，けっこう遠距離の通信をしていた．1900年代の初めというと，1904年にイギリスのフレミングが二極管を発明したり，商業通信がそろそろ台頭しはじめたときである．アマチュアたちも商業通信も同じ波長を使うわけだから，混信が起きるのが当然で，アマチュアを邪魔者扱いにし，1912年にはアメリカ政府はRadio Actを作り，アマチュアの運用できる波長を200m以下とし，空中線電力も入力1kW以下というきびしい状況に追いやったのである．波長200m以下というのは長波万能時代の当時としては，使い物にならない短波帯への移行を意味している．

アマチュアにとってとんでもないことになったのだが，それならばと短波帯通信の開拓に乗り出したのである．その結果，200m以下の波長でも遠くまで伝搬していくことを発見し，実用通信としても使えることを見いだし，実用通信としても使えることを実践していくのである．Radio Actの一つの目的であったアマチュアつぶしは，このことによってくつがえされ，その期待に反して短波帯からさらに，後になって超再生方式を積極的に使って超短波帯へと通信の技術的な拡大がなされていくのである．

アメリカのハムたちは，1914年5月，Hiram Percy Maxim氏（W1AW）が中心となってARRLを結成した．結成から3年後の1917年には，約4000人の会員数をかぞえている．マキシム氏は後になってIARUができたときには会長に就任したという人物でもあり，68歳の生涯はアマチュアそのものを生きたのだといえよう．

マキシム氏が49歳であった1917年，第一次世界大戦が開戦し．ARRLに所属するアマチュアたちにとっても，また一般の人々にとっても大きな出来事であった．それだけに犠牲も大きくて，4000人いたアメリカのハムたちの3/4にあたるまだ若い人たちが，その技術をかわれて欧州の戦線に出向き，戦ったのである．その結果は悲惨なものであり，多くのハムたちがサイレント・キーとなってしまったのである．1918年に戦争が終わったとき，マキシム氏はARRLの再建に着手したのだが，集まったのは10人，ようやく再建できたのは翌年のことであった．

1914年当時のHiram Percy Maxim氏（W1AW）の家とアンテナ　＜出典：FIFTY YEARS OF ARRL＞

第一次世界大戦はハムたちを犠牲にした一方で，ちょっとした贈物をしてくれたのである．軍で使った無線機あるいは真空管など，手の届かない物がアマチュアたちの手に入るようになり，アメリカのハムたちの活動は活発になってハム人口も増えていったのである．

1921年12月のこと，ARRLは200m以下の波長で大西洋横断通信の実験を計画，Poul Godley氏を当時もっとも性能の良かった受信機を持たせて欧州へ派遣した．ゴドレー氏はARRLきってのベテラン・ハムである．ゴドレー氏は欧州でアメリカからの電波を受信，実験は成功した．200m以下の波長の30局を受信できたのであった．

1922年に同様の実験を行うと，今度はさらに多い315局の受信に成功し，それに加えてアメリカ側でもイギリス2，フランス1の受信ができた．こうなると大西洋横断QSOへと夢がふくらんでいくのだが，200mの波長に1kWの入力電力では，受信機の問題など難があり，実現しそうもなかったのである．200m付近よりももっと短い波長を使ったらどうだろう，というアマチュアらしい精神が発揮されたのがこのときである．つまり当時の理論では長いアンテナと，これまた大きな空中線電力でなければ通信ができないものと信じられていた．

その信じ込みをまず打ち破ったのが1922年に行われたボストン－ハートフォード間を波長130mで行うというもので，見事に成功している．ARRLは機関誌であるQSTを通じて，もっとさらに短い波長へ移行しようと呼びかけ，1923年には90m付近で大規模な実験が行われた．同じ年の11月7日，大西洋横断QSOをアメリカの1MOシュネル氏（Schnell後にW9UZ）,1XAMライナル氏（reinartz K6BJ）の二人と，欧州はフランスの8ABデロイ氏（Deloy）の間で,110mの波長を使って計画し，めでたく成功したのである．この成功によって短波通信の扉が大きく開かれたのである．

アメリカをはじめとしてイギリス，フランス，オーストラリア，メキシコ，ニュージーランドなど各国のハムたちが短波の世界へ飛び込んでいったのだが，短波に注目したのはアマチュアだけでなく，商業局も同じであった．つまり商業局が低電力で遠距離通信ができるという短波をだまって見ているはずがないわけである．短波の秩序ある利用が必要となってきたといえるだろう．

1924年7月，アメリカ政府は，200m ～ 150m，80m ～ 75m，43m ～ 40m，22m ～ 20m，5m ～ 4mの5バンドをアマチュアのための波長と公認した．これが現在のアマチュア・バンドの割り当ての基礎となっていくわけである．短波帯の開拓に関してはアマチュア無線家の功績が大といえよう．

日本のアマチュア無線

日本のアマチュア無線は，商用通信が長波から短波へ利用拡大をしていく途中の大正末ころから始まった．このころパリに23カ国のアマチュアが集まって国際アマチュア無線連合が結成されている．

まずJ1AAという官設の実験局が，当時長波の外地局を相手とする受信所を作ろうとしていた埼玉県岩槻にできたのである．岩槻受信所の建設工事の無線装置の部分を担当したのは，逓信省通信局工務課の荒川大太郎技師，穴沢忠平技手たちであった．河原技手は24歳の若手の技術者であり，現場主任という肩書きで埼玉県の岩槻へ長期出張を命ぜられた．

岩槻受信所の未完成の局舎に泊まり込んで，昼夜の区別もなく工事作業をしていたある日，工務課長の稲田博士から外国では短波を使った通信実験をしている，岩槻でも傍受してみなさい，というお達しがあった．河原技手たちは長波の設備建設に忙しいため，それを放っておいたら，なおもきつい調子で短波受信をしなさいといってきたので，短波受信機の製作に取りかかったのである．

受信機の部品をとっても，短波になるとどこにもないわけで，みな手作りのもので構成し，作り上げた．中波用のバリコンのローターの羽の数を減らし，ボディ・エフェクトをなくするために，長めのエボナイト棒でそれを回せるようにし，コイルを巻いてできあがったのが，BF12を受信管とした2球式のいわゆる0-V-1であった．

この受信機を使って，当時行われた英国－オーストラリア間の短波通信は，聞こえずじまいで大正13年は暮れたのである．翌14年，気を取り直してRCAがハワイ－サンフランシスコ間で短波通信を行っているという情報をもとに再度挑戦してみると，90m帯のホノルルのW6XIをとらえ，すぐにサンフランシスコのW6XOも受信できたのである．長波の大電力局よりもずっと強く明瞭にである．これは，河原技手たちにとって信じがたい驚きでもあった．数日後に80m帯で運用している米国のアマチュア局を受信することにより，なおさらそれを強めたのである．

岩槻でも試しに短波の送信をしてみようと，河原技手は逓信官吏練習所の200W中波送信機を借りてきて，短波用に改造した．部品は例によってほとんど自前で作ったものばかり，UV203を2本並列接続としたもので，入力約160Wであった．吸収型の周波数計も手製で間に合わせ，レッヘル線で較正し，空中線は高さ20mの木柱から引き下ろした傾斜型で，カウンターポイズをアースに使っていた．

これで送信の準備はできたのだが，コールサインをまだ決めていない，はてどうするか．米国ではワシン

Column　ヘボカワレ

大正7年ころになると，造船，海運，製鉄の活況を受けて電報の通数は，急激な延びを示しました．大量の電報を処理できる体制を作るために組織改正が行われたのがこの大正7年で，古参の電信オペレーターと新人とに技量に差が出たのです．相手局間のオペレーター同士で伝達がうまくいかないと，「バカ」「ヘボカワレ」とやりだし，電報の山もそっちのけで派手に電鍵を叩きあったのでした．以降も意思疎通がうまくいかないと，「ヘボカワレ」は打たれたようで，ナンバリングをタオルに包んで，けんかをしたという恐ろしげな話もあります．

トンが1，ニューヨークが2で，カリフォルニアが6という具合のため，日本だったら関東が1だろうと，米国のをまねてJ1AAとしたのである．

4月上旬のある夜，食事を早めに済ませ，受信機を動作させて米国の80m帯で通信しているアマチュア局の信号を受信し，あらかじめ80m帯にセットしてあった送信機のスイッチを入れて，CQ CQ de J1AAを繰り返したのだが，応答はなかった．

次の日，今度は米国のアマチュア局の信号にビートするところに送信機の可変コンデンサーを調整し，CQ UJ J1AAを繰り返した．UJとは，U(米国)をJ(日本）が呼んでいるという意味である．するとU6RWがJ1AAを呼ぶ信号が受信できたのである．河原技手はこおどりするような心の動きを覚えた．これが日本と外国の無線局が短波によって通信を初めて行った瞬間である．日本で最初の短波実験局J1AAは，このあとカリフォルニアの2～3局と交信をしてその日を終えた．翌日も，またその翌日も連日河原技手はとりつかれたようにキーを打ち続けたのである．夜半過ぎになることもしばしばであった．

夏が近づいてくると空電が増加してきたため波長を40m帯に変えると空電の影響はなくなり，より多くのアマチュア局と交信を行った．QSLカードの交換もしている．そのうち，J1AAの活動が注目されだしてきて，大正14年秋の「無線と実験」には，「短波長でアメリカと通信しているJ1AAを見る」という記事が載せられた．その記事の中で河原技手は，次のようにコメントしている．

昭和2年に発刊した「無線と実験」に掲載された佐野昌一氏の漫画

「私が河原です．これが20mの受信機です．材料もあり合わせの物でホーム・メードですから，十分なものではありません．しかし，アメリカのアマチュアの20mバンドはもちろん，独逸のナウエン（26m），豪州の通信なども時々聞こえます．是が40mの受信装置で，現在はアメリカとの通信に使っているものです．配線図はこのとおりで，レーナツ氏のショートウェーブ・サーキットです．

短波長の将来ですか，わかりませんね，何十キロ何百キロなどという大無線局は今後できないでしょうね．東京は先ごろ，練習所で短波長の送話を試みたそうですが，鹿児島で十分聞こえたそうです．此処ですか短波長は片手間にやっている仕事です．本職の仕事のほうが大切ですからね．それに夜中ですから，そう度々そればかりやっていては身がたまりませんや」

Column　73”の由来

アメリカの南北戦争当時（1861～1865年）アンドリュー・カーネギーという，電信と鉄道を管理していた人物がいました．戦争が始まったときに軍事電信隊が組織され，南北戦争での戦略を練り実戦に臨むときには，電信の情報が大いに役立ったのです．これはカーネギーさんのおかげだと軍事電信隊はお礼のパーティを開きました．そのときのカーネギーさんの年齢が73歳だったので，“73”をGood wishes, Best regardsに使われるようになったというのが一つの説としてあります．

さらにもうひとつ，“Telegraph and Telephone Age ” 1 June, 1934に載せられた電信略号の一覧の中に次のようにあります．

1　Waite a minute.
4　Where shall I start in message?
5　Have you anything for me?
9　Attention, or Clear the wire (used by wire chiefs and train dispatchers)
13　I do not understand.
22　Love amd kisses.
25　Busy on another circuit.
30　Finished, the end (VA) (Used mostly by press telegraphers to denote the end of a story or closing out.)
73　My compliment, or Best regards.
92　Deliver.

これらの電信略号は，回線の利用時間を節約するために，1905年（明治38年）に考えられたものといわれ，1～92まで以前はあり，1934年の時点で意味が明確にわかるものとして揚げられています．

エジソンが打った“73”は，この二つの説が伝えるものと考えられますが，それを確定する資料，伝聞はありません．

1927年，英国の雑誌に紹介された電子管の広告

この後，J1AAの動きや外国雑誌，国内雑誌の記事が刺激となり，無線電信を趣味にする人たちが日本でも出てきたのである．アメリカの「ポピュラーサイエンス」，ARRL発行の「QST」，日本ではじめてのアマチュア向けの雑誌「ラジオ」，それに続いて「無線と実験」などを読んで短波無線電信の世界に飛び込んで行ったアマチュア無線家には，関西では後にJARLの会長になる梶井謙一氏（JA1FG）や笠原功一氏などがおり，アマチュアとしての実験を始めている．

J1AAがアメリカの6RWとQSOした年の秋に梶井氏と笠原氏は阪神間20kmの通信実験に成功している．関東では有坂磐雄氏や仙波猛氏，磯英治氏などが短波帯で運用をはじめ，そのうち関西のグループのJ3WW 谷川氏とJ1TS 仙波猛氏が大空ではち合わせして，大正15年6月12日のJARL（日本アマチュア無線連盟）の結成へとつながるのである．

JARL結成の宣言は，アマチュアらしくCWによって行われたのである．

“We have the honor of informing that we amateurs in Japan have organized today the Japanese Amateur Radio League. Please QST to all stations”

この電文は米国雑誌のQSTにも掲載され，世界にJARLの存在は伝えられた．この後，未整備だったアマチュア無線の制度が整えられ現在に至っているわけである．

> **Column　ウナ電とは**
>
> 電報用語に“ウナ指定”というのがありましたが，これはウナギを注文しようという電報ではなくて，至急電報のことです．本来，URGENTのURを欧文の略号に使用していたものを和文略号をつくるときにURのモールス符号をそのまま和文モールス符号に置き換えたことからUR→ウナというのができたわけです．至急電報「ウナ」指定の昭和13年の料金は，通常料金1通30銭に対し官報が2倍の60銭，私報が3倍の90銭かかりました．

アマチュア無線のCW

無線電信のあゆみを振り返ると，アマチュアの原点をマルコーニのイタリア・ボローニャ郊外での自由奔放な実験にまでさかのぼらせるのが，アマチュア無線の本質を考えるとき一番しっくりくるものと考えられる．なぜならば，無線通信を職業としている人々の中には多くのアマチュア無線家がいるからである．そして，プロ以上のアマチュアが存在するからであろう．アマチュアらしい発想の中に無線電信は生まれ，発展していき，その無線電信を楽しんでやろうという人たちによりアマチュア無線の世界が形づくられた．

また，それと平行するようにプロの無線電信が業務用通信を行ってきていることを思えば，Radio Regurationを頂点とした法体系の入れ物の中に一緒に入った，アマチュアとプロが一体化されたものが無線電信，あるいは無線通信であるといえるだろう．要するにアマチュア無線の無線電信は，無線通信の原点におくべきなのである．

9-6 通信技術の進歩とCWのゆくえ

通信技術の進歩

CW（無線電信）がすべてであった時代から無線電話が発明され，アーム・ストロングが再生回路，スーパーヘテロダイン方式，超再生回路，FM方式を発明して無線装置の基礎が固められていくと，無線通信の多種多様化がはかられるようになった．さらに，

PCM（Pulse Code Moduration）技術が導入され，無線PCMが実現されると，ディジタル通信の時代へと移り変わってきたわけである．

アマチュア無線の分野でも新しい技術の導入はめざましいものがあり，周知のとおりアマチュア無線でもファクシミリ，RTTY，アマチュアTV，SSTV，レピーター，月面反射通信，衛星通信，各種データ通信などが利用されている．

このほか，アマチュア無線以外の無線通信に目を向けてみると，中波ラジオ放送，FM放送，TV放送，各種衛星放送といった生活にとけこんだメディアに加えて，レーダー，マイクロ回線，携帯電話，ポケット・ベル，PHS，コードレス電話，列車公衆電話，テレターミナル，タクシー無線，MCA，AVM，簡易無線，構内無線／ページング，無線LAN，特定小電力無線局，ワイヤレス・マイク，パーソナル無線，市民ラジオ，ラジコン，GPS，VICSなどが存在している．

さらに，宇宙開発分野での制御，通信とか軍用にも利用分野はどんどん拡がりを見せ，とどまるところを知らない状況で，新たな周波数帯の開発ということでミリ波から光領域へすべて連続した周波数スペクトルを使えるようにしてしまえと，デバイスの整備が急がれている．光領域は光ケーブルなどで，ミリ波とそのうえにあるまだ未整備の部分のスペクトルについては，室内端末のコードレス化などに使うことが可能だと考えられているわけである．

以上に述べたのは，主に陸上部分での無線通信の動向であるが，無線通信が大きく成長した原因となった海上通信はどうかというと，これも大きく変化してきている．

モールス通信のゆくえ

タイタニックの遭難事故をきっかけにSOLAS条約が結ばれることによって，その重要性が認識された海上通信は，無線電信のシステムを中心に発達した．その海上通信にも技術改革の波が押し寄せてきて，それまでCW一本で勝負してきた船舶通信に衛星を介したインマルサット・システムが高価ながらも参入してきたのである．

インマルサットに加えて，狭帯域直接印刷電信，非常用位置指示無線標識，航行警報テレックスなどが普及段階に入ろうとするとき，FGMDSS（Future Global Maritime Distress and Safty System；将来の全世界的な海上遭難安全システム）という構想が持ち

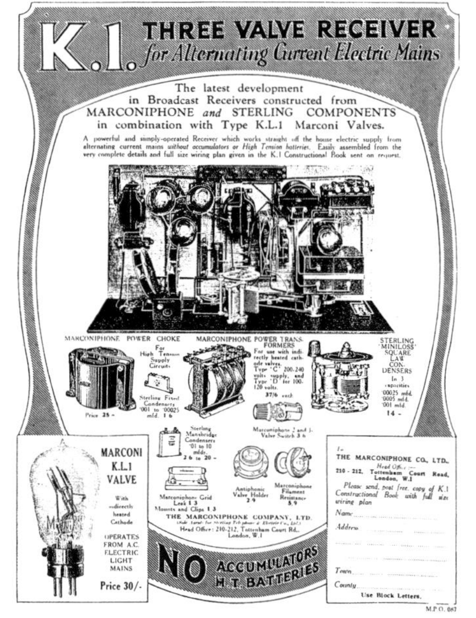

1927年，英国の雑誌で紹介された交流電源のラジオセットの広告

上がった．それは1979年の海上における捜索および救助に関する国際条約の附属書に規定された捜索救助計画の効果的な運用を図るためにIMO（国際海事機関）で検討が始められたものだったのである．検討が進むにつれ，それが現実のものに近づくとFutureがとれて，単にGMDSSと呼ばれるようになり，1988年11月9日にSOLAS条約が改正された．SOLAS条約の改正によるGMDSSの導入時期は段階的に1992年2月1日～1999年2月1日にかけて設定された．

GMDSSは今までのモールス通信の船舶相互間の救助を基本とするものから，世界中どこの海にいても常に陸上の救助機関と通信を行えるようにディジタル技術や衛星通信を利用し，大幅に機械化，自動化が取り入れられたシステムである．そのGMDSSの導入は，それまでの海上通信システムを抜本的に改革するものであり，船舶局と海岸局では各種無線設備の追加や取り替えをしなければならず，船舶局や海岸局に勤務する無線従事者にとっても大きな影響がある．

次に1992年に導入が始められたGMDSSの影響を追ってみると，一番世の中の注目を集めたのが，銚子無線局（JCS）廃止の動きである．1993年7月にJCSとJOS（長崎無線局）の統合の可能性があるとの話が出て，翌1994年4月になって平成8年度にJCSの廃止が正式にNTTから提案されたわけだが，世界のJCSが銚子からなくなってはたいへんだということでJCSの無線従事者に銚子市民も加わって反対運動が起こったのであった．

1927年．英国の雑誌で紹介された受信機のキットの広告

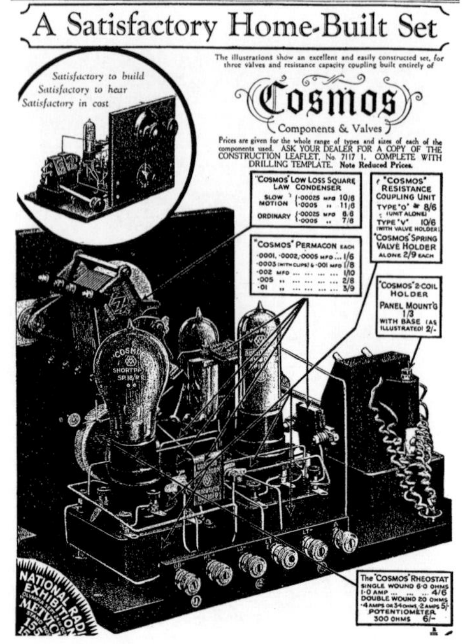

毎月といったペースで報道が繰り返される銚子無線保存運動の動きは，JOS（長崎）へ統合という結論となり，JCSは1996年3月31日の午前8時に87年の歴史に幕を下ろしたのである．

アマチュア無線で発展するCW

ノンフィクション作家で「スーパー書斎の仕事術」や「メタルカラーの時代」，「アマゾン入門」，「マルチメディア版情報の仕事術」といった著書がある山根一眞氏は，日本経済新聞（1996年4月14日発行）「36.5°C の生活」）“モールス通信再び”と題して，次のようにモールス通信の動向をまとめている．

「…中略… モールス通信は簡単な設備，小さな出力で地球規模の通信ができる優れた方式だ．絶滅は何とも惜しいと思いつつ，アマチュア無線の専門誌『CQ ham radio』（CQ出版社）4月号を見たら，びっくり．大特集が「モールス通信の魅力」いいねぇ．プロが投げ出した，しかし，重要な仕事をアマチュアが代わって担う時代であることは，アマチュア天文家による大発見，百武すい星でも立証された．

アマチュア無線の世界も，実は携帯電話やインターネットなど一般の人々が手軽に使える通信手段が普及してきたため，かつてほどの元気がなくなっている．そういう時に，あえて百年前の通信の原点に立ち返れという姿勢，すてきではないか．アマチュア無線，がんばれ!」

アマチュア無線家でもある山根一眞氏は，CQ誌という媒体にもよく目をとおされていることが伺われる．

このほか，著名人でアマチュア無線を楽しまれている人物にタモリ氏（森田一義氏）がいる．タモリ氏は一時，電気通信大学を目指して，途中で早稲田の哲学科に転向したというほどの人である．

そのタモリ氏が担当するニッポン放送の番組を聞いていたら，「オレもCWをはじめようかな」というのを小耳にはさんだ．アマチュア無線家としても超有名なタモリ氏がCWをはじめようというところで，CWの将来への方向性が見えてきたようである．タモリ氏のように，肩に力の入っていない，それでいてまとまりがあるといったスタンスで，アマチュア無線のCWを大いに楽しもうではないか．そこから何か生まれてきそうな気がするのである．それがアマチュア無線の醍醐味というものかもしれない．

最後に，これからのCWの歴史を形づくっていくのはわれわれハムである．試行錯誤の繰り返しでもいい，自分たちの納得のいくアマチュア無線の世界をCWによって築き発展させていくべきだろう．

【参考文献】

・華盛頓国際無線電信会議復命書，中上豊吉・他著
・電報略符号案内集，佐藤総之助著，誠心堂
・無線電信法，国立公文書館
・帝国大日本電信沿革史（明治25年）逓信省電務局
・電信機の働作と取扱方法（昭和9年）篠田耕・坂田義夫著，法制時報社
・通信事業史第3巻（昭和15年）通信省編，逓信協会
・音響通信術（昭和27年）電気通信共済会
・東京中央電報局沿革史（昭和33年）東京中央電報局
・関東電信電話百年史（昭和43年）日本電信電話公社関東電気通信局
・ペルリ提督日本遠征記（昭和10年）フランシス・L・ホークス編，弘文社
・日本電信電話創業史話（昭和33年）渡辺正美著，一二三書房
・てれがらふ－電信をひらめいた人々（昭和45年）電信百年記念刊行会編，通信協会
・発達史的電信学（昭和7年）戸川三郎著，電恵社
・横浜の電信百年（昭和45年）横浜電報局
・Thomas A.Edison 1990 Anna Sproule, Exley Publications Ltd.
・Fifty Years of ARRL 1965, The American Radio Relay League
・松代－真田の歴史と文化－第8号，象山と電気治療機，東徹筆，真田宝物館
・産業考古学会報32（1984年6月22日）佐久間象山の電信実験，関　章著，産業考古学会
・金属（1990年6月号）佐久間象山と日本の電気技術の遺産，関　章著
・JARL愛媛支部報3，三瀬諸淵，大洲の地で電信黎明の大実験

第10章

モールスが鳴り響いた
銚子無線局の歴史

JA2CWB　栗本　英治（元JCS通信士）

今世紀初頭，公衆電信の無線局として銚子無線（JCS）が誕生．JCSの職員は船乗りと家族を結び航行の安全を見守るため，無線通信と無線機器の保守に熱い情熱を傾けてきました．この章では，JCSの誕生から終焉までを紹介していきます．

歴史編

10-1 銚子無線局の誕生から終焉

銚子無線局の生い立ち

明治41年5月16日，わが国初の逓信省公衆無線電信局として「銚子無線電信局」が開局しました．その後，昭和27年8月には日本電信電話公社「銚子無線電報局」と改称し，昭和60年4月には「NTT銚子無線電報局」と改称．平成4年4月，NTT「銚子無線電報サービスセンタ」と改称しましたが，平成8年3月31日で廃止となり，87年の生涯を閉じました．

銚子無線の閉局にともない，昭和63年から銚子無線に集約し遠隔運用されていたJOC（落石），JJT（小樽），JHK（函館），JCF（新潟），JMA（舞鶴）の各中波局も閉局．平成11年2月から各船舶に義務化される「世界的な海上における遭難と安全のためのシステム（GMDSS）」と呼ばれる衛星通信システムがすでに稼働中であり，船舶の主な通信手段はGMDSSに移行しつつあります．GMDSSの設備未了の船舶については，現在「長崎無線電報サービスセンタ（以下「長崎無線」と略す）」が従来の短波（JOS，JOR）でモールス電信とRTTY業務を運用中です．

しかし，長崎無線に集約運用されていた一部の中波（JOS，JIT，JCG）も平成9年3月31日で廃止となり，わが国の「無線電報」を冠した中波海岸局は全廃となりました．

銚子無線局のロケーション

一般に「銚子無線」と呼ばれる小畑受信所は，犬吠崎へたどる途中のキャベツ畑の中にあり，受信アンテナ群と通信棟，そして関連業務棟が置かれていました．送信所と送信アンテナ群は「椎柴無線」と呼ばれ，受信所から西へ約10キロの利根川沿いの丘の上にありました．

人口およそ8万3千人の銚子は，関東平野の最東端，利根川河口南側に位置し，江戸時代紀州から移り住んだ人たちが漁業を興し，関東では神奈川県三崎港と並ぶ漁業の二大根拠地で，今もなお生け簀料理や寿司がおいしく食べられます．総武線で銚子駅に降り立つと最初に気づくのが川口漁港の魚の匂いと醤油の香りですが，銚子は古くから漁業とともに醤油醸造のメッカとしても栄え，ヒゲタ醤油，ヤマサ醤油など有名醤油メーカーが居を構えています．

愛宕山より銚子無線局を望む

別名「地球が丸く見える丘」とも呼ばれる愛宕山から360°を見渡すと，太平洋の水平線が300°くらい，陸地が60°くらいの割合の眺望である．そんなわずかな範囲の半島のなかでも，銚子無線の受信アンテナ群はひときわ目立っていた

出典：「銚子無線80年のあゆみ」

また，江戸時代に利根川水系を利用した江戸との水上輸送の拠点として栄えたこともあって，あるいは独特の気候風土によるものか，古くから文人墨客らがよく訪れる地で，市内のあちこちに史跡があります．気候といえば，銚子は冬暖かく夏涼しい避寒避暑の地としても知られます．銚子東方沖で寒流の親潮と暖流の黒潮がぶつかり，格好の漁場となるばかりでなく，この地の気候を特色付けています．

そして，半島のように海に突き出して三方を海に囲まれているため，春から初夏にかけての濃霧と年平均で三日に一度は強風注意報や警報が出るほどの風が吹くことも知られざる一面です．

10-2 プロ無線の世界

通信相手

航行中の船舶との公衆通信が目的ですから，国内外各海運会社の客船，フェリー，貨物船，各漁業会社の各種漁船，各省庁所属の船舶などが主な通信相手局でした．しかし，銚子無線では，以上のような通常の海岸局の通信相手に加えて，少し異なった相手とも通信を行っていました．

かつては，銚子－ハワイ間（明治末の長距離通信実験，その後，千葉船橋と福島磐城に移管）のように外国の陸上無線局とも交信したり，昭和8年には来日したドイツ飛行船・ツェッペリン伯号や翌年のアサヒモノスーパー号との無線通信など，航空機との通信も行っていました．

君ヶ浜海岸より犬吠埼灯台を望む

出典：「銚子無線史（無線電信創業から70年）」

昭和初期の通信室

出典：「銚子無線80年のあゆみ」

関東大震災の折りには，ほかの海岸局と臨時無線回線を設け災害救援に大活躍しました．戦後になり，昭和32年から南極・昭和基地との短波回線，昭和43年には小笠原諸島返還にともない父島との短波回線（戦前にも海底ケーブルによるバックアップ用の短波回線はあった）など，衛星通信が実用化されるまでは海外局との通信の多くを銚子無線が担当してきました．

通信内容

さきに紹介した船舶との間の公衆通信が主体ですが，独自に艦船と陸上との通信回線をもつ各省庁（海上保安庁，気象庁，自衛隊など）や，かつての国鉄などの内部の業務通信とは違い，主に一通いくらと課金された電報を取り扱う点も異なります．そういった電報のやり取りのほかに，本来海岸局が設置された背景にある船舶の航行の安全確保という大きな目的（1912年4月14日のタイタニック号遭難が端緒）がありましたから，遭難通信や緊急通信などにおいても長波や中波の大電力の宰領局として活躍しました．しかし，戦後，航行の安全に関する通信の大部分は海上保安庁に移行しました．

また，そのほかに大正初期には，報時放送（今でいう時報・後に東京天文台に移管）を行い，英文暴風警報放送（後に中央電信局に移管），船舶航行警報（大正4年から．後に海上保安庁に移行）や，無線監視，無線標識業務や無線方位測定業務（船舶のみならず航空機も利用・後に海上保安庁に移管），戦時には潜水艦情報，防空警報なども放送していました．気象電報（船舶が3時間ごとに観測した気象データを気象庁に送る電報）の取り扱いは，早くも明治43年から始まっています．戦前の船舶通報に似ていますが，中波の各海岸局がもつ通信エリアへの船舶の入出の連絡をするTR（トラフィック・レンジ）や，入出港の連絡などの各種通報を受け付けていました．

昭和62年から日本船，平成元年から外国船の無線テレックス（RTTY）業務を開始し，モールス電信ばかりでなくテレタイプでの電報のやり取りも行っていました．RTTYでの運用は相手局が船舶移動局ですから，航行する海域とコンディションによっては符号のバケを頻繁に生じ，ときにはモールスで問い合わせたりしてスムーズに交信できないこともありました．

結局，コンディション不良のときは原始的なモールスが威力を発揮しました．船舶側のアンテナは限られたスペースに展張したL型などで，500kHzから22MHzまでの運用を余儀なくされたものですから，良好なコンディションなどの条件が必要でした．

海岸局の通信は，無線通信だけでなく有線回線の通信業務もあります．船舶局とやりとりするほとんどの公衆電報は陸上から発信され，あるいは着信することから，有線通信も海岸局では重要な位置を占めています．銚子無線の有線回線は昔から有線電信一筋に叩いてきた人たちと長年無線通信士としてキャリアを積んだベテランが担当していました．

有線では，昭和33年から印刷電信回線となり，受信はテープに文字が印刷出力されますが，送信はタイ

昭和30年当時の通信室
船舶あて電報を差し込んだ円筒形の書架を中心に通信座席を設けている．急増する船舶と取り扱い電報通数に追われる発達途上の銚子無線の雰囲気をよく伝え，この直後の「花電車」を挟んだ通信座席のレイアウトの萌芽を思わせる
出典：「銚子無線00年のあゆみ」

歴史編

プ（KP鑽孔機）でテープ送りです．後にテレックス回線も併設され，テレタイプによる送受も行われていましたが，その後は有線回線も自動化となりました．

通信システム

無線や有線の公衆通信は小畑受信所の銚子無線で行われ，その名のとおり受信設備もここにありましたが，キーイングは遠隔操作で前述の椎柴送信所の椎柴無線から送信されました．使用できるバンドは，長波帯（昭和50年6月に廃止），中波帯と短波帯の4/6/8/12/16/17/22MHzで，海岸局側の送信周波数は各バンドのコールサインごとに1波で，おおむね各バンドごとにJCS，JCT，JCUのコールサインが割り当てられていました．

船舶局は，各バンドごとに呼び出し用と通信用の2波が割り当てられ，その呼び出し周波数，通信周波数は系列会社ごとにグループ化されています．銚子無線ではそのほかに捕鯨船団との協定通信というものがあり，これに使うコールサインもJCS3，JCS5…JCS21のようなものから，対南極基地回線用のJOF20，JOF25…JOF38，かつての観測船「富士」や「しらせ」との間のJDXなどがありました．また，小笠原回線のJDB，JDC，JDC2…JDC8，JEB，JDCB，そのほかCW以外の電波型式では無数にあるので省略しますが，さすがに筆者も記録でみるJEB，JDCBあたりになると，そのようなものがあったのか，と記憶があいまいになってきます．

船舶各社の呼び出し周波数は，一定の範囲内にありますから，海岸局側ではバンドをスイープしながら船舶局の呼び出し周波数帯をワッチします．呼び出し周波数帯をワッチしている間は「CQ CQ CQ DE JCS JCS JCS QSX 8MHz K」のようにエンドレスでCQを繰り返し送信しています．昔は手動で，後になり機械式自動でアナログ的に連続スイープ受信していましたが，昭和52年からはスポット式のディジタル・スキャンになりました．

船舶局から呼び出しがあった場合，つまり船舶局からのコールをキャッチしてスイープ／スキャンを止めた時点で「CQ CQ…」の送信がストップし，通信座席の電鍵に送信回路が切り替わります．応答すると船舶局から通信周波数を通知して来ますから，海岸局側では受信を通信周波数に切り替え，公衆通信のやり取りをします．ちなみに海岸局側の周波数は呼び出し／応答とともに通信周波数は同じです．

中波では「CQ CQ…」の連続送信は行われず，海

Column　JCSよもやま話

昭和39年に赴任したころの筆者などは，船から受信した電報を十分にチェックせずに有線に流すと，無線室と有線室の境で「147番！何だこの電報は！」と大きな声で呼び出されることが再々で，あちこちの座席で先輩たちが「クスッ」と笑っていました（職員のすべてに番号を割り当てられ，取り扱った電報に捺印する．ピーク時で250名前後，おおむね150人前後の無線通信士が輪番制の勤務についていた）．

いつのまにか筆者も新米さんが呼び出されるのを微笑む側になりますが，1～2年を経たばかりの先輩が去年，一昨年は自分も笑われたっけ，といったところでしょうか．料金をいただいて扱う公衆電報ですから，不備を追求するのはあたりまえですが，新米の無線屋にとっては怖い有線屋さんでした．

古めかしいタイプライターの時代が長く続きましたが，キータッチが重く腱鞘炎に陥る人が多くいました．腱鞘炎やそれに近い状態に陥ると送信の際にも手くずれに似た症状を呈します．すでに述べたように無線の座席ではもともと高速で電信を叩くということはまれですから，本来の手くずれをおこす通信士はいなかったようです．

タイプ受信は手書きと違い，多数の電報を受信する際にはプラテンの向こう側に受信中の紙が見えかくれするころ，次の紙を挟んでおかなくてはなりません．最後のます目を過ぎる少し前にナンバー印を押して「ラタ（AR）＝終わり，AHR（another）＝ほかにあります」を受けたらプラテンを勢いよく回して，受信済みの紙をタイプの後ろのカード・スライダーに飛ばし，次の受信用紙の頭を出しておきます．

一通終えるごとにBK（ブレーク）して待っててもらい受信用紙を取り替えていたのでは相手局を待たせることになりますし，船側では当然海岸局の通信士は完ぺきに受信していると思い込んで（?）いますので，受信用紙の差し替えごときでBKは出せません．半年もすると誰でもできるようになるのですが，新米にはプラテンを回し開口窓をとおしてカード・スライダーへ受信した用紙を飛ばすのがなかなかできず，回しすぎると次の用紙のヘッドがちょうどよい位置に来なかったりしたものです．これはキーボード受信になる前の古いお話です．

ちなみにBKといっても，文字どおり「BK」と打つのではなく，相手が送信中の符号の合間のスペースに「T」または「E」などのような注意喚起の何らかの符号を入

岸局も船舶局も遭難，緊急，安全通信と呼び出し／応答・公衆通信以外はお互いに一切沈黙したままです．特に呼び出し／応答用の500kHzは国際遭難通信周波数として重要な周波数ですから静謐にする必要があり，そのために毎時の15分からと45分からの3分間は「SP（Silent Period＝沈黙時間）」として全世界各局の集中ワッチが義務づけられています．

通信が終了すると業務日誌に必要事項を記入，担当ナンバーを捺印し，タイプ受信した電報を有線通信席に流します（昭和61年までのシステム）．座席の通信士は通信を終えると再び受信機を呼び出し周波数帯に切り替えワッチに戻り，同時に海岸局の送信波は再び「CQ CQ…」をエンドレスで繰り返し送信します．有線回線で銚子無線に送られてきた電報は，自動化以前は船舶局名録から検索したコールサインを大きく書き入れ，各座席から見えるところに置かれた書架に差し込まれていました．

その昔，書架は円筒型で「花電車」と呼ばれ，2列に並んだ通信座席の間を走るベルトコンベア上のレールで自分の座席まで走らせますが，同時に先輩が呼び寄せている時は新米通信士は走って確認に行きました．コールサインが書き込まれた二つ折りの電報を短冊のように円筒の周囲に差し込んだ書架がレールを走る様子を花電車と呼んだようです．

昭和31年当時の通信室．画期的な「電車」登場
出典：「銚子無線80年のあゆみ」

一方，各座席で受信された船舶局からの電報は，ベルトコンベアなどで流され，前検と呼ばれるチェック・ポイントで必要事項のチェック，書き込み（多くの場合あて先住所から索引して所轄電報局を指定する）が行われた後，有線座席に送られます．有線座席ではテープ鑽孔機（KP鑽孔機）で鑽孔しながら送信装置にかけ，あるいはテレックス回線で送信します（昭和61年までのシステム）．

船舶局あての電報などは定時にリストを放送しますが，これを一括呼び出し（TL；トラフィック・リス

れることで，送信中の相手が早く気づいてくれるよう「E」を乱打する時もあります．

船側も複数の電報を海岸局に送信する場合は，一通終えるごとにやや間をあけ，海岸局側から「R（了解），K（どうぞ）」または「・（短点のみ）」を送って次に移りますが，捕鯨母船の通信士のように超ベテランは海岸局側からの「ハイお次どうぞ」という意志表示などを聞かずにどんどん送ってきます．むろん最初に「QTC20（電報20通あります）」と通数を告げられ，心理的，事務的な準備は整えておきます．何十通もある電報の送受に0.1秒も余分にかけていられないという気迫が伝わります．同様に海岸局からそれらの母船に送るときも間をあけて「K」を待つなどという気長なことはしませんし，一気に何十通も送ります．

とはいっても10分も20分も送っていて，30字，60字ごとの「・（短点一つ．この場合はK＝どうぞの意）」もなく，通終えるごとの「・」もなく沈黙が続くと「本当に受信できているのかな，コンディションが落ちてシリ切れになってないかな」と心配になってきます．「?」と叩くと余計な心配しないでどんどん送れといわんばかりの「GA（goahead＝続けてどうぞの意）」を打ってきて，最後にまとめて「R25（＝QSL25通）」と来ますと「ウーンさすが」．自分の受信能力が送信時にも心理的に反映しているわけで，感心するとともにわが身の受信能力を見抜かれてしまったという感覚を持ったものです．

同時に，いくらJCSが強力な電波を南氷洋向けに発射しているとはいえ，母船通信士のQSB，QRM，QRN（南極近くの吹雪の空電ノイズなど）のなかでまとめてOKには脱帽です．ここでの「R」は「QSL」と同義語の「受信証」のことで，むろん「カード」の確認ではありません．

昭和40年当時の通信室．この時期に「電車」からカードスライダ方式に変更となった
出典：「銚子無線80年のあゆみ」

ト）と呼び，銚子無線や長崎無線はあらかじめ鑽孔したテープ（2単位テープ・昭和61年までのシステム）でコールサイン・リストをモールス・コンバーター（MK）にかけ自動送信します．一括呼び出し直後の各座席は，世界中を航行している各船舶局からの呼び出しでパイルアップとなり，捌いても捌いても自分の座席担当時間中には捌ききれないこともありました．

また，あまりにも多い場合は，順序通信（QRY）で順番を指定しますが，昭和45年度をピークとした無線電報通数（JCS：132万4千通）も漸次減少し，パイルアップも遠い昔の話となり，日本船も衛星通信を使うようになったころに訪れたJCSでは，昔の同僚が「和文電報が少なくなって和文タイプも忘れてしまった」と冗談を言っていました．

最盛期の銚子無線ではTLが30分前後掛かりましたが，閉局時には10分を超えることはなくなっていました．最近では韓国（HL）の海岸局のTLが10分を超えるTLを放送し，東南アジア諸国などのGMDSSをまだ設置していない船舶局はHLを頼りにしているようです．それらは受信所＝通信所での業務風景ですが，無線局全体のシステムとして見ると短波の送信経路は，通信所でのキーイングが有線とVHFの2回線で二つの送信所に送られて，5kWから15kWの出力で送信されました．また，受信された電報などは有線回線と無線回線で銚子電報電話局や数局の統制無線中継所を経由して千代田統制無線中継所に至り，各ユーザーと結ばれました．

筆者は毎日勤務する折りに見上げた頭上の受信アンテナ群が，世界の海を航行する船舶からの信号を捉えるという受信イメージが強かったのですが，キーイングしていながらも遠隔にある送信機や送信アンテナのイメージは少し希薄でした．時折，オールウェーブRXで符号のバケ具合の点検のため自分の信号をモニターするくらいでした（自分のキーイングがそこそこの強さで入感．10kWの地表波をワッチするのもまた格別であった）．

第2送信所の全景

出典：「銚子無線史（無線電信創業から70年）」

送信所も送信アンテナ群も約10キロ離れたところにあり，赴任の折りの挨拶と見学を除けば通信士たちはほとんどそこを訪れることがありませんでした．しかし，システム全体の回線系統図や椎柴送信所，第2送信所（無人）とそれらの送信アンテナ群を見ると，あらためてJCSの設備の巨大さとトンツーを支えた保守業務の方々の苦労を思い知ります．

台風で空中線が切断したときの保守，直撃や誘導の落雷でバランにクラックが入り交換したり，初期のMOS-FETの内部のワイヤー・ボンディングの切断（CWのような過酷な断続に耐えられず初期のMOS-FETは，時折破損した），予備機への切り替え保守など，一刻も遅滞が許されない保守業務には通信士たちが預かり知らぬご苦労があったようです．そのおかげで，ハムのように電波を発射するごとに今日の送信機の機嫌は？ アンテナのSWRは？ と神経や作業を分散することなく通信業務に専念できました．

昭和63年には全国に在った中波の海岸局も統合され東半分をJCS，西半分をJOS（長崎県諫早市）で運用していましたが，JCSの閉局により集約していた中波局も自動的に閉局となり，JCX（那覇），JCK（神戸），JSM（潮岬），JDA（鹿児島）の各局も同時に閉局しました．NTTの中波海岸局で残っていたJOS（長崎），JCG（下関），JIT（大分）の3局が暫定的にJOSで集約運用されていました（JHYは愛知県と名古屋市で構成する名古屋港管理組合の所轄）が，平成9年3月31日をもってそれらの中波海岸局も廃止されました．

明治41年に開局してから今日まで「海岸局」の象徴であり，B電波（火花放電による電波）からA2電波（中波は最後までB電波時代のなごりでBFOが不要の電波型式）と移り変わったものの，無線電信の黎明期から87年間現役で活躍した中波の公衆通信海岸局の終焉は，短波海岸局の閉局と少し異なった感慨があります．

通信座席

平成8年の閉局時のモールス通信座席数は22席（短波19席，中波3席）で，そのほかに支援業務の座席（RTTYを含む）が5席前後ありました．昭和62年，

平成8年の閉局時の通信室
コンピューター化されるまでの通信室と一見してわかる違いは，座席横のCRTディスプレーとキーボードであるが，机上の受信機らしきものは受信端末で，受信機本体は別室に集中して設置管理され，RFゲインもNBもフィルターも通信士は触れることができず，座席では音量調整だけがコントロールできた
出典：「銚子無線80年のあゆみ」

逓信省以来のタイプライター（逓信省カナ配列）がキーボードとモニター・ディスプレーとなり，次いで自動化（SMARTシステム＝System for MAritime Radio Telegram）運用開始で業務日誌も含めてキーボード入力によるコンピューター処理になりました．

開局以来，最後まで変わらなかったのは縦振り電鍵（ストレートキー）が各座席の机上に固定され，送信は縦振り電鍵（後にエレキーも接続されていました）で送っていたことで，キーボード送信は閉局まで銚子無線では取り入れられませんでした．

昭和62年の自動化までは受信電報を流すカード・スライダーと呼ぶ5列のベルトコンベアを挟んで各バンドごとの通信座席が並び，各座席にはモノバンドの受信機と和文・欧文のタイプライター（レール上で交互に移動できた）を置いていました．コンピューター処理となってからはどの座席からも任意の周波数，コールサイン（むろん銚子無線に割り当てられている周波数に限る）を設定可能のマルチ運用となりました．

また，各座席の受信機がなくなり，機械室に置かれた受信機本体（中波から短波帯までのオールバンド・カバーで各座席に対応するRX）と遠隔操作になって新電報疎通設備端末と呼ばれるターミナルとしての「受信装置」となりました．RFゲインやBFOピッチ・コントロールは通信室内の1カ所ですべてを制御するようになり，座席では調整ボリュームといえばAFゲインだけとなりました．

通信座席は原則として各周波数，各コールサインごとにあります．「原則として」というのは，通信量の減る夜間には，例えば8MHzの座席でJCSとJCUとを同時運用して掛け持ちしたり，マルチ運用で特定の周波数・コールサインの割り当て概念がなくなったからです．マルチ運用といっても現実は便宜上，各座席に対するバンドとコールサインの設定はほぼ固定されていました．コールサインを多数もっていると混乱を生じるため，各通信座席の机上にコールサイン／バンドのタグを置いていました．

また，通信座席によって通信量の疎密があるため，各通信士の作業量を平均化するよう勤務中は1～2時間で各座席を交代したり，C/S席（有線から入電した電報にコールサインを書き込む），前検席や有線座席に勤務したりします．座席の側面には受信アンテナ群の切り替えスイッチがあり，船舶局の信号が弱いときには通信が始まる際にロータリー・スイッチを回してアンテナをセレクトします．

受信アンテナは，SE（南東）から半時計まわりにNNW（北北西）まで，おおむね15°ピッチで進行波（ロンビック）アンテナが展張してあります．ロンビックのひし形の二つの頂点にはそれぞれ特性インピーダンス600Ωをバランで落として75Ωケーブルとプリアンプが接続され，各座席にはすべてのプリアンプ出力が来ています．座席の切り替えによって一つのアンテナを180°反対方向も使用できるため，ほぼ360°をカバー，ほかに中波用のL型，南極向けログペリを持っていました．ロンビック・アンテナのSWRは3MHz～22MHzの帯域において，おおむね2～2.5以下でした．

ちなみに送信アンテナは，通信座席では制御できず

受信所の空中線
対南極通信のみがログペリというアレイ系で，短波帯の受信アンテナの基本は広大な土地を利用したロンビックで構成されているが，対称の２方向に指向性を持つので，0°～180°のみの設置で，半分は節約している．RTTY向けにはモノコーン・アンテナが使用されていた
出典：「銚子無線史（無線電信創業から70年）」

各送信機に対応するアンテナが固定接続されていました．船舶移動局に対して海岸局側は出力やアンテナなどの送信条件が良好なため，送信アンテナにはそれほど利得の必要がなく，ダイポール系のブロードな指向特性でサービス・エリアを広くすることに主眼がおかれていました．予備送信機は１台で複数波をもっているので，双扇（AWX）アンテナなど広帯域のアンテナが接続されていました．

また，対南極，対小笠原などの固定回線では送信アンテナにもロンビックが使われ，印電（RTTY）はモノコーンで全帯域を共用していました．

通信速度

いったいプロの通信士はどのくらいの速度でQSOしているのだろうか，と興味をお持ちの読者も多いと思います．また，実際の海岸局や船舶の通信をワッチしたことがある方もおられることでしょう．先にも述べたように公衆通信，特に公衆電報は発信人から料金を徴取し，受取人に伝送するわけですから，一字一句のまちがいも許されません．

したがって，誤字や脱字を招くような高速のモールス電信は無線回線では行われず，鉛筆書きでも余裕をもって受信できる程度の速度で送受信されます．空電が多い中波やコンディションが多様に変化する短波帯での通信ですから，状況に応じた速度ということになりますが，おおむね和文で，60～70字/分といったところです．大西洋や南米東岸，アフリカ西岸との通信では，時として20～30字/分という速度で通信した記憶があります．

陸上の海岸局側では，単に空中のコンディションだけが送受信の速度を決定づける要因ともいえるのです

Column　エレキーの思い出

自作といえば，たぶん日本の海岸局では筆者が初めての試みだと思いますが，赴任当時CQ ham radioの製作記事を参考に製作したエレキー（双３極管の12AU7とCRで発生した鋸歯状波のエレキー，もちろんメモリーなし）を時折使っていましたが，何じゃその電鍵はという視線を感じました．当時(昭和39年ころ)の上司には，「電鍵」といえばすなわち「縦振り電鍵」を指す時代に生きてきた逓信官吏講習所出身のOTがいました．さらに逓信省～電電公社の電信回線では「縦振り」という呼称さえなかったといいますから，「横振り」の複式電鍵，半自動電鍵などは電鍵（縦振り）がまともに叩けない輩の道具といったイメージが強く，ましてやエレキーなどはかなりの異端者だったようです（その後エレキーは普及し市民権を得て各座席にも設置されました）．

モールス符号の送受信で伝説的な数々の名人を輩出した有線には早くから印刷電信，次いでTTYが導入されキーボードによる送信があたり前になっているのに，海岸局では（RTTYを除き）キーボード送信が陽の目を見なかったのも逓信省時代のなごりかも知れません（船舶局やNTT以外のほかの局では「横振り」に対する抵抗はそれほどなかったようであった）．

が，船舶局ではウォーター・ハンマーや，ローリング/ピッチングの中，左手で通信ラックの取手につかまり，両足を踏んばりながら送受信するような状況であり（船の通信士の場合，そのような時に限って電報がある），そのような中では，おのずからスローテンポにならざるを得なくなります．

例外的に捕鯨船団の母船との通信ではかなりのスピード（手送りで80～90字/分，機械送りで150～250字/分）で送受信していました．母船ではほかの記録装置と併用するうえに通信量も多く通信士の技量も高いためですが，無線でのモールス電信の高速通信は，昭和52年に捕鯨席がなくなるとその必要もなくなり，行われなくなりました．

捕鯨船団との通信

終戦直後の捕鯨船団との通信では，いつも同じ相手をしていると（JCSの通信士もそんなに多くはいなかった時代で，モールス符号の癖から相手をすぐ判別できた），顔見知りならぬ符号見知りになり，日本に船団が帰ってくると捕鯨船の通信士から招待され,「ご苦労様」と一席設けてもらったうえ新鮮な鯨肉を持ちきれないほどおみやげにもらい，職員みんなで分け，食料難の時代おおいに助かったと当時のOT（オールドタイマー）が語っていました．

むろん筆者が赴任した当時は昔話になっていましたが，職人気質でお互いの電報を必死に受信したり，流れるごとく通信を捌いたりしているうちに通じる気脈のようなものが当時の母船通信士と海岸局通信士の間にはあったようです．語った当人はさらに「閉局間近のころのJCSはテレビのリモート・コントロールのようなボタンばかりの受信機で，画面（テレビではなくキーボード用のモニター・ディスプレー）を見ながらタイプして，おまけになかなかコンピューターが受け付けてくれない（電報のフォーマットが満たされないとエラー表示になること），あれでは無線のモールス通信におもしろさがないよ」．

気持ちはよくわかるのですが，自作した超再生のトランシーバーがメーカー品のPLLに変遷したように，世の中は止まったままではいてくれません．くだんのOTもそれを十分承知のうえで，かつて無線電信にかけた情熱と自負とノスタルジーと残念さから思わず漏らしたのでしょう．

ハマーランド製の受信機

話は再び終戦直後に戻りますが，当時JCSでは受信機は海軍の払い下げ品を使用していました．せっかくキャッチした信号も座席の近くを人が通るとスーッと消えてしまい「おィそばに寄るなッ」と声をかけるほどの不安定さで，ダイヤルにかけた手は離すわけにはいかず，当然タイプ受信はできませんから手書きとなっていました．

そして，しばらくして輸入されたハマーランド製のSP-600JXが二台設置された時は，周波数の安定さに驚き，そして周波数直読ダイヤルで1kcの狂いもないのには本当に感激したと前述のOTが語っていました．確かに筆者自身が学生時代に触れたナショナルやハマーランドは，今でもCWでは十分使用に耐えると思いますし，戦前～戦中の日本製の受信機を使っていた人たちが初めてそれらのUSA製の受信機に触れたときの驚きと感動は容易に想像できます．

JCSに赴任して最初の深夜のワッチ中にK電気製やA電気製の受信機のカバーをあけて中をのぞいてみました．そこで目にしたターレット（回転ドラム）になっているMT管使用のVFO，RFユニットとギヤ駆動装置が，メタルGT管との違いを除けば先のUSA製のRXとそっくりでした．それらの昭和30年

Column プライベートな思い出

プライベートな筆者の思い出になりますが，仲の良かった同窓生が第21黒潮丸（JESJ）に乗船し，アフリカ西岸の漁を終えてケープタウンを回るときJCSをコールして来ました．たまたま夜勤で座席についていた筆者が，その電波を受けたときは感激し，消え入るような信号のなか公衆電報の送受の後に思わず「大漁とご安航祈る，元気で」と本当は打ってはいけないプライベートな文を叩いてしまいました．

赴任した当時は通信室は冷房がなく，夏涼しい銚子でも暑苦しく感じるときは入り口と対面にあるドアを開ければ外のキャベツ畑から涼風が入るので，時折，開けっぱなしていました．ある時，休憩時間にそのドアから外に出てタバコを吸っていましたら畑のおじさんが手を休めて「最近の通信士，訂正が多いね」と話しかけてきたのには驚きました．そのおじさん昔海軍の通信士だったとか，受信中にブレークをいれる問い合わせや，訂正の多い送信などを畑で「ワッチ」していたわけで，当時は新米であった筆者などは赤面するばかりでした．

前後のJA製のRXも感心したことは，カウンター・ウェイトのついたダイヤルをおもいっきり加速して回転させ，最後のストッパーに猛烈な勢いでぶつけるとダイヤルがはねかえって少し逆回転してもどってきますが，ストッパーには何の異常もなく，目盛りも受信周波数もびくともしなかったことです．

筐体は頑丈で重く，机にボルト止めですから「衝撃・振動試験」はとてもできませんでした．当時のアナログ式VFOやBFOでもΔfのドリフトはまったく感じませんでした．捕鯨船団の通信士との交流といい，ダイヤルに手をかけ，ふらつくVFOをあやしながら信号を執念で追いかける話などを聞くと，大きなアンテナが建っているのをみつけると，知らないハムでも無線設備を見せてもらったり，自作のVFOでドリフトに苦労しながらQSOしていたという，かつてのハムの世界と通じるものがあります．

10-3 長崎無線電報サービスセンタ

長崎無線局の生い立ち

銚子と並びわが国の二大海岸局の一つとして活躍してきた「長崎無線電報サービスセンタ（以下，長崎無線と略す）」について紹介します．

明治41年から42年にかけて開局した日本の海岸局のコールサインは「J」の次に地名のローマ字を取り入れていたようで，長崎は「JOS」です．これは当初，長崎県福江島西南端の大瀬崎に開設された海軍望楼所（日露戦争時，ロシアのバルチック艦隊を発見した信濃丸の「敵艦見ゆ」の無線電信を受信したところ）が，明治41年5月9日に逓信省へ移管され，長崎無線の前身の「大瀬崎無線電信局」として開設されたため大瀬崎の「OS」を取り入れたものといわれています．

海抜300mの断崖にあった大瀬崎無線局はロケーションとしてはFBでしたが，離島であることから交通が不便なのと同時に土地も狭いため，昭和7年11月16日，現在の諫早市内に移転すると同時に「長崎無線電信局」と改称しました．千葉の銚子無線，北海道の落石無線とならんで当初から重要な海岸局と位置づけられていたようで，その後の長崎無線の発展は東の銚子無線と並び短波の周波数，電力などほぼ同規模の拡充が計られ，また通信士も最盛期には250名を擁する大海岸局となりました．

短波を有する海岸局は，戦後しばらく落石無線，銚子無線，長崎無線の3局体制でしたが，昭和33年3月に落石無線の短波が銚子無線に統合された後は，銚子無線，長崎無線の2局体制となりました．銚子無線と同様に名称もいくたびか変遷し，昭和24年6月1日，電気通信省が発足するとともに「長崎無線電報局」と改称し，昭和27年には日本電信電話公社発足にともないその所属となりました．さらに昭和60年4月1日，日本電信電話会社発足によりその所属となり，平成元年4月1日，「長崎無線電報サービスセンタ」と改称し現在に至っています．

長崎無線局の無線設備

一般に銚子無線は日本の東側，長崎無線が西側の通信エリアとなっていたかのように解釈がされた向きもありますが，両者の無線設備，特に送受の空中線にはそのような指向性は特に設けておらず，通信エリアは両者とも全世界となっていました．これは落石無線が

長崎無線局の南有馬無線送信所のアンテナ群

長崎無線局の通信室

【編注】長崎無線電報サービスセンタ（JOS）は，1999年1月31日に廃局となりました．これにより日本の外航商船におけるモールス通信は終焉を迎えています．

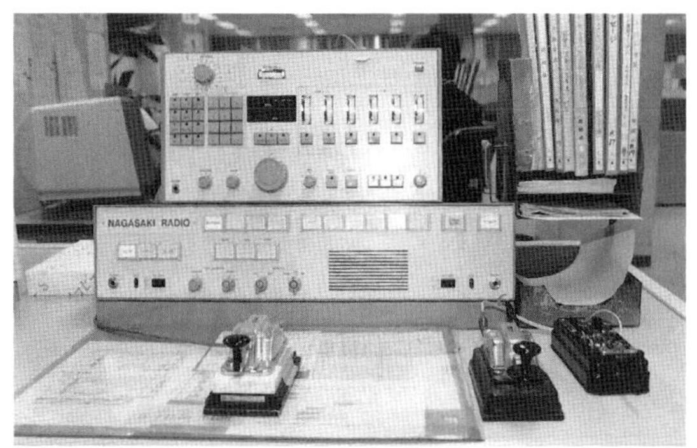

長崎無線局の通信座席

通信座席で通信を行う無線通信士

北太平洋航路の船舶との通信を専らとしていた時期があり，その後，落石無線の短波を銚子無線が吸収したことと，銚子無線が東側に太平洋を望み，長崎無線が西に東シナ海を望んでいるロケーションから，そのような認識になったものと思われます．

長崎無線の通信所は諫早市内の小高い丘の上にあり，通信所の環境は銚子無線とよく似ており，昭和57年に南有馬に移設されるまでは，これまで愛野にあった送信所のロケーションも銚子無線の送信所があった椎柴とよく似たやや小高い丘陵地帯です．

銚子無線における送信所の椎柴無線では，送信機群の棟からマッチング・ボックスや各空中線の給電点まではおおむね目の届く範囲でしたが，ここ南有馬では送信機群の棟からはるかに離れた場所に鉄塔や空中線がありますから，フィードする間の電力の低下はどのくらいかと，考えてしまいます．むしろ広大なフィー

歴史編

Column プロの電鍵

プロの世界では，通信座席には縦振り電鍵がボルトでがっちり机に固定されているものと相場が決まっていて，自分の好みの電鍵を使うことは原則としてありません．かつての銚子無線や長崎無線のような大規模な通信室では，大勢の通信士が入れ代わり立ち代わり通信座席に配置され，1時間から2時間で交代します．しかし，はなはだしいときは30分で次の座席に移動します．

通信士の交代時に受信中であれば，二つあるイヤフォン・ジャックの一方につないであらかじめ通信内容を把握して交代しますが，送信中の交代では電鍵は他人が調整したバネやギャップのままで叩くことも再々です．叩き始めた瞬間に「かたいバネだナー」,「えらく広いギャップだナー」と感じても，涼しい顔をして適当に間を持たせながら，20字も進まない間に叩きながら自分の好みに調整してしまいます．

座席を交代しても通信中でなければ，その座席の電波は「CQ」を繰り返し出していますから座席の電鍵は送信機に接続されていないので，電鍵を空打ちして適当に調整しておきます．しかし，中波の座席では電鍵は送信機に常時接続されていますから，あらかじめ調整しておくということはできません．

やがて，自分の好みと大きくずれていなければ，適当に合わせてCWを叩くようになり，電鍵の調整に関してはむとんちゃくになります．ましてや，製造メーカーや型式など選びようもなく，その通信座席に座っている限りは，固定された電鍵で叩かざるを得ず，好みのエレキー，バグキー，複式電鍵などを横に置き，ワニ口のクリップでつないで使う人はいても，自前の縦振り電鍵を横につないで使う人はまずいませんでした．

大手船会社の船舶局のほうが，はるかにFBな電鍵を使っていたように思いますが，海岸局ではタイプライターについてはタッチが重いなど苦情をいう通信士はいても，机に固定された縦振り電鍵についてはよほどガタが来ているもの以外は苦情をいう通信士はいなかったようです．

前述のようにプロであろうとハムであろうと等しく電鍵に対するしこうは持っているのですが，プロの世界では，結局のところ以上のような状況からテコでも動かない机上に固定された電鍵を否応なく使わざるを得なかったというのが実状でした．

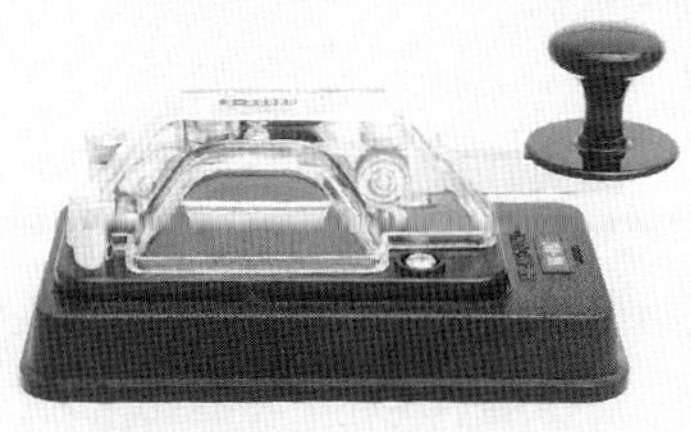

銚子無線局で使用していたハイモンド・エレクトロ社製のHK-807

ルドでの鉄塔，空中線やフィーダーを維持するメインテナンスのほうがたいへんと思われます．

送信機群はキャビネットに組み込まれて広い室内に整然と並び，キャビネット上部の排気用のチムニーから天井に向かいダクトが伸びているのと，出力のリジット・タイプの太い同軸管が天井に向かっているのが，送信機らしさといえます．真空管タイプの送信機も現役でがんばっていますが，3～5kWの送信機はソリッドステート化されていて，MOS-FETの250WをプッシュプルでPAユニットで500WとしたPAユニットをパワー・コンバイナーで6～10個電力合成しています．同じメーカーからハム用として販売されている1kWリニアアンプは同様にして2個の電力合成となるわけで，このあたりは「数の違い」というだけで，デバイスの耐電力を除けば基本的な構成に変わりありません．

長崎無線の送信機群

長崎無線の現在の通信所では，端末としての「受信機」が机上にあり，短波CW用の座席が10，予備席が3，短波印刷電信（RTTY）座席が3で，そのほかの業務に7座席の構成となっていて，短波CW座席では船舶からの呼び出しをスポットごとにスイープするディジタル・シンセサイザーでワッチしています．通信が始まると，受信の場合はキーボードに向かいタイプしていきますが，CRTディスプレーで打ち出されると同時にハード・コピーも吐き出されるようになっています．この点のみは銚子無線のシステムと異なり，やはり画面のみよりは格段に確認作業が容易かつ正確で，最後はハード・コピーでの確認が有効です．

ここでも，送信のキーイングは原則として縦振り電鍵で，机上にはハム用に市販されているものと同様の電鍵が固定してあります．多くの通信士は，支給されたイヤフォン・レシーバーといっしょに個人愛用のバグキーやエレキーを持ち歩いていて，机上の電鍵に接続して使っていました．

送信速度はおおむね60～70字/分で，ハムが想像するよりゆったりした速度で送信しています．長崎無線は「JOS」，「JOR」，「JOU」のコールサインで銚子無線と並び長年にわたり世界に名をとどろかせて来ました．現在，短波のみの運用ですが，「JOU」3波を廃止しつつも現在なお85名の通信士を擁し（平成9年5月現在），4/6/8/13/16/17/22MHzの各バンドの「JOS」，「JOR」で合計10波（ほかにRTTY6波）の周波数を持ち，3～15kWの出力で全世界に向けモールス電信を放っています．

通信士が使用する電鍵

追補

本稿の記述にあたり以下に紹介する各氏に筆者の記憶の谷間を埋めていただき，あるいは赴任以前や退職後のJCSについて概要をご教示いただきました．また，JOS見学の折りには所長にひとかたならぬお世話になりました．誌面をお借りしてお礼申し上げます．

（敬称略）飯田長市，上村昭治，櫻根豊，岩野雄楯，JO1MRB 筧浩二（以上JCS通信士OB），入枝捷昌（NTT長崎無線電報サービスセンタ所長），岡崎蕎二（同課長），坂本雅男（同課長），石村明（同課長）以上JOS現職，JOS通信士OB．角島燈台公園，萩航路標識事務所，JG1HYH 岸正明（NTT・元千代田統制無線中継所短波回線保守担当）

参考文献：

「通信事業50年史」・通信省

「銚子無線史（無線電信創業から70年）」・銚子無線送受信所銚子無線史編集委員会編

「銚子無線80年のあゆみ」・NTT銚子無線電報局

「銚子無線87年のあゆみ」・NTT銚子無線電報サービスセンタ

「業務概要」・NTT長崎無線電報サービスセンタ

第11章

モールス・キー物語

JA1GZV　魚留　元章

現在，モールス通信はプロの世界から消えつつありますが，この章では電信機の誕生からモールス通信とともに進化，発展してきた電信機やモールス・キーの歴史と変遷について，歴史的背景とともに紹介していきます．

歴史編

11-1 モールス・キー誕生前史

モールス・キーを手にとってじっくり見てみると，それを形づくる各部品はどれをとってもむだなものはなく，ひじょうに完成度が高いものだということに気がつきます．また，単なる電気的なスイッチング素子として存在しているのではなさそうだとも思えてくるから，不思議です．

モールス通信は有線通信から始まり，プロの世界では長期にわたって海上無線通信の分野において活躍してきました．しかし，近年，GMDSS（全世界的な船舶の遭難安全システム）の導入によって，人工衛星とディジタル通信技術を応用したこの新システムに順次おきかえられつつあり，イギリスの豪華客船タイタニック号の遭難（1912年）を機に続けられてきたモールス通信によるSOS信号のワッチも，ついに終止符を打たれることになりました．

このように，モールス通信はプロの世界からしだいに消えつつある運命ですが，最後まで残るのはおそらくアマチュア無線であろうと思われます．それは，単なるノスタルジック的なものではなく，プロのように通信の確実性，取り扱いの簡便性，経済性を必ずしも追求することのない趣味の領域であるからです．また，モールス符号を覚えステップ・アップしてゆく楽しみ，未知の人々との出会い，和文モールス通信の楽しみ，QRP通信への挑戦など，数えれば限りないくらいあるアマチュア無線本来の楽しみ方と大いにマッチする部分があり，今後も新たな楽しみ方と夢を秘めている世界であるからです．

そういう意味で今，モールス通信のすばらしさをあらためて見つめ直してみる意義は大きいと思います．

電磁式電信機（テレガラフ）の誕生

電気の存在が人々に知られるようになると，これを通信に利用しようとする試みが世界中で急速に広まってきました．

古くは，ギリシャのタレス（紀元前624～546年ころ）が琥珀（こはく）を摩擦することによって物を吸いつけることを発見し，ギリシャ語の琥珀の意味である「エレクトロン」と命名しました．

そして，後になってから，これは電気の力によるものであることがわかり，電気に関係したことを総称して「エレクトー」と呼ぶようになりました．このころの電気は摩擦によって得られる，いわゆる静電気が主でした．

その後，1799年にボルタが電堆を発明し，ボルタ電池を考案したことから，持続した電気，すなわち，動電気を容易に得ることができるようになりました．また，これにより電気を利用した実用的な電気機器が発明される基盤ができました．

1821年になり，エルステッドによって電流の磁気作用が発見されるや，その後にシリンク（P.L.Schilling）やガウス（C.F.Gauss），ウエーバー（W.E.Weber）などの実験によって，電磁作用を電信に応用した電磁式電信機の基盤が確立されました．そういった動きの中で，イギリスのクック（William.F.Cook）およびホイーストン（Charles Wheatstone）によって実用的な電磁式の指針式電信機（信号によって，指針が文字板の文字を指す方式）が1837年ころに考案されました．

しかし，何といっても，電信といえばモールスといわれるように，クックらが電信機の実用化に成功したのと同じ時期にモールスは文字をモールス符号に直して送り，それを紙に直接印字するという従来になかった画期的な仕掛けを考案し，結果的にはモールスの電信機がほかの方式より通信速度も速く能率的だったため，全世界的に普及してゆくこととなります．

実用電信機の開発とモールスの功績

アメリカのマサチューセッツ州出身のモールス（Samuel F.B. Morse 1791～1872年）は，もともと画家であり，1811年にエール大学を卒業しています．彼は学生時代から科学と芸術の両方面にわたり関心が深く，1832年10月に欧州から帰国途中の船旅の中で浮かんだアイデアをもとに，ハーバード大学のヘンリー（Joseph Henry）教授ほか専門家の教えを得て，最初の電磁式実用電信機を完成させました．

モールスの最初の電信機 <出典：American Telegraphy>

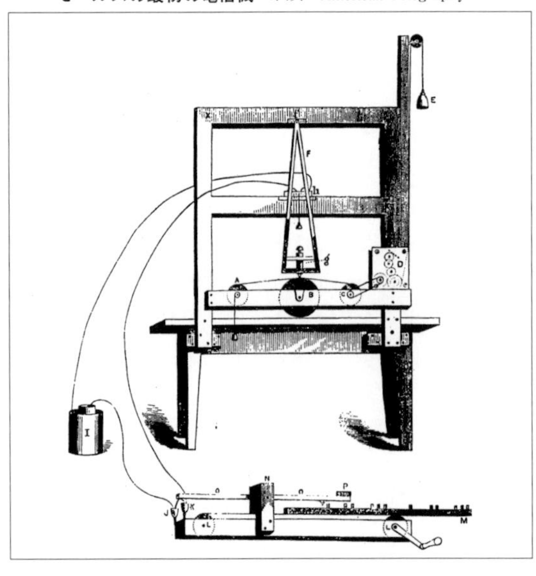

後になって，モールスの符号構成は助手のベイル（Alfred Veil）により，統計学的な文字の使用頻度に応じた組み合わせに変更されますが，これは情報伝送理論上まことに理にかなったものであり，現在のディジタル通信の原点ともいえ，その着想にはすばらしいものがありました．この改良モールス符号がアメリカン・モールス符号といわれるものです．しかし，この符号構成はつぎの表のように，実は若干の欠点がありました．

たとえば，短点の間隔差のみで構成された符号（C，O，R，Y，Z）や，長い長点のみで構成された符号（L）を有線通信用の音響器（サウンダー）で受信した場合，回線の状態や手送り送信など，相手方の符号のクセなどによって類似符号との判別がむずかしく，誤字が多いといった問題がアメリカのみならず，ヨーロッパあたりからも持ち上がりました（**表1**）．

そこで，1851年ころになってからこのような符号は廃止され，やっと現在の国際モールス符号の形に改良されましたが，アメリカ国内の通信や鉄道などの通信ではしばらくの間引き続いて使用されました．

しかし，アメリカでも第一次世界大戦（1914年）ころを境に，このアメリカン・モールス符号はしだいに使われなくなりました．映画「駅馬車」などの1コマでは，鉄道駅でオペレーターが有線電信で「カタ，カタ」とモールス通信をやっているシーンが登場してきますが，有線モールス通信は当時としては最新の情報通信手段でした．

表1　現在のモールス符号にはないアメリカン・モールス符号の短点の組み合わせ．( ) 内は現在の符号に相当する符号

C	-- - (IE)	Y	-- -- (II)
O	- - (EE)	Z	--- - (SE)
R	- -- (EI)	L	――― 長い長点

モールスは電信の未来性を予見し，その先取特権を確保するために，この実用電信機を国際市場の中心地であるイギリスにおいて特許を出願し，1840年6月20日にPatent No.1647号でその登録に成功しています．その後，モールスの電信機は全世界的にシェアを確保してゆくことになりました．

モールスの功績は電信機を発明したというよりも，先人の発明をもとに文字を符号におきかえて紙テープに直接印字するという，従来になかった画期的な方式を開発・実用化したことと，電信の未来性を予見し，電信を大きな電気通信ビジネスに仕立て上げたことにあるといってよいでしょう．

事実，電信の実用化は当時の社会経済活動に大きなインパクトを与えました．情報が瞬時に電線を通って相手方に伝わるということは当時としては画期的なことであり，イギリスでは鉄道通信を中心に大きく発展してゆき，また，アメリカでも南北戦争（1861～1865年）以降，東部地域から西へ西へと西部地域の開拓が進むのに合わせて，急速に鉄道と電信線の建設が進み，電信は広大な国土における唯一の情報通信のツールとして，もはや不可欠なものとなりました．

そして，モールスの予見どおり電信の需要は，社会経済活動のインフラとして着実に浸透してゆき，その結果，ウェスタン・ユニオンといった巨大な企業を成立させたほど，当時の電信ビジネスの利益は大きかったのです．

テレガラフ（電信機）の渡来

日本に初めて電信機がもたらされたのは，ペリー(M.C.Perry)が二度目の来日をした安政元年(1854年)であり，幕府への献上品の一つとしてエンボッシング・モールス電信機というものがありました．このエンボス（Emboss）とは浮き上がるという意味があり，モールス符号が現字紙テープの上に直接印字されることを指したものです．

また，ペリーの来日以降から明治にかけて，オランダ，プロシア（帝政ドイツ），オーストリアのものなどが多くわが国に渡来しました．

このエンボッシング・モールス電信機は，台の上に電磁式の印字器と継電器（リレー），電鍵，現字紙と回転リールが整然と配置して取り付けられています．

動作のしくみは，電線を伝わってきた微弱な通信電流を継電器（リレー）で受信します．次に局部電池（ボルタ電池）に接続した電磁式の印字器を働かせ，印字

ペリーの献上したエンボッシング・モールス電信機
〈逓信総合博物館蔵〉

器に取り付けたインクペンによって，ゼンマイ仕掛けで紙送りされる現字紙テープの上に直接モールス符号を印字するしかけになっています．

なお，印字のしくみは，信号が来ると電磁石によってレバーが吸引されたとき，レバーの先に取り付けられているインクペンが現字紙に接触して印字します．信号がなくなると元に復帰するため印字されません．したがって，現字紙に印字された長・短のモールス符号を読み取って文字に翻訳します．

また，送信は台の上に取り付けられた電鍵によって通信電流をモールス符号にしたがって断続し，送り出します．

ここに取り付けられている電鍵は，日本にはじめて上陸した電鍵となるわけですが，黄銅鋳造を加工したアームは下方に曲がっており，このスタイルには改良型の現在のアメリカン・タイプの電鍵の原型を見ることができます．

電信サービスの開始

幕末から明治にかけて，ヨーロッパなどから多種類

Column タクハツ

「タクハツ」といってもピンとこないかもしれませんが，正確には「○△丸船舶無線電報託送発受所」というように，託と発の頭文字をとった無線電報託送発受所のことをいいます．

公衆無線電報は電電公社時代を経て，現在，NTTの電気通信サービスですが，商船と違って，小規模な漁船の船舶局はほとんどが電信の公衆無線電報を取り扱わない局です．しかし，その場合でも乗組員などが利用する公衆無線電報を船舶局から電報取り扱い局まで送り受けができるように便宜上考えられたのが「タクハツ」の制度なのです．

たとえば，船舶局からNTTの長崎無線局（JOS）を経由して無線電報を発信した場合，発信局名は「○△マルタクナガサキムセン」ということになり，船舶局から長崎海岸局までの間は電報文を託送した形になります．

昭和30年から40年ころにかけては，船舶無線電報の黄金時代で，海岸局で扱う一般慶弔，年賀電報などたいへんな通数を数えましたが，最近では短波帯SSB遠洋船舶無線電話やインマルサットの普及により取り扱い通数は激減し，もはや電信による無線電報は過去のものとなりつつあります．

ブレゲー指字式電信機　＜出典：通信総合博物館蔵＞

の電信機がわが国に渡来しましたが，それらの中から，明治政府はフランスのブレゲー（Breguet）式電信機を公衆通信サービス用に採用して，明治2年（1869年）12月から東京－横浜間で電報サービスを開始し，以後全国的なサービスに拡大してゆきます．

このブレゲー式電信機の原理は，文字の書かれた円盤の上の把手を動かして送信し，受信側では文字盤上の指針を読み取って通信する方式のものでした．しかし，取り扱いが簡単である反面，送れる速度は1分間に5～6字程度ときわめて遅く，かつ，継電器（リレー）を使用しないため，あまり遠くまで通信できないといった制約がありました．

明治に入ってからは，欧米列強各国はアジア地域での電信の利権を確保するため，競ってわが国に打診を求めてきました．

そこで明治政府は，明治4年（1871年）デンマークの大北（Great Northern）電信会社に対して許可を与え，長崎－上海，ウラジオストック間の海底ケーブルによって有線電信によるわが国初の国際通信が開始されました．

11-2 電信機の進化と変遷

モールス印字式電信機

公衆電報サービスの普及により電報の扱い数は増加の一途をたどり，ブレゲー式では通信速度が遅く，また，遠距離まで通信できないといった問題が出てきました．そこで，通信速度が速く，さらに継電器を用いて遠距離まで通信が可能なイギリスのシーメンス式モールス印字式電信機が輸入され，明治6年（1873年）から東京－長崎間で導入されました．そして，以後，全国的に拡大されました．

その後，ブレゲー式などの指字式電信機は，鉄道の信号通信用には引き続き使用されましたが，しだいに電報サービスの第一線から姿を消してゆきました．なお，この印字式電信機は，ペリーのもたらしたエンボッシング電信機と原理的には同じですが，台の上にはゼンマイ仕掛けの電磁式印字器と継電器（リレー），電鍵のほかに，検流計（線路の通信電流を調べるのに用いる），パッド抵抗器（線路損失抵抗を補正するのに用いる）があらたに装備され，装置全体に小型化がはかられています．

モールス印字式電信機 ＜出典：American Telegrapy ＞

主として，イギリスで製作されたこの電信機は，世界各国で鉄道用としても長い間使用され，取り付けられている電鍵は日本の逓信省型と同じレバーが真っ直ぐなタイプの縦振り電鍵が使用されています．

以後，この電信機は取り扱いに熟練を要するため，工部省電信寮内に技術者の養成機関として電信修技学校が設けられました．これは，後に東京電信学校，東京郵便電信学校，通信官吏練習所と変遷してゆくこととなります．

国産電鍵の第1号

工部省でモールス電信機の国産化に着手したのもこのころからで，ここではじめて製造された「逓信省型甲種単流電鍵」がわが国で製造されたモールス・キーの第1号であり，以後，わが国でもっとも多く製造された逓信型電鍵，すなわち，現在でもポピュラーな縦振り電鍵の原点であるといえます．

モールス自働式電信機

明治22年（1899年）ころになると，手送りモールス印字式のほかに，あらかじめモールス符号に相当する孔を紙テープにさん孔して自動送信機にかけて符号を送る，自働式電信機も導入されました．これは，イギリスのホーストンが実用化したもので，モールス手送り送信方式と併用しながら昭和25年（1950年）ころまで使用されましたが，印刷電信機の実用化により順次，姿を消してゆきました．

モールス音響式電信機

音響式電信機は当時，聴響機と呼ばれ，アメリカではすでに使用されていましたが，わが国では明治10年（1877年）ころ初めて使用されたものの，さほどの普及はしませんでした．その理由は，音響音の聴取に熟練を要し，電信機の設置よりもそれを操作するオペレーターの養成が間に合わないといった事情のため，導入がずいぶん遅れました．

しかし，その後，電報の利用の増大にともない，明治31年（1898年）ころから音響式が全面的に導入されるようになります．

以後，モールス音響式通信は，昭和38年（1963年）ころまで現役のシステムとして使われ，実に明治・大正・昭和の三代にわたる驚異的な長期にわたる情報通信システムとして存在し続けました．また，電報サービス以外でも，市内近郊および小規模局の電話の託送を電話交換手が音響式モールス通信による電信交換によって行っていたほか，鉄道通信，自営通信などでも広く使用されました．それは，シンプルなシステムと低価格で信頼度の高い通信が可能だったからでしょう．

モールス音響式通信は，最初は単流モールス通信方式でしたが，後に複流式となり，以後，二重通信法の採用により一本の電信線で2倍の通信量が扱えるようになりました．さらに，これを発展させた四重通信法や高周波搬送電信，高周波多重搬送電信なども考案されました．

モールス音響電信機は，㈰モールス符号を音響音に変換するための集音函入り電磁式音響器（サウンダー），㈪モールス符号を送信するための電鍵，㈫通信線路の電流と方向を確認するための検流計（ガルバノ・メーター），㈬線路に流れる微弱なモールス信号電流を検出し，音響器をはたらかせるための高感度の通信用継電器（有極リレー）

以上の4点から構成されています．

モールス音響式通信のしくみは，送信時には無線と同様，電鍵を操作して通信電流を断続し，モールス符号を送り出します．通信電流は通常，20mA程度に設定されています．

受信時は線路からの微弱な通信電流を継電器（有極リレー）で受信し，モールス信号によって音響器の電磁石に電流が流れるとアーマチュアが電磁力で下に吸引され，槓杆（レバー）が反響台の下部を叩いた時に音を発します．そして，電流が断たれるとバネの力で槓杆（レバー）が元に戻って，今度は反響台の上部を叩いた時に音を発します．この二つの音の時間差がモールス信号の長・短になりますので，これを聞き分け，文字に直して頼信紙に手書きで記入するか，タイプライターに直接印字します．

通信型音響器（サウンダー）の構造

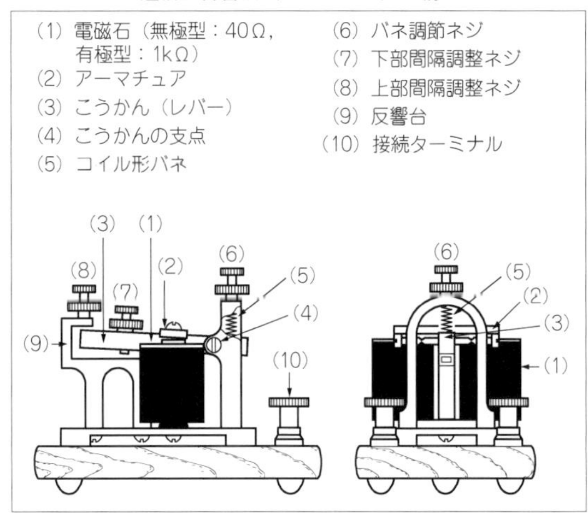

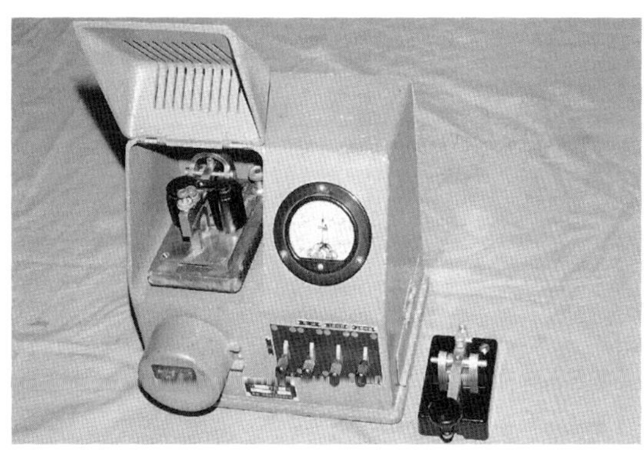

3号形モールス音響式単信機．音響器（サウンダー），検流計（ガルバノ・メーター），継電器（リレー），回線試験回路，切り替え器などを一つの装置の中に組み込んだコンパクトな設計になっている．これに電鍵を接続するだけで単信通信ができるようになっており，昭和21年ころ通信省で仕様化され全国の比較的小規模な電報電話局で昭和38年（1963年）ころまで使用していた．

有線電信では，他局あての電報でも自局の音響器が鳴動します．ふだんは局内事務をやっていて，自局に関係なければ聞き流していても，自局が呼ばれるとすぐに通信座席に飛んで行って頼信紙に書き込むといったぐあいで，慣れると音響器のカタカタという音も人間の言葉のように聞こえるようです．

一般的に，有線電信のオペレーターが無線電信に移行する場合，まったく問題ありませんが，その逆は音響音のカタカタという二重音を消して単調音に聞こえてくるまで，しばらく訓練が必要です．

11-3 モールス・キーの進化と変遷

モールス・キーの誕生

1844 年 5 月にアメリカではじめて有線電信が開通（Washington − Bartimore 間）したときの記念すべき開通式の場において，モールスがみずから実用化した電信機によってメッセージを打電しています．そのときの電鍵は世界で初めて実用回線に供された歴史的な電鍵の第 1 号でありました．

この電鍵は，開通式に先立つ約半年の試験期間中にデモンストレーション用として間に合わせるために，助手のベイルが急造した小型のもので，金属の板バネの先にただ接点を取り付けただけのひじょうにシンプルなものでした．

おそらく，長期間の使用を考慮せずに，とりあえず指先で操作する電気的なスイッチング素子として作られたもので，まだ電鍵としてはあら削りでした．

現在のアメリカン・タイプの電鍵はレバーが下に曲がっていますが，最初から曲がっていたわけではありませんでした．後述しますが，誕生以降はずっとストレート形だったのが後に改良されたものです．

電信の開通式に使用された電鍵は，前述の板バネ・タイプの簡易形の電鍵でしたが，これは，電信の開通式にとにかく間に合わせるためにモールスの助手ベイルが急きょ作ったものであり，あまりにも貧弱で耐久性にも心配があったため，ベイルは電信が開通して間もない 1844 年 11 月ころから実際の使用条件と耐久性を考慮した，新しいタイプの電鍵をデザインすることを考えました．

そこで，机上での使用を考慮し，長期間の使用でも耐えうる耐久度を確保するため，レバーには鋳造切削加工した黄銅材を使用し，バネは独立した鋼板バネを使用した新しい形の電鍵を作りました．この電鍵はレバーがまっすぐな縦振り電鍵で，接点間隔は前後のどちらでも調節が可能であり，レバーの先にはつまみはなく，指の腹でレバーを押さえるようにしてトントンと操作するものでした．モールスは後にこの電鍵を「レバー通信タイプ電鍵」と命名しています．

縦振り電鍵の変遷

1844 年以降，ベイルの考案したレバー通信タイプの縦振り電鍵が 1860 年ころまで使用されました．その後，このようなレバー・タイプの縦振り電鍵を操作する場合，どうしても肘を机から浮かせて操作しなければならず，1848 年ころになると電信オペレーターの中から電鍵操作をもっと容易にしたいという要求が高まり，従来のように槓杆部がまっすぐなレバー通信タイプの縦振り電鍵のデザインに変更が加えられました．

すなわち，腕を机の上に置いた状態でも操作が可能なように，レバーがラクダの背中のように盛り上がって，つまみの取り付け位置が下のほうに下がったキャメルバック・タイプと呼ばれるものが，Williams

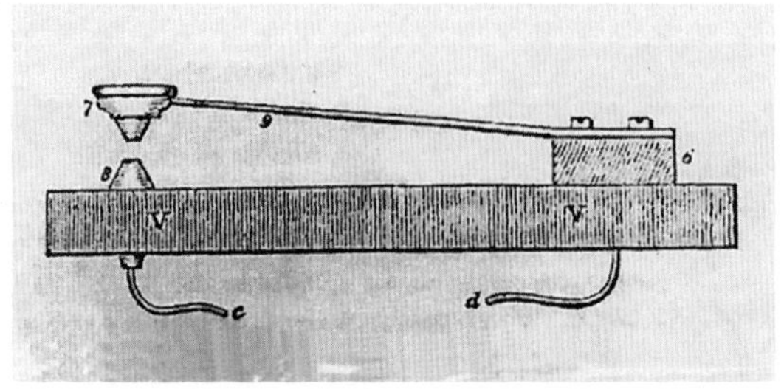

板バネ・タイプの電鍵 <出典：The story of the key >

レバー通信タイプの電鍵 <出典：The story of the key >

キャメルバック・タイプの電鍵
<出典：Morsum Magnificat No.38>

プレス加工タイプの電鍵
<出典：American Telegraphy>

Jr. Bostonにより作られました．このアイデアは，アメリカのウェスタン・ユニオン電信会社のGeorge Phelpsの発案といわれています．

これは，ツマミの位置が低くなっていることから手首を机に置いても操作ができるようになり，今までの縦振り電鍵の操作に画期的な容易化をもたらしました．

また，これまでの電鍵には板バネを使用していましたが，1850年ころからバネはコイルの形をしたものも出てきて，バネ圧力の調整はスムーズになりました．このキャメルバック・タイプの電鍵が発表されてからは，操作の容易性からアメリカの電鍵はこの形が主流となり，ペリーがわが国に献上したエンボッシング電信機にも使用され，アメリカン・タイプの電鍵の形状としてすっかり定着したものになりました．

しかし，電信会社では，昔からのレバーがまっすぐな縦振り電鍵に慣れているオペレーターたちはキャメルバック・タイプの電鍵が発表されても見向きもせず，従来からの縦振り電鍵を引き続き使用していたため，レバーがまっすぐなタイプの電鍵は以後も引き続き作られ続けました．

1881年になると，James. H. Bunnellによって，レバーが綱板プレス加工された現在のアメリカン・タイプに近いのものができ，大量生産が可能となりました．スプリングについても，多くのバリエーションのものが登場してくるようになります．そして，回路短絡用のスイッチが取り付けられるようになるのもこのころからです．現在でも入手可能な米軍のJ-38やJ-45タイプの電鍵は，このタイプとほとんど同じです．

アメリカでキャメルバック・タイプの電鍵が登場したころ，ヨーロッパではどうだったのでしょうか．

イギリスのものは，古来からベーシックなものとしてはGPO（郵政庁）タイプのものがありますが，軍用のものも含め，モールスのレバー通信タイプの縦振り電鍵と同様，レバーがまっすぐなタイプのものばかりで，キャメルバック・タイプのものはほとんど見かけません．

かつては，19世紀のころには全世界に電信機器を輸出していた有線電信機器の老舗であったロンドンのEliott社，Silver Town社の製品を見ても，すべてレバーがまっすぐな縦振り電鍵を使用しており，モール

槓杆（レバー）が真直なタイプの電鍵
<出典：The story of the key>

近年のプロシアン電鍵
<出典：Morsum Magnificat No.53>

Italian Post Office Key
＜出典：Morsum Magnificat No.49＞

スの初期の電鍵の伝統をかたくなに守っているように思えます.

また，プロシア（帝政ドイツ）時代は，シーメンス式モールス印字式電信機に見られるような，すべてレバーがまっすぐなストレート・タイプの縦振り電鍵ですが，1850年ころからアメリカのキャメルバック・タイプに似た形状のものも作られています.

しかし，形状はアメリカのものと違ってレバーは大きくカーブしており，ずいぶん頑丈にできています．第二次世界大戦後は，アメリカのもののようなレバーがプレス加工製のキャメルバック・タイプに似た形状のものも多く見られます.

さらにイタリアのものも，ストレート・キーばかりです．マルコーニが1897年にスパーク（火花）式送信機とコヒーラー検波器を用いて，2マイルの通信実験を行った際もItalian Post Office keyと呼ばれるレバーがまっすぐな縦振り電鍵が用いられていました.

複式電鍵の登場

1881年には，アメリカのBunnell社からはじめて複式電鍵（ダブル・スピード・キー）が発表されました．これは，今までの縦振り電鍵の倍の速度で符号を送出できるということで，主として，アメリカで有線電信用として普及してゆきますが，1920年ころにかけて，しだいに無線電信にも使用されるようになってきます.

わが国にも昭和初期にアメリカから入ってきますが，戦前の無線雑誌の広告を見ても，アメリカのものにまじってこれを模倣したと思われる国産品も若干作られていたようです．しかし，当時，複式電鍵に関しては，海軍が艦船での使用を考慮して実用化の研究を行っていた程度で，一般的な用途に複式電鍵はほとん

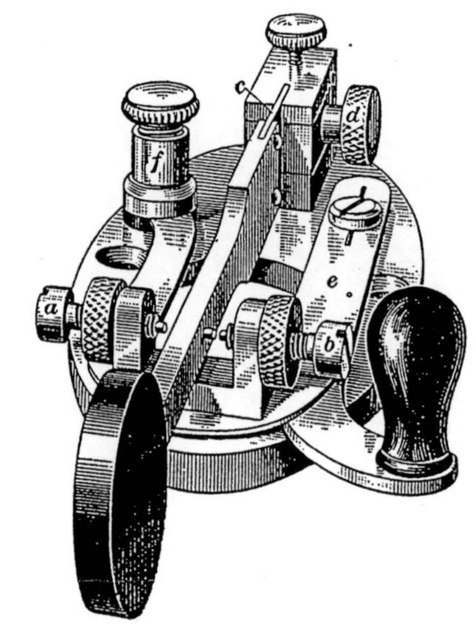

ダブル・スピード・キー
＜出典：American Telegraphy＞

ど使用されませんでした．それは，電鍵といえば縦振りといったモールス通信の教育体系と，複式電鍵は縦振り電鍵をマスターできない場合の代替手段として考えられてきたことにあります.

現在わが国に現存する旧式の複式電鍵があまりにも少ないのもこういった背景からでしょう.

鉄道通信用電鍵

有線電信の発展は鉄道の発達と深い関係があります．鉄道の信号通信用として発達した電信は，初期にはフランスのブレゲー式指字電信機が用いられましたが，その後，鉄道通信用のモールス通信は，各駅に設置した小型の端局装置の中にシーメンス式印字記録器，有極リレー，検流計，電鍵などを組み込んで鉄道電報の送受信に使用されていました．そして，モール

鉄道通信用電鍵（英国Eliott社製）
＜出典：Morsum Magnificat No.49＞

BUNNELL 社製バグキーの広告
<出典：1926 年　QST >

ス音響式の普及にともない，この印字記録器は後に音響器（サウンダー）に置き換えられました．

アメリカでは，鉄道通信用にも 1848 年ころからはアームが下のほうに曲がったキャメルバック・タイプの電鍵が使用されるようになってきますが，ヨーロッパ，南米地域などでは鉄道技術もイギリスの影響が強かったこともあり，鉄道通信用に使用された有線電信用機器にはイギリス製のものが多く見られ，それに使用されている電鍵は，レバーがまっすぐなタイプの縦振り電鍵がほとんどです．

バグキーの誕生

1902 年ころになって，アメリカ人の Horace Martin によってはじめて，セミ・オートマチック（半自動式）電鍵が実用化され，翌年に US.Patent 登録されました．これは Autoplex と呼ばれ，長点は手動で送出し，短点は電磁式で直流ベルの原理を利用して振動を発生させ，自動的に送出するものでした．

後に短点をオモリの慣性を利用した振動素子を使用して送出する半自動電鍵を実用化し，これを彼は Vibroplex と命名しました．1904 年のことです．当初有線電信で使用されていましたが，しだいに無線電信でも使われるようになりました．

無線電信用電鍵とタイタニック号の電鍵

明治 28 年（1895 年），イタリアのボローニャでマルコーニ（Guglielmo Marconi）が実用無線電信機を完成させ，2 マイル離れた通信実験の成功により，マルコーニの名声は不動のものとなりました．明治 30 年（1897 年）にイギリスで無線電信機の特許を取得したマルコーニは，無線電信会社を設立しました．

歴史編

Vibroplex 社製キーの年代と製造番号表　(by John Elwood, WW7P)

シリアル・ナンバー	製造年	シリアル・ナンバー	製造年	シリアル・ナンバー	製造年	シリアル・ナンバー	製造年	シリアル・ナンバー	製造年
400-1,286	1905	51,828-54,231	1915	126,620-137,394	1944	270,153-272,975	1973	60,078-61,963	1988
1.287-2,777	1906	54,232-57,268	1916	137,395-148,169	1945	272,976-373,006		03,620-04,106	
2,778-3,255	1907	57,269-60,308	1917	148,170-152,526	1946	Only two numbers		61,964-62,254	1989
3,256-6,106	1908	60,309-64.573	1918	152,527-156,883	1947	reported		04,107-04,337	
6,107-9,999		64,574-72,352	1919	156,884-161,353	1948	373,007-375,415	1974	62,255-65,764	1990
No numbers reported		72,353-80,960	1920	161,354-165,822	1949	375,416-378,752	1975	04,338-05,334	
No numbers reported	1909	80,961-84,681	1921	165,823-170,292	1950	378,753-382,089	1976	65,765-67,132	1991
No numbers reported	1910	84,682-88,402	1922	170,293-174,762	1951	382,090-385,426	1977	05,335-06,439	
10,000-10,399	1911	88,403-91,375	1923	174,763-179,232	1952	385,427-386,951	1978	67,133-69,068	1992
10,400-11,766		91,376-94,316	1924	179,233-183,702	1953	Company relocated to		06,440-07,725	
*	1912	94,317-95,865	1925	183,703-188,172	1954	Portland,Maine		69,069-70,410	1993
20,000-20,621		95,866-99,574	1926	188,173-192,642	1955	386,952-391,230	1979	07,726-07,896	
11.767-12,250		99,575-101,339	1927	192,643-197,112	1956	4,003-4,955		70,411-70,778	1994
*		101,340-103,104	1928	197,113-201,582	1957	5,261-5,921	1980	07,897-08,205	
20,622-20,800		103,105-103,952	1929	201,583-206,052	1958	40,000-40,787		70,779-80,361	
25,000-25,577	1913	103,953-104,800	1930	206,053-210,517	1959	40,788-42,077	1981	No numbers reported	
**		104,801-105,648	1931	210,518-217,034	1960	Assorted Nos.)	1982	80,362-80,870	1995
50,000-50,907		105,649-106,496	1932	217,035-223,551	1961	42,078-49,762	/1984	08,206-08,514	
D5015-D5310		106,497-107,344	1933	223,552-230,068	1962	01,185-01,671	1983	Production at	
25,578-26,154		107,345-108,192	1934	230,069-236,585	1963	01,672-02,158	1984	Portland, Maine,	
**	1914	108,193-109,040	1935	236,586-240,870	1964	49,763-51,710	1985	and at new location,	
50,908-51,827		109,041-109,888	1936	240,871-245,155	1965	02,159-02,645		Mobile, AL	
B518-B1623		109,889-110,736	1937	245,156-249,440	1966	51,711-54,163	1986		
*No numbers		110,737-111,571	1938	249,441-253,725	1967	02,646-03,132		80,871-100,499	
reported between		111,572-113,865	1939	253,726-258,010	1968	54,164-55,911	1987	No numbers reported	
12,251-19,999		113,866-116,159	1940	258,011-263,874	1969	03,133-03,619		100,500-	1995
**No numbers		116,160-118,452	1941	263,875-266,151	1970	55,912-60,077			(onwards)
reported between		118,453-122,536	1942	266,152-267,328	1971	No numbers reported			
26,155-49,999		.122,537-126,619	1943	267,329-270,152	1972				

タイタニック号で使用されたのと同型の電鍵
<出典：Morsum Magnificat No.49>

マルコーニが作り上げた無線電信機は，感応コイルと断続器，コヒーラー検波器などからなり，同調回路を使用してアンテナを接地したことにより飛躍的に通信距離を伸ばしてゆき，大西洋横断通信実験などを通じて，彼の無線電信機はさらに改良が加えられ，以後長期間にわたり世界的なシェアを確保し続けました．

そういった意味では，マルコーニの功績もモールス同様，無線電信機を発明したというよりも先人の発明をもとに無線電信機を実用化したことと，無線電信の未来性を予見し，事業として仕立て上げたことにあるでしょう．

当時，マルコーニが実験した無線電信機は，無線部分を除くと，有線通信用のキー，印字機械を流用していました．しかし，マルコーニの無線電信機の実用化以降，無線電信機のほとんどがスパーク（火花）式であり，扱う電圧や電力も大きいため，キーイングするたびにキーの接点からの放電による火花で感電したり，接点がすぐ消耗してしまうなどのことから，接点部を太くして堅牢なものとし，台は木から大理石，樹脂などの良好な絶縁体を用いて，ツマミには火花から手を守るためにツバ（傘）を付けた，無線で電信専用のものが開発されるようになってきます．

マルコーニの無線電信機の実用化以降，無線電信のメリットが実証されたのは日露戦争の明治38年（1905年），日本海海戦においてわが海軍の信濃丸に装備した三六式（明治36年制式）無線電信機によって発信した「敵艦見ゆ」の電報によって，バルチック艦隊に打撃を与え，日露戦争を勝利に導いたことは有名な話です．この信濃丸は，引退後，北洋漁業の母船として使用されました．

また，悲しい出来事としては，英国の豪華客船タイタニック号（46328トン）の遭難があります．

これは，1912年4月14日深夜，ニューヨークに向かう処女航海の途上，ニューファンドランド島南方の北大西洋上で氷山に衝突し沈没したもので，1500名もの人命が失われた大惨事になりました．その際，船長は従来英国で使用していたCQDと国際会議で決まった新しい遭難信号SOSを無線電信で打つよう指示し，無線電信が人命を救ったはじめての事例となりました．この遭難事故を契機に，海上人命安全条約（SOLAS）によって，船舶には無線電信の設置と中波500kHzによる国際遭難用周波数の聴守義務が課せられることとなります．

11-4 モールス・キーの種類と用途

現在，現存する旧式のモールス・キーは，大きく分けると有線用と無線用に分類できます．電信の黎明期には有線用しかありませんでしたが，無線電信の登場により，1904年ころから無線用としての使用条件を考慮して有線用のものに改良を加える形で無線専用の電鍵が登場してきます．

しかし，現在では通信設備の固体化技術の進展と小型軽量化により，電鍵で扱う電圧や電流が小さくなりました．また，有線モールス電信も今日では使用されていない状況から，もはや区別する意味がなく，現在発売されている電鍵はすべて無線用といってよいでしょう．

そういう意味では，現存する電鍵の区別は，有線モールス通信が終焉を迎える昭和30年代後半までということができます．

有線用と無線用のモールス・キーの違い

一般的な特徴として，有線用はもともと，低い電圧と電流でも安定した通信が確保できるように回線の線路設計がなされていたため，接点の形状が比較的小さく，また接触抵抗を下げるために，接点材質は電気の良導体である白金やPGS（白金・金・銀）合金や白金パラジウム合金などの貴金属を用い，つまみにはツバ（傘）がなく，台は長時間の運用でも疲れの少なくソフトな打ち味を持つクルミなどの木材を使用したものが多いようです．

一方，無線用は初期の1904年ころから1923年ころまでは，瞬滅スパーク（火花）式やアーク（電弧）式の送信機に用いられ，電鍵で断続する電圧や電流が大きかったため一般的に接点は大きく，接点材質も主として銀合金を用い，接触面積を広くして許容電流を大きくとれるよう考慮されています．

また，台もモールドや大理石などの良好な絶縁体を使用し，ツマミの形状も感電防止や断続時の火花から手を守るために，ツバ（傘）を付けたものや槓杆（レバー）を絶縁体で包んだものなどが見受けられます．1923年以降になると，真空管式の送信機が実用化され，電鍵で扱う電圧や電流は比較的小さくなってきますが，送受信などをキーで行うためのブレークイン接点付きのものが登場してきます．しかし，現在では送受信切り替えも電子式となり，ブレークイン接点は次第に使われなくなりました．

モールス・キーは，最初は有線用として登場してから後に無線用が出てきましたが，技術の進展により，現在のキーは形状，構造などをみると電信の原点である有線用のものに戻ってきたことは興味深いところです．

モールス電鍵の種類と用途

電鍵とひと口にいってもいろいろな種類があり，用途やスピードによっても，その形は変わってきます．その中でももっともオーソドックスなものは，圧下式電鍵，平型電鍵，逓信省型電鍵などと呼ばれる縦振り電鍵です．

この縦振り電鍵は，アメリカをはじめ，外国の多くは一般的に手を机の上に置いて操作することが多いため槓杆（レバー）が下に曲がって，キーのツマミの位置が低いものが多くなっています．わが国では，一般的に腕を机の上に平行して浮かせて操作するため，ツマミの位置が高くなっており，槓杆（レバー）がまっすぐな形となっています．

モールスが電信機を発明したころは，レバーがまっすぐな形の縦振り電鍵しかありませんでしたが，後になって，電鍵操作を容易にするためアメリカで改良されたものが諸外国でも採り入れられたものであると考えられています．

つまり，鉛筆の削り方が日本人と外国人とでは違うように，電鍵の操作方法についても異なってくるというわけです．

そのほかの電鍵は横振り型があります．横振り型には，さらに複式電鍵と呼ばれるものとバグキー，そしてエレクトロニック・キーヤー（エレキー）の3種類に分けることができます．

歴史編

Column 往時の海岸局を偲ぶ

無線電信は，20世紀に入ってから急速に発展しました．旧電信法の適用以降，明治41年5月16日には逓信省の銚子海岸局（チョウシムセン・JCS）が開局し，以後，大瀬崎（ナガサキムセン・JOS/JOR/JOU/JCG/JIT），潮岬（シオミサキムセン・JSM），落石（オッチシムセン・JOC），幌莚（パラシムルムセン・JHJ）など官設局がつぎつぎと設置されました．そして，無線電報の通数から見ると，わが国の海上通信のピークは昭和30年ころから40年ころまでであったといえます．

このころは，母船や工船による北洋漁業や南方トロール，南氷洋捕鯨などが盛んに行われていた時期でした．しかし，その後衰退をたどり，現在では無線電話やインマルサット普及などによって無線電報が激減したほか，GMDSSの導入など海上通信システムの改革などによって，これらの局も廃止され，ついに2000年1月末でわが国の公衆通信用中・短波一般海岸局は姿を消しました．

往時には小樽（オタルムセン・JJT），函館（ハコダテムセン・JHK），新潟（ニイガタムセン・JCF），名古屋（ナゴヤムセン・JHY），横浜（ヨコハマムセン・JCY），舞鶴（マイズルムセン・JMA）など主要港にあって，それぞれ通信圏を構成していた中波専用局が，また，漁業局では中央漁業（チュウオウムセン・JFA）ほかがそれぞれの割当波でオペレーターの個性的な手送りモールスが行き交い，Traffic List（TL）による一括呼び出し時には，これらのコールサインが全周波数バンドに鳴り響いていました．

船舶局のオペレーターは，Radio Roomのベッドの中で仮眠中であっても，不思議なもので，一括呼び出しの中で自局の信号符字（コールサイン）が聞こえた瞬間，直ちに目がさめてしまうといいます．

しかし，残念ながら，もうその往時の海岸局のコールサインを聞くことはできません．

現在でも，モールス通信がかろうじて健在なのは，公衆通信を扱う漁業局の，三崎（ミサキムセン・JFC），茨城（イバラキケンムセン・JHA），千葉（チバケンギョギョウムセン・JHC），宮城（ミヤギケンムセン・JFF），静岡（シズオカケンムセン・JFG），函館（ハコダテムセン・JHD）ほか約15局の県，または無線漁業協同組合の短波（中短波）海岸局ぐらいになっています．

複式電鍵は操作レバー（槓杆）の左右に接点を配置し，交互の接点を断続させて操作するもので，ちょうど縦振り電鍵を左右に2個向かい合わせたように考えるとよいでしょう．

最近では操作が簡単なバグキーやエレキーが主として使われており，複式電鍵はしだいに使われなくなりました．現在では，ほとんどがエレキーのマニピュレーター用として使用されています．

次にバグキーですが，動作原理は長点と短点の接点が二つあり，レバーを左から右に押すと振り子の原理で振り子の先に付いたオモリの作用で一定周期の振動により接点を断続し，短点を自動的に送出するものです．振り子の周期は，オモリの位置を変えることにより短点のスピードを変えることができます．

そして，長点は右側から左側に押している時間だけ1個づつ送出することができます．バグキーは操作方法も比較的短期間でマスターできるため，アマチュア無線をはじめプロの世界でも広く使われています．また，縦振り電鍵と同様に個性的な符号が自由自在に出せることから，愛好者も多いようです．

逓信省型電鍵

わが国では，縦振り電鍵といえば逓信省型といわれるくらい，現在までわが国で数多く製作された各種縦振り電鍵の原型となっているのが，いわゆる逓信省型電鍵といわれるものです．逓信省型電鍵には「甲種単流電鍵」といわれるものと「中継電鍵」といわれるものの2種類があり，いずれも逓信省の仕様書に基づいて製作され，後には鉄道省や旧軍でもこれに準拠して仕様化されました．そして，明治～大正～昭和の三代の長期にわたり，主として有線の手送り音響式モールス電信によりわが国の公衆電報サービスの発展に寄与してきました．

軍用電鍵

戦後，日本のアマチュア無線が軍の余剰資材の活用から始まったように，現存する軍用電鍵の多くは軍の放出品の中に見ることができます．現存の旧日本軍のもの，米軍のもの，ドイツ軍のもの，イギリス軍のもの，NATO軍のものなどを見ても，共通した特徴としては，操作性よりも堅牢，かつ操作の安定性，確実性に重点をおいた実用本位の設計がなされています．

旧日本海軍の電鍵はすべてレバーがまっすぐな縦振り電鍵ですが，旧日本陸軍の電鍵の中には，アメリカン・タイプの縦振り電鍵のように槓杆（レバー）が下に曲がったものも存在します．

また，航空機搭載用の電鍵は防塵構造のカバー付きのものが多く，飛行中，高空における気圧，重力などの変化にともなう通信士（飛行艇，爆撃機，偵察機など中型機以上の航空機には無線電信通信士が乗り組んでいました）の身体の生理学的変化を考慮して，打ち味よりもむしろ，キー操作の確実性を重視したものとなっています．

特殊用電鍵

電鍵の中でも，モールス通信以外の目的に使用されるものがあります．これらは，通常の電鍵を流用したものが多く，計測器に組み込まれて試験用スイッチとして使用されているもの，携帯用電話機に組み込まれて呼び出し信号送出用として使用されているものなどがあります．

モールス符号を使用したものには，船舶などで使用する発光信号送出用のものなどもあります．これは，

Column 逓信省型電鍵

逓信省型電鍵は，工部省が電信機の国産化に成功した明治12年（1879年）に製造された「甲種単流電鍵」がわが国の国産電鍵の第1号ということができます．

この逓信省型電鍵の特徴は，真鍮の角材から切削加工して作った槓杆部と各機構部をワニス仕上げを施したクルミ材などの木台の上にビスで取り付けられ，軸受けは鋼（ハガネ）製のテーパーピンを使用することによって堅牢，かつ低速から高速まで実に軽快な電鍵操作が可能であり，わが国でもっとも多く製作された量産品電鍵の中では最高の品質と性能を持つベストセラーの電鍵といえるでしょう．

しかし，一方では逓信省型電鍵は，製造コストがかかりすぎるのが欠点であり，戦後に製作された逓信省型の縦振り電鍵のほとんどが組み立て加工やプレス加工に置き換えられられました．ところが逓信省型電鍵の基本的な特徴は現在でも維持し続けられ，メーカーによって多少の異差がありますが，わが国の標準電鍵として多くのメーカーから製造・販売されたもっともポピュラーな電鍵であるといえます．

発光信号用ランプの電流を直接断続することも可能なように，接点を大きくして電流容量を確保し，インダクタンスとコンデンサーからなる接点火花消去回路を台の下に装着しているものです．

11-5 モールス・キー　コレクション

モールス通信を始めたころは，電鍵は符号を送出するための単なる電気的なスイッチとしてしか思えなくても，長年使っていると，不思議なもので，しっくりと手になじんできて，自分の手足の一部としての愛着がわいてきます．そのうちさらに使いやすい理想の電鍵を求めていろんな電鍵と接するうちに自然とコレクションの世界に入ってしまったという方々も多いのではないでしょうか．

ここでは，筆者のコレクションを中心におおむね年代順の時代背景とともに，その由来，使用用途などを紹介します．なお，写真は筆者のコレクションのほか逓信総合博物館，高塚高逸氏（ハイモンド・エレクトロ社社長），藤井長次郎氏（JA3IDA），故・柳田 豊氏（生前のコールサインはJA1PAN）のご好意により紹介させていただきました．

歴史編

ペリー献上の電信機（有線用）
安政元年（1854年），ニューヨーク・ノルトン社製で，1844～1856年ころまで使用された．肘を机の上に置いて打つのに適したアメリカン・タイプの原型で，復帰バネに板バネを使用している．〈逓信総合博物館蔵〉

オーストリアから献上された電信機の電鍵（有線用）
明治2年（1869年）11月に天覧に供した後，外務省と築地電信局間の連絡用に使用された．バネは板バネを使用しており，写真では槓杆部の取り付けが接点と90度ずれている．〈逓信総合博物館蔵〉

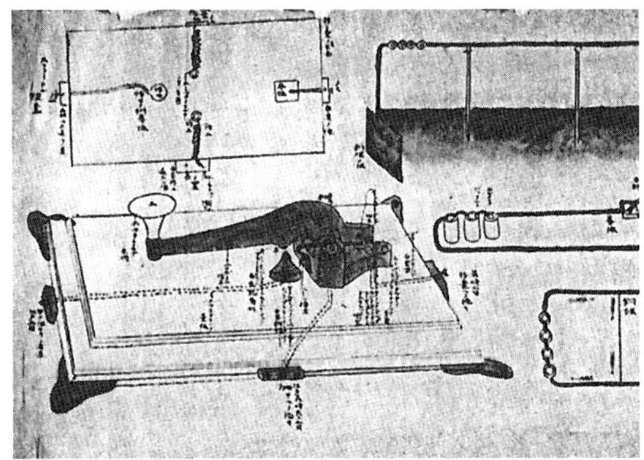

オランダ献上の電信機の電鍵（有線用）
安政3年（1855年）接点はプラチナ合金とし，復帰バネは板バネを使用し，つまみは木製である．「テレガラフ古文書考」から．長崎の出島でテレガラフ伝習に用いた絵図の写本の一部．〈逓信総合博物館蔵〉

モールス印字電信機の電鍵（有線用）
シーメンス・ブラザース社製，明治4年（1871年）から明治30年（1897年）ころまでわが国で使用された．1854年オーマス・ジョンの発明によるものである．〈逓信総合博物館蔵〉

国産モールス印字電信機の電鍵（有線用）
本品は明治16年（1883年）工部省で製作された国産電信機で，明治12年（1879年）から明治30年（1897年）ころまで使用された．シーメンス社のものを模倣したものである．
〈逓信総合博物館蔵〉

キャメルバック型電鍵（有線用）
通称ラクダの背型電鍵と呼ばれる米国製の初期の有線電信用で，ペリーの献上品もこの形状である．1848年ころから製造され，1875年ころまで主として鉄道通信用として使用された．
<出典：American Telegraphy>

逓信省型単流電鍵（有線用）
外観は逓信省型甲種単流電鍵と同じだが，ひと回り大きく，銘板には「遞信省電信燈臺用品製造所，明治43年製，第2755號と記されており，鉄道の駅などで信号通信や鉄道電報用に昭和30年ころまで使用された．

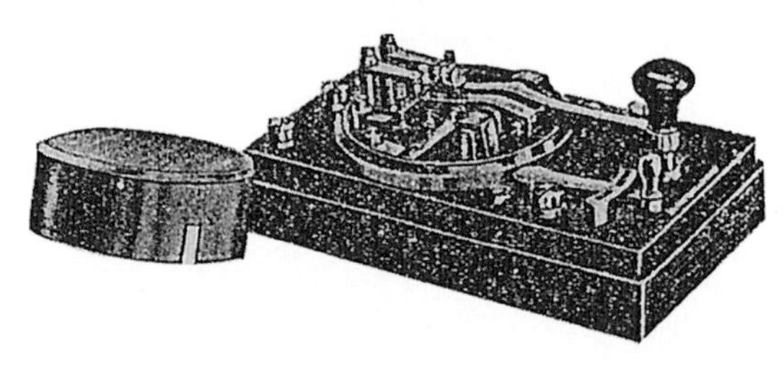

複流電鍵（有線用）
本品は明治末期ころに，中央電信局でモールス音響二重電信に用いられたもの．共電式中継盤で使用する場合，中継電鍵とも呼ばれた．左側のスイッチを切り替えて単流電鍵としても用いることができた．
<出典：通信事業史　第3巻「電信」>

有線通信用単流電鍵
外観は逓信省型甲種単流電鍵と同じだが，接点はPGS（プラチナ・金・銀）合金を使用し，きわめて細くなっている．1920年ころのイギリス製のGPO（郵政庁）仕様のもので，当時の有線音響式モールス通信に使用されていたものである．

有線通信用単流電鍵
イギリスの有線電信機器の老舗であるSilver Town社の1920年代の製品．台はエボナイト製で，接点は細いプラチナ合金を使用している．当時の有線音響式モールス通信に使用されていたものである．

有線用単流電鍵（左）　**音響器**（右）
全国の電報局で，音響モールス公衆電報サービスに昭和38年ころまで使用されたもの．音響器は，電磁式で槓杆部が，吸着時と離れた時の時間差でモールス符号の長・短を聞き分けるものである．

有線通信用単流電鍵
イギリス・ジーメンス製の1920年から1930年ころの製品．ほかのものと異なっているのは，台が大きく，接点機構が鋼の板バネで支えられているために打ち味がソフトで，長時間使用しても疲れがないよう配慮されている．

逓信省型単流電鍵（有線用）
外観は，逓信省型甲種単流電鍵と同じだが，台がきわめて大きく，丸形接点となっている．この種のものは，主として鉄道の駅で，信号通信用，鉄道電報用として，また，鉄道講習所などで訓練用としても使用された．

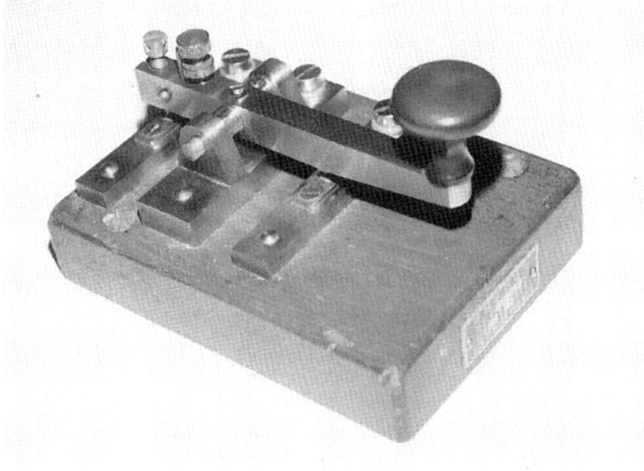

逓信省型甲種単流電鍵（有線用）
明治－大正－昭和30年ころまでの3代の長期にわたり，全国の郵便局・鉄道駅・電報局で有線音響モールス通信による公衆電報サービスに使用された．支柱には鋼製テーパーピンを使用した堅牢な作りとなっている．

逓信省型中継電鍵（有線用）
電気通信省仕様　仕第247号（逓信省仕様がベース）により，音響モールス二重通信用として明治－大正－昭和30年ころまで使用されたが，電報サービスの機械化により姿を消した．二重通信用のスイッチが付いている．

電通精機 逓信省型 LSK-1 発光信号用電鍵
構造は逓信省型甲種単流電鍵と同様だが，接点がきわめて太く，堅牢な作りとなっており，発光信号断続用として使用されたものである．

逓信省型単流電鍵（有線用）
外観は逓信省型甲種単流電鍵と同じだが，台がきわめて大きく，丸形接点となっており，本品は逓信講習所でモールス送信術の訓練用として使用されていたものである．

逓信省型甲種単流電鍵（有線用）
構造は普通の逓信省型甲種単流電鍵よりひと回り小さく，戦前市外電話交換と中央電話局間の二重信という音響式モールス連絡回線に，電話交換手が電話回線接続の打ち合わせに使用していたものである．

逓信省型甲種単流電鍵（有線用）
構造は普通の逓信省型甲種単流電鍵と大差はないが，陸軍通信学校などで教育訓練に用いられたものである．銘板には「合資会社，瀬下電機製作所，昭和16年4月製造」と記されている．

逓信省型甲種単流電鍵（有線用）
旧式の国産印字式モールス電信機に使用されていたもので，ひと回り小さく，イギリス製のものと同様，接点部は鋼の板バネで受けており，打ち味はきわめてソフトである．明治30年ころまで使用された．

逓信省型電鍵（有線用）
外観は逓信省型甲種単流電鍵と同じだが，台がきわめて大きく，丸形接点部を有し，陸軍，鉄道省などでも仕様化された．陸軍通信学校・鉄道講習所・逓信講習所などで訓練用として使用された汎用電鍵である．

逓信省型甲種単流電鍵（有線用）
全国の郵便局・鉄道駅・電報局で有線音響モールス通信による公衆電報サービスに使用された．表面仕上げはニッケルメッキを施したものと真鍮地の上に防錆処理したものと2種類あった．

有線音響モールス用有極音響器（有極サウンダー）
通称テッカンとも呼ばれ，直流式モールス通信の音響受信器．槓杆部の上部と下部を叩く音響音の時間差で符号の長短を聞き分けるもので，本品は電報中継用の有極（永久磁石付き）ハイ・インピーダンスのものである．

加地通信機MK-8型電鍵
これは昭和50年ころまで無線通信士養成校などで練習用として用いられたもので，ひじょうに丈夫に作られている．底には鉄板が取り付けられており重量感がある．加地通信機研究所という銘板が付いている．

左から集音函入りの音響器，甲種継電器（有極リレー），**検電器**（検流計），**電鍵**
逓信省型甲種単流電鍵，明治30年ころから昭和30年代の初めのころまでの長期にわたり，公衆電報や鉄道電報の送受に使用された．〈逓信総合博物館蔵〉

イギリス製の軍用電鍵（無線用）
脚などにバンドで固定して使用できるよう配慮されており，現在でも野戦用無線機に附属して使用されている．キー本体は，W.T.8AMP（Key and Plug Assembly）

小型電鍵（特殊用）
これはクロスバー交換機用リレーや各種リレーの試験・調整用として使用される4号継電器試験器に取り付けられているもの．短絡レバーにより回路がロックできるようになっている．

電電仕様電信用電鍵
これは旧逓信省，電気通信省，電電公社の3代にわたり，昭和18年ころから38年ころまで全国の電報電話局で音響モールス電信によって公衆電報の送信に使用されたもの．同じものが後に陸上自衛隊でも仕様化，使用された（電電仕41号2版）．沖電気ほか．

歴史編

イギリス軍 W.T.8 Amp の Design I キー（無線用）
イギリス軍の現用の移動無線機に使用されているもので，堅牢な作りとなっている．機構部が鉄板の上に取り付けられて木綿のコードに RCA プラグが附属しており，膝や支持物に固定して使用できる．

旧日本陸軍用電鍵（無線用）
外観はドイツのものを模倣したように思える．旧日本陸軍の 94 式対空 2 号無線電信機，同 3 号無線電信機などに附属し使用された．機能的にはアメリカン・タイプに属する（松下無線ほか）．

小型ベーク台電鍵（有無線用）
本品はイギリス製の野戦用電信・電話端末器に附属していたもので，主として交流呼び出し信号音を送出するため用いられ，1930 年代から 1950 年ころまで戦場などで使用された．

中国製・軍用電鍵
中国人民解放軍で 1970 年ころまで使用されたといわれる軍用電鍵で，セールド台の下に鋳鉄製のチリメン塗装の台が付いており，構造的にはアメリカン・タイプに似ている．

米国陸軍用 Frame Proof Key，J-5A 電鍵（無線用）
米国 Signal Corp 社が米国陸軍に納入したもので，1940 年代から最近まで地上・航空機用無線機に用いられ，耐火・防水構造の堅牢な作りとなっている．

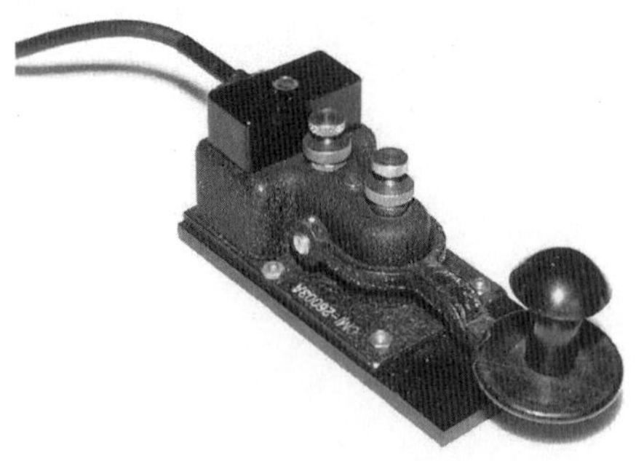

米国陸軍用 CMI26003 型電鍵（無線用）
米国陸軍地上部隊，航空部隊用無線機に 1940 年代から最近まで使用されたもので，黒色チリメン塗装の機構部が小さなモールド台に取り付けられている．上部のネジで接点間隔とバネ圧を調整できる．

米軍 Key for 48 Radio Set 電鍵（無線用）
米国陸軍地上部隊，航空部隊用の無線機に1940年代から最近まで使用されたもので，前述のJ-5A型キーの上部に回路短絡用スィッチが付いたものである．

Vor dem offnem Stecker Heraus Ziehen 電鍵（無線用）
ドイツ製の軍用電鍵で1950年代から最近まで使用された小型電鍵で，モールド製のカバーが附属している．打ち味はきわめてソフトである．

旧海軍艦船用電鍵（無線用）
旧海軍の艦船，海岸局などで明治末期から大正中期ころまで瞬滅火花式送信機で使用されたもので，接点はきわめて大きく，打ち味はゴトン，ゴトンといった感じである．本品は木の枠の台が欠品となっている．

米国陸軍用 Frame Proof Key J-7A ウインカーランプ付き電鍵（発光器付き）
米国Signal Corp社が米国陸軍に納入したもので，1940年代から最近まで夜間飛行中のコックピット内で使用されたものである．

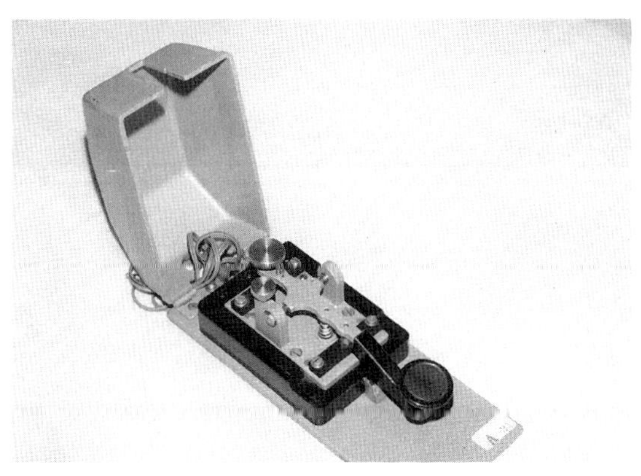

Junker Honnef/RH 型電鍵（無線用）
ドイツ製の汎用キーで，もともとドイツ軍で使用していたが，船舶局，海岸局，アマチュア無線などで現在でも使用され，台の中に接点火花消去回路が組み込まれている．堅牢な作りである．

旧陸軍航空用電鍵（無線用）
旧陸軍99式双軽爆機，2式複座機などに搭載されていた95式飛2号無線電信機附属の電鍵として機上で使用されたもの．機構部は軽合金プレス加工のもので，ジュラルミン製のカバーが付いている．打ち味は軽快である（早川無線ほか）．

旧海軍航空用電鍵（無線用）
旧海軍94式水偵，99式艦爆，水爆（彗星）などの中型機に搭載の96式空2号無線電信機用として機上で使用されたもので，接点は大きく，打ち味よりも高空機上における電鍵操作の確実性を追求した設計となっている（大興製作所ほか）．

旧海軍航空用電鍵（無線用）
用途などは前述のものと同様だが，サイズがひと回り小型にできており，主として小型の複座機に用いられたものと思われる．戦後から昭和30年ころまで，放出品として出回っていた．

陸上自衛隊仕様 GKY-2E 型電鍵
陸上自衛隊の地上無線機1号～3号などで最近まで使用されていた電鍵．原型は逓信省（のちの電気通信省，電電公社）仕様41号により製作された有線用のものを，無線用に仕様を変更したものである．2型と2E型が存在する（東部電気ほか）．

モールド台小型電鍵（無線用）
旧ソ連製の移動無線機用のもので，主として船舶局などで1950年代から最近まで使用されていた．鉄製のプレス加工の機構部がモールド・カバー付きの台に取り付けられ，小型軽量でたいへん打ちやすい．

モールド台小型電鍵（無線用）
ミニ電鍵のように小型ながら構造的には堅牢であり，とても打ちやすい．部品はすべて分解整備が可能である．一時期に旧某軍需工場からの放出品が出回っていたことから，旧陸海軍の無線機に使用されたものと思われる．

旧陸軍二号 B 型電鍵（無線用）
旧陸軍の94式3号乙，丙などの小型無線機用として使用されたもので，モールド製のカバーが附属している．昭和30年ころ放出品として出回り，当時，T社から発売されていたSMT-1型小型送信機にも用いられていた．カバー上部に2号B型の銘板が付いたタイプもある（大興製作所ほか）．

マルコーニ無線機用電鍵（無線用）

マルコーニがボローニャで行った通信実験に用いられたもので，Italian Post Office Type Key と呼ばれる有線通信用のものである．打ち味は重厚であり，つまみが長いのが特徴的である．

移動無線機用小型電鍵（無線用）

ドイツ製の現行の軍用移動無線機に用いられているもので，軽合金製のカバーが付いている．バネ圧と接点間隔調整用ツマミが左側に配置され，使いやすい設計となっている．

英軍用小型電鍵（無線用）

イギリス軍の地上部隊，航空部隊などで使用しているもので，陸軍端子とコネクターのどちらでも接続できるようになっている．上部にバネ圧と接点間隔調整用のネジが出ている．通信速度より電鍵操作の確実性を重視したものである．

イギリス MARCONI 社 P.S 213A 電鍵（無線用）

主として船舶無線用として戦前から昭和 30 年ころまで船舶局で使用されたもので，ブレーク・イン端子を有している．堅牢な構造だが，接点が後上に付いているため，強い力を加えると板バネが曲がるおそれがある．

肘打ち電鍵（無線用）

米国の J-45 型の国産版で JJ-45 の銘板が付いている．陸自の JAN/GRC-9 などの移動用無線機に使用され，きわめて堅牢な作りとなっている．主として作戦中，肘に挟んで使用する．

船舶用電鍵 旧海軍工廠型「手動電鍵二型」（無線用）

外観，構造的には有線用の逓信省型甲種単流電鍵と同様だが，モールド台の上に組み立てられている．昭和初期から戦後の長きにわたり，海軍船舶ほか海岸局や船舶局で使用されてきた．JRC KY3，KY3A のベースとなったもの．

J-38 米国式電鍵（無線用）
米国陸軍仕様のJ-47型電鍵と外観，構造は同一である．本品は英国の貨物船で使用されていたもので，指先で欧文を打つとたいへん打ちやすいが，符号が長くて複雑な和文には向かないようである．

日本無線 KY-3 型電鍵（無線用）
戦後から現在まで海岸局，船舶局などで使用され，台の下には鉄板が付いている．きわめて堅牢であり，市販された電鍵の中では最高の品質と性能を持ち，昭和50年ころからはISOネジを使用したKY-3A型となった．

JA1HAM 笠原　功一氏の電鍵（無線用）
氏が神戸市に在住のころ，外国船のジャンクを自身の机を切り取った台の上に取り付けた物といわれている．自作電鍵であるが，日本のアマチュア無線史の１ページを飾る記念碑的な電鍵といえる．〈JARL展示室蔵〉

逓信省型電鍵（無線用）
戦中から昭和25年ころまで，主として陸上固定局などで使用されたもの．物資欠乏時代に生産されたものらしく，接点，バネ，端子，配線を除きモールドの代用部品を使用している．機能的には逓信省型甲種単流電鍵と同一である．

SWALLOW 高塚無線製電鍵（無線用）
ハイモンド・エレクトロ社の初期の製品であり，戦前から昭和30年ころまで海岸局，船舶局，固定局などで使用された．商標はつばめが飛び立つようにスマートな符号であるという意味が込められている．

ハイモンド・エレクトロ社製 HK-901 型電鍵（無線用）
昭和50年代ころに試作されたものだが，重量はかなり重く，金属の塊まりのようである．ドイツ製軍用のものと同様，左側にはバネ圧調整と接点間隔調整ツマミが，右側には回路短絡用スイッチが付いている．

SWALLOW 電通精機製 HK-3S 電鍵

STREAM KEY HK-3S 型電鍵であり，昭和 30 年代まで市販され海岸局や船舶局で使用されていた．軸受けにボール・ベアリングを使用し，横振れやガタを防止している．

SWALLOW 電通精機製 HK-3 型電鍵

槓杆支柱部は金属から樹脂製に変更され，アクリル・カバーが付いた．昭和 46 年頃まで市販され，業務局，アマチュア局などで使用されていたが，モデル・チェンジ後は HK-702 となった．

SWALLOW 電通精機製 HK-10 型電鍵

昭和 30 年ころから 40 年ころまで市販されていた移動通信機向けの小型電鍵．槓杆部はテーパー・ピンを挟む形状となっており，小型ながら精密な構造となっている．重量は約 100g.

THE SWEDETH KEY（無線用）

スウェーデン製の「手作り電鍵」として昭和 50 年ころからアマチュア向けに輸入販売されていたもので，チーク材の上に真鍮製の機構部を配している．接点は後部にあり，打鍵感覚は実にソフトである．

SWALLOW 電通精機製 HK-1S 型電鍵（旧型）

昭和 46 年ころまで市販されていた．STREAM とは，この電鍵から符号が水の流れのようによどみのなく送り出せるという思いが込められている．

SWALLOW 電通精機製 FK-3 型複式電鍵

昭和 40 年中ころまでアマチュア向けに市販されていた．うまく調整すると軽快な操作が可能だが，どうしても構造上，符号のネバリが気になるところ．

SWALLOW 電通精機製　BK-50 型バグ・キー

セミ・オートマチック・キー，昭和 40 年ころまで市販されていたが，モデル・チェンジ後は BK-100 に引き継がれた．主として海岸局，船舶局，アマチュア局などで使用された．

SWALLOW 電通精機製　MS-2 型複式電鍵

昭和 40 年代中ころまで市販されていた．複式電鍵の宿命である符号のネバリを接点にマイクロ・スィッチを使用することにより解決したもので，初心者でも比較的正確な符号２を出すことが可能である．

国産バグキー

製造メーカーは不明だが，昭和 30 年代ころ，外国のものを模倣してわが国で製造されたものと思われる．本品は船舶局で使用されていた．

国産エレキー　EK9X

カツミ社から昭和 30 年代にはじめて市販された，エレキー EK6 型の後継機種であり，主としてアマチュア向けに昭和 40 年代中ころまで市販されていた．ブロッキング発振回路を採用し，リレーを駆動してキーイングしている．

【参考文献】

・平賀源内のエレキテル，山本慶一，昭和 47 年
・江戸時代の科学，東京科学博物館編，昭和 9 年
・電気学会五十年史，電気学会，昭和 13 年
・ペルリ提督日本遠征記（上・下），フランシス・L・ホークス編，昭和 10/11 年，弘文社
・電気の歴史，直川一也，東京電機大学出版，昭和 60 年
・てれがらふ－電信をひらいた人々－，電信百年記念刊行会，昭　和 45 年，逓信協会
・帝国大日本電信沿革史，逓信省電務局，明治 25 年
・日本電信電話創業史話，渡辺正美，昭和 33 年，一二三書房
・電信及電話，大井才太郎，明治 29 年，電友社
・電信工学，稲田三之助，昭和 9 年，誠文堂
・電信機の働作と取扱法，篠田耕ほか，昭和 9 年，法制時報社
・鉄道の日本，交通博物館編，昭和 39 年
・通信教育百年史，逓信同窓会編，昭和 60 年
・逓信事業史第 3 巻（電信），逓信省編，昭和 15 年，逓信協会
・横浜の電信百年，電電公社横浜電報局編，昭和 45 年
・東京中央電報局沿革史，昭和 33 年，電気通信協会
・高等電信，根岸薫，大正 10 年，電友社
・発達史的電信学，戸川三郎，昭和 7 年，電恵社
・音響通信術，電気通信共済会，昭和 27 年
・電信電話事業史第 3 巻，電電公社電信電話事業史編集委員会編，昭和 35 年，電気通信協会
・私のジョン万次郎，中浜博，平成 3 年，小学館
・日本無線史第 1/2 巻，電波監理委員会編，昭和 25 年
・The Story of the Key, Louise R.Moreau,1987 年
・Introduction to KEY COLLECTINNG，Tom French, Artifax Books，1990 年
・American Telegraphy，Willam Maver.Jr，1899 年

資料編

（1）CW 略符号一覧表
（2）Q 符号一覧表
（3）各国語のモールス符号
（4）CW コンテスト・カレンダー
（5）電信年表（世界編・日本編）
（6）銚子無線の歴史年表
（7）インターネット・ホームページ・アドレス集

(1) CW略符号一覧表　JA1NUT　鬼澤　信

実際のCW略符号を元の言葉と対照させて示します．また，一部には使用例の意味と解説を付けます．

略符号（元の言葉）	意味，解説．使用例（例文の意味と解説）
AA (all after)	～の後すべて．受信中メッセージのある部分より後の部分がコピーできなかった時，その部分を尋ねる時に使う．使用例：WILL BE SEEING U AT －－－というメッセージで，－－－以降がコピーできなかった場合，REPT AA SEEING U AT と尋ねる．WILL BE SEEING U AT WHERE? でも可．
AB (all before)	～の前すべて．AAと同様に使う． 使用例：－－－U AT THE OFFICE OF JARL IN TOKYOというメッセージで－－－以前の部分がコピーできなかった場合，REPT AB U AT THE OFFICE OF JARL IN TOKYOと尋ねる．
ABT (about)	約，～について，～するところだ． 使用例：HW ABT MI SIG?（私の信号はいかがですか？）．
ADR (address)	住所，演説．アマチュア無線の世界では住所という意味に使うことも多いが，時に長々と送信し続けることを，make an addressと皮肉を込めて言うこともある．
AGN (again)	再び，もう一度
AMP (amplifier)	リニアアンプ
ANI	any someの疑問形・否定形だが，any longerで「もはや」の意．使用例：I WONT HOLD U ANI LONGER（では，おいとまいたします）．
ANR (another)	ほかの，別の．ほかの多数の中の一つという意味． 使用例：CU ON ANR BAND（ほかのバンドでお会いしましょう）．
ANT (antenna)	アンテナ
AR (am ready)	CQを出して受信に移る際に，どなたでもお呼びください，というニュアンスで自局のコールサインの後に付ける．
B4 (before)	～より前，略符号の傑作の一つ．
BAREFT (barefoot)	エキサイターだけの，リニアアンプを使用していない．BAREFTED, barefootedのように動詞（過去形・過去分詞形）としても使う． 使用例：I AM BAREFTED WHEN CONDX IS GUD（伝播状態の良い時には，私はリニアアンプは使わない）．
BCI (broadcast interference)	放送への障害

略符号（元の言葉）	意味，解説．使用例（例文の意味と解説）
BCS (because)	～なので．このほか，CSE, BECUZ, CUZなども同義．～には，文節が来る．そこに名詞をおく場合は，because of ～となる．
BCNU (be seeing you)	I will be seeing you again（また）お会いしましょう．
BK (break)	送信終了時，相手局・自局のコールサインを送らずにすぐに受信に入る時に使う．短時間で交信を切り上げたい，ちょっと尋ねたいことがある時などに使う．VHF/UHFのFMによる国内ラグチューでは，「ブレーク!!」のように他人のQSOに割り込む時にも使うが，CWではまずそのような使い方はしない．
BECUZ (because)	BCSを参照
BN (been)	beの過去分詞．現在完了形・過去完了形でよく使われるが，have, hadが省略されることが多い． 使用例：I HV BN ACTIVE ON THE AIR SINCE EARLY 60S. I BN ACTIVE ON THE AIR SINCE EARLY 60S. ともに，（私は，1960年代始めから空に活発に出続けてきた）という意味．
BTR (better)	より良い，ご存知のとおり，goodの比較級． 使用例：UR SIG IS GETTING BTR（あなたの信号の入感状態は良くなってきている）U HAD BTR HIT THE SACK NOW（もう寝たほうがいいよ）このhad betterは，－－－しないとまずいぞ，といったニュアンスがあることに注意．
BURO (bureau)	（QSL）ビューロー．
C (chirpy)	現在ではあまりお目にかかれなくなってきたが，ピューピューという長点・短点が微妙に周波数変動するCW信号を形容するのに使う．チャピる，と表現する．RSTリポートの後に，RST 578Cのように付けて使う．
C	yesはい，そうです．了解するのに止まらず，相手の言うことを肯定する時に使う．
CFM (confirm)	確認する，確かにする，確証する． 使用例：I CFMED OUR LAST QSO IN 1990（1990年に行った前回の交信を確認しました）．
CK (check)	チェックする
CL (call closing down)	後者は，交信の最後に「これでQRTする」という意志表示をする時に使う． 使用例：－－－ W6CYX DE JA1NUT VA CL. W6CYXと交信を終え，JA1NUTはQRTするということを，ワッチしているすべての局にアナウンスすることになる．言いかえると，この

略符号（元の言葉）	意味，解説．使用例（例文の意味と解説）
	後，誰かに呼ばれても応答しない，ということを意味する．
CLD (called)	call，呼ぶ，の過去形・過去分詞形． 使用例：I WAS CLD BY A LOT OF EU IN THE BEGINNING OF THE TEST（コンテストが始まった時に，たくさんのヨーロッパから呼ばれたよ）．
CLG (calling)	call，呼ぶ，の現在分詞形
CLDY (cloudy)	曇っている
CLR (clear)	晴れている，混信のない
CONDX (condition)	伝播状態．普通，複数形で使う． 使用例：CONDX ARE NOT VERY GOOD（伝播状態があまり良くない）．
CTRY (country)	国，田舎　後者は the（定冠詞）を付ける．アマチュア無線では，前者の意味で使われることが多い．
CSE (because)	BCS を参照
CUD (could)	can，できる，あり得る，の過去形．
CUL (see you later)	またお会いしましょう．よく使われる，最後の挨拶の一つ．
CUM (come)	来る
CUZ (because)	BCS を参照
CW (continuous wave)	電信の信号
D (8)	数字の 8 の略
DE (this is)	こちらは．相手のコールサインに続いて自分のコールサインを送出する（sign）時にのみ使う．本文中では使わない．
DIFF (different)	異なる，differ，difference の省略形としては普通使わない．
DP (dipole)	ダイポール
DR (dear)	親愛なる，呼びかける名前に付けて親愛の気持ちを表す．
DWN (down)	下に，下げて
DX	far distance　　いわゆる DX

略符号（元の言葉）	意味，解説．使用例（例文の意味と解説）
E (5)	数字の 5 の略
ERE (here)	ここに，こちらへ
ES	and　　そして，それに
EVY (every)	おのおの，～ごとに
FB (fine business)	良い，すばらしい
FER	for ～のため．というのは～（文節）だから．～を付加的に理由として示す時に使う．
FM (from, frequency modulation)	から，周波数変調，前者の省略として使われることが多い．
FRM	from　　上記
FT (foot, feet)	足という意味もあるが，長さの単位（約 30cm）として使われることが多い．
GA (good afternoon, go ahead)	今日は（午後の挨拶）．どうぞ．
GB (good by)	さようなら
GD (good)	GUD の代りに，ヨーロッパの局が良く使う．
GE (good evening)	こんばんは
GESS (guess)	元来「想像する，予想する」という意味だが，W のハムは，「～と思う」という一般的なニュアンスで良く使う．
GG (going)	go，行くの現在分詞形． 使用例：HW ARE THINGS GG ON?（調子はどうですか，おかわりありませんか？）
GLD (glad)	うれしい． 使用例：(I AM) GLD TO MEET U（お目にかかれてうれしく思っています）．
GM (good morning)	おはようございます
GN (good night)	おやすみなさい
GND (ground, ground earth)	地面，アース
GP (ground plane)	グラウンド・プレーン，アースの代りにラジアルを張った垂直アンテナ．
GUD (good)	良い

略符号 (元の言葉)	意味，解説．使用例（例文の意味と解説）
HF (high frequency band（s）)	短波帯を意味することもあるが，14MHz 以上の高い周波数のアマチュア無線用周波数帯を意味することが多い．
HPE (hope)	希望，希望する
HR (hear, here, hour)	聞く，こちら，時間．文脈からいずれの意味かを判断する．
HV (have)	持つ
HW (how)	いかが，どれくらい
INFO	information　　情報
KINDA (a kind of)	文字どおりの意味は，「ある種の」であるが，それ以外に「大体～といえる，多少～だ」といった意味で使われる．
KNW (know)	知る
KW (kilowatt)	キロワット
LF (low frequency band（s）)	7MHz 以下の低いアマチュア無線用周波数帯を意味する．
LID (poor operator)	いわゆるヘボオペ，put the lid on，をダメにする，に由来する言葉か？
LIL (little)	little のみだと否定的な意味合いで，a little が肯定的な意味を持つことに注意． 使用例：TRE IS LIL QSB ON UR SIG（貴方の信号に QSB はほとんどない）THE CONDX ARE GETTING A LIL BTR（コンディションが多少良くなってきています）．
LP (long path)	ロングパス，短波の電波は通常地球上の最短距離の経路（SP, 後述）である地域に到達するが，時期・時間帯によっては，その反対側の経路で到達することがある．この経路，それによる伝播を LP と呼ぶ．例えば，カリブ海地域の SP は北東方向，北米経由であるが，南西方向，インド洋大西洋経由で LP が開けることもある．SP・LP 以外に，南東方向からの南太平洋経由で入感することもあり，これを誤って LP とされることもあるが，aberrant path または skewed path と呼ぶのが正しい．
LTR (letter)	手紙，文字
LW (long wire)	ロングワイヤー・アンテナ
MEBBE (maybe)	おそらく，may be ではなく maybe の省略形
MI (my)	私の
MNI (many)	多くの
MSG (message)	メッセージ
MTR (matter, meter)	こと，もの，メーター
MX (meter)	メーター
N (9)	数字の 9 の略
N (no)	否，いいえ
ND (nothing done, nothing doing)	だめだ，まっぴらだ
NG (no good)	良くない，だめだ
NIL (nothing)	送信すべきメッセージがなくなった時に，NIL と打つことがある．
NITE (night)	夜
NR (near, number)	近く，数
NW (now)	今
O	ϕ　（zero）
OB (old boy)	OM と同義．男性ハムに対する敬称．～さん，先輩といったところか．
OM (old man)	OB と同じ
OP, OPR (operator)	運用者・オペレーター
OT (old timer)	前出の OB, OM に比べて，より経験の豊富な男性ハムに対する敬称．
OTR（S） (other（s）)	ほかの，もう一方の，other はこれか，あれかの二者択一のうちの一方という意味．another との違いに注意．
PA (power amplifier)	送信用電力増幅器
PSE, PLS (please)	どうぞ
PSED, PSD (pleased)	うれしい

略符号（元の言葉）	意味，解説．使用例（例文の意味と解説）
PWR (power)	（出力）電力
R (roger)	「了解した」という意味．必ずしも，肯定することを意味しない．
RCVD, RCD (received)	receive, 受け取る，の過去形・過去分詞形
RCVR (receiver)	受信機
REPT, RPT (repeat, report)	この略符号には，上記のとおり二つの意味があり，文脈から判断しなければならない． 使用例：PSE REPT UR NAME（名前を繰り返してください）TNX FER NICE REPT（良いリポートをありがとう）
RIG (rig, equipment)	リグ（無線機）
RNG (running)	run，走る，という自動詞としての用法はあまりなく，運転する，駆る，という他動詞用法が多い． 使用例：I AM RNG 100 WATTS INTO A DP（私は 100 ワットの出力でアンテナはダイポールです）．
SA (say)	言う
SIG (signal)	信号
SKED, SKD (schedule)	スケジュール
SP (short path)	ショートパス，LP を参照
SRI, SORRI (sorry)	残念だ，申しわけなく感じている．わが国のハムは，謙譲語の一つとしてこの言葉をよく使うが，そのようなニュアンスはないことに注意．
STN (station)	局
SU (see you)	お目にかかります（別れの言葉）
SUM (some)	いくつかの，ある
SVC (service)	サービス
T (φ)	数字の 0 の略
TEMP (temperature)	温度
TEST (contest)	コンテスト．もちろん test，試験する，試す，の意味でも使われる．
TFC (traffic)	交通の意味もあるが，電文のやり取りの意味で使うことが多い．
THO (though)	しかし
THORT (thought)	think，考える，の過去形
THRU (through)	を通して． 使用例：UR SIG CUMING TRU HR VY NICELY（あなたの信号は，こちらにたいへん良く入感しています）．
TKS (thanks)	ありがとう
TKU (thank you)	ありがとう
TMW, TMRW (tomorrow)	明日
TNG（S） (thing（s）)	物事や状況を漠然とした意味合いで表現する時に良く使われる． 使用例：THE TNGS GG ON WELL OVER ERE（こちらでは，具合良く進んでいます，調子は良いです）．
TNX (thanks)	ありがとう
TRCVR (transceiver)	トランシーバー
TRE (there)	そちら，あちら
T (φ)	数字の 0 の略
TT (that)	それ，あの
TU (thank you)	ありがとう
TVI (television interference)	テレビへの妨害
TX (transmitter)	送信機
U (2)	数字の 2 の略
U (you)	あなた
UR (your you're)	あなたの．あなたはです

略符号（元の言葉）	意味，解説．使用例（例文の意味と解説）
URS (yours)	あなたの（もの）
VFO (variable frequency oscillator)	いわゆる VFO.
VY (very)	とても
WK (week, work)	週．仕事．これも文脈からどちらの意味かを判断しなければならないが，前者の意味に使うことが多い．
WRK (work)	仕事．仕事をする
WKD (worked, work)	仕事をする，交信する，の過去形・過去分詞形
WKG (working, work)	仕事をする，交信する，の現在分詞形
WID (with)	～と一緒に，～とともに
WL（L） (well, will)	良い，十分な．だろう，するつもりだ
WUD (would)	will の過去
WX (weather)	天気
XMTR (transmitter)	送信機
XTAL (crystal)	水晶発振子
XYL (ex YL, wife)	奥さん
YL (young lady)	お嬢さん，ただし年齢制限なし
YR (year)	年，歳
161 (73 + 88)	一部の OT が使う．FOC というクラブのメンバーが好んで使う，最後の挨拶．
73 (best regards, fine business)	交信の最後に使う挨拶だが，ヨーロッパ・南米の局の中には交信の最初の挨拶として打ってくる局がいる．
88 (love and kiss)	女性に対する 73 の同義語

(2) Q 符号一覧表

略語	問い	答え，または通知
QRA	貴局名は，何ですか	当局名は，…です．
QRG	こちらの正確な周波数（または…の正確な周波数）を示してくれませんか	そちらの正確な周波数（または…の正確な周波数）は，kHz（または MHz）です．
QRH	こちらの周波数は，変化しますか．	そちらの周波数は，変化します．
QRI	こちらの発射の音調は，どうですか．	そちらの発射の音調は， 1　良いです． 2　変化します． 3　悪いです．
QRK	こちらの信号（または…の信号）の明りょう度はどうですか．	そちらの信号（または…の信号）の明りょう度は， 1　悪いです． 2　かなり悪いです． 3　かなり良いです． 4　良いです 5　非常に良いです．
QRL	そちらは，通信中ですか．	こちらは通信中です（または，こちらは…と通信中です．）妨害しないでください．
QRM	こちらの伝送は，混信を受けていますか．	そちらの伝送は， 1　混信を受けていません． 2　少し混信を受けています． 3　かなり混信を受けています． 4　強い混信を受けています． 5　非常に強い混信を受けています．

略語	問い	答え，または通知
QRN	そちらは，空電に妨げられますか．	こちらは， 1　空電に妨げられていません． 2　少し空電に妨げられています． 3　かなり空電に妨げられています． 4　強い空電に妨げられています． 5　非常に強い空電に妨げられています．
QRO	こちらは，送信機の電力を増加しましょうか．	送信機の電力を増加してください．
QRP	こちらは，送信機の電力を減少しましょうか．	送信機の電力を減少してください．
QRQ	こちらは，もっと速く送信しましょうか．	もっと速く送信してください（1分間に…語）．
QRS	こちらは，もっと遅く送信しましょうか．	もっと遅く送信してください．
QRT	こちらは，送信を中止しましょうか．	送信を中止してください．
QRU	そちらは，こちらへ伝送するものがありますか．	こちらは，そちらへ伝送するものがありません．
QRV	そちらは，用意ができましたか．	こちらは，用意ができました．
QRW	こちらは，…に，そちらが…kHz（またはMHz）で彼を呼んでいることを通知しましょうか．	…に，こちらが…kHz（またはMHz）で彼を呼んでいることを通知してください．
QRX	そちらは，何時に再びこちらを呼びますか．	こちらは，…時に〔kHz（または…MHz）で〕再びそちらを呼びます．
QRY	こちらの順位は，何番ですか（通信連絡に関して）	こちらの順位は，…番です（またはほかの指示による．）（通信連絡に関して）．
QRZ	誰がこちらを呼んでいますか．	そちらは，…から〔kHz（またはMHz）〕で呼ばれています．
QSA	こちらの信号（または…（名称または呼出符号）の信号）の強さはどうですか．	そちらの信号（または…（名称または呼出符号）の信号）の強さは， 1　ほとんど感じません． 2　弱いです． 3　かなり良いです 4　強いです． 5　非常に強いです．
QSB	こちらの信号には，フェージングがありますか．	そちらの信号にはフェージングがあります．
QSD	こちらの信号は，切れますか．	そちらの信号は，切れます．
QSG	こちらは，電報を一度に…通送信しましょうか．	電報は一度に…通送信してください．
QSK	そちらは，そちらの信号の間に，こちらを聞くことができますか．できるとすれば，こちらは，そちらの伝送を中断してもよろしいですか．	こちらは，こちらの信号の間に，そちらを聞くことができます．こちらの伝送を中断してよろしい．
QSL	そちらは受信証を送ることができますか．	こちらは，受信証を送ります．
QSM	こちらは，そちらに送信した最後の電報（または以前の電報）を反復しましょうか．	そちらが，こちらに送信した最後の電報（または，第…号電報）を反復してください．
QSN	そちらは，こちら〔または，…（名称または呼出符号）〕を…kHz（またはMHz）で聞きましたか．	こちらは，そちら〔または…（名称または呼出符号）〕を…kHz（またはMHz）で聞きました．
QSO	そちらは，…（名称または呼出符号）と直接（または中継）で通信することができますか．	こちらは，…と直接（または…の中継で）通信することができます．
QSP	そちらは，無料で…（名称または呼出符号）へ中継してくれませんか．	こちらは，無料で…へ中継しましょう．
QSU	こちらは，この周波数〔または，…kHz（若しくはMHz）〕で（種別…の発射で）送信または応答しましょうか．	その周波数〔または…kHz（もしくはMHz）〕で（種別…の発射で）送信または，応答してください．

資料編

略語	問い	答え，または通知
QSV	こちらは，この周波数〔または，…kHz（若しくはMHz)〕でV（または符号）の連続送信をしましょうか.	その周波数〔または，kHz（もしくはMHz)〕でV（または符号）の連続を送信してください.
QSW	こちらは，この周波数〔または，…kHz（若しくはMHz)〕で送信してくれませんか.	こちらは，この周波数〔または…kHz（もしくはMHz)〕で（種別…で）送信しましょう.
QSX	そちらは，(名称または呼出符号）を…kHz（またはMHz）で聴取してくれませんか.	こちらは，…（名称または呼出符号）を…kHz（またはMHz）で聴取しています.
QSY	こちらは，ほかの周波数に変更して伝送しましょうか.	ほかの周波数〔または…kHz（もしくはMHz)〕に変更して伝送してください.
QSZ	こちらは，各語または各集合を2回以上送信しましょうか.	各語または各集合を2回（または…回）送信してください.
QTA	こちらは，第…号電報を取り消ししましょうか.	第…号電報を取り消してください.
QTC 号)	そちらに，送信する電報が何通ありますか.	こちらには，そちらへの（または…（名称または呼出符への）電報が…通あります.
QTH	緯度および経度で示す（またはほかの表示による）. そちらの位置は，何ですか.	こちらの位置は，緯度…，経度…（またはほかの表示による）です.
QTR	正確な時刻は，何時ですか.	正確な時刻は，…時です.

(3) 各国語のモールス符号　JA3MKP　岐田　稠

モールス符号は，モールスが電信を発明した1835年に制定したアメリカン・モールス・コードと，電信がヨーロッパにも普及して，この不便さを解消するためにヨーロッパで1851年に制定されたコンチネンタル・モールス・コードがあります.

コンチネンタル・モールス・コードは，インターナショナル・モールス・コードとも呼ばれ，無線通信では専らコンチネンタル・モールス・コードが使われていますが，アメリカのOTは，アメリカン・モールス・コードを使うこともあるようです.

◆コンチネンタル・モールス・コード

（別名：インターナショナル・モールス・コード）

数字	符号	数字	符号
0	—————	5	-----
1	-————	6	—----
2	--———	7	——---
3	---——	8	———--
4	----—	9	————-

文字	符号	文字	符号
A	-—	N	—-
B	—---	O	———
C	—-—-	P	-——-
D	—--	Q	——-—
E	-	R	-—-
F	--—-	S	---
G	——-	T	—
H	----	U	--—
I	--	V	---—
J	-———	W	-——
K	—-—	X	—--—
L	-—--	Y	—-——
M	——	Z	——--

記号	符号	記号	符号
.	-—-—-—	(	—-——-
,	——--——	)	—-——-—
?	--——--	+	-—-—-
:	———---	−	—----—
;	—-—-—-	/	—--—-
'	-————-	=	—---—
“	-—--—-	$	---—--—

以上が基本ですが，ドイツ語のウムラウト付きの文字，フランス語のアクセント記号・セディユ・トレマなどのついた文字など，各国で特有の文字にそれぞれの符号が制定されています.

わが国でも無線局運用規則にインターナショナル・モールス・コードと同じものが定められていますが，記号のうち，「;」と「$」はありません.

◆ドイツ語のモールス符号

文字　符号

（文字の頭に¨つきの文字）

A -—-—

O ———-

U --——

◆フランス語のモールス符号

文字　符号

（文字の頭に¨つきの文字）

E --—--

（文字に´つきの文字）

A -——-—

E -—--—

O ———-

（セディユ:Cの下に髭のついたの）

C —-—--

◆スペイン語のモールス符号（～つきの文字）

文字　符号

N ——-——

◆エスペラントのモールス符号（^ つきの文字）

文字	符号
Ĉ	－・－・・
Ŝ	・・・－・
Ĵ	・－－－－・
Ĥ	－・－－・
Ŭ	・・－－

◆アメリカン・モールス・コード

アメリカン・モールス・コードでは，文字内のスペースは2短点長となっており，また長点は5短点長となっています．

文字	符号	文字	符号
A	・ －	N	－ ・
B	－ ・・・	O	・ ・
C	・・ ・	P	・・・・・
D	－ ・・	Q	・・ － ・
E	・	R	・ ・・
F	・ － ・	S	・・・
G	－ － ・	T	－
H	・・・・	U	・・ －
I	・・	V	・・・ －
J	－ ・ － ・	W	・ － －
K	－ ・ －	X	・・ － ・
L	－	Y	・・ ・・
M	－ －	Z	・・・ ・

数字	符号	数字	符号
0	－	5	－ － －
1	・ － － ・	6	・・・・・・
2	・・ － ・・	7	－ － ・・
3	・・・ － ・	8	－ ・・・・
4	・・・・ －	9	－ ・・ －

記号	符号
.	・・ － － ・・
,	・ － ・ －
?	－ ・・ － ・
:	－ ・ － ・・
;	・・・ ・・
"	・・ － ・ － ・
&	・ ・・・

アルファベットを使わない国は，それぞれにモールス符号を定めていますが，ギリシア語・ロシア語では，アルファベットと同じ発音の文字には，同じ符号を割り当てしています．例えば，アルファベットの「D」もギリシア語の「Δ」もロシア語の「Д」も同じ「ダ行」の発音を表しますから，符号は－・・になっています．

この原則がわかっていれば，アルファベットで書き取っておいて後でゆっくり読めば，その言語がわかる人ならほとんどの意味をつかめます．筆者はギリシア語は知りませんが，ロシア語は交信を聞いてモールス符号を知ることができました．本気でギリシア語やロシア語で交信しようとするなら，資料がなくても，しばらく聞いているうちに理解できるでしょう．

◆ギリシア語

文字	符号	文字	符号
Α	・－	Ν	－・
Β	－・・・	Ξ	－・・－
Γ	－－・	Ο	－－－
Δ	－・・	Π	・－－・
Ε	・	Ρ	・－・
Ζ	－－・・	Σ	・・・
Η	・・・・	Τ	－
Θ	－・－・	Υ	・・－
Ι	・・	Φ	・・－・
Κ	－・－	Χ	－－－－
Λ	・－・・	Ψ	－－・－
Μ	－－	Ω	・・・－

◆ロシア語

文字	符号	文字	符号
А	・－	Р	・－・
Б	－・・・	С	・・・
В	・－－	Т	－
Г	－－・	У	・・－
Д	－・・	Ф	・・－・
Е	・	Х	・・・・
Ё	・	Ц	－・－・
Ж	・・・－	Ч	－－－・
З	－－・・	Ш	－－－－
И	・・	Щ	－－・－
Й	・－－－	Ъ	
К	－・－	Ы	－・－－
Л	・－・・	Ь	－・・－
М	－－	Э	・・－・・
Н	－・	Ю	・・－－
О	－－－	Я	・－・－
П	・－－・		

手許の資料では，ご覧のように「Ъ」の符号がなく，「Е」と「Ё」の区別はありませんが，別に不自由なく交信できます．印刷物でも「Ъ」はほとんど見かけませんし，「Е」と「Ё」を区別していない印刷物もたくさんありますから，モールス符号も区別する必要はないのかも知れません．

日本語（和文）の符号はこれとは趣を異にしています．欧文をアルファベット順（ただし，ウムラウトやトレマつきの符号は，元の字の直後に置く）に並べて，これをイロハ順の仮名と対応させていますので，アルファベットで取っても，わけがわからないでしょう．

◆和文モールス符号

和文の符号も，無線局運用規則に定められています．

文字	符号	文字	符号
イ	・－	ノ	・・－－
ロ	・－・－	オ	・－・・・
ハ	－・・・	ク	・・・－
ニ	－・－・	ヤ	・－－
ホ	－・・	マ	－・・－
ヘ	・	ケ	－・－－
ト	・・－・・	フ	－－・・
チ	・・－・	コ	－－－－
リ	－－・	エ	－・－－－
ヌ	・・・・	テ	・－・－－
ル	－・－－・	ア	－－・－－
ヲ	・－－－	サ	－・－・－
ワ	－・－	キ	－・－・・
カ	・－・・	ユ	－・・－－
ヨ	－－	メ	－・・・－
タ	－・	ミ	・・－・－
レ	－－－	シ	－－・－・
ソ	－－－・	ヱ	・－－・・
ツ	・－－・	ヒ	－－・・－
ネ	－－・－	モ	－・・－・
ナ	・－・	セ	・－－－・
ラ	・・・	ス	－－－・－
ム	－	ン	・－・－・
ウ	・・－	゛	・・
ヰ	・－・・－	゜	・・－－・

資料編

記号	符号
長音	・－－・－
区切り点	・－・－・－
段落	・－・－・・
下向きカッコ	－・－－・－
上向きカッコ	・－・・－・

数字の略体

数字	符号	数字	符号
1	・－	6	－・・・・
2	・・－	7	－・・・
3	・・・－	8	－・・
4	・・・・－	9	－・
5	・・・・・	0	－

和文の下向きカッコ･上向きカッコは，欧文の右向きカッコ・左向きカッコとは符号が違います．混同しないよう注意が必要です．

調べた範囲では，無線局運用規則以外に数字の略体を明記した文献はありませんでしたが，実際には広く国際的に使われています．

昔は，数字の略体の長点は5短点の長さと決められていましたが，今はそれがなくなって，「0」は「T」，「1」は[A」と同じになりました．

参考文献：

・ARRL アマチュア無線ハンドブック，無線局運用規則別表第一号

･Encyclopedia Americana（Telegraph および Signal の項）

・The new Encyclopaedia Britanica（Telecomunication の項）

・ブリタニカ百科辞典（電信の項）

◆ヘボン式ローマ字

電信の交信中に，住所・氏名など翻訳しようのない日本語を打たなければならない場合があります．こんなとき，国内は和文で打てばよいのですが，外国局は和文は取れないのでローマ字で打ちます．ローマ字には訓令式とヘボン式があり，訓令式は文部省が定めた権威あるものと考えてかどうか訓令式を使う人もありますが，ヘボン式を使うのが普通です．

ところが，訓令式は小学校で教えるけれどもヘボン式は学校で教えないので，正しく使えない人も少なくないようです．一方，ヘボン式は，明治時代に日本に来た宣教師ヘボン（Hepburn）師が日本語を覚えるために日本語をアルファベットで記述したのが始まりで，日本語の発音を，聞こえたとおりに記述してできあがったものです．

ですから，英語系の人たちには読みやすく，そのため国際的な場では好んで使われます．しかし，明治時代の関東弁の発音を基礎にしていますから，現在の日本語の音韻とは必ずしも一致しないものもあります．

このように，ヘボン式は当初は個人的なものでしたので，仮名とローマ字との明文化された変換則がなく，後世に整理した人によって，少しづつ違うものがあるのが欠点です．その典型的な例が長音です．

こんなのはどうでもいいではないかと考える人も少なくありませんが，筆者が大津市で運用していたとき，その時の気分で OTU と打ったり OHTSU（米軍の大津キャンプにはこう書いてあった）と打ったりしていると，別の市とまちがわれて説明に苦労したことがあります．こういうのは自分で統一しておけば避けられますが，ローカル局が OTU と打ち筆者が OHTSU と打つと，JCC が一つ増えたと糠喜びさせることになり兼ねません．

JCC を稼ぐつもりなら，そんなことくらいは調べておけというのは簡単ですが，外国の局にそこまで要求するのは無理でしょう．みんなが統一した綴りを使うために，例えば JR の駅に書いてあるローマ字を標準にすればどうか，というのが筆者の意見です．

A あ	I い	U う	E え	O お
KA か	KI き	KU く	KE け	KO こ
SA さ	SHI し	SU す	SE せ	SO そ
TA た	CHI ち	TSU つ	TE て	TO と
NA な	NI に	NU ぬ	NE ね	NO の
HA は	HI ひ	FU ふ	HE へ	HO ほ
MA ま	MI み	MU む	ME め	MO も
YA や	I い	YU ゆ	E え	YO よ
RA ら	RI り	RU る	RE れ	RO ろ
WA わ	WI ゐ	U う	WE ゑ	WO を
GA が	GI ぎ	GU ぐ	GE げ	GO ご
ZA ざ	JI じ	ZU ず	ZE ぜ	ZO ぞ
DA だ	DZI ぢ	DZU づ	DE で	DO ど
BA ば	BI び	BU ぶ	BE べ	BO ぼ
PA ぱ	PI ぴ	PU ぷ	PE ぺ	PO ぽ
KYA きゃ	KYU きゅ	KYO きょ		
SHA しゃ	SHU しゅ	SHO しょ		
CHA ちゃ	CHU ちゅ	CHO ちょ		
NYA にゃ	NYU にゅ	NYO にょ		
HYA ひゃ	HYU ひゅ	HYO ひょ		
MYA みゃ	MYU みゅ	MYO みょ		
RYA りゃ	RYU りゅ	RYO りょ		

GYA ぎゃ	GYU ぎゅ	GYO ぎょ
JA じゃ	JU じゅ	JO じょ
BYA びゃ	BYU びゅ	BYO びょ
PYA ぴゃ	PYU ぴゅ	PYO ぴょ

以上を組み合わせればいいのですが，訓令式と似ているようで違うため，違うところを重点的に覚えればいいでしょう.

「ぢ」,「づ」などはほとんど出てきません．仮名では「たからづか」と書くのにローマ字では「TAKARAZUKA」というような例もあります．場合によっては「ぢ」→「じ」,「づ」→「ず」の読み替えも必要です．ほかにも「おとっつぁん」→「OTOTTSAN」とか,「えど」→「YEDO」とか，古い会社は会社名を「KWAISHA」と書く例もありますが，一般的ではないので省略しました．しかし，厄介なのはここからで，撥音（ん）は，B, M, P の前ではM，それ以外はNになります.

「しんばし」はSHINBASHIではなくてSHIMBASHIです．また「ん」の後にア行やヤ行が来ると，SHINOSAKAは「しんおおさか」か「しのさか」か見分けがつかないし，SHINYAKUSHIJIは「しんやくしじ」か「しにゃくしじ」か見分けがつかないという問題が起こります．これらは，SHIN－OSAKAあるいはSHIN'OSAKAのように,「－」や「'」で区切って区別しています.

促音（っ）は，次の子音字を重ねるのが原則ですが，次の子音字がCの場合はTになります．「くっちゃん」はKUCCHANではなくてKUTCHANです．それから「あっ」というように，語尾が促音の場合の表記に困ります．しかし，われわれが使う地名や人名には出て来ないので，気にしないことにしましょう.

長音（－），これも厄介で，ヘボン式では母音字のうえに横棒を乗せる（訓令式は＾を乗せる）ことになっていますが，慣習的に無視するもの（TOKYO, OSAKA, KYOTOなど），仮名使いをなぞるもの（HATCHOUBORIなど）があります.

また，Hを使う（プロ野球のユニフォームの選手名）のもあります.

(4) CWコンテスト・カレンダー　JH7WKQ　佐々木　達哉

日程は過去の実績を参考にしているため（'98年7月1日現在），変更される可能性があります．また，海外のコンテストの場合，週末の判断をUTCで行うので，日本時間での終了時刻が翌月になる場合もあります.

コンテスト・ルールの詳細は，CQ Ham Radioのコンテスト規約のページなどで確認してください．なお，HF帯を含むコンテストだけを掲載してあります.

・CW部門がある主なコンテストの年間カレンダー
●…DXコンテストCWのみ
○…DXコンテスト全モード
■…国内コンテストCWのみ
□…国内コンテスト全モード

● Japan International DX Contest CW LF
日時:1月第2週末（土曜日0700～月曜日0700）
周波数:1.8～7MHz
部門:シングルOPシングルバンド/マルチバンド・ハイパワー/同ローパワー/マルチOP/海上移動局
交信相手:日本国内の局←→それ以外の局
ナンバー:RST + JARL制定都道府県番号またはCQゾーン
ポイント:1.8MHzでのQSO…4点, 3.5MHzでのQSO…2点，そのほかのQSO…1点
マルチ:DXCCエンティティーとCQゾーン

● Hungarian DX Contest
日時:1月第3週末（日曜日0900～月曜日0900）
周波数:1.8～28MHz
部門:シングルOPシングルバンド/同マルチバンド/マルチOPシングルTX/同マルチTX
交信相手:全世界の局←→全世界の局
ナンバー:RST + 001形式またはCountyコード/HADXCの会員番号（HA局）
ポイント:HAの局とのQSO…6点, 異なったエンティティーの局とのQSO…3点
マルチ:HAのCountyとクラブ・メンバー

● REF French Contest CW
日時:1月第4週末（土曜日1500～月曜日0300）
周波数:3.5～28MHz
部門:シングルOPオールバンド/同シングルバンド/マルチOP/SWL
交信相手:フランスの局←→全世界の局
ナンバー:RST + 001形式
ポイント:異なった大陸の局とのQSO…3点
マルチ:フランスの州，海外県/領土および連盟局F6REF

● CQ World Wide 160Meter DX Contest CW
日時:1月最終週末（土曜日0700～月曜日0100）
周波数:1.8MHz
部門:シングルOP150W超/同150W以下/同5W以下/マルチOP
交信相手:全世界の局←→全世界の局
ナンバー:RST +エンティティー名，またはState/Province（W/VE局）
ポイント:異なった大陸の局とのQSO…10点，同一大陸の局またはMM局とのQSO…5点，同一エンティティーの局とのQSO…2点
マルチ:State，ProvinceおよびCQエンティティー

● Asia-Pacific Sprint Spring（CW）
日時:2月第2土曜日（2130～2330）
周波数:7/14MHz
部門:シングルOPシングルTX
交信相手:Asia-Pacific域内の局←→全世界の局
ナンバー:RST + 001形式
ポイント:1QSO…1点
マルチ:全バンドを通じたプリフィックス

■ KCJ Topband Contest
日時:2月10日2000～11日2259
周波数:1.908～1.912MHz
部門:個人局
交信相手:日本国内の局←→日本国内の局
ナンバー:RST + KCJ制定都府県支庁略称
ポイント:1QSO…5点，レポート…1点
マルチ:都府県支庁

● ARRL International DX Contest CW
日時:2月第3週末（土曜日0900～月曜日0900）
周波数:1.8～28MHz
部門:シングルOPオールバンドQRP/同ローパワー/同ハイパワー/同シングルバンド/同アシステッド/マルチOPシングルTX/同2TX/同アンリミテッド

交信相手:USA/VE 本土の局←→それ以外の局
ナンバー:RST +出力または State/Province（W/VE 局）
ポイント:W/VE の局との QSO…3 点
マルチ:State，Province およびワシントン DC

● UBA Contest CW
日時:2 月第 4 週末（土曜日 2200 ～日曜日 2200）
周波数:3.5 ～ 28MHz
部門:シングル OP シングルバンド / 同マルチバンド / 同 QRP/ マルチ OP シングル TX/SWL
交信相手:全世界の局←→全世界の局
ナンバー:RST + 001 形式+ Province 略語（ON 局）
ポイント:ON の局との QSO…10 点, EU 域内局との QSO…3 点，そのほかの局との QSO…1 点
マルチ:ON（ベルギー）のプリフィックスと Province, ヨーロッパのエンティティー

● RSGB 7MHz Contest CW
日時:2 月第 4 週末（日曜日 0000 ～ 1800）
周波数:7MHz
部門:シングル OP/ 同 QRP（10W）/SWL
交信相手:イギリスの局←→全世界の局
ナンバー:RST + 001 形式+ County 略語（イギリス局）
ポイント:1QSO…3 点
マルチ:County

■ JCCC Sprint Contest CW
日時:LF…3 月第 3 週末（土曜日 1900 ～ 2100）
HF…3 月第 3 週末（日曜日 0900 ～ 1100）
周波数:1.9 ～ 7MHz/14 ～ 28MHz
部門:シングル OP/ マルチ OP
交信相手:日本国内の局←→全世界の局
ナンバー:RST + 001 形式+グリッド・ロケーター 4 桁
ポイント:1QSO…1 点, 同一の局と別のバンドでの QSO…2 点，さらに別のバンドでの QSO…3 点
マルチ:日本国内のグリッド・ロケーター

○ Russian DX Contest
日時:3 月第 3 週末（土曜日 2100 ～日曜日 2100）
周波数:1.8 ～ 28MHz
部門:シングル OP オールバンド CW/ 同 SSB/ 同 Mix/ 同シングルバンド / マルチ OP シングル TX
交信相手:全世界の局←→全世界の局
ナンバー:RS（T）+ 001 形式または Oblast コード（ロシア局）
ポイント:ロシアの局との QSO…10 点, 同一エンティティーの局との QSO…2 点, 同一大陸の局との QSO…3 点, 異なった大陸の局との QSO…5 点
マルチ:ロシアの Oblast と DXCC エンティティー

● Japan International DX Contest CW HF
日時:4 月第 2 週末（土曜日 0800 ～日曜日 0800）
周波数:14 ～ 28MHz
部門:シングル OP シングルバンドまたはマルチバンド・ハイパワー / 同ローパワー / マルチ OP/MM 局
交信相手:日本国内の局←→それ以外の局
ナンバー:RST + JARL 制定都道府県番号または CQ ゾーン
ポイント:28MHz での QSO…2 点，そのほかの QSO…1 点
マルチ:DXCC エンティティーと CQ ゾーン

○ YU DX Contest
日時:4 月第 3 週末（土曜日 2100 ～日曜日 2100）
周波数:1.8 ～ 28MHz
部門:シングル OPCW/ 同 SSB/ 同 Mix/ マルチ OP シングル TX
交信相手:全世界の局←→全世界の局
ナンバー:RS（T）+ ITU ゾーン
ポイント:異なる大陸の局との QSO…5 点, 同一大陸の局との QSO…3 点，同一の ITU ゾーンの局との QSO…1 点
マルチ:ITU ゾーンと YU 局のプリフィックス数

□ ALL JA コンテスト
日時:4 月 28 日 2100 ～ 29 日 2100
周波数:3.5 ～ 50MHz
部門:シングル OP マルチバンド / 同シングルバンド / 同シルバー / 同 QRP/ マルチ OP マルチバンド / 同 2 波 / 同ジュニア /SWL
交信相手:日本国内の局←→日本国内の局
ナンバー:RS（T）+ JARL 制定都府県支庁番号+出力区分（H/M/L/P）
ポイント:1QSO…1 点
マルチ:都府県支庁

○ ARI International DX Contest
日時:5 月第 1 週末（日曜日 0500 ～月曜日 0500）
周波数:1.8 ～ 28MHz
部門:シングル OPCW/ 同 SSB/ 同 RTTY/ 同 Mix/ マルチ OP シングル TX/SWL
交信相手:全世界の局←→全世界の局
ナンバー:RS（T）+ 001 形式または Province 略語（イタリア局）
ポイント:I, IS φの局との QSO…10 点, 異なる大陸の局との QSO…3 点, 同一大陸の局との QSO…1 点, 同一エンティティーの局との QSO…0 点
マルチ:I の Province と DXCC エンティティー

○ CQ-M Contest
日時:5 月第 2 週末（日曜日 0600 ～月曜日 0600）
周波数:3.5 ～ 28MHz と衛星
部門:シングル OP シングルバンドまたはマルチバンド・CW/ 同 SSB/ 同 Mix/ マルチ OP シングル TX/SWL
交信相手:全世界の局←→全世界の局
ナンバー:RS（T）+ 001 形式
ポイント:異なる大陸の局との QSO…3 点, 同一大陸の局との QSO…2 点，同一エンティティー局との QSO…1 点
マルチ:R-150-S エンティティー

● CQ World Wide WPX Contest CW
日時:5 月最終週末（土曜日 0900 ～月曜日 0900）
周波数:1.8 ～ 28MHz
部門:シングル OP オールバンドまたはシングルバンド / 同ローパワー / 同 QRP/p/ 同アシステッド / 同 TS/ 同 BR/ 同ルーキー / マルチ OP シングル TX/ 同マルチ TX
交信相手:全世界の局←→全世界の局
ナンバー:RST + 001 形式
ポイント:異なった大陸の局との QSO…3 点, 同一大陸の局との QSO…1 点, 同一エンティティーの局との QSO…0 点. 7MHz 以下は各 2 倍
マルチ:全バンドを通じたプリフィックス

● World Wide South America Contest
日時:6 月第 2 週末（土曜日 2100 ～日曜日 2400）
周波数:3.5 ～ 28MHz
部門:シングル OP シングルバンド / 同マルチバンド / 同 QRP
交信相手:全世界の局←→全世界の局
ナンバー:RST + 001 形式
ポイント:南アメリカの局との QSO…10 点, そのほかの局との QSO…2 点
マルチ:南アメリカの局のプリフィックス…2 マルチ

● All Asian DX Contest CW
日時:6 月第 3 週末（土曜日 0900 ～月曜日 0900）
周波数:1.8 ～ 28MHz
部門:シングル OP シングルバンド / 同オールバンド / マルチ OP
交信相手:アジアの局←→それ以外の局
ナンバー:RST +年齢（YL 局はφφ）

ポイント:1.8MHzでのQSO…3点, 3.5MHzでのQSO…2点, それ以外のQSO…1点
マルチ:アジア州以外のDXCCエンティティー

● **MARCONI Memorial Contest HF**
日時:6月第4週末（土曜日2300～日曜日2300）
周波数:1.8～28MHz
部門:シングルOP/同ローパワー/同QRP/マルチOP
交信相手:全世界の局←→全世界の局
ナンバー:RST＋001形式
ポイント:1QSO…1点
マルチ:DXCCエンティティー

○ **IARU HF Championship**
日時:7月第2週末（土曜日2100～日曜日2100）
周波数:1.8～28MHz
部門:シングルOPPhone/同CW/同Mix/マルチOPシングルTX/IARU加盟団体局（HQ局）
交信相手:全世界の局←→全世界の局
ナンバー:RS(T)＋ITUゾーンまたはIARU加盟団体の略称または関係者コード（AC/R1/R2/R3）
ポイント:異なる大陸の局とのQSO…5点, 同一大陸の局とのQSO…3点, 同一のITUゾーンの局とのQSOおよびHQ局などとのQSO…1点
マルチ:ITUゾーン, HQ局などとNU1AW

● **SEANET World Wide DX Contest CW**
日時:7月第3週末（土曜日0900～月曜日0900）
周波数:1.8～28MHz
部門:シングルOPオールバンド/同シングルバンド/マルチOPシングルTX
交信相手:SEANETの局（含JA）←→全世界の局
ナンバー:RST＋001形式
ポイント:異なるエンティティーの局とのQSO…1点, 同一エンティティーの局とのQSO…0点
マルチ:SEANETエンティティー

■ **電通大コンテスト**
日時:7月第4週末（土曜日2200～日曜日0100）
周波数:3.5～50MHz
部門:個人局マルチバンド/同シングルバンド/SWL
交信相手:日本国内の局←→日本国内の局
ナンバー:RST＋JARL制定都府県支庁番号＋従事者資格コードまたは"UEC"（電通大関係局）
ポイント:電通大関係局とのQSO…5点, 1アマ局とのQSO…4点, 2アマ局とのQSO…3点, 3アマ局とのQSO…2点
マルチ:都府県支庁

● **Venezuelan Independence Day CW**
日時:7月最終週末（土曜日0900～月曜日0900）
周波数:1.8～28MHz
部門:シングルOPシングルバンド/同オールバンド/マルチOPシングルTX/同マルチTX
交信相手:全世界の局←→全世界の局
ナンバー:RST＋001形式
ポイント:異なる大陸の局とのQSO…5点, 同一大陸の局とのQSO…3点, 同一エンティティーの局とのQSO…1点
マルチ:YVのコールエリアとDXCCエンティティー

○ **RSGB Island On The Air Contest**
日時:7月最終週末（土曜日2100～日曜日2100）
周波数:3.5～28MHz
部門:シングルOPCW/同SSB/同Mix/マルチOPシングルTX/SWL
交信相手:全世界の局←→全世界の局
ナンバー:RS(T)＋001形式＋IOTAナンバー（該当局のみ/含JA）
ポイント:異なる「島」局とのQSO…15点, 異なる「大陸」局とのQSO…5点, 同一「島」または「大陸」局とのQSO…2点
マルチ:IOTAナンバー

□ **フィールドデーコンテスト**
日時:8月第1週末（土曜日2100～日曜日1500）
周波数:3.5MHz以上
部門:シングルOPマルチバンド/同シングルバンド/同シルバー/同QRP/マルチOPマルチバンド/同2波/同ジュニア/SWL
交信相手:日本国内の局←→日本国内の局
ナンバー:RS(T)＋JARL制定都府県支庁番号または市郡区番号（2400MHz以上）＋出力区分（H/M/L/P）
ポイント:1QSO…1点
マルチ:都府県支庁または市郡区（2400MHz以上）

● **Worked All Europe DX Contest CW**
日時:8月第2週末（土曜日0900～月曜日0900）
周波数:3.5～28MHz
部門:シングルOP/マルチOPシングルTX/SWL
交信相手:ヨーロッパの局←→ヨーロッパ以外の局
ナンバー:RST＋001形式
ポイント:1QSO…1点, QTC1局分…1点
マルチ:WAEエンティティーで, 3.5MHz…4マルチ, 7MHz…3マルチ, それ以外…2マルチ
QTC:QSOデータを別のヨーロッパ局に送信する（最大10局分）

■ **KCJコンテスト**
日時:8月第3週末（土曜日2100～日曜日2059）
周波数:1.9～28MHz
部門:個人局マルチバンド/同シングルバンド/SWL
交信相手:日本国内の局←→全世界の局
ナンバー:RST＋KCJ制定都府県支庁略称または大陸略称（外国局）
ポイント:国内局とのQSO…1点, 外国局とのQSO…5点
マルチ:都府県支庁, 小笠原・南鳥島と大陸

○ **LZ DX Contest**
日時:9月第1週末（土曜日2100～日曜日2100）
周波数:3.5～28MHz
部門:シングルOPマルチバンド/同シングルバンド/マルチOPシングルTX/SWL
交信相手:全世界の局←→全世界の局
ナンバー:RST＋ITUゾーン
ポイント:LZの局とのQSO…6点, 異なる大陸の局とのQSO…3点, 同一大陸の局とのQSO…1点
マルチ:ITUゾーン

□ **XPO記念コンテスト**
日時:9月15日0600～1800
周波数:1.9～1200MHz
部門:シングルOPマルチバンド/同シングルバンド/マルチOP
交信相手:日本国内の局←→日本国内の局
ナンバー:RS(T)＋JARL制定都府県支庁番号
ポイント:1QSO…1点
マルチ:都府県支庁

● **Scandinavian Activity Contest CW**
日時:9月第3週末（日曜日0000～月曜日0300）
周波数:3.5～28MHz
部門:シングルOPマルチバンド/同QRP(5W)/マルチOPシングルTX/SWL
交信相手:スカンジナビアの局←→それ以外の局
ナンバー:RST＋001形式
ポイント:3.5/7MHzでのQSO…3点, そのほかのQSO…1点
マルチ:コールエリア

□ **全市全郡コンテスト**

日時:10月9日2100～10日2100
周波数:3.5MHz以上
部門:シングルOPマルチバンド/同シングルバンド/同シルバー/同QRP/マルチOPマルチバンド/同2波/同ジュニア/SWL
交信相手:日本国内の局←→日本国内の局
ナンバー:RS(T)+JARL制定市郡区番号+出力区分(H/M/L/P)
ポイント:1QSO…1点
マルチ:市郡区

● VK/ZL/Oceania Contest CW
日時:10月第2週末(土曜日1900～日曜日1900)
周波数:3.5～28MHz
部門:シングルOPオールバンド/マルチOP/SWL
交信相手:オセアニアの局←→全世界の局
ナンバー:RST+001形式
ポイント:3.5MHzでのQSO…10点, 7MHzでのQSO…5点, 14MHzでのQSO…1点, 21MHzでのQSO…2点, 28MHzでのQSO…3点
マルチ:プリフィックス

● RSGB 21/28 MHz Contest CW
日時:10月第2週末(日曜日1600～月曜日0400)
周波数:21/28MHz
部門:シングルOP/同QRP(10W)/SWL
交信相手:イギリスの局←→全世界の局
ナンバー:RST+001形式+County略語(イギリス局)
ポイント:1QSO…3点
マルチ:County

● Asia-Pacific Sprint Fall (CW)
日時:10月第3土曜日(2130～2330)
周波数:7/14MHz
部門:シングルOP
交信相手:Asia-Pacific域内の局←→全世界の局
ナンバー:RST+001形式
ポイント:1QSO…1点
マルチ:全バンドを通じたプリフィックス

○ Ukrainian DX Contest
日時:11月第1週末(土曜日2100～日曜日2100)
周波数:1.8～28MHz
部門:シングルOPオールバンド/同シングルバンド/同QRP/マルチOPシングルTX/同マルチTX/SWL
交信相手:全世界の局←→全世界の局
ナンバー:RS(T)+001形式または地域コード(UR局)
ポイント:URの局とのQSO…10点, 異なる大陸の局とのQSO…3点, 同一大陸の局とのQSO…2点, 同一エンティティーの局とのQSO…1点
マルチ:CQエンティティーとURの地域数

■ JA9コンテスト電信
日時:11月第2週末(土曜日2100～日曜日1500)
周波数:1.9～28MHz
部門:シングルOPマルチバンド/同ローバンド/同ハイバンド/マルチOP/SWL
交信相手:北陸地方の局←→日本国内の局
ナンバー:RST+JARL制定都府県支庁番号または市郡番号(北陸地方局)
ポイント:1QSO…1点
マルチ:都府県支庁(北陸地方局)または北陸地方の市郡

● CQ World Wide DX Contest CW
日時:11月最終週末(土曜日0900～月曜日0900)
周波数:1.8～28MHz
部門:シングルOPオールバンドまたはシングルバンド・ハイパワー/同ローパワー/同QRP/同アシステッド/マルチOPシングルTX/同マルチTX
交信相手:全世界の局←→全世界の局
ナンバー:RST+CQゾーン
ポイント:異なる大陸の局とのQSO…3点, 同一大陸の局とのQSO…1点, 同一エンティティーの局とのQSO…0点
マルチ:CQゾーンとCQエンティティー

● ARRL 160m Contest
日時:12月第1週末(土曜日0700～月曜日0100)
周波数:1.8MHz
部門:シングルOPQRP/同ローパワー/同ハイパワー/マルチOPシングルTX
交信相手:USA本土とVEの局←→全世界の局
ナンバー:RST+エンティティー名またはARRL/RACセクション名(W/VE局)
ポイント:1QSO…2点
マルチ:セクションとVE8/VY1

● EA-DX Contest
日時:12月第1週末(日曜日0100～月曜日0100)
周波数:3.5～28MHz
部門:シングルOPマルチバンド/マルチOPシングルTX
交信相手:EAの局←→全世界の局
ナンバー:RST+001形式またはProvince略語(EA局)
ポイント:1QSO…1点
マルチ:Province

○ ARRL 10m Contest
日時:12月第2週末(土曜日0900～月曜日0900)
周波数:28MHz
部門:シングルOPQRP/同ローパワー/同ハイパワー/マルチOPシングルTX. シングルOP部門には, それぞれMix/Phone/CWの各部門がある
交信相手:全世界の局←→全世界の局
ナンバー:RS(T)+001形式またはState/Province(W/VE局)
ポイント:PhoneでのQSO…2点, CWでのQSO…4点, ノビス/テクニシャン級の局とのCWでのQSO…8点
マルチ:State+DC, Province, DXCCエンティティーおよびMM局の地域数

● Croatian CW Contest
日時:12月第3週末(土曜日2300～日曜日2300)
周波数:1.8～28MHz
部門:シングルOPオールバンド/マルチOPシングルTX
交信相手:全世界の局←→全世界の局
ナンバー:RST+ITUゾーン
ポイント:9Aの局との7MHz以下でのQSO…10点, 同14MHz以上でのQSO…6点, 異なる大陸の局との7MHz以下でのQSO…6点, 同14MHz以上でのQSO…3点, 同一大陸の局との7MHz以下でのQSO…2点, 同14MHz以上でのQSO…1点
マルチ:CQエンティティー

● Stew Perry Top Band Distance Challenge
日時:12月第4週末(日曜日0000～2400)
周波数:1.8MHz
部門:シングルOP/マルチOP
交信相手:全世界の局←→全世界の局
ナンバー:4桁のグリッド・スクェア
ポイント:1QSO…1点, ただし500kmごとに1点加算

(5) 電信年表(世界・日本編) 坂田 正次

本年表はCW通信の発展の流れを概観するためにまとめたものです．内容については説明不足や異なる見方があるかもしれません．

●世界編

年代 **主な出来事**

--- 電気を利用する以前の通信には，インディアンの烽火，アフリカ原住民のTom Toms(太鼓)，古代の灯火通信，ローマの信号塔，伝書バト，飛脚などが使われていた．

1729年 Stephen Gray(英)が導体と不導体を区別し，摩擦電気を通信に使うことを提唱．

1747年 WatsonはGrayの発見を実験に結びつけ，シューター・ヒルで金属線を柱の頂部に架け渡し，ライデン瓶からの電気を伝えることに成功した．

1751～1752年 ベンジャミン・フランクリンが雷鳴中に凧を上げ，雷が電気放電であることを証明した．

1753年 Charls Morison(英)が英誌・スコッツマガジンに静電気式電信を提案．

1774年 George Lous Lessage(伊)が24本の線条によるPith ball電信に成功．このほかに，ラモンド・Lamond(仏)の一本の線条による静電気式電信(1787年ころ)，ロイセル・Reusser(スイス)の放電式電信(1794年)，ゼンメリンク(独)の電気化学式電信(1807年)，ロナルズ(英)の静電気式電信(1816年)の存在が記録されている．

1786年 ガルバーニ・Luigi Galvani(伊)がカエルの足が電気によって痙攣することを発見．動電気の初めとなり，ボルタの電堆へとつなげた．

1791年 シャップ兄弟が腕木信号機を実用化．フランスのClaud and Ignace Chappe兄弟がフランス革命期につくったもので，フランス全土に建設され，革命の成功に役立った．以後，1852年に電信機に取り替えられてゆくまでヨーロッパ，北アフリカで使用された電信機の一世代前の視覚による通信方式で，Telegraphの語源はこの腕木信号の呼び名に由来する．

1800年 Alessandro Volta(伊)が電堆を発表．静電気の時代が終る．

1820年 Hans Christian Oersted(デンマーク)が電流の磁気作用を発表．

1825年 William Sturgeon(英)が最初の電磁石を提示．

1831年 Michael Faraday(英)が電磁誘導の法則を発見し，発電機，電動機，変圧器の基礎をつくり上げる．

1832年 Hippolyte Pixxi(仏)の最初の手回し磁石発電機．

1832年 Pawel Schlling von Canstadt(独)がピアノの鍵盤に似た開閉器から5本の電線をのばし五つの磁針を動かす電磁電信を考案．

1833年 Karl Friedrich GaussとWilhelm Eduard Weberが協力してシリンクの電磁電信に改良を加える．

1837年 Charls Wheatestone(英)とWilliam Forthergill Cook(英)が共同で5針式指示電信機の特許を取得し，まもなくロンドン－ブラックウォール間の鉄道通信に敷設される．同じ年にSamuel Finly Breese Morse(米)が後にいわれるモールス電信機とモールス符号を発明．モールス電信は指示電信を淘汰し，電信方式の標準となってゆく．

1847年 Simens und Halske社設立される．

1850年 英仏海峡横断海底電信ケーブル敷設．

1854～1856年 クリミア戦争で電信の効果が認められる

1855～1866年 大西洋横断海底電信ケーブルが敷設された．

1859年 Gaston R Plante(仏)が実用的な鉛蓄電池を発明．

1861～1873年 マクスウェル・James Clerk Maxwell(英)が電磁理論をまとめる．

1865年 万国電信条約締結．

1871年 イギリス電信学会設立．

1878年 フランス電信庁が高等電信学校を設置．

1888年 Heinrich Rudolf Hertz(独)が電磁波の実証を行う．

1891年 エドワード・ブランリーが，神経系の研究の途中で思いついた電磁波を検出するコヒーラーの実験をフランス学士院で行う．これを改良したのがオリバー・ロッジである．

1895年 Guglielmo Marconi(伊)がブランリーのコヒーラー検波器，リギの火花間隙，自身の考えたアンテナと接地を組み合わせて無線電信を実用化．同時期に，ポポフ，ニコラ・テスラなども同様の装置を考えたが，マルコーニの方式が突出してすぐれていた．

1897年 マルコーニ会社設立．以後，1919年にアメリカでRCA社が設立されるまで，無線界を支配した．

1899年 イギリスのメグソン氏がアマチュア無線の活動を始める．

1901年 マルコーニ，イギリス－カナダ間の大西洋横断通信に成功する．世界中が無線電信の存在を認めたのがこのときである．

1906年 第1回国際無線電信会議．

1906年 ドゥ・フォレストが三極管を発明．アーム・ストロングの再生回路の発明もこの年．

1912年 タイタニック号の遭難事故．この事故がきっかけとなり，船舶への無線電信の設置が義務づけられる．SOSの発射もこのとき行われた．同年，アメリカでRadio Actを制定し，アマチュア無線を波長200m以下と定める．ロンドン国際無線電信条約の締結．

1914年 ARRL設立．ちなみに世界最初のアマチュア無線団体は，オーストラリアのWIAで，1910年の設立．

1914年　第1回海上人命安全条約会議・ロンドン

1919年　航空条約・パリにて

1921年～1923年　アマチュアたちが短波帯の伝搬実験をアメリカ－ヨーロッパ間で行い，HF帯の伝搬特性が解明され，商業通信もHF帯に参入．アメリカ政府はアマチュア・バンドを制定．無線電信の方式は，このころ電子管の普及により安定した無線機がつくられるようになっている．

1927年　ワシントン国際無線電信条約

1929年　第2回海上人命安全条約・ロンドン

1932年　マドリッド国際電気通信条約

1979年　FGMDSS（Futeur Global Maritime Distress and Safety System）がIMO（国際海事機関）で検討が始められる．後にFがとれて単にGMDSSとなる．

1988年　SOLAS条約が改正され，GMDSSの導入が決定される．

1992年～1999年　モールス通信の主な利用分野である海上無線通信はGMDSSの導入により，モールス通信からほかの衛星技術やディジタル技術を応用した通信方式へと移行しつつある．モールス通信はアマチュア無線の独壇場になってきている．

●日本編

年代　　　　　　主な出来事

1849年　佐久間象山が松代で指示電信機の実験をしたと伝えられる．しかし，それを実証する物証は少ない．

1852年　ジョン万次郎（中浜万次郎）が漂流後，アメリカでの見聞をまとめた「漂客談奇」で音響電信機を紹介．

1854年　ペリー献上の電信機によって，横浜で通信実験が行われる．日本初の実用電信機の渡来．

1855年　オランダが電信機を献上（安政2年）．

1858年　三瀬諸淵が伊予国の大洲常盤井で，長崎留学から持ち帰った電信機の公開実験を古学堂において行う（安政5年）．

1860年　プロシア（ドイツ）が指示電信機を献上（万延元年）．

1869年　オーストリアから電信機が献上される（明治2年）．このとき子安峻が和文符号を考え，明治3年に通信実験を行った．日本における電信回線開設の機運が高まる．

1870年　東京－横浜間でブレゲー指示電信機による電信回線で業務を開始（明治3年）．

1871年　シーメンス・モールス印字電信機を英国から輸入．シーメンス・ブラザース社のWilliam Siemensは，ドイツのシーメンス社のシーメンスの弟でイギリスで電信工業を起こし，イギリスに帰化している．同年，和文モールスを制定（明治4年）．

1873年　東京－長崎線の電信回線が開通（明治6年）．

1877年　西南戦争で電信が大いに活躍する官軍勝利の要因は電信の利用にあった．

1879年　日本が万国電信条約に加入（明治12年）．

1886年　電信修技学校を設置（明治19年）．電信教育のルーツはお雇い外国人のギルバートが教えた明治2年に溯るが，電信修技学校は後に，東京電信学校，東京郵便電信学校，通信官吏練習所，逓信官吏練習所と名称が変わり，NTTの電気通信学園へとつながる．

1889年　上野停車場電信取扱所開業（明治22年）．

1895年　音響電信機を東京市内各局で使用を開始する（明治28年）．

1896年　電信協会主催による最初の電信競技会を開催（明治29年）．同年，逓信省が電気試験所にて無線電信の研究を始める．日本の無線電信研究は，明治29年に逓信省の管船局航路標識所長の石橋絢彦がエレクトリシアンのマルコーニの記事を見たことに始まる．石橋は灯台通信にそれが使えないかと，電気試験所の浅野応輔に相談，浅野は技師の松代松之助に調査を命じ，松代はヘルツ波という本を参考にして研究に着手．1897年逓信省が東京湾上1マイルの無線電信実験に成功（明治30年）．

1899年　海軍が無線電信の研究を開始．

1901年　松代松之助によってマルコーニ型コヒーラーが開発される（明治34年）．逓信省と海軍の無線電信機の共同開発は，1899年～1903年の間に行われ，海軍所属の木村駿吉がチーフとなり，実戦用の三四式無線電信機をまず完成．改良機の三六式無線電信機が日本海海戦で使われ，連合艦隊を勝利に導いた．

1904年　軍艦吉野が春日と衝突し，沈没するとき“浸水猛烈”と送信．

1905年　哨艦信濃丸がバルチック艦隊発見を知らせる“敵艦見ゆ”を打電．

1908年　鳥潟右一により鉱石検波器が発明される．現在の半導体ダイオードに匹敵する性能で，受信感度の上昇をもたらす（明治41年）．コヒーラー後の検波器の開発は，ブラウンの鉱石，プーピンの電解，マルコーニの磁気の各検波器，日本では浅野が水銀検波器をつくり，鳥潟が改良型の鉱石検波器をつくっている．ほかに佐伯美津留の磁石鉄粉検波器，カーボランダム検波器，磁気検波器，鳥潟のタンタラム検波器がある．

1908年　銚子無線電信局・JCS，天洋丸無線電信局・TTYが開局する．公衆無線電信のはじまり．最初の無線電報のやりとりは，天洋丸ではなく丹後丸・TTGとJCS間で行われた．
*タイタニック号遭難事故後の日本の無線電信は，それまで政府しか利用できなかった状態であったものを，大正4年6月に公布された無線電信法によって私設無線電信が認められてから大きく変わっていった．
*船舶会社が数多くの無線局を開設することによる無線従事者の需要に対応し，国家試験制度を定めた（大正4年）．第一次世界大戦による海運界の活況はいくつもの民間の養成機関を生み，大正9年にそれらは電信協会の無線電信講習所の別科に吸収された．

1916～1921年　長波大電力無線電信局の船橋JJC（大正5年），磐城局（大正10年）が開局．

1925年　埼玉県岩槻に建設中の長波の受信所で，官設の短波実験局J1AAがU6RWとのQSOをする．初の日本の短波通信（大正14年）．同年，JOAKが放送を開始．同年末，梶井謙一氏と笠原功一氏が阪神間のCW通信に成功する．

1926年　JARLが設立され，英文の設立宣言文が世界へ向けQSTされた（大正15年）．

1927年　アマチュア無線（素人無線）制度が整えられ，JXAX草間貫吉氏をはじめ，9局に私設無線電信電話実験局として免許された．
*日本の無線電信に関する法律は，
・逓信省令第77号電信法を無線電信に準用の件（明治33.10.10公布・施行）
・逓信省令第13号電信法を無線電話に準用の件（大正3.5.12公布・施行）
・法律第26号無線電信法（大正4.6.19公布・大正4.11.1施行）
・頼令第548号官庁用の電信電話に関する件中改正（大正9.11.22公布・施行）
・法律第54号航空法（大正10.4.8公布・昭和2.6.1施行）
・法律第62号無線電信法中改正法律（大正10.4.9公布・昭和2.6.1施行）
・法律第11号船舶無線電信施設法（大正14.3.27公布・大正15.11.1施行）
・法律第30号日本無線電信株式会社法（大正14.3.28公布・大正14.5.1施行）
・法律第45号無線電信法中改正法律（昭和4.4.1公布・昭和5.1.1施行）
・法律第11号船舶安全法（昭和8.3.15公布・昭和9.3.1施行）
・法律第44号日本無線電信株式会社法中改正法律（昭和12.4.2公布・昭和13.3.12施行）
　という流れで施行改正が行われ，この中の無線電信法により戦前の素人無線（アマチュア無線）が形成された

1941～1945年　第二次世界大戦（昭和16～20年）．

1945年　JARLがFCCルールをもとに起草した，新生日本のアマチュア無線規則案を逓信院電波局に提出．

1950年　電波法施行（昭和25.6.1）．

1952年　GHQによる日本のアマチュア無線再開通告（昭和27.3.11）JA1ABほか5局に本免許．

*日本の代表的な電鍵メーカー「電通精機」が東京世田谷に設立された（昭和30年）．「精新電波工業所」「高塚無線工業所」「電通精機」「ハイモンドエレクトロ社」への移り変わりの中でバグキーのBK-50,BK-100が製造された時代．

1959年　初めての電信・電話級アマチュア無線技士の国家試験を施行（昭和34.3.11）．

1961年　OSCAR 1号打ち上げ，144.98MHz 100mW HIのモールス符号で変調したビーコン電波を送出．

1985年　電信級アマチュア無線技士の国家試験の電気通信術が受信のみとなる．

1991年　GMDSS対応の海上無線通信士の資格導入．この資格にCWの通信術の項目はない．

1992年　GMDSSの導入が始まる．完了は1999年．

1994年　著名なモールス・キー・コレクターJA1PAN柳田豊氏逝去．

1995年　第1級アマチュア無線技士の国家試験から和文モールスを削除．

1995年　電波100年記念行事のモールス・キー コレクション講演会（東京・王子にて）．

1995年　ハンガリーで，第1回HST世界選手権大会開催．

1996年　JCS・銚子無線廃局．

1996年　モールスよどこへゆく講演会（東京・巣鴨にて）．

1997年　ブルガリアで，第2回HST世界選手権大会開催．

資料編

（6）銚子無線の歴史年表　JA2CWB　栗本　英治

銚子無線開局に先立つ内外のモールス電信関連略歴

年代　　　　　　　　　**主な出来事**
慶応元年　国際電信条約がパリにおいて締結．

明治2年8月　工部省修技道場（神奈川修文館生徒4名を選抜）開設．横浜燈明台役所・横浜裁判所間に架線，ブリゲー（ブレゲット）指示（円盤上で文字を指針）機を設置し試験運用．「それはあたかも時計の盤面の時分を指針の指すに類し，之を辿りて電報を読みたるものにして，其の操作単純なるも電気の感応微弱にして遠距離に用ふる能はず，かつ瞬速に送受し難き不便あり」（逓信省・通信事業50年史）

明治2年12月　横浜傳信局（横浜裁判所内）・東京傳信局（東京築地）間で公衆通信取り扱い開始．

明治3年　モールス符号の制定「その由来を按するに，内外字音の序を逐（お）うの記憶に便するの趣旨に基づき，abcをイロハに配し，適宜之を補充するの方法に依れり．此の単純なる理由の下に，後来間断なく供用する符号構成の上に就き，其の組立の繁簡と使用語音数の多寡との微妙なる関係の如き深く介意するにいとまなかりしは通信希少なる当時としては亦止むを得ず，寧ろ其の創見の功を称ずべきなり．」（同史）

明治4年　モールス印字機渡来し漸次採用．

明治4年9月　山陽道線（電信架線）測量の際広島県下において人民暴動あり（キリシタンバテレンの魔術にてその危害測り難たしとの理由）．

明治6年7月　同様の暴動が福島県下でも起こる（電信局・電線・電柱を毀損）．

明治9年　上記の暴動が三重県下四日市でも起こる（電信局・電柱を焼く）．

明治15年　東京・大阪間に自働機設置．「高速を以て自働的に送信を営み，モールス機の1分時百字なるに対し六百字の送信能率を有しあらかじめ準備したる送信用鑽孔紙に符号を打ち込み置き，之を装置して自動的に送信する方式」（同史）

明治18年12月　逓信省設立．

明治23年11月　第1回帝国議会

明治27年8月　日清戦争開始．

明治28年4月　日清戦争終了．東京・大阪間のモールス印字機に音響機を併設する．「印字機は現字紙，墨汁および之の繰り出し装置を要するのみならず，其の受信に際し視管（視感）に依ると聴管（聴感）に依るとは通信速度および正確を期する上に就き多大の径庭（大差）あるを以て，一般に採用することとなれり．」（同史）

明治 29 年　マルコニー, 電波式無線電信の特許を英国にて取得.

明治 30 年　品川台場・月島間にて同通信試験成功.

明治 33 年　津田沼・八幡間海上 10 マイル（16km）, 船橋・大津間 34 マイル（54.4km）の無線通信成功.

明治 36 年　長崎・台湾間 630 マイル（1008km）の無線通信成功. 国際無線電信会議の予備会議がベルリンにて開かれる.

明治 37 年 2 月　日露戦争開始.

明治 38 年 9 月　日露戦争終結.

明治 39 年 11 月　初の国際無線電信会議がベルリンにて開催, 国際無線電信条約に加盟.「各国沿岸枢要の地点に無線電信局設置の方針を執ること, 国の内外を問わず, 方式の如何に論なく普ねく海上船舶と通信を交換しかつ互いに他局の通信に妨害を及ぼさざる義務を負うこと等々」日米海底電線敷設.

明治 41 年 5 月　海上郡本銚子平磯台(現在の銚子市川口町夫婦鼻）に「銚子無線電信局」を開設. 低周波火花式送信機, コヒラー検波（方鉛鉱 ?）受信機を使用.

明治 41 年 5 月 27 日　日本郵船丹後丸との間でわが国最初の無線電報を取り扱う.

明治 41 年 7 月 1 日　先の国際無線電信条約が施行.

明治41年7月　丹後丸との間でわが国最初の無線電報を取り扱う.

明治 41 年 7 月　大瀬崎局 /JOS（長崎県福江島＝現長崎無線), 角島局 /JCG 山口県角島＝のち下関無線), 潮岬局 /JSM が開設. 陸上電信の銚子～本銚子回線を銚子～東京直通回線とした.

明治 41 年 12 月　受信機 : コヒラー鉱石検波器を結晶体（ロッシェル塩 ?）検波器に変更. 落石（JOC）局開局.

明治 42 年 9 月　夜間, 加賀丸（シャトル航路）と 1400 浬隔てて交信. 安芸丸（同航路）と 1800 浬隔てて交信.

明治 42 年 10 月　久迩の宮殿下をはじめ内外貴賓多数乗船した天洋丸に伊藤公遭難の新聞記事を転送し多大の感謝を受ける.

明治 42 年 11 月　対外通信実験局として JCS, JOC, 電気試験所と合同でハワイ・カフク局, ホンコン局と通信実験開始. JCS: 出力 2 ～ 2.5kW　アンテナ 215 尺高　λ 350m, 490m.

明治 43 年 5 月　海上気象電報の取り扱いを開始.

明治 44 年 5 月　東宮皇太子(後の大正天皇)の行啓を仰ぐ.

大正元年 9 月　時報（0900）の正式放送開始.

大正 2 年 7 月　500Kc を常用波とし, その他 1Mc を使用.

大正 3 年 8 月　有線回線を横浜まで延長, 横浜～銚子線と改称.

大正 4 年 7 月 28 日　第一次世界大戦開始.

大正 3 年 12 月　送信機を瞬滅火花式に変更. 7kW 送信機新設.

大正 4 年 11 月　船舶航行警報業務を開始.

大正 5 年 8 月　電報受け付け事務を開始し無線電報以外の電報も取り扱い, 電報取り扱い種別を内国および日支和欧文, 外国電報と改める.

大正 5 年 11 月　船橋～ハワイ間無線電信回線開設.

大正 6 年 8 月　無線監視局の指定を受ける.

大正 7 年　A 型受信機（真空管検波・鉱石検波兼用受信機）に取り替える.

大正 7 年 11 月　第一次世界大戦終結.

大正 9 年 9 月　磐城無線電信局富岡町（福島県原の町）受信所完成. 船橋無線電信局→ハワイ, 磐城無線電信局←ハワイの日米間 2 重回線となる（通信範囲はハワイ, 米本国太平洋沿岸諸州, ニューヨークなど). この当時の世界の大電力国際無線電信局は, フランス : エッフェル塔局, ドイツ : ナウエン局, イタリア : コルタ局, イギリス : クリフデン局, アメリカ : アナポリス局などが挙げられ, 主に宗主国が対植民地連絡用海底電線回線のバックアップとしても位置づけられた.

大正 10 年 6 月　パネル型受信機を設置. 検波は真空管・鉱石切り替え式, 検波後真空管 3 段増幅となる.

大正 12 年 6 月　マルコーニ式真空管送信機（1.5kW）を設置. 瞬滅火花送信機は予備機とする. 以後, 送受信機はすべて真空管式となる.

大正 12 年 9 月 1 日　関東大震災発生. 1230JST 横浜港在泊中のコレア丸発信の横浜市内被害状況を傍受, 大阪通信局長および各局に情報を送り救援および保安対策を依頼. これを傍受した磐城無線局がアメリカに情報を送ったため, 各国の援助があった. 陸上通信不通のため銚子無線電信局と全国各地に臨時回線を設け一般電報を疎通する.

銚子～潮岬無線電信局間	(9 月 1 日～ 10 月 20 日)
～磐城　〃	(9 月 1 日～ 10 月 19 日)
～落石　〃	(9 月 1 日)
～船橋　〃	(9 月 1 日～ 9 月 20 日)
～小笠原　〃	(9 月 1 日)
～中町　〃	(9 月 1 日)
～清水　〃	(9 月 1 日)

大正13年1月　父島無線所との間に災害用臨時無線回線を設置.

大正 13 年 5 月　海軍省電報取扱所に指定される.

大正 14 年 3 月　有線 2 回線を音響器に変更. 東京～銚子無線間印字機短信回線を音響器とする.

大正 14 年 6 月　欧文放送電報取り扱い開始. 国際通信社など発信の欧文無線電報取り扱い開始.

昭和元年 12 月　年賀電報の取り扱い業務を開始.

昭和 2 年 1 月　横浜税関海務部内に「横浜無線電信取扱所（JCY)」開設に伴い当局業務の一部を移管.

昭和 2 年 2 月　船舶航行警報放送開始.

昭和 2 年 5 月　無線標識業務を開始.

昭和 2 年 11 月　伝染病情報(衛生情報)放送取り扱い開始.

昭和3年11月　瞬滅火花式送信機を撤去. 中波送信機:3kW自励式・1台新設. 短波送信機:500W 水晶制御式・1台新設.

昭和4年3月　送受信所を分離, 受信所を海上郡高神村後新田7756（現銚子市小畑新町7756）に移転, 二重通信方式に改めた. 旧局舎は分室「銚子無線電信局本銚子送信所」とする.

* 受信所設備：
  空中線:30m 自立式鉄塔1基・13m 木柱4基.
  中波受信機：オートダイン・2台
  長中波受信機：スーパーヘテロダイン・1台
  短波受信機：オートダイン・3台

昭和5年8月　短波送信機（500W）を設置し運用開始.

昭和7年9月　第13回万国電信会議マドリッドで開催. 火花式無線送信装置が禁止される.

昭和7年8月　短波送信機増設:1kW（5Mc, 11Mc）

昭和8年2月　千葉市に続き県下2番目に市制を敷き「銚子市」となる.

昭和8年8月　ドイツ飛行線ツェッペリン伯号と交信.

昭和9年2月　本銚子送信所を「銚子無線電信局川口送信所」と改称.

昭和9年3月　函館大火　銚子～函館間臨時回線設置.

昭和9年7月　飛行機アサヒモノスーパー号と航空機無線電信託送取り扱い業務開始.

昭和11年8月　500kc の通常通信禁止. 遭難, 緊急安全通信などの呼び出し応答を優先とする.

昭和13年6月　医療無線業務を開始.

昭和14年8月　送信所を海上郡椎柴村大字野尻字滝ノ台1364（現銚子市野尻町1364）に移転し,「銚子無線電信局椎柴送信所」と改称. 送信機を長・中波3kW, 短波10kWに電力増強. 中短波受信機3台, オールウェーブ受信機5台増設.

昭和14年12月　南氷洋捕鯨船団との通信の経由海岸局と指定される. 短波一括呼び出しを毎奇数時の5分からとした.

昭和15年7月　重要通信以外一般電報は発信禁止など発信制限される.

昭和15年9月　航空無線電報の取り扱い開始.

昭和15年10月　有線回線を音響2重装置に変更.

昭和16年8月　内国無線電報検閲局に指定され, 横須賀海軍鎮守府から検閲将校が常駐. 電波管制が実施される.

昭和16年12月　　8日　太平洋戦争開始.

昭和19年5月　潜水艦情報, 防空警報を1日3回長・中波で同時放送.

昭和20年5月　米艦載機の空襲, 送信所局舎社宅等被弾.

昭和20年8月15日　太平洋戦争終結.

昭和21年6月　短波も長・中波と同様に無休運用となり, 気象電報も盛んとなって海岸局業務も本格的に復旧.

昭和21年12月　戦後における第1次南氷洋捕鯨船団との通信が再開.

昭和24年6月　逓信省が郵政省と電気通信省に分割し「銚子無線電報局」と改称. この後, 約10年間短波の周波数増, 電力増が相次ぐ.

昭和25年　朝鮮戦争起こる.

昭和26年3月　米国・ハマーランド社より輸入のSP-600JXを各海岸局に配備.

昭和27年4月　船舶の安全航行に関する通信は海上保安庁へ移行.

昭和27年8月1日　電気通信省廃止. 日本電信電話公社「銚子無線電報局」と改称.

昭和32年2月　南極昭和基地（距離14000km）と交信成功し通信開始.

昭和32年11月　自動掃引式短波受信機を設置.

昭和33年3月　落石無線局/JOCの短波を統合し新局舎で運用開始. 有線回線の主回線に印刷電信機（SK）を設置.

昭和33年5月　東京, 横浜, 名古屋, 神戸との間に加入電信回線を設置.

昭和33年11月　名古屋中央電報局の集信加入局となり, 機械中継化される.

昭和35年3月　短波JCU 4波を増波し出力10～15kWと大電力化. この後さらに約10数年間周波数増（JDC, JCT, JDX), 電力増を繰り返し, 取り扱い通数の急増と相まって名実ともに世界のJCSと成長.

昭和37年8月　東京中央電報局の集信加入局となる.

昭和43年6月　小笠原諸島の返還にともない24年ぶりに通信を再開.

昭和43年12月　年賀電報総取り扱い通数は17万4872通で当時のピークとなる.

昭和44年12月　JDC（16998,5kHz）運用開始.

昭和45年1月　気象優先席を定める.

昭和46年10月　JCU（13054kHz）運用開始.

昭和46年11月　最後のブラジル移民船アルゼンチナ丸の電報を取り扱う.

昭和47年3月　JDC（22054kHz）運用開始.

昭和49年1月　KP3番線運用開始.

昭和49年2月　小笠原回線休止.

昭和51年12月　MK鑽孔機をA3モールス・コンバーターに切り替え運用開始.

昭和52年3月　捕鯨席協定通信終了.

昭和52年6月　短波呼び出し方式の改正により, ディジタ

資料編

ル表示でシンセサイザー使用によるチャンネル自動切り替え式受信機を設置.

昭和60年4月　民営化（日本電信電話公社→NTT・日本電信電話株式会社）により,「NTT銚子無線電報局」となる.

昭和60年7月　電報のFAX受け付け開始.

昭和61年4月　国際電報のTELEX受け付け廃止.

昭和61年12月　小笠原短波回線（短波14波）廃止.

昭和62年5月　新通信棟完成, 運用開始. 新電報疎通設備端末（キーボード, CRTディスプレイ）での運用開始. 中波, 短波全受信機更改, 遠隔操作となる. 短波マルチ運用開始. 短波印刷電信(4～22MHz)運用開始. 捕鯨波(JCS3, 5), 南極観測船専用波（JDX）廃止. カードスライダー廃止. KP回線廃止.

昭和62年6月　気象優先席の廃止.

昭和63年6月　SMART（コンピューター）システム運用開始. 中波集約（函館/JHK, 小樽/JJT, 落石/JOC, 新潟/JCF), JCSで遠隔操作により運用. 短波全周波数帯マルチ運用開始.

昭和63年7月　国内マリンテレサービス開始.

昭和63年9月　中波（舞鶴/JMA）集約, JCSで遠隔操作により運用開始.

平成元年2月　国際無線テレックスサービス開始.

平成元年7月　運用波, 運用時間見直し. JDC(8MHz)廃止.

平成元年11月　電報営業部として銚子支店の1タスクとなる.

平成4年4月　電報事業部制発足.「銚子無線電報サービスセンター」と改称.

平成6年11月　運用波, 運用時間見直し. JCT 4MHz, JCU 6MHz, JCT 12MHz, JDC 13MHz, JDC 13MHz, JCU 22MHzの各波を廃止.

平成8年2月　南極36次越冬隊との通信をもって協定廃止.

平成8年3月31日　「銚子無線電報サービスセンター」廃止.

（7）インターネット・ホームページ・アドレス集

◆ 各国の無線連盟のホームページ

JARLがホームページを開設していますが, 各国の無線連盟も同様にホームページを開設しています. 内容はそれぞれの国で外国人が運用するためのガイド, バンド・プラン, 資格別の許可された周波数や法規の解説, ビーコンの周波数やスケジュール, 事務所の所在地や役員の氏名といったようなもの, あるいはその国の独自のモールス・コード, コンテストやアワードの情報が取得できます. ただ, 厄介なのは言語が現地語で, 英語圏は別にして全体的に英語版を用意している国が少ないことです.

なお, 以下のリストはIARUのホームページでも入手可能ですが, 必ずしも最新のものとは限らないようです.

Name（国名：連盟の正式名称［略称］）	URL
The International Amateur Radio Union [IARU]	http://iaru.org/
ALGERIA: Amateurs Radio Algeriens [ARA]	http://www.7x2ara.org
ANDORRA: Unio de Radioaficionats Andorrans [URA]	http://www.ura.ad
ARGENTINA: Radio Club Argentino [RCA]	http://www.lu4aa.org
ARUBA: Aruba Amateur Radio Club [AARC]	http://www.qsl.net/aarc/
AUSTRALIA: Wireless Institute of Australia [WIA]	http://www.wia.org.au
AUSTRIA: Oesterreichischer Versuchssenderverband [OEVSV]	http://www.oevsv.at/
BAHRAIN: Amateur Radio Association Bahrain [ARAB]	http://www.qsl.net/a92c/index.html
BANGLADESH: Bangladesh Amateur Radio League [BARL]	http://www.barl.org
BELARUS: Belarussian Federation of, Radioamateurs and Radiosportsmen [BFRR]	http://www.bfrr.net
BELGIUM: Union Royale Belge des Amateurs-Emetteurs/Koninklijke Unie van de Belgische Zendamateurs/Konigliche Union der Belgischen Funkamateure (UBA)	http://www.uba.be
BERMUDA: Radio Society of Bermuda [RSB]	http://www.bermudashorts.bm/rsb
BOSNIA & HERZEGOVINA: Asocijacija Radioamatera Bosne i Hercegovine [ARABiH]	http://www.arabih.org
BRAZIL: Liga Brasileira de Radioamadores [LABRE]	http://www.labre.org
BULGARIA: Bulgarian Federation of Radio Amateurs [BFRA]	http://www.bfra.org
CANADA: Radio Amateurs of Canada [RAC]	http://www.rac.ca
CAYMAN ISLANDS: Cayman Amateur Radio Society [CARS]	http://cayman.com.ky/pub/radio/index.htm
CHILE: Radio Club de Chile [RCCH]	http://www.ce3aa.cl
CHINA: Chinese Radio Sports Association [CRSA]	http://www.crsa.org
CHINESE TAIPEI: Chinese Taipei Amateur Radio League [CTARL]	http://www.ctarl.org.tw/
COLOMBIA: Liga Colombiana de Radioaficionados [LCRA]	http://www.qsl.net/hk3lr
COSTA RICA: Radio Club de Costa Rica [RCCR]	http://www.ti0rc.org
CROATIA: Hrvatski radio-amaterski savez [HRS]	http://www.hamradio.hr

CUBA: Federacion de Radioaficionados de Cuba [FRC] http://frc.co.cu
CYPRUS: Cyprus Amateur Radio Society [CARS] http://www.cyhams.org
CZECH REPUBLIC: Cesky Radioklub [CRK], Czech Radio Club [CRC] http://www.crk.cz
DEMOCRATIC REPUBLIC OF CONGO: Association des Radio Amateurs du Congo [ARAC], Amateur Radio Association of D.R. Congo http://www.multimania.com/aracongo/index.htm
DENMARK: Experimenterende Danske Radioamatoerer [EDR] http://www.edr.dk
DOMINICA: Dominica Amateur Radio Club Inc. [DARCI] http://www.j7hams.com
DOMINICAN REPUBLIC: Radio Club Dominicano [RCD] http://www.radioclubdominicano.org
ECUADOR: Guayaquil Radio Club [GRC] http://www.hc2grc.org.ec/
EGYPT: Egypt Amateurs Radio Assembly [EARA] http://www.qsl.net/su1er
EL SALVADOR: Club de Radio Aficionados de El Salvador [CRAS] http://www.gerouter.com/cras/
ESTONIA: Eesti Raadioamatooride Uhing [ERAU], Estonian Radioamateurs Union http://www.erau.ee
FINLAND: Suomen Radioamatooriliitto [SRAL], Finnish Amateur Radio League http://www.sral.fi
FORMER: YUGOSLAV REPUBLIC OF MACEDONIA Radioamaterski Sojuz na Makedonija [RSM], Radioamateur Society of Macedonia http://www.qsl.net/z30rsm
FRANCE: Union Francaise des Radioamateurs [REF-Union] http://www.ref-union.org
GABON: Association Gabonaise des Radio-Amateurs [AGRA] http://www.f6bce.free.fr
GERMANY: Deutscher Amateur Radio Club [DARC] http://www.darc.de
GIBRALTAR: Gibraltar Amateur Radio Society [GARS] http://www.gibradio.net
GREECE: Radio Amateur Association of Greece [RAAG] http://www.raag.org
GRENADA: Grenada Amateur Radio Club [GARC] http://www.stcgrenada.com/garc
GUATEMALA: Club de Radioaficionados de Guatemala [CRAG] http://www.crag.8m.com
HONDURAS: Radio Club de Honduras [RCH] http://www.qsl.net/hr2rch/
HONG KONG: Hong Kong Amateur Radio Transmitting Society [HARTS] http://www.harts.org.hk
HUNGARY: Magyar Radioamator Szovetseg [MRASZ], Hungarian Radio Amateur Society http://www.mrasz.hu
ICELAND: Islenzkir Radioamatorar [IRA] http://www.ira.is
INDONESIA: Organisasi Amatir Radio Indonesia [ORARI] http://www.oraripusat.net
IRELAND: Irish Radio Transmitters Society [IRTS] http://www.irts.ie
ISRAEL: Israel Amateur Radio Club [IARC] http://www.iarc.org
ITALY: Associazione Radioamatori Italiani [ARI] http://www.ari.it
JAMAICA: Jamaica Amateur Radio Association [JARA] http://www.jamaicaham.org
JAPAN: Japan Amateur Radio League [JARL] http://www.jarl.or.jp/index.html
KENYA: Amateur Radio Society of Kenya [ARSK] http://www.qsl.net/arsk
KUWAIT: Kuwait Amateur Radio Society [KARS] http://www.kars.org
LATVIA: Latvias Radioamatieru Liga [LRAL] http://www.lral.ardi.lv
LEBANON: Association des Radio-Amateurs Libanais [RAL] http://www.ral.org.lb http://www.sodetel.net.lb
LESOTHO: Lesotho Amateur Radio Society [LARS] http://www.qsl.net/7p8ms
LIECHTENSTEIN: Amateurfunk Verein Liechtenstein [AFVL] http://www.afvl.li
LITHUANIA: Lietuvos Radijo Megeju Draugija [LRMD], Lithuanian Amateur Radio Society http://www.qsl.net/lrmd
LUXEMBOURG: Reseau Luxembourgeois des Amateurs d'Ondes Courtes [RL] http://www.rlx.lu
MACAU: Associacao dos Radioamadores de Macau [ARM] http://arm.org.mo
MALAYSIA: Malaysian Amateur Radio Transmitters' Society [MARTS] http://www.marts.org.my
MALTA: Malta Amateur Radio League [MARL] http://www.9h1mrl.org
MAURITIUS: Mauritius Amateur Radio Society [MARS] http://www.qsl.net/mars
MEXICO: Federacion Mexicana de Radio Experimentadores [FMRE] http://www.fmre.org.mx
MOLDOVA: Asociatia Radioamatorilor din Republica Moldova [ARM] http://www.arm.moldtelecom.md/index.htm
MOROCCO: Association Royale des Radio-Amateurs du Maroc [ARRAM] http://www.geocities.com/cn8hb/arram.html#haut
NAMIBIA: Namibian Amateur Radio League [NARL] http://qsl.net/narl
NETHERLANDS: Vereniging voor Experimenteel, Radio Onderzoek in Nederland [VERON] http://www.veron.nl
NETHERLANDS ANTILLES: Vereniging voor Experimenteel Radio Onderzoek, in de Nederlandse Antillen [VERONA] http://www.muurkrant.nl/verona/uk/index.html
NEW ZEALAND: New Zealand Association of Radio Transmitters [NZART] http://www.nzart.org.nz/nzart
NICARAGUA: Club de Radio-Experimentadores de Nicaragua [CREN] http://www.qsl.net/yn1yn/CREN.htm
NORWAY: Norsk Radio Relae Liga [NRRL] http://www.nrrl.no
PANAMA: Liga Panamena de Radioaficionados [LPRA] http://www.qsl.net/1pr
PAPUA NEW GUINEA: Papua New Guinea Amateur Radio Society [PNGARS] http://www.qsl.net/pngars/
PARAGUAY: Radio Club Paraguayo [RCP] http://www.qsl.net/zp5aa
PERU: Radio Club Peruano [RCP] http://www.qsl.net/oa4o/
PHILIPPINES: Philippine Amateur Radio Association [PARA] http://www.qsl.net/dx1par
POLAND: Polski Zwiazek Krotkofalowcow [PZK], Polish Amateur Radio Union http://www.pzk.org.pl
PORTUGAL: Rede dos Emissores Portugueses [REP] http://www.rep.pt
QATAR: Qatar Amateur Radio Society [QARS] http://www.qsl.net/a71a
REPUBLIC OF KOREA (SOUTH KOREA): Korean Amateur Radio League [KARL] http://www.karl.or.kr
ROMANIA: Federatia Romana de Radioamatorism [FRR] http://www.hamradio.ro

SAN MARINO:Associazione Radioamatori, della Repubblica di San Marino [ARRSM] http://www.arrsm.org
SENEGAL:Association des Radio-Amateurs du Senegal [ARAS] http://www.radio6w.org
SINGAPORE:Singapore Amateur Radio Transmitting Society [SARTS] http://www.sarts.org.sg
SLOVAKIA:Slovensky Zvaz Radioamaterov [SZR], Slovak Amateur Radio Association [SARA] http://www.hamradio.sk
SLOVENIA:Zveza Radioamaterjev Slovenije [ZRS] http://www.hamradio.si
SOUTH AFRICA:South African Radio League [SARL] http://www.sarl.org.za
SPAIN:Union de Radioaficionados Espanoles [URE] http://www.ure.es
SRI LANKA:Radio Society of Sri Lanka [RSSL] http://www.qsl.net/rssl
SWEDEN:Foreningen Sveriges Sandareamatorer [SSA] http://www.ssa.se
SWITZERLAND:Union Schweizerischer Kurzwellen-Amateure [USKA] http://www.uska.ch
SYRIA:Technical Institute of Radio [TIR] http://www.qsl.net/tir/Home.htm
TAJIKISTAN:Tajik Amateur Radio League [TARL] http://www.qsl.net/tarl
THAILAND:Radio Amateur Society of Thailand [RAST] http://www.qsl.net/rast
TRINIDAD & TOBAGO:Trinidad and Tobago Amateur Radio Society [TTARS] http://ttars.org
TUNISIA:Association Tunisienne des Radioamateurs [ASTRA], Tunisian Amateur Radio Club http://www.qsy.to/astra
TURKEY:Telsiz Radyo Amatorleri Cemiyeti [TRAC] http://www.trac.org.tr
U.S.A.:American Radio Relay League [ARRL] http://www.arrl.org
UKRAINE:Ukrainian Amateur Radio League [UARL] http://www.uarl.com.ua
UNITED KINGDOM:Radio Society of Great Britain [RSGB] http://www.rsgb.org
URUGUAY:Radio Club Uruguayo [RCU] http://www.qsl.net/cx1aa
VENEZUELA:Radio Club Venezolano [RCV] http://www.radioclubvenezolano.org

(2005.7.1 現在)

◆ 総務省・関係機関のホームページ

Name	URL
総務省	http://www.soumu.go.jp/index.html
(独)情報通信研究機構	http://www.nict.go.jp/overview/index-J.html
日本郵政公社	http://www.japanpost.jp/
ていぱーく(通信総合博物館)	http://www.teipark.jp/

● 情報通信関係機関のホームページ (2005.7.1 現在)

Name	URL
北海道総合通信局	http://www.hokkaido-bt.go.jp/
東北総合通信局	http://www.ttb.go.jp/
関東総合通信局	http://www.kanto-bt.go.jp/
信越総合通信局	http://www.shinetsu-bt.go.jp/
北陸総合通信局	http://www.hokuriku-bt.go.jp/
東海総合通信局	http://www.tokai-bt.soumu.go.jp/
近畿総合通信局	http://www.ktab.go.jp/
中国総合通信局	http://www.cbt.go.jp/
四国総合通信局	http://www.shikoku-bt.go.jp/
九州総合通信局	http://www.kbt.go.jp/
沖縄総合通信事務所	http://www.okinawa-bt.soumu.go.jp/

◆ 電信関係のサイバー博物館

Name	URL
モールス最初の電信機の写真もあるスミソニアンのサイバー博物館 (Early Telegraph photos)	http://www.sparkmuseum.com/TELEGRAPH.HTM
豊富な電鍵の写真集がある W1TP の Telegraph & Scientific Instrument	http://www.w1tp.com/
マルコーニ以来の電鍵などの写真集 (W2PM museum of telegraph and wireless instruments)	http://members.aol.com/pmalvasi/keypix/pete.html
国産電鍵のアルバムがある JF0KOG/JN3VOG 小林史隆さんのホームページ	http://foster2.hp.infoseek.co.jp/

◆ 電信関係のホームページ (2005.7.1 現在)

Name	URL
モールス受信練習用のプログラムなどを on the air している ARRL 中央局 W1AW のスケジュール	http://arrl.org/w1aw.html
モールス受信練習用のプログラムなどを on the air している RSGB の GB2CW のスケジュール	http://www.rsgb.org.uk/society/gb2cwco.htm
モールス通信資料室	http://a1club.net/CW.htm
Samuel FB Morse のホームページ	http://lcweb2.loc.gov/ammem/atthtml/mrshome.html
電離圏情報	http://www2.nict.go.jp/dk/c233-235/DATA_SERVICE.html
JARL A1 CLUB (エーワンクラブ)	http://a1club.net/A1_club.htm

索　引

【表紙説明】

本書表紙は，モールス通信に関連した題材を組み合わせてデザインしてみました．人物像は，モールス符号を考案したサミュエル・F・B・モールス（出典：逓信総合博物館），モールス符号と英文で標記した，「What hath God wrought（神がなすところ）」は，ワシントン－バルチモア間に電信が開通した時のメッセージです．

縦振り電鍵は，電報サービスが逓信省の直営事業であったころ，全国の電報局，郵便局，鉄道駅などで有線モールス通信に使われていた逓信型甲種単流電鍵（資料提供：ハイモンド・エレクトロ社）です．

モールス通信［オンデマンド版］

1998年 9月1日　初版発行
2011年 12月1日　第10版発行
2021年 4月1日　オンデマンド版発行

編集人　CQ ham radio 編集部
発行人　小澤拓治
発行所　CQ出版株式会社
〒112-8619　東京都文京区千石 4-29-14
電話　編集　03-5395-2124
　　　販売　03-5395-2141
振替　00100-7-10665

乱丁・落丁本はご面倒でも小社宛てにお送りください．
送料小社負担にてお取り替えいたします．

ISBN978-4-7898-5280-7

印刷・製本　大日本印刷株式会社
Printed in Japan